煤炭高等教育“十四五”规划教材

岩体力学

第4版

主　编　陈海波　兰天伟　吴祥业
副主编　李　刚　兰永伟　刘志军　李兴伟　张玉江

中国矿业大学出版社
·徐州·

内 容 提 要

本书系统介绍了岩体力学的基本知识，主要内容包括岩石的基本物理力学性质、岩石的本构关系与强度理论、岩体结构及岩体力学性质、工程岩体分类、岩体地应力及其测量方法、岩体力学在地下工程中的应用、岩体力学在边坡工程中的应用、岩体工程模拟、矿山压力观测、岩体力学数值计算方法和新进展。本书在内容选取上注重基本知识与工程实例结合，整体结构合理，系统性和完整性好，具有实用性、先进性，便于学习。

本书可作为普通高等学校本科生教材，其知识的深度和广度按照教学要求安排，适用于采矿工程、岩土工程、地质工程、石油工程、水利水电工程、隧道工程等专业教学使用，也可供相关专业的生产技术管理、科研、设计等部门的人员参考。

图书在版编目(CIP)数据

岩体力学/陈海波，兰天伟，吴祥业主编. —4版
. —徐州：中国矿业大学出版社，2024.5
ISBN 978-7-5646-6256-1

Ⅰ. ①岩… Ⅱ. ①陈… ②兰… ③吴… Ⅲ. ①岩石力学—高等学校—教材 Ⅳ. ①TU45

中国国家版本馆CIP数据核字(2024)第095582号

书　　名　岩体力学
主　　编　陈海波　兰天伟　吴祥业
责任编辑　王美柱
出版发行　中国矿业大学出版社有限责任公司
　　　　　　（江苏省徐州市解放南路　邮编 221008）
营销热线　(0516)83885370　83884103
出版服务　(0516)83995789　83884920
网　　址　http://www.cumtp.com　**E-mail**：cumtpvip@cumtp.com
印　　刷　江苏淮阴新华印务有限公司
开　　本　787 mm×1092 mm　1/16　**印张** 20　**字数** 512 千字
版次印次　2024 年 5 月第 4 版　2024 年 5 月第 1 次印刷
定　　价　38.00 元
（图书出现印装质量问题，本社负责调换）

第四版前言

本书是多所煤炭高校采矿工程专业教师结合多年来的教学实践和参考其他相关教材编写而成的。书中不但注重加强基础理论的阐述，而且对岩体工程实践和设计中出现的问题作出了分析并提出了解决问题的方法，还将近年来国内外在岩体力学领域的科学成就作了介绍，特别就采矿工程专业相关的地下岩体工程的矿山压力观测作了较详细的阐述。本书的主要内容包括：岩石的基本物理力学性质、岩石的本构关系与强度理论、岩体结构及岩体力学性质、工程岩体分类、岩体地应力及其测量方法、岩体力学在地下工程中的应用、岩体力学在边坡工程中的应用、岩体工程模拟、矿山压力观测、岩体力学数值计算方法和新进展等。本书力求用最简明的语言系统而完整地把知识介绍给读者，由浅入深、说理透彻，具有实用性、先进性，便于学习。

本书可作为采矿工程、岩土工程、地质工程、石油工程、水利水电工程及隧道工程专业本科生的专业基础课教材，按 50 学时授课内容编写。本书第一版、第二版、第三版分别于 2012 年 2 月、2014 年 6 月、2016 年 7 月由中国矿业大学出版社出版，在使用过程中，各院校的师生提出了不少意见和建议。在本版教材编写过程中，我们接受了这些意见和建议，改正了第三版教材中的一些错误，同时修改了不足之处。

本书为煤炭高等教育“十四五”规划教材，由陈海波、兰天伟、吴祥业任主编，陈海波、兰天伟统校定稿。全书共分 11 章，具体编写分工为：黑龙江科技大学陈海波编写第 1、3、8、9 章；辽宁工程技术大学鄂尔多斯研究院兰天伟编写第 2 章；内蒙古科技大学吴祥业编写第 4 章；辽宁工程技术大学李刚编写第 5 章、第 7 章的 7.3 节；黑龙江科技大学兰永伟编写第 6、11 章；黑龙江科技大学刘志军编写第 7 章的 7.1、7.2、7.4、7.5 节；太原理工大学张玉江编写第 10 章的10.4 节；黑龙江科技大学李兴伟编写第 10 章的 10.1、10.2、10.3 节。

本书在编写过程中，吸收了以往相关教材的优点及相关院校师生的意见和建议，参阅了近年来高校及设计部门的资料与文献，在教材立项、编写和出版过程中得到了中国矿业大学出版社的关心与帮助。在此向所有文献作者、参与本书编写和出版工作的所有人员表示感谢！

由于编者学识所限，加之时间仓促，书中不当之处在所难免，恳请广大读者批评指正。

编　者

2024 年 2 月

目　次

第1章 绪 论

岩体力学是近代发展起来的一门新兴学科，是一门应用性和实践性很强的应用基础学科。它的应用范围涉及采矿、土木建筑、水利水电、铁道、公路、地质、地震、石油、地下工程、海洋工程等众多与岩体工程相关的工程领域。一方面，岩体力学是上述工程领域的理论基础；另一方面，正是上述工程领域的实践促使了岩体力学的诞生和发展。

1.1 岩体力学与工程实践

岩体力学的发展是和人类工程实践分不开的。起初，由于岩体工程数量少，规模也小，人们多凭经验来解决工程中遇到的岩体力学问题。因此，岩体力学的形成和发展要比土力学晚得多。随着生产力水平及工程建筑的迅速发展，大量的岩体力学问题开始出现。诸如高坝坝基岩体和拱坝拱座岩体的变形和稳定性，大型露天采坑边坡、库岸边坡及船闸、溢洪道等边坡的稳定性，地下硐室围岩变形及地表塌陷，高层建筑、重型厂房和核电站等地基岩体的变形和稳定性，以及岩体性质的改善与加固等。对这些问题能否作出正确的分析和评价，将会对工程建设和生产的安全性与经济性产生显著的影响，甚至带来严重的后果。

在人类工程活动的历史中，由于岩体变形和失稳酿成事故的例子很多。例如，1928 年美国圣·弗朗西斯重力坝失事，是坝基软弱、岩层崩解、遭受冲刷和滑动引起的；1959 年法国马尔帕塞薄拱坝溃决，则是过高的水压力使坝基岩体沿着一个倾斜的软弱结构面滑动所导致的；1963 年意大利瓦依昂水库左岸的大滑坡，更是举世震惊，约 2.5×10^{8} m^{3} 的滑动岩体以 28 m/s 的速度下滑，激起 250 m 高的巨大涌浪，溢过坝顶冲向下游，造成 2 500 多人丧生。类似的例子在国内也不少，例如，1980 年湖北远安盐池河磷矿的山崩，是由于采矿引起岩体变形，上部岩体中顺坡向节理被拉开，约 1×10^{6} m^{3} 的岩体急速崩落，摧毁了矿务局和坑口全部建筑物，造成 280 余人死亡；又如，盘古山钨矿一次大规模的地压活动引起的塌方埋掉价值约 200 万元的生产设备，并造成停产 3 年；再如，中华人民共和国成立前湖南锡矿山北区洪记矿井大陷落，一次就使 200 多名矿工丧失了生命。以上重大事故的出现，多是对工程地区岩体的力学特性研究不够和对岩体的变形和稳定性估计不足引起的。与此相反，假如对工程岩体的变形和稳定问题估计得过分严重，或者由于研究人员心中无数，不得不从“安全”角度出发，在工程设计中采用过大的安全系数，则会致使工程投资大大增加、工期延长，从而造成不应有的浪费。

今天，由于矿产资源勘探开采、能源开发及地球动力学研究等的需要，工程规模越来越大，所涉及的岩体力学问题也越来越复杂，这对岩体力学提出了更高的要求。例如，在水电建设中，大坝高度达 335 m(塔吉克斯坦的罗贡土石坝)；地下厂房边墙高达 60～70 m，跨度已超过 30 m；露天采矿边坡高度可达 500～700 m，最高可达 1 000 m(新西兰)；地下采矿深度已超过 4 000 m。另外，当前世界上正在建设或已经建成了一些超巨型工程，如中国的三峡水电站(装机容量达 22 500 MW,列世界第一)、圣哥达铁路隧道(长 57.1 km,列世界第一)和日本的青函跨海隧道(长 53.85 km)等。这些都使岩体力学面临许多前所未有的问题和挑战,亟须发展和提高岩体力学理论和方法的研究水平,以适应工程实践的需要。

1.2 岩体力学的研究内容和研究方法

1.2.1 研究内容

岩体力学服务对象的广泛性和研究对象的复杂性,决定了岩体力学研究的内容也是广泛而复杂的。但对任何岩体工程领域来讲,下列的基本内容都是要首先进行研究的。

(1) 岩石、岩体的地质特征。内容包括:① 岩石的物质组成和结构特征;② 结构面特征及其对岩体力学性质的影响;③ 岩体结构及其力学特征;④ 岩体工程分类。

(2) 岩石的物理、水理和热力学性质。

(3) 岩石的基本力学性质。内容包括:① 岩块在各种力学作用下的变形和强度特征以及力学指标参数;② 影响岩石力学性质的主要因素,包括加载条件、温度和湿度等;③ 岩石的变形破坏机理及破坏判据。

(4) 结构面的力学性质。内容包括:① 结构面在法向压应力和剪应力作用下的变形特征及其参数;② 结构面剪切强度特征及其测试技术和方法。

(5) 岩体的力学性质。内容包括:① 岩体变形和强度特征及其原位测试技术和方法;② 岩体力学参数的弱化处理与经验估计;③ 影响岩体力学性质的主要因素;④ 岩体中地下水的赋存、运移规律及岩体的水力学特征。

(6) 原岩应力(地应力)分布规律及测量理论与方法。

(7) 工程岩体的稳定性。内容包括:① 各类工程岩体在开挖荷载作用下的应力、位移分布特征;② 各类工程岩体在开挖荷载作用下的变形破坏特征;③ 各类工程岩体的稳定性分析与评价。

(8) 岩体工程稳定性维护技术。包括岩体性质的改善与加固技术等。

(9) 各种新技术、新方法和新理论在岩体力学中的应用。

(10) 工程岩体的模型模拟试验和原位监测技术的研究。模型模拟试验包括数值模型模拟、物理模型模拟等,这是解决岩体力学理论和实际问题的一种重要手段。而原位监测既可以检验岩体变形和稳定性分析成果的正确与否,同时也可以及时地发现问题并采取相应的合理措施加以解决。

1.2.2 研究方法

由于岩体力学是一门交叉学科,研究的内容广泛、对象复杂,这就决定了岩体力学研究方法的多样性。根据所采用的研究手段或所依据的基础理论所属学科领域的不同,岩体力学的研究方法可大概归纳为以下四种。

(1) 工程地质研究方法。该方法着重研究与岩石和岩体的力学性质有关的岩石和岩体地质特征。如用岩矿鉴定方法,了解岩体的岩石类型、矿物组成及结构构造特征;用地层学方法、构造地质学方法及工程勘察方法等,了解岩体的成因、空间分布及岩体中各种结构面的发育情况等;用水文地质学方法,了解赋存于岩体中地下水的形成与运移规律。

(2) 科学试验方法。科学试验是岩体力学发展的基础，它包括实验室岩体力学参数的测定试验、模型试验、现场岩体的原位试验、地应力的测定试验和岩体构造的测定试验等。试验结果可为岩体变形和稳定性分析计算提供必要的物理力学参数。同时，还可以用某些试验结果(如模拟试验及原位应力、位移、声发射监测结果等)直接评价岩体的变形和稳定性，以及探讨某些岩体力学理论问题。随着岩体力学的不断发展，其涉及的试验范围越来越宽，如地质构造的勘测、大地层的力学测定等，可为岩体力学提供必要的研究资料。另外，室内岩石的微观测定也是岩体力学研究的重要手段。近代发展起来的新的试验技术都已不断地应用于岩体力学领域，如遥感技术、激光散斑和切层扫描技术、三维地震层析成像技术、微震技术等，都已逐渐为岩体工程服务。

(3) 数学力学分析方法。数学力学分析是岩体力学研究中的一个重要环节。它通过建立工程岩体的力学模型和利用适当的分析方法，预测工程岩体在各种力场作用下的变形与稳定性，为岩体工程设计和施工提供定量依据，其中建立符合实际的力学模型和选择适当的分析方法是数学力学分析的关键。目前常用的力学模型有刚体力学模型、弹性及弹塑性力学模型、流变模型、断裂力学模型、损伤力学模型、渗透网络模型、拓扑模型等。常用的分析方法有：① 数值分析，包括有限差分法、有限元法、边界元法、离散元法、无界元法、流形元法、不连续变形分析法、块体力学和反演分析法等；② 模糊聚类和概率分析，包括随机分析、可靠度分析、灵敏度分析、趋势分析、时间序列分析和灰色系统理论等；③ 模拟分析，包括光弹应力分析、相似材料模型试验和离心模型试验等。在边坡研究中，还普遍采用极限平衡的分析方法。

(4) 整体综合分析方法。就整个工程进行多种方法并以系统工程为基础的综合分析，这是岩体力学与岩体工程研究中极其重要的一套工作方法。由于岩体力学与岩体工程研究中每一环节都是多因素的，且信息量大，因此必须采用多种方法并考虑多种因素(包括工程因素、地质因素和施工因素等)进行综合分析和评价，特别注重理论和经验相结合，才能得出符合实际情况的正确结论。就岩体工程而言，整体综合分析方法又必须以不确定性分析方法为指导，这是因为在岩体工程问题中存在着工程的、地质的和施工的等多方面的不确定性因素。只有采用不确定性研究方法，才能彻底摆脱传统的固体力学、结构力学的确定性分析方法的影响，使研究和分析的结果更符合实际、更可靠和实用。现代非线性科学理论、信息科学理论、系统科学理论、模糊数学、人工智能、灰色理论和计算机科学技术的发展等为不确定性分析方法奠定了必要的技术基础。

1.2.3 岩体力学研究的主要问题

岩体力学的服务对象是岩体工程，岩体力学是在研究和解决岩体工程所遇到的各种问题的过程中不断发展起来的。岩体力学所要研究的问题很多，下面只是纲领性地归纳出它的主要研究问题。

(1) 采矿工程：① 井下开采中巷道和采场围岩稳定性问题，特别是软岩巷道和深部开采地压控制问题；② 采场稳定性及开采优化(采场结构、开采顺序、开挖步骤等)设计问题；③ 矿井突水预测、预报及预处理理论和技术；④ 岩爆、煤与瓦斯突出预测及预处理理论和技术；⑤ 采空区处理及地面沉降问题；⑥ 露天采矿边坡设计及稳定加固技术；⑦ 岩石破碎问题。

(2) 水利水电工程：① 坝基和坝肩稳定性、防渗加固理论和技术；② 有压和无压引水隧道设计、施工及加固理论和技术；③ 大跨度高边墙地下厂房的围岩稳定及加固技术；④ 高速水流冲刷的岩体力学问题；⑤ 水库诱发地震的预报问题；⑥ 库岸稳定及加固方法。

(3) 铁道和公路建设工程：① 线路边坡稳定性问题；② 隧道设计和施工技术；③ 隧道施工中的地质超前预报及处理技术；④ 高地应力区的岩爆理论及处理技术；⑤ 隧道入口施工技术及洞脸边坡角的确定和洞脸边坡加固措施；⑥ 地铁施工技术。

(4) 土木建筑工程：① 高层建筑地基处理与加固技术；② 大型地下硐室、地下建筑空间设计、施工与加固理论和技术；③ 地面建筑物沉降、倾斜控制和纠偏技术；④ 山城或山坡及临坡建筑物基础滑坡监测预报与防治技术。

(5) 石油工程：① 岩体应力与岩体渗透性；② 岩体力学与地球物理勘探综合研究；③ 钻探技术与井壁稳定性；④ 岩体力学与采油技术(水压致裂、水平钻孔)；⑤ 油层压缩及地表沉陷；⑥ 石油和天然气运输、储存工程及环境影响。

(6) 海洋勘探与开发工程。

(7) 核电站建设中核废料处理技术。

(8) 地热资源开发技术。

(9) 地震预报中的岩体力学问题。

以上只是一些岩体力学所研究问题的主要方面，随着岩体工程建设的发展，还会有新问题不断出现。

1.3 岩体力学与其他学科的关系

岩体力学涉及两大学科：地质学科和力学学科。

1.3.1 地质学科在岩体力学中的作用

岩体本身是一种地质材料，这种材料的属性是由于地质历史和地质环境影响形成的，所以在研究岩体的力学问题时，首先要进行地质调查，利用地质学所提供的基本理论和研究方法来帮助解决岩体力学问题。岩体力学与工程地质学紧密相关。此外，岩体中含有节理裂隙，并赋存地应力、水、气及其他地质作用的因子，它们对岩体的力学性质和稳定性影响很大。这就需要运用历史地质学、构造地质学和岩石学以及地球物理学等地质学科的理论技术和研究方法来综合处理岩体的力学问题。

1.3.2 力学学科在岩体力学中的作用

岩体力学是力学学科的一个分支，属固体力学范畴。但岩体有别于一般的致密固体。在力学学科的历史发展过程中，最初建立的是刚性体的力学规律，这就是理论力学；在自然界中没有不变形的固体，因此理论力学在岩体力学中的应用受到约束，但理论力学知识能提供物体运动规律和平衡条件，这为岩体力学奠定了一个非常重要的力学理论基础。研究变形物体的固体力学有弹性力学、塑性力学和流变学等。岩体力学的变形研究是基于上述力学发展起来的。而岩体是一个多相体，且含有结构面和结构体等结构构造，许多岩体的力学性质具有非连续和非均质的特性，因而利用一般变形物体的力学理论和方法时会受到限制。但是，对于岩块，采用上述力学作为基础理论来解决问题，一般认为是可行的，与实测结果十分接近。

天然的地质固体材料有岩石和土。随着经济与建设的发展，土力学在20世纪初成为一门学科，研究对象是土体。土是一种疏松的物质，具有孔隙和弱连接的骨架，受荷载后容易发生孔隙的减小而变形。而岩石则是致密固体，岩体则含有岩块和节理裂隙，因而它们与土的结构构造有很大的不同。岩石与岩体受荷载后其变形是岩块本身及节理裂隙的变形和岩块的变位。可见，岩体力学与土力学的研究对象是不同的。但是，土与岩石有时是难以区分的，例如，某些风化严重的岩石、某些岩性特别软弱或胶结很差的沉积岩，它们既可称岩石，也可称土，它们之间没有明显的区分界线。因而，在此类岩石中，使用土力学的理论和方法往往会得到较为接近实际的结果。岩石(或岩体)力学成为一门学科比土力学要晚，这是因为20世纪后期重大的岩体工程建设增多，仅凭土力学的理论和技术已不能解决岩体工程中的力学问题，因而岩石(或岩体)力学应运而生，解决了土力学所不能解决的岩体工程力学问题。

1.4 岩体力学的发展历史和概貌

岩体力学按其发展进程可划分四个阶段：

(1) 初始阶段(19世纪末—20世纪初)

该阶段是岩体力学的萌芽时期，产生了初步理论以解决岩体开挖的力学计算问题。例如，1912年海姆(A. Heim)提出的静水压力理论。他认为地下岩体处于一种静水压力状态，作用在地下岩体工程上的垂直压力和水平压力相等，均等于单位面积上覆岩层的重力。朗金(W. J. M. Rankine)和金尼克(A. H. Динник)也提出了相似的理论。但他们认为只有垂直压力等于单位面积上覆岩层的重力，而水平压力应为垂直压力乘一个侧压系数。由于当时地下岩体工程埋藏深度不大，因而人们曾一度认为这些理论是正确的。但随着开挖深度的增加，越来越多的人认识到上述理论是不准确的。

(2) 经验理论阶段(20世纪初—20世纪30年代)

该阶段出现了根据生产经验提出的地压理论，并开始用材料力学和结构力学的方法分析地下工程的支护问题。最有代表性的理论是普罗托季亚科诺夫(M. M. Протодьяконов)提出的自然平衡拱学说，即普氏理论。该理论认为，围岩开挖后自然塌落成抛物线拱形，作用在支架上的压力等于冒落拱内岩体的重力，仅是上覆岩体重力的一部分。于是，确定支护结构上的荷载大小和分布方式成了地下岩体工程支护设计的前提条件。太沙基(K. Terzaghi)也提出相同的理论，只是他认为塌落拱的形状是矩形，而不是抛物线形。但事实上，围岩的塌落并不是形成围岩压力的唯一来源，也不是所有的地下空间都存在塌落拱。进一步地说，围岩和支护之间并不完全是荷载和结构的关系问题，在很多情况下围岩和支护形成一个共同承载系统，而且维持岩体工程的稳定最根本的还是要发挥围岩的作用。因此，靠假定的松散地层压力来进行支护设计是不合实际的。尽管如此，上述理论在一定历史时期和一定条件下还是发挥了一定的作用。

(3) 经典理论阶段(20世纪30年代—20世纪60年代)

该阶段是岩体力学学科形成的重要阶段，弹性力学和塑性力学被引入岩体力学，确立了一些经典计算公式，形成围岩和支护共同作用的理论。结构面对岩体力学性质的影响受到重视、有关岩体力学文献和著作的出版、试验方法的完善、岩体工程技术问题的解决，这些都说明岩体力学发展到该阶段已经成为一门独立的学科。

在经典理论阶段，形成了“连续介质理论”和“地质力学理论”两大学派。

连续介质理论以固体力学作为基础，从材料的基本力学性质出发来认识岩体工程的稳定问题，这是认识方法上的重要进展，抓住了岩体工程计算的本质问题。早在20世纪30年代，萨文(P. H. Савин)就用无限大平板孔附近应力集中的弹性解析解来计算分析岩体工程的围岩应力分布问题。20世纪50年代，鲁滨湟特(K. B. Руллененит)运用连续介质理论写出了求解岩体力学领域问题的系统著作。同期，有人用弹塑性理论研究围岩的稳定问题，导出著名的芬纳(R. Fenner)-塔罗勃(J. Talobre)公式和卡斯特纳(H. Kastner)公式。塞拉塔(S. Serata)用流变模型进行了隧洞围岩的黏弹性分析。

20世纪60年代，人们运用早期的有限差分和有限元等数值分析方法，获得了考虑实际开挖空间和岩体节理、裂隙的围岩和支护共同作用的弹性或弹塑性计算解，使运用围岩和支护共同作用原理进行实际岩体工程的计算分析和设计变得普遍起来。

地质力学理论注重研究地层结构和力学性质与岩体工程稳定性的关系，它是20世纪20年代由德国人克罗斯(H. Cloos)创立的。该理论反对把岩体当作连续介质而简单地利用固体力学的原理进行岩体力学特性的分析；强调要重视对岩体节理、裂隙的研究，重视岩体结构面对岩体工程稳定性的影响和控制作用。1951年6月在奥地利成立了以斯梯尼(J. Stini)和米勒(L. Müller)为首的“地质力学研究组”，在萨尔茨堡举行了第一届地质力学讨论会，形成了“奥地利学派”。从此该理论迅速发展，并广泛应用于岩体工程，在全世界产生了广泛的影响。该理论对岩体工程的最重要贡献是提出了“研究工程围岩的稳定性必须了解原岩应力和开挖后岩体的力学强度变化”以及“节理裂隙对岩体工程稳定性的影响”等观点。该理论同时重视岩体工程施工过程中应力、位移和稳定性状态的监测。该学派重视支护与围岩的共同作用，特别重视利用围岩自身的强度维持岩体工程的稳定性。在岩体工程施工方面，该学派提出了著名的“新奥法”，该方法特别符合现代岩体力学理论，至今仍被国内外广泛应用。1962年10月，在第13届地质力学讨论会上成立了国际岩石力学学会，米勒担任第一任主席，这是岩体力学发展史上的重要事件。

(4) 现代发展阶段(20世纪60年代至今)

此阶段是岩体力学理论和实践的新进展阶段，其主要特点是，用更为复杂的多种多样的力学模型来分析岩体力学问题，把力学、物理学、系统工程、现代数理科学、现代信息技术等的最新成果引入岩体力学。而电子计算机的广泛应用为流变学、断裂力学、非连续介质力学、数值方法、灰色理论、人工智能、非线性理论等在岩体力学与工程中的应用提供了可能。

从总体上来讲，现代岩体力学理论认为，由于岩石和岩体结构及赋存状态、赋存条件的复杂性和多变性，岩体力学既不能完全套用传统的连续介质理论，也不能完全依靠以节理、裂隙和结构面分析为特征的传统地质力学理论，而应采用系统论的方法来研究岩体力学与工程。用系统概念来表征岩体，可使岩体的复杂性得到全面的科学的表述。从系统角度来讲，岩体的组成、结构、性能、赋存状态及边界条件构成其力学行为和工程功能的基础，岩体力学研究的目的是认识和控制岩石系统的力学行为和工程功能。

20世纪60年代和70年代，原位岩体与岩块的巨大工程差异被揭示出来，岩体的地质结构和赋存状况受到重视，不连续性成为岩体力学研究的重点，从“材料”概念到“不连续介质”概念是岩体力学理论上的飞跃。

随着计算机科学的进步，20 世纪 60 年代和 70 年代开始出现用于岩体工程稳定性计算的数值计算方法，主要是有限元法。20 世纪 80 年代数值计算方法发展很快，有限元、边界元及其混合模型得到广泛的应用，成为岩体力学分析计算的主要手段。20 世纪 90 年代数值分析终于在岩体力学学科中扎根，岩体力学专家和数学家合作创造出一系列新的计算原理和方法。

现代计算机科学与技术的进步也带动了现代信息技术的发展。20 世纪 80 年代和 90 年代，岩体工程三维信息系统、人工智能、神经网络、专家系统、工程决策支持系统等迅速发展起来，并得到普遍的重视和应用。

20 世纪 90 年代，现代数理科学的渗透是非线性科学在岩体力学中的重要应用。从本质上讲，非线性和线性是互为依存的。耗散结构论、协同论、分叉和混沌理论被用于认识和解释岩体力学的各种复杂过程。岩体力学和工程地质学都因受到研究对象的“复杂性”挑战，而对非线性理论倍加“青睐”。

岩体结构及赋存状态、赋存条件的复杂性和多变性致使岩体力学所研究的目标和对象存在大量不确定性，因而有人在 20 世纪 80 年代末提出不确定性理论，目前该理论已被越来越多的人所认识和接受。现代科学技术手段如模糊数学、人工智能、灰色理论和非线性理论等为不确定性分析研究方法和理论体系的建立提供了必要的技术支持。

可以说，从“材料”概念到“不连续介质”概念是现代岩体力学的第一步突破；进入计算力学阶段是第二步突破；而非线性理论、不确定性理论和系统科学理论进入实用阶段，则是岩体力学理论研究及工程应用的第三步意义更为重大的突破。

思考题与习题

1. 何谓岩体力学？
2. 岩体力学的研究内容和研究方法是什么？
3. 岩体力学研究的主要问题有哪些？

第2章　岩石的基本物理力学性质

岩体是由岩块和结构面组成的。一般来说，岩块的力学性能比岩体的力学性能要好得多。大多数岩块的力学性能均可满足一般建筑的要求，而岩体则不能。因此岩体力学研究的主要对象是岩体，而不是岩块。那么，研究岩块的意义何在呢？岩体力学研究岩块性质的意义在于：

① 在岩体性质接近岩块性质时，如裂隙不发育的厚层、巨厚层岩体和块状岩体，可通过岩块力学性质的研究外推岩体的力学性质，并解决有关的岩体力学问题。

② 岩块是岩体的组成部分，当研究岩体在不同加载条件下的强度和变形性质时，不能忽视对岩块性质的研究。

③ 在评价石材性能时，必须研究相关岩块的物理力学性质。

④ 在评价岩石的可黏性和可破碎性时，也要研究岩块的物理力学性质。

⑤ 在工程岩体分类中，岩块强度和变形模量作为重要分类指标，这时也要研究岩块的物理力学性质。

岩石是地球上最基本的物质之一，是构成地壳表层岩石圈的主体，它们构成了地壳和地球内部的大部分物质。在人类的文明和进化中，岩石起到了非常重要的作用。人类对自然界的不断认识，促进了岩石力学研究的不断深入和发展。人们对岩石性能日益了解，利用岩石为人类造福也越来越广泛。从理论上讲，地球内部可利用的成矿空间分布在地表到地下10 000 m区域，目前世界先进水平勘探开采深度已达2 500～4 000 m，向地球深部进军是我们必须解决的战略科技问题。深入掌握岩石的物理力学性质对人类认识和改造岩石圈，科学开展岩体工程活动具有重要的意义。

2.1　岩石的基本构成和地质分类

岩石是岩体的基本组成单元，是由矿物或岩屑在地质作用下按一定规律聚集而形成的自然物体。相对岩体而言，岩石可看作连续的、均质的、各向同性的介质。但实际上只要稍微深入研究，就不难发现岩石中也存在一些如矿物节理、微裂隙、粒间空隙、晶格缺陷、晶格边界等内部缺陷，统称微结构面。因此，自然界中的岩石又是一种受到不同程度损伤的材料。

作为天然地质作用产物的岩石，在自然界中多彩多姿、纷繁复杂。对于初学者，准确地认识岩石并不是一件简单的事。为了使大家对岩石有一个较为深入的了解，本节将从岩石的基本构成入手介绍岩石的基本特征，从岩石的地质成因入手介绍岩石的地质分类。

2.1.1　岩石的基本构成

岩石的基本构成是由组成岩石的物质成分和结构两大方面决定的。

2.1.1.1 岩石的主要物质成分

岩石中主要的造岩矿物有正长石、斜长石、石英、黑云母、白云母、角闪石、辉石、橄榄石、方解石、白云石、高岭石和赤铁矿等。它们的含量，因不同成因的岩石而异。岩石中的矿物成分会影响岩石的抗风化能力、物理性质和强度特性。

岩石中矿物成分的相对稳定性对岩石抗风化能力有显著的影响，各矿物的相对稳定性主要与其化学成分、结晶特征及形成条件有关。

基性和超基性岩主要由易于风化的橄榄石、辉石及基性斜长石组成，所以非常容易风化。酸性岩主要由较难风化的石英、钾长石、酸性斜长石及少量暗色矿物（多为黑云母）组成，故其抗风化能力比同样结构的基性岩要高。中性岩则居两者之间。变质岩的风化性状与岩浆岩类似。沉积岩主要由风化产物组成，大多数为原来岩石中较难风化的碎屑物或是在风化和沉积过程中新生成的化学沉积物。因此，它们在风化作用中的稳定性一般都较高。但是矿物成分并不是决定岩石风化性状的唯一因素，因为岩石的性状还取决于岩石的结构和构造特征，所以不能将矿物的抗风化稳定性与岩石的抗风化性等同起来。

通常可以将造岩矿物的抗风化稳定性分为非常稳定的、稳定的、较稳定的和不稳定的四类（表 2-1）。

表 2-1 主要造岩矿物抗风化相对稳定性

抗风化稳定性	非常稳定的			稳定的		较稳定的				不稳定的			
矿物名称	石英	锆长石	白云母	正长石	钠长石	酸性斜长石	角闪石	辉石	黑云母	基性斜长石	霞石	橄榄石	黄铁矿

新鲜岩石的力学性质主要取决于岩石的矿物成分和颗粒间的联结。对于具有结晶联结的岩石，其矿物成分的影响要大一些。应当指出，岩石中矿物的硬度和岩石的强度是两个既有联系而又不同的概念。例如，即使组成岩石的矿物都是坚硬的，岩石的强度也不见得一定是高的，这是因为矿物之间的联结可能是弱的。但就大部分岩石来说，两者之间还是有相应关系的。如许多岩浆岩，其强度常随暗色矿物（辉石，特别是橄榄石）含量的增加而增大。在沉积岩中，砂岩的强度常随石英含量的增加而增大；石灰岩的强度常随硅质混合物含量的增加而增大，随黏土质含量的增加而降低。在变质岩中，任何片状的硅酸盐类矿物、盐岩矿物，如云母、绿泥石、滑石、蛇纹石等均会使岩石强度降低，特别是当这些矿物呈平行排列时。

岩石中某些易溶矿物、黏土矿物、特殊矿物的存在，常使岩石物理力学性质复杂化。一些易溶矿物，如石膏、芒硝、岩盐、钾盐等在水的作用下易被溶蚀，从而使岩石的孔隙率加大，结构变松，强度降低。一些含芒硝的岩石，由于芒硝的物态变化（液态变固态，不含结晶水变含结晶水）能引起体积的变化，因此，在温度由 32.5 ℃以上变成 32.5 ℃以下，或由干燥变潮湿时，芒硝会由液态变固态，由无水变含水，体积增大，从而引起岩石膨胀。含石膏的岩石，也会由于硬石膏（$CaSO_4$）转变为生石膏（$CaSO_4 \cdot 2H_2O$）时体积增大而发生膨胀。

另外，黏土岩中的蒙脱石遇水膨胀且强度降低；凝灰岩中一些不稳定的物质极易分解成斑脱土，遇水也易膨胀和软化。还有某些玻璃质和次生矿物，如沸石等能促进岩石与磷之间的化学反应。

2.1.1.2 常见的岩石结构类型

岩石的结构，是指岩石中矿物(及岩屑)颗粒相互之间的关系，包括颗粒的大小、形状、排列、结构联结特点及岩石中的微结构面(即内部缺陷)。其中，以结构联结和岩石中的微结构面对岩石工程性质影响最大。

(1) 结构联结

岩石中结构联结的类型主要有两种，分别为结晶联结和胶结联结。

① 结晶联结

结晶联结是指岩石中矿物颗粒通过结晶相互嵌合在一起，如岩浆岩、大部分变质岩及部分沉积岩的结构联结。这种联结使晶体颗粒之间紧密接触，故岩石强度一般较大，但随结构的不同而有一定的差异，如在岩浆岩和变质岩中，等粒结晶结构一般比非等粒结晶结构的强度大、抗风化能力强。在等粒结构中，细粒结晶结构比粗粒的强度高。在斑状结构中，细粒基质比玻璃基质的强度高。总之，晶粒越细、越均匀、玻璃质越少，则强度越高。粗粒斑晶的酸性深成岩强度最低，细粒微晶而无玻璃质的基性喷出岩强度最高。如粗粒花岗岩抗压强度一般只有 120 MPa，而同一成分的细粒花岗岩抗压强度则可达 260 MPa。

具有结晶联结的一些变质岩，如石英岩、大理岩等情况与岩浆岩类似。沉积岩中的化学沉积岩以可溶的结晶联结为主，联结强度较大，一般以等粒细晶的岩石强度最高，如成分均一的致密细粒石灰岩抗压强度可达 260 MPa，但这种联结的缺点是抗水性差，能不同程度地溶于水中，对岩石的可溶性有一定的影响。固结黏土岩的联结有一部分是再结晶的结晶联结，其强度比其他坚硬岩石要差很多。

② 胶结联结

胶结联结是指颗粒与颗粒之间通过胶结物胶结在一起的联结，如沉积碎屑岩、部分黏土岩的结构联结。这种结构联结的岩石，其强度主要取决于胶结物及胶结类型。从胶结物来看，硅质、铁质胶结的岩石强度较高，钙质次之，而泥质胶结强度最低。从胶结类型来看，根据颗粒之间以及颗粒与胶结物间的关系，碎屑岩具有三种基本类型：

a. 基质胶结：颗粒彼此不直接接触，完全受胶结物包围，岩石强度基本取决于胶结物的性质。如图 2-1(a)所示。

b. 接触胶结：只有颗粒接触处才有胶结物胶结，胶结一般不牢固，故岩石强度低，透水性较强。如图 2-1(b)所示。

c. 孔隙胶结：胶结物完全或部分地充填于颗粒间的孔隙中，胶结一般较牢固，岩石强度和透水性主要视胶结物性质和充填程度而定。如图 2-1(c)所示。

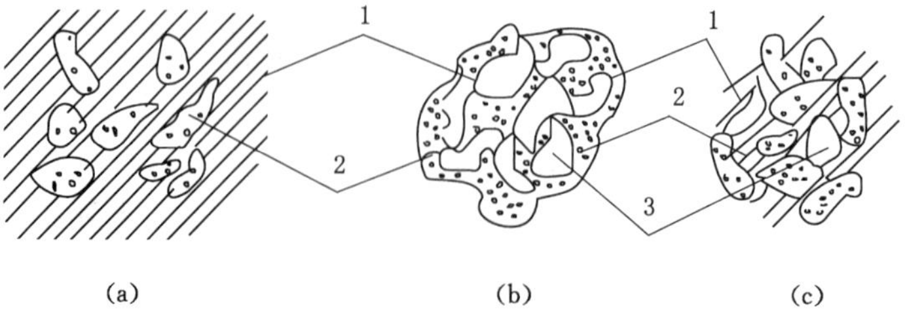

1—胶结物；2—颗粒；3—未充填的孔隙。

图 2-1 碎屑岩胶结类型

(2) 岩石中的微结构面

岩石中的微结构面(或称缺陷),是指存在于矿物颗粒内部或矿物颗粒及矿物集合体之间微小的弱面及空隙。它包括矿物的节理面、晶格缺陷、晶粒边界、粒间空隙和微裂隙等。

矿物的节理面:指矿物晶体或晶粒受力后沿一定结晶方向分裂成的光滑平面。它往往平行于晶体中最紧密质点排列的面网,即平行于间距较大的面网。某些主要的造岩矿物,如黑云母、方解石、角闪石等,具有极完全或完全节理,正长石、斜长石等,具有中等节理,它们都是岩石中细微的弱面。

晶粒边界:矿物晶体内部各粒子都是由各种离子键、原子键、分子键等相联结的;矿物晶粒表面电价不平衡而使矿物表面具有一定的结合力,但这种结合力一般比矿物内部键的联结力要小,因此晶粒边界相对软弱。

微裂隙:指发育于矿物颗粒内部及颗粒之间的多呈闭合状态的破裂迹线,这些微裂隙十分细小,肉眼难以观察,一般要在显微镜下观察,故也称为显微裂隙。它们的成因,主要与构造应力的作用有关,因此它们常具有一定方向,有时也由温度变化、风化等作用而引起。微裂隙的存在对岩石工程地质性质影响很大。

粒间空隙:多在成岩过程中形成,如结晶岩中晶粒之间的小空隙、碎屑岩中由于胶结物未完全充填而留下的空隙。粒间空隙对岩石的透水性和压缩性有较大影响。

晶格缺陷:有由于晶体外原子入侵产生的化学上的缺陷,也有由于物质成分变化或原子重新排列所产生的物理上的缺陷,它与岩石的塑性变形有关。

由上述分析可见,岩石中的微结构面一般是很小的,通常需在显微镜下观察才能见到,但是,它们对岩石工程性质的影响却是很大的。

首先,微结构面的存在将大大降低岩石(特别是脆性岩石)的强度,许多学者如霍克(E. Hoek)、布雷斯(W. F. Brace)、沃尔什(J. B. Walsh)等根据格里菲斯(Griffith)强度理论,用试验论证了这一点,其主要论点是:由于岩石中这些缺陷的存在,当岩石受力时,在微孔或微裂隙(缺陷)末端易造成应力集中,裂隙可能沿末端继续扩展,从而导致岩石在比完全无缺陷时所能承受的拉应力或压应力低得多的应力的作用下破坏。故有人认为缺陷是影响岩石力学性质的决定性因素。

其次,由于微结构面在岩石中常具有方向性,如裂隙等,因此它们的存在常导致岩石的各向异性。

此外,缺陷能增大岩石的变形,在循环加载时引起滞后现象,还能改变岩石的弹性波波速、电阻率和热导率等。关于它们对岩石工程地质性质的影响,将在后续章节中详细叙述,在此不作过细的讨论。但应指出,缺陷对岩石的影响在低围压时是明显的,而在岩石受高围压作用时影响相对减弱,这是因为在高围压下岩石微裂隙等缺陷被压密而闭合。

2.1.2 岩石的地质成因分类

自然界中有各种各样的岩石,不同成因的岩石具有不同的力学特性,因此有必要根据不同成因对岩石进行分类。根据地质成因可把岩石分为岩浆岩、沉积岩和变质岩三大类。岩石学是一门专门的课程,这里不作详细的探讨,只是简要介绍各类岩石的基本特征。

2.1.2.1 *岩浆岩*

地壳下部物质成分复杂,但主要是硅酸盐,并含有大量的水汽和各种其他的气体。由于放射性元素的集中,不断地蜕变而释放出大量的热能,物质处于高温(1 000 ℃以上)、高压

(上部岩石的重力产生的巨大压力)的过热可塑状态。当地壳变动时,上部岩层压力一旦降低,过热可塑状态的物质就立即转变为高温熔融体,称为岩浆。它的化学成分很复杂,主要有 SiO_2、TiO_2、Al_2O_3、Fe_2O_3、FeO、MgO、CaO、K_2O、Na_2O 等。依其含 SiO_2 量的多少,岩浆分为基性岩浆和酸性岩浆。基性岩浆的特点是富含钙、镁和铁,而贫钾和钠,黏度较小,流动性较大。酸性岩浆富含钾、钠、铝和硅,而贫镁、铁、钙,黏度大,流动性较小,岩浆内部压力很大,不断向地壳压力低的地方移动,以致冲破地壳深部的岩层,沿着裂缝上升,上升到一定高度,温度、压力均降低。当岩浆的内部压力小于上部岩层压力时,岩浆停留,冷凝成岩浆岩。

根据冷凝成岩浆岩地质环境的不同,将岩浆岩分为三大类:深成岩、浅成岩和喷出岩(火山岩),每一类又可根据成分的不同分出具体的类别,见表 2-2。它们在结构上有较大的差异,这种差异往往通过岩石的力学性质反映出来。

表 2-2 岩浆岩分类

<table>
<tr><td colspan="5">岩石类型</td><td>酸性</td><td>中性</td><td colspan="2">基性</td><td>超基性</td></tr>
<tr><td colspan="5">SiO_2 质量分数/%</td><td>≥65</td><td>52～<65</td><td colspan="2">45～<52</td><td><45</td></tr>
<tr><td colspan="5">颜色</td><td colspan="5">浅(浅灰、黄、褐、红)至深(深灰、黑绿、黑)</td></tr>
<tr><td colspan="2" rowspan="3">岩类</td><td rowspan="3">产状</td><td rowspan="3">构造</td><td rowspan="3">结构</td><td colspan="5">矿物成分</td></tr>
<tr><td colspan="2">含正长石</td><td colspan="2">含斜长石</td><td>不含长石</td></tr>
<tr><td>石英、云母、角闪石</td><td>黑云母、角闪石、辉石</td><td>角闪石、辉石、黑云母</td><td>辉石、角闪石、橄榄石</td><td>橄榄石、辉石</td></tr>
<tr><td rowspan="2">侵入岩</td><td>深成岩</td><td>岩基、岩株</td><td>块状</td><td>等粒状,有时为斑状,所有矿物皆能用肉眼鉴别</td><td>花岗岩</td><td>正长岩</td><td>闪长岩</td><td>辉长岩</td><td>橄榄岩、辉岩</td></tr>
<tr><td>浅成岩</td><td>岩脉、岩床、岩墙、岩盘</td><td>块状、气孔状</td><td>斑状(斑晶较大且可分辨出矿物名称)</td><td>花岗斑岩</td><td>正长斑岩</td><td>玢岩</td><td>辉绿岩</td><td>未遇到</td></tr>
<tr><td colspan="2" rowspan="2">喷出岩</td><td>熔岩流</td><td>块状、气孔状、杏仁状、流纹状</td><td>玻璃状,有时为细粒斑状,矿物难用肉眼鉴别</td><td>流纹岩</td><td>粗面岩</td><td>安山岩</td><td>玄武岩</td><td>未遇到</td></tr>
<tr><td>火山喷出的堆积物</td><td>块状、气孔状</td><td>玻璃状或碎屑状</td><td colspan="5">黑曜岩、浮石、火山凝灰岩、火山碎屑岩、火山玻璃</td></tr>
</table>

(1) 深成岩

深成岩常形成较大的侵入体,有巨型岩体,大的如岩基、岩株。它们的形成环境都处在高温高压状态之下,在形成过程中由于岩浆有充分的分异作用,常常形成基性岩、超基性岩、中性岩及酸性岩和碱性岩等,彼此往往逐渐过渡,有时也突然变化、互相穿插,在逐渐过渡的大型岩基中,有时则具有环形的岩性岩相带,一般外环偏酸性、内环偏基性,有时在外围还出现基性边缘。根据这种分带性,不论是基性还是中、酸性岩体,岩石种类是很多的,组织结构也有所变化。在侵入岩体的边缘,常有围岩落入火成岩之中而形成外捕虏体,亦有冷却的基性边缘岩石随入火成岩中形成内捕虏体。它们的分布与火成岩的流动构造如流线、流层常相一致。围岩在高温高压作用下，常常形成热力接触变质的混合岩带。接触岩带的规模视侵入体的规模与埋藏深度而不同。深成岩岩性较均一、变化较小，岩体结构呈典型的块状结构，结构体多为六面体和八面体，但在岩体的边缘部分也常有流线、流面和各种原生节理，结构相对比较复杂。

深成岩颗粒均匀，多为粗-中粒状结构，致密坚硬，孔隙很少，力学强度高，透水性较弱，抗水性较强，所以深成岩体的工程地质性质一般比较好。花岗岩、闪长岩、花岗闪长岩、石英闪长岩等均属常见的深成岩，常被选做大型建筑的场地，如举世瞩目的长江三峡大坝的坝基就坐落在花岗闪长岩体之上。但深成岩体也有不足之处：① 深成岩体较易风化，风化壳的厚度一般比较厚。② 当深成岩体受同期或后期构造运动影响、断裂破碎剧烈、构造面很发育时，其性质将大为复杂化，岩体完整性和均一性被破坏，强度降低。③ 深成岩体常被同期或后期小侵入体、岩脉穿插，有的对岩体或先期断裂起胶结作用，有的起进一步的分割作用，必须分别对待，但总的来说岩体更加复杂化，岩体均一性遭到破坏，岩体质量降低；深成岩体与周围岩体接触，常形成很厚的接触变质带，这些变质带往往成分复杂，有时易风化，形成软弱岩带或软弱结构面，应予以注意。

(2) 浅成岩

浅成岩成分一般与相应的深成岩相似，但其产状和结构均不相同，多为岩脉、岩床、岩墙、岩盘等小侵入体，岩体均一性差，岩体常呈镶嵌式结构，而岩石多呈斑状结构和均粒-中细粒结构。其中，细粒岩石强度比深成岩高，抗风化能力强；斑状结构岩石则差一些。与其他类型的岩体相比，浅成岩一般还是较好的，在岩石工程中应尽量加以利用。

花岗斑岩、闪长玢岩和伟晶岩等中酸性浅成岩性质与花岗岩类似，细晶岩强度较高，但由于产出范围较小，岩性变化比较大，岩体均一性较差。

辉绿岩为常见的基性浅成岩，岩性致密坚硬，强度较高，抗风化能力较强，但岩体均一性较差。煌斑岩常以岩脉产出，含暗色矿物多，是最容易风化且风化程度较深的一种岩体。

(3) 喷出岩

喷出岩有喷发和溢流之别。喷发式火山岩有陆地喷发、海底喷发，有裂隙性喷发，亦有火山口式喷发，它们往往间歇性喷发和溢流，即轮回交替出现。每次喷发的压力、温度不同，所含物质成分不等。无论是喷发式还是溢流式，都导致这类岩石的组织结构及成分有很大的差异，岩性岩相变化十分复杂。总的来说，喷出岩是火山喷出的熔岩流冷凝而成的，由于火山喷发的多期性，火山熔岩和火山碎屑往往相间分布，从而使喷出岩具类似层状的构造。

喷出岩由于岩浆喷出后才凝固，所以岩石中含有较多的玻璃及气孔构造、杏仁构造，岩石颗粒很细，多呈致密结构，酸性熔岩在流动过程中形成流纹构造。另外，由于喷出岩是在急骤冷却条件下凝固形成的，所以原生节理比较发育，例如，玄武岩的柱状节理、流纹岩的板状节理，等等。

上述的这些特征使喷出岩的结构比较复杂，岩性不均一，各向异性显著，岩体的连续性较差，透水性较强，软弱夹层的弱结构面比较发育，成为控制岩体稳定性的主要因素。厚层的熔岩岩体常呈块状结构，一般呈镶嵌结构，薄的呈层状结构。

特别要注意，喷出岩中的松散岩层和松软岩层，如凝灰质碎屑岩和黏土岩等，常含有大量的蒙脱石、伊利石等黏土矿物，这些矿物往往具有不同程度的膨胀性。

喷出岩中玄武岩最常见，其次是安山岩和流纹岩。

2.1.2.2　沉积岩

沉积岩又称水成岩，是由风化剥蚀作用或火山作用形成的物质，在原地或被外力搬运，在适当条件下沉积下来，经胶结和成岩作用而形成的。其矿物成分主要是黏土矿物、碳酸盐和残余的石英、长石等，具层理构造，岩性一般具有明显的各向异性。按形成条件和结构特点，可将沉积岩分为火山碎屑岩、胶结碎屑岩、黏土岩、化学岩和生物化学岩等，沉积岩分类如表 2-3 所列。

表 2-3　沉积岩分类

岩类		结构		岩石分类名称	主要亚类及其组成物质
碎屑岩类	火山碎屑岩	碎屑结构	粒径≥100 mm	火山集块岩	主要由粒径≥100 mm 的熔岩碎块、火山灰等经压密胶结而成
			粒径 2～<100 mm	火山角砾岩	主要由粒径 2～<100 mm 的熔岩碎屑、晶屑、玻屑及其他碎屑混入物组成
			粒径<2 mm	凝灰岩	由 50%以上粒径<2 mm 的火山灰组成，其中有岩屑、晶屑、玻屑等细粒碎屑物质
	胶结碎屑岩	砾状结构，粒径≥2 mm		砾岩	角砾岩，由带棱角的角砾经胶结而成； 砾岩，由浑圆的砾石经胶结而成
		砂质结构，粒径 0.05～<2 mm		砂岩	石英砂岩，石英含量>90%、长石和岩屑含量<10%； 长石砂岩，石英含量<75%、长石含量>25%、岩屑含量<10%； 岩屑砂岩，石英含量<75%、长石含量<10%、岩屑含量>25%
		粉砂结构，粒径 0.005～<0.05 mm		粉砂岩	主要由石英、长石的粉、黏粒及黏土矿物组成
黏土岩类		泥质结构，粒径<0.005 mm		泥岩	主要由高岭石、微晶高岭石和水云母等黏土矿物组成
				页岩	黏土质页岩，由黏土矿物组成； 碳质页岩，由黏土矿物和有机物组成
化学岩和生物化学岩类		结晶结构和生物结构		石灰岩	石灰岩，方解石含量>90%、黏土矿物含量<10%； 泥灰岩，方解石含量 50%～75%、黏土矿物含量 25%～50%
				白云岩	白云岩，白云石含量 90%～100%、方解石含量<10%； 灰质白云岩，白云石含量 50%～75%、方解石含量 25%～50%

沉积岩的形成过程，有的属海侵式沉积环境，有的属海退式沉积环境，有的则既有海侵亦有海退，并且海侵和海退交迭出现；有的属深水宁静环境，有的则为浅水动荡环境。因此，沉积轮回和沉积相的变化有所不同，特别是滨海和湖相沉积，往往受古地形的明显控制，无论在岩层的走向上或倾向上，岩性、岩相都有变化，再加水体的季节变化以及风浪的影响，岩性、岩相变化就更大。陆相滨湖环境的沉积模式则更复杂，往往在不大的范围内，砾岩变为砂岩甚至砂质页岩或黏土岩。不但岩性岩相变化如此，厚度变化也是如此，往往形成大小不一的扁豆体或透镜体。滨海相的沉积模式差不多也是这样。而深海相沉积则为细粒的碎屑

岩沉积和碳酸岩类的化学沉积，这种沉积无论是岩性岩相变化还是厚度变化，在较小的范围内往往是不大的。所以，在分析岩体结构时，对滨海相沉积，特别是河湖相沉积，要做好岩石地层的详细对比。

(1) 火山碎屑岩

火山碎屑岩具有岩浆和普通沉积岩的双重特性和过渡关系，包括火山集块岩、火山角砾岩和凝灰岩等。各类火山碎屑岩的性质差别很大，与火山碎屑物、沉积物和熔岩的相对含量以及层理和胶结压实程度有关。大多数凝灰岩和凝灰质岩石结构疏松，极易风化，强度很低，往往具有遇水膨胀的特性，必须加以注意。

(2) 胶结碎屑岩

胶结碎屑岩是沉积物经胶结、成岩固结硬化的岩石，包括各种砾岩、砂岩和粉砂岩。胶结碎屑岩的性质主要取决于胶结物的成分、胶结形式及碎屑物成分和特点。如硅质胶结碎屑岩的岩石强度最高，抗水性强；而钙质、石膏质和泥质胶结的岩石，强度较低，抗水性弱，在水作用下，可被溶解或软化，性质变差。此外，基质胶结类型的岩石较坚硬，透水性较弱；而接触胶结类型的岩石强度较低，透水性较强。

在胶结碎屑岩中，一般粉砂岩的强度比砂砾岩差些，硅质胶结石英砂岩的强度比一般砂岩的强度高。我国南方各省分布广泛的中生界红色砂砾岩，多为钙质泥质胶结，胶结程度较古生界砂岩差。

(3) 黏土岩

黏土岩包括两种类型，即页岩(具有明显的页状层理)和泥岩。总的来说，黏土岩的性质是较差的，特别是红色岩层中的泥岩，厚度薄、抗水性差、强度低、易软化和泥化，建筑物易沿这些软化和泥化后的结构面滑动。

(4) 化学岩和生物化学岩

最常见的化学岩和生物化学岩是碳酸盐类岩石，以石灰岩分布最广，多数为石灰岩和白云岩，结构致密、坚硬、强度较高。它们在地下水的作用下能被溶蚀，形成溶蚀裂隙、溶洞和暗河等，成为渗漏或涌水的通道，从而给工程带来极大的危害。泥灰岩是黏土岩和石灰岩之间的过渡类型，强度低、遇水易软化。当石灰岩中夹有薄层泥灰岩或黏土岩时，可能产生滑动问题，对工程不利；但石灰岩和黏土岩夹层可能起阻水或隔水作用，对于防止渗漏与涌水又是有利的。因此，应结合具体工程分析有利与否。

2.1.2.3　变质岩

变质岩是在已有岩石的基础上，经过变质混合作用而形成的。由于温度、压力的不同，有高温变质、中温变质和低温变质，再加上作用力的不同，有较多组合的变质混合条件，如高温高压、高温中压等。若依变质深浅来看，浅变质带的压力不大，温度也不特别高，变质作用在定向压力作用下进行，主要是使岩石破碎、固体熔融交替；中变质带的压力和温度中等，没有碎屑，片理构造发育；深变质带的温度高，几乎接近岩石熔解点，围压很大，部分有定向压力，片理不太发育，结晶体较大。这些不同的物理条件使得母岩的矿物组成和组织结构有明显的不同。所以变质岩的内在岩性、岩相变化往往发生在较小的范围内，同一岩层随着矿物组分和组织结构的不同而发生变异。由于与变质作用力有一定的关系，这就形成了变质岩所特有的片理、剥理、板理、片麻结构、流劈理和流动扭曲褶皱等，所有这些现象，使变质岩具有极为明显的非均质性和各向异性。变质岩形成的地质环境，大都是地壳最活跃的部位，这使得变质岩类岩石组合特别复杂。变质岩种类繁多,如大理岩、蛇纹岩、变质砾岩、石英岩、石英片岩、板岩、片岩、变质的火山岩以及混合岩化而形成的片麻岩、麻粒岩、花岗片麻岩等。变质岩的性质与变质作用的特点和原岩的性质有关,其力学性质差别很大,不能一概而论。但大多数常见的变质岩经过重结晶作用,具有一定的结晶联结,其结构一般较紧密,抗水性较强,孔隙较少,透水性弱,强度较高。如黏土质岩石变质后其性质有所改变(如页岩变质为板岩、角岩)。但也有相反的情况,如变质岩中的片理和片麻理,往往使岩石的联结减弱,力学性质呈现各向异性,强度降低。另外,某些矿物成分的影响,也可使变质岩容易风化。此外,变质岩一般年代较老,经受地质构造变动较多,断裂及风化作用破坏了某些变质岩体的完整性,从而使岩体呈现不均一性。变质岩的分类见表 2-4。

表 2-4　变质岩分类

岩　类	构　造	岩石名称	主要亚类及其矿物成分	原　　岩
片理状岩类	片麻状构造	片麻岩	花岗片麻岩:长石、石英、云母为主,其次为角闪石,有时含石榴子石; 角闪石片麻岩:长石、石英、角闪石为主,其次为云母,有时含有石榴子石	中酸性岩浆岩、黏土岩、粉砂岩、砂岩
	片状构造	片岩	云母片岩:云母、石英为主,其次为角闪石等; 滑石片岩:滑石、绢云母为主,其次为绿泥石、方解石等; 绿泥石片岩:绿泥石、石英为主,其次为滑石、方解石等	黏土岩、砂岩、中酸性火山岩、超基性岩、白云质泥灰岩; 中基性火山岩、白云质泥灰岩
	千枚状构造	千枚岩	以绢云母为主,其次为石英、绿泥石等	黏土岩、黏土质粉砂岩、凝灰岩
	板状构造	板岩	黏土矿物、绢云母、石英、绿泥石、黑云母、白云母等	
块状岩类	块状构造	大理岩	方解石为主,其次为白云石等	石灰岩、白云岩
		石英岩	方解石为主,有时含有绢云母、白云母等	砂岩、硅质岩
		蛇纹岩	蛇纹石、滑石为主,其次为绿泥石、方解石等	超基性岩

2.2　岩石的物理性质

岩石的物理性质,是指由岩石固有的物质组成和结构特征所决定的密度、孔隙率和吸水率等基本属性。

2.2.1　岩石的质量指标

2.2.1.1　*岩石的密度*

岩石的密度,是指岩石试件的质量与试件的体积之比,即单位体积岩石的质量,单位为 g/cm^3。一块岩石可由固相(由矿物、岩屑等组成)、液相(由充填于岩石孔隙中的液体组成)和气相(由孔隙中未被液体充满的剩余体积中的气体组成)组成。很明显,这三相物质在岩石中所占的比例不同、矿物岩屑的成分不同,将会使岩石密度发生变化。

岩石密度是选择建筑材料、研究岩石风化和岩体稳定性、预测围岩压力等的基本参数。

岩石的密度分为块体密度和颗粒密度。

（1）块体密度

块体密度，是指单位体积岩石的质量。按岩石试件的含水状态，块体密度又分为天然密度、饱和密度和干密度。

① 天然密度 ρ。天然密度，是指岩石在自然条件下单位体积的质量。

$$\rho=m/V \tag{2-1}$$

式中　m——岩石试件的总质量，g；

V——岩石试件的总体积，cm^3。

② 饱和密度 ρ_d。饱和密度，是指岩石中的孔隙都被水充填时单位体积的质量。

$$\rho_d=\frac{m_s+V_v\rho_w}{V} \tag{2-2}$$

式中　m_s——岩石中固体的质量，g；

V_v——孔隙的体积，cm^3；

ρ_w——水的密度，g/cm^3。

③ 干密度 ρ_c。干密度，是指岩石孔隙中的液体全部被蒸发，试件中仅有固体和气体的状态下，其单位体积的质量。

$$\rho_c=m_s/V \tag{2-3}$$

上述是 3 种不同条件下的最常用的密度参数。密度试验通常用称重法，即先测量标准试件的尺寸，然后放在精度为 0.01 g 的天平上称重，并计算密度参数。饱和密度可采用 48 h 浸水法或抽真空法使岩石试件饱和。而干密度的测试方法是先把试件放入 108 ℃烘箱中，将岩石烘至恒重(一般为 24 h)，再进行称重试验。

密度参数是工程中应用最广泛的参数之一。通常应用密度参数计算岩体的自重应力，而在计算岩体的自重应力时，往往将密度转化为重度。两者的区别在于后者与重力加速度有关，其采用的单位为 kN/m^3。

（2）颗粒密度

岩石的颗粒密度，是指岩石固体的质量与体积之比值。

$$\rho_s=m_s/V_c \tag{2-4}$$

式中　m_s——岩石中固体的质量，g；

V_c——固体的体积，cm^3。

岩石颗粒密度的大小仅取决于组成岩石的矿物密度及含量。如基性、超基性岩浆岩，密度大的矿物含量较多，岩石颗粒密度大，一般为 2.7～3.2 g/cm^3；酸性岩浆岩，密度小的矿物含量较多，岩石颗粒密度小，多为 2.5～2.85 g/cm^3；而中性岩浆岩的颗粒密度则介于以上两者之间。

岩石的颗粒密度属实测指标，常用比重瓶法进行测定。

2.2.1.2　岩石的相对密度

岩石的相对密度，是指岩石固体的质量(m_s)与同体积水在 4 ℃时的质量之比。其计算公式为

$$G_s=\frac{m_s}{V_c\rho_w} \tag{2-5}$$

式中　V_c——固体的体积，cm^3。

ρ_w——水在 4 ℃时的密度，g/cm^3。

岩石的相对密度取决于组成岩石矿物的相对密度及矿物在岩石中的相对含量。成岩矿物的相对密度越大，则岩石的相对密度越大；反之，则岩石的相对密度越小。岩石的相对密度，可采用比重瓶法进行测定，试验时先将岩石研磨成粉末，烘干后用比重瓶法测定。其原理、方法与土工试验相同。岩石的相对密度一般为 2.5～3.3。

2.2.2　岩石的孔隙性

岩石的孔隙性是反映岩石中裂隙发育程度的指标。

2.2.2.1　岩石的孔隙比

孔隙比，是指孔隙的体积 V_v 与固体的体积 V_c 之比。其计算公式为

$$e=V_v/V_c \tag{2-6}$$

2.2.2.2　岩石的孔隙率

孔隙率，是指孔隙的体积 V_v 与试件总体积 V 的比值。其计算公式为

$$n=V_v/V \tag{2-7}$$

根据试件中三相体的相互关系，孔隙比与孔隙率存在如下关系

$$e=\frac{n}{1-n}$$

孔隙性参数可利用特定的仪器使孔隙中充满水银而求得。但是，在一般情况下，可通过有关的参数推算而得。如

$$n=1-\frac{\rho_c}{\rho_s}$$

孔隙率是衡量岩石工程质量的重要物理性质指标之一，岩石中的孔隙和裂隙越多，岩石的力学性能越差。表 2-5 列出了部分岩石的孔隙率。

表 2-5　部分岩石的孔隙率

岩石名称	孔隙率/%	岩石名称	孔隙率/%	岩石名称	孔隙率/%
花岗岩	0.5～4.0	砾岩	0.8～10.0	石英片岩及角闪岩	0.7～3.0
闪长岩	0.18～5.0	砂岩	1.6～28.0	云母片岩、绿泥石片岩	0.8～2.1
辉长岩	0.29～4.0	泥岩	3.0～7.0	千枚岩	0.4～3.6
辉绿岩	0.29～5.0	页岩	0.4～10.0	板岩	0.1～0.45
玢岩	2.1～5.0	石灰岩	0.5～27.0	大理岩	0.1～6.0
安山岩	1.1～4.5	泥灰岩	1.0～10.0	石英岩	0.1～8.7
玄武岩	0.5～7.2	白云岩	0.3～25.0	蛇纹岩	0.1～2.5
火山集块岩	2.2～7.0	片麻岩	0.7～2.2	凝灰岩	1.5～7.5
火山角砾岩	4.4～11.2	花岗片麻岩	0.3～2.4		

2.2.3　岩石的水理性

岩石与水相互作用时所表现出的性质称为岩石的水理性，包括岩石的吸水性、渗透性等。

2.2.3.1　*岩石的吸水性*

(1) 岩石的含水量

岩石的含水量，是指岩石孔隙中含水的质量 m_w 与固体质量 m_s 之比的百分数。

$$\omega=\frac{m_w}{m_s}\times 100\% \tag{2-8}$$

根据试件含水量状态的不同，可分成岩石在天然状态下的含水量和在饱和状态下的含水量。其试验方法类似于密度试验的方法，差别在于必须求出含水的质量。

岩石的含水量对于软岩来说是一个比较重要的参数。组成软岩的矿物成分中往往含有较多的黏土矿物，而这些黏土矿物遇水软化的特性，将对岩石的变形和强度有很大影响。对于中等坚硬以上的岩石而言，含水量的影响则显得并不重要。

(2) 岩石的吸水率

岩石的吸水率，是指岩石在常温常压下吸入水的质量与其烘干质量 m_{dr} 的比值，以百分数表示，即

$$\omega_d=\frac{m_0-m_{dr}}{m_{dr}}\times 100\% \tag{2-9}$$

式中　m_0——烘干岩石试件浸水 48 h 后的总质量。

岩石吸水率的试验方法类似于饱和密度的试验方法，可通过饱和密度试验得到岩石的吸水率。吸水率是一个间接反映岩石内孔隙多少的指标，岩石吸水率的大小取决于岩石中孔隙的多少及连通情况。岩石吸水率大，表明岩石中的孔隙大、数量多，并且连通性好，岩石的力学性质差。表 2-6 列出了部分岩石的吸水率。

表 2-6　部分岩石的吸水率

岩石名称	吸水率/%	岩石名称	吸水率/%	岩石名称	吸水率/%
花岗岩	0.1～4.0	砾岩	0.3～2.4	石英片岩及角闪岩	0.1～0.3
闪长岩	0.3～5.0	砂岩	0.2～9.0	云母片岩、绿泥石片岩	0.1～0.6
辉长岩	0.4～4.0	泥岩	0.7～3.0	千枚岩	0.5～1.8
辉绿岩	0.8～5.0	页岩	0.5～3.2	板岩	0.1～0.3
玢岩	0.4～1.7	石灰岩	0.1～4.5	大理岩	0.1～1.0
安山岩	0.3～4.5	泥灰岩	0.5～3.0	石英岩	0.1～1.5
玄武岩	0.3～2.8	白云岩	0.1～3.0	蛇纹岩	0.2～2.5
火山集块岩	0.5～1.7	片麻岩	0.1～0.7	凝灰岩	0.5～7.5
火山角砾岩	0.2～5.0	花岗片麻岩	0.1～0.85		

2.2.3.2　*岩石的渗透性*

岩石的渗透性，是指在一定的水压力作用下，水穿透岩石的能力。它反映了岩石中裂隙间相互连通的程度。大多数岩石的渗透性可用达西(Darcy)定律来描述

$$q_x=K\frac{\mathrm{d}H}{\mathrm{d}x}A \tag{2-10}$$

式中　q_x——沿 x 方向水的流量；

H——水头；

A——垂直于 x 方向的截面积；

K——岩石的渗透系数。

就一般工程而言，所关心的是渗透系数 K 的大小。通常，渗透系数 K 通过径向渗透试验得到。径向渗透试验是一种用于测定岩石渗透性的试验方法。该试验通常采用钻有一同心轴内孔的岩心制成试件，使空心圆柱体试件处于水力梯度的作用下，试件内液体能够产生径向流动；通过测量液体在岩石中的流量、试件外壁上压力参数，可以计算出岩石的渗透系数。岩石渗透性可用渗透系数衡量(表 2-7)，其主要决定于岩石孔隙的大小、方向及相互连通情况。

表 2-7　某些岩石的渗透系数

岩石名称	空隙情况	渗透系数 K/(cm/s)
花岗岩	较致密、微裂隙	$1.1\times10^{-12}\sim9.5\times10^{-11}$
	微裂隙	$1.1\times10^{-11}\sim2.5\times10^{-11}$
	微裂隙及部分粗糙裂隙	$2.8\times10^{-9}\sim7\times10^{-7}$
石灰岩	致密	$3\times10^{-12}\sim6\times10^{-10}$
	微裂隙、孔隙	$2\times10^{-9}\sim3\times10^{-6}$
	空隙较发育	$9\times10^{-5}\sim3\times10^{-4}$
片麻岩	致密	$<10^{-13}$
	微裂隙	$9\times10^{-8}\sim4\times10^{-7}$
	微裂隙发育	$2\times10^{-6}\sim3\times10^{-5}$
辉绿岩、玄武岩	致密	$<10^{-13}$
砂岩	较致密	$10^{-13}\sim2.5\times10^{-12}$
	空隙较发育	5.5×10^{-6}
页岩	微裂隙发育	$2\times10^{-10}\sim8\times10^{-9}$
片岩	微裂隙发育	$10^{-9}\sim5\times10^{-8}$
石英岩	微裂隙	$1.2\times10^{-10}\sim1.8\times10^{-10}$

岩石的渗透性对于解决一些实际问题具有直接的意义。例如，将水、油或者气体泵入多孔隙的岩体中，为了能量转换而在地下硐室中储存液体，评价水库的不透水性，排除深埋硐室的渗水等。但是，就渗透性而言，岩体的渗透性远比岩石的渗透性重要，其原因是岩体中存在的不连续面使其渗透系数要比岩石的大得多。目前，国外已有人进行现场岩体的渗透性试验研究，这才是研究岩石渗透性的最佳方向。

2.2.4　岩石的抗风化指标

岩石开挖后，片状剥落、水化、崩解、溶解、氯化、磨蚀和其他过程均会对岩石性质产生影响，通常用以下 3 个指标来表征岩石的抗风化特性。

2.2.4.1　*岩石的软化系数*

软化系数，是指岩石饱和状态下的单轴抗压强度 σ_{cw} 与干燥状态下的单轴抗压强度 σ_c 的比值。它是表征岩石抗风化能力的一个指标。

$$\eta_c=\frac{\sigma_{cw}}{\sigma_c} \tag{2-11}$$

软化系数 η_c 是一个小于或等于 1 的系数，该值越小，表示岩石受水的影响越大。表 2-8 列出了部分岩石的软化系数的试验值。

表 2-8　部分岩石的软化系数 η_c 的试验值

岩石名称	η_c	岩石名称	η_c
花岗岩	0.80～0.98	砂岩	0.60～0.97
闪长岩	0.70～0.90	泥岩	0.10～0.50
辉长岩	0.65～0.92	页岩	0.55～0.70
辉绿岩	0.92	片麻岩	0.70～0.96
玄武岩	0.70～0.95	片岩	0.50～0.95
凝灰岩	0.65～0.88	石英岩	0.80～0.98
白云岩	0.83	千枚岩	0.76～0.95
石灰岩	0.68～0.94		

2.2.4.2　岩石的耐崩解性指数

耐崩解性指数，是通过对岩石试件进行烘干，浸水循环试验所得的指数。它直接反映了岩石在浸水和温度变化的环境下抵抗风化作用的能力。耐崩解性指数的试验，是将经过烘干的试件(质量约 500 g，且分成 10 块左右)放入一个带有筛孔的圆筒内，使该圆筒在水槽中以 20 r/min 的速度连续旋转 10 min，然后将留在圆筒内的试件取出再次烘干称重。如此反复进行两次后，按式(2-12)求得耐崩解性指数

$$I_{d2}=\frac{m_r}{m_s}\times 100\% \tag{2-12}$$

式中　I_{d2}——经两次循环试验而求得的耐崩解性指数，该指数在 0～100％内变化；

m_s——试验前试件的烘干质量；

m_r——残留在圆筒内试件的烘干质量。

甘布尔(T. D. Gamble)认为，耐崩解性指数与岩石成岩的地质年代无明显的关系，而与岩石的密度成正比，与岩石的含水量成反比，并给出了表 2-9 所示的岩石崩解耐久性分类，以便对岩石的耐崩解性进行评价。

表 2-9　甘布尔的岩石崩解耐久性分类

组　名	一次 10 min 旋转后留下的质量百分数(按干质量计)/％	两次各 10 min 旋转后留下的质量百分数(按干质量计)/％
极高的耐久性	≥99	≥98
高耐久性	98～<99	95～<98
中高等的耐久性	95～<98	85～<95
中等的耐久性	85～<95	60～<85
低耐久性	60～<85	30～<60
极低的耐久性	<60	<30

2.2.4.3 岩石的膨胀性

含有黏土矿物的岩石，遇水后会发生膨胀现象，这是黏土矿物遇水促使其颗粒间的水膜增厚所导致的。因此，对于含有黏土矿物的岩石，掌握其开挖后遇水膨胀的特性是十分必要的。岩石的膨胀性通常以岩石的自由膨胀率、侧向约束膨胀率、膨胀压力等表述。

(1) 自由膨胀率

岩石的自由膨胀率，是指岩石试件在无任何约束的条件下浸水后所产生膨胀变形与试件原尺寸的比值，常用的有岩石的径向自由膨胀率(V_D)和轴向自由膨胀率(V_H)。这一参数适用于不易崩解的岩石。

$$\begin{cases} V_H = \Delta H / H \\ V_D = \Delta D / D \end{cases} \tag{2-13}$$

式中 ΔH、ΔD——浸水后岩石试件轴向和径向膨胀变形量；

H、D——岩石试件试验前的高度和直径。

自由膨胀率的测定通常是将加工完成的试件浸入水中，按一定的时间间隔测量其变形量，最终按式(2-13)计算而得。

(2) 侧向约束膨胀率

与岩石自由膨胀率不同，岩石侧向约束膨胀率是将具有侧向约束的试件浸入水中，使岩石试件仅产生轴向膨胀变形而求得的膨胀率。其计算式为

$$V_{HP} = \frac{\Delta H_1}{H} \times 100\% \tag{2-14}$$

式中 ΔH_1——有侧向约束条件下测得的轴向膨胀变形量。

(3) 膨胀压力

膨胀压力，是指岩石试件浸水后，使试件保持原有体积所施加的最大压力。其试验方法类似于膨胀率试验，只是要求限制试件不出现变形而测量其相应的最大压力。

上述 3 个参数从不同角度反映了岩石遇水膨胀的特性，可利用这些参数评价建造于含有黏土矿物岩体中的硐室的稳定性，并为这些工程的设计提供必要的参数。

2.2.5 岩石的其他物理性质

以上所叙述的是岩石常用的物理性质指标。除此以外，还有影响岩石可钻性的岩石硬度，影响硐室冷、热流体的储存和地热回收的热传导性、热容量以及热膨胀系数等物理特性。

2.3 岩石的力学性质

岩石的力学性质主要指岩石的强度性质。所谓强度，是指材料在荷载作用下，所能承受的最大的单位面积上的力。岩石在不同环境和状态下，承载作用形式不同，承载路径不同，表现出的强度性质也不同，通常研究岩石的单轴抗压强度、抗拉强度、剪切强度、三轴抗压强度等。

2.3.1 岩石强度试验的基本要求

岩石在各种荷载作用下达到破坏前所能承受的最大应力称为岩石的强度。例如，在单轴压缩荷载作用下所能承受的最大压应力称为单轴抗压强度，或非限制性抗压强度；在单轴

拉伸荷载作用下所能承受的最大拉应力称为单轴抗拉强度；在纯剪力作用下所能承受的最大剪应力称为非限制性剪切强度。

进行岩石强度试验所选用的试件必须是完整岩块，而不应包含节理、裂隙。这是因为一个小试件中的节理、裂隙是随机的，不具有代表性。要做含有节理、裂隙的试件的强度试验，需做现场大型原位试验，试验所获得的强度是岩体的强度。如图 2-2 所示，试件(a)不含节理、裂隙，因而可以代表完整岩石；试件(b)、(c)、(d)含一组和几组节理、裂隙，它们不具代表性，因为从岩体中不同部位取同样大小的试件，它们所包含的节理、裂隙的数量和方位可能很不一样；试件(e)为大型原位试件，其中的节理、裂隙为普遍分布状态，因而具有代表性，它可以代表岩体。

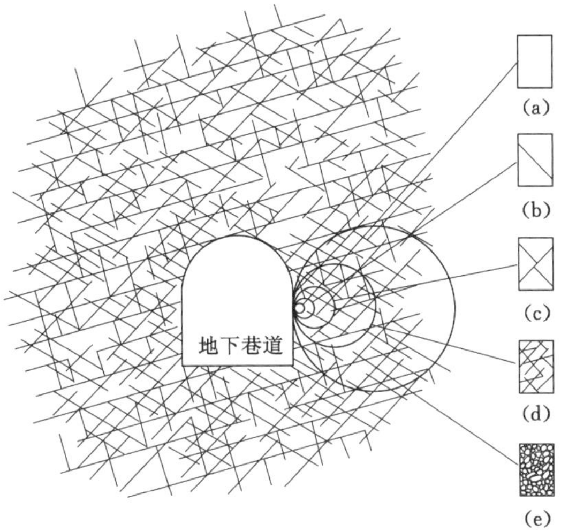

图 2-2　岩体试件取样示意图

各种强度都不是岩石的固有性质，而是一种指标值。什么是岩石的固有性质？凡是不受试件的形状、尺寸、采集地、采集人等影响而保持不变的特征，如岩石的颜色、密度等都是岩石的固有性质。而通过试验所确定的各种岩石强度指标值却要受下列因素的影响：

① 试件尺寸。一般情况下，试件尺寸越大，试验所获得的岩石强度值越低。

② 试件形状。例如，使用正方体、长方体、圆柱体试件进行试验所获得的强度指标值是不相同的。

③ 试件三维尺寸比例。例如，进行单轴压缩和拉伸试验时，使用宽高比大的试件所测得的强度指标值比使用宽高比小的试件所测得的强度指标值要高。

④ 加载速率。例如，岩石的单轴抗压强度与加载速率成正比，即加载速率越大，所测得的强度指标值越高。

⑤ 湿度。例如，使用水饱和的页岩和某些沉积岩试件所测得的单轴抗压强度仅为使用同种岩石干试件所测强度值的一半。

为了保证不同的岩石强度试验所获得的岩石强度指标具有可比性，国际岩石力学与岩石工程学会(International Society for Rock Mechanics and Rock Engineering，ISRM)对岩石强度试验所使用的试件的形状、尺寸、加载速率和湿度等先后制定了标准，对不符合标准试件和标准试验条件所获得的强度指标值，必须根据国际标准作相应的修正。

2.3.2 单轴抗压强度

岩石在单轴压缩荷载作用下达到破坏前所能承受的最大压应力称为岩石的单轴抗压强度(uniaxial compressive strength),或称为非限制性抗压强度(unconfined compressive strength)。由于试件只受到轴向压力作用,侧向没有压力,因此试件变形没有受到限制,如图 2-3(a)所示。

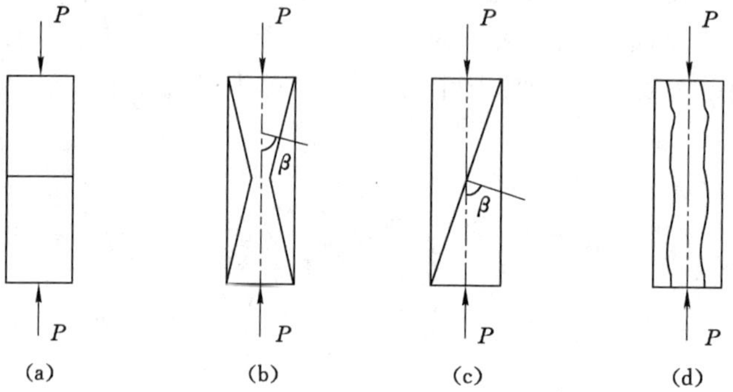

图 2-3 单轴压缩试验试件受力和破坏状态示意图

国际上通常把单轴抗压强度表示为 UCS,我国习惯将单轴抗压强度表示为 σ_c,其值等于达到破坏前的最大轴向压力 P 除以试件的横截面积 A,即

$$\sigma_c=\frac{P}{A} \tag{2-15}$$

试件在单轴压缩荷载作用下的破坏形式有 3 种:

① X 状共轭斜面剪切破坏,如图 2-3(b)所示。破坏面法线与荷载轴线(即试件轴线)的夹角 $\beta=\pi/4+\varphi/2$,φ 为岩石的内摩擦角。

② 单斜面剪切破坏,如图 2-3(c)所示。β 角定义与图 2-3(b)中的相同。

上述两种破坏都是破坏面上的剪应力超过抗剪极限引起的,因而被视为剪切破坏。但破坏前破坏面所承受的最大剪应力也与破坏面上的正应力有关,因而也可称该类破坏为压-剪破坏。

③ 拉伸破坏,如图 2-3(d)所示。在轴向压应力作用下,试件横向将产生拉应力,这是泊松效应的结果。这种类型的破坏是横向拉应力超过岩石抗拉极限引起的。

试件形状可以是六面体(尺寸为 50 mm×50 mm×100 mm),也可以是圆柱体,使用最广泛的是圆柱体。圆柱体直径为 50 mm,高为 100 mm。圆柱体试件长度与直径之比(L/D)对试验结果有很大影响。以 σ_c 表示实际的岩石单轴抗压强度,以 σ_c' 表示试验所测得的岩石单轴抗压强度,则 σ_c 和 σ_c' 之间的关系可由式(2-16)和图 2-4 表示。

$$\sigma_c=\frac{8\sigma_c'}{7+2D/L} \tag{2-16}$$

由图 2-4 可见,当 $L/D\geqslant 2.5\sim 3.0$ 时,σ_c 曲线趋于稳定,σ_c 不随 L/D 的变化而明显变化。因此,国际岩石力学与岩石工程学会建议进行岩石单轴抗压强度试验时所使用的试件长度(L)与直径(D)之比为 2.5~3.0。试件的端部效应也必须予以注意,如图 2-5 所示,当试件由上、下两个铁板加压时,铁板与试件端面之间存在摩擦力,因此试件端部存在剪应力,剪应力会阻止试件端部的侧向变形，所以试件端部的应力状态不是非限制性的，也不是均匀的。只有在离开端面一定距离的部位，才会出现均匀应力状态。为了减少端部效应，必须在试件和铁板之间加润滑剂，以充分减少铁板与试件端面之间的摩擦力。同时必须使试件长度达到规定要求，以保证在试件中部出现均匀应力状态。如铁板与试件端面之间不存在摩擦力，则均匀应力状态将出现在整个试件中。

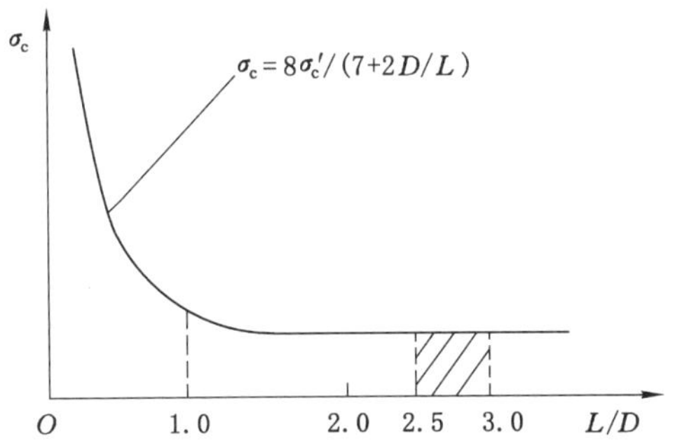

图 2-4　单轴抗压强度 σ_c 与试件 L/D 间的关系示意图

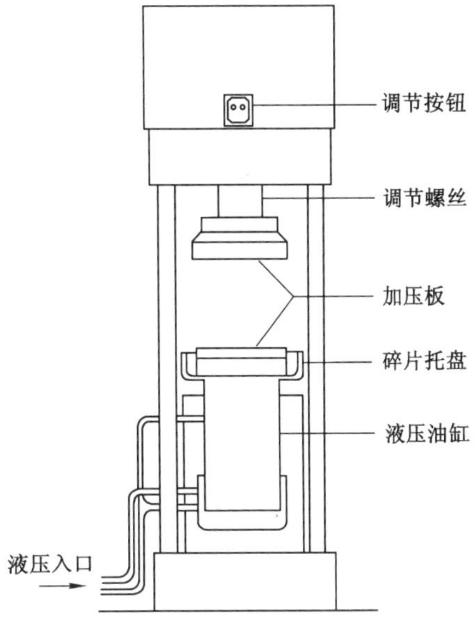

图 2-5　压缩试验设备示意图

2.3.3　抗拉强度

岩石在单轴拉伸荷载作用下达到破坏前所能承受的最大拉应力称为岩石的单轴抗拉强度，或简称为抗拉强度(tensile strength)。理想化的试验受力状态如图 2-6(a)所示。通常以 σ_t 表示抗拉强度，其值等于试件达到破坏前的最大轴向拉伸荷载 P_t 除以试件的横截面积 A，即

$$\sigma_t=\frac{P_t}{A} \tag{2-17}$$

试件在拉伸荷载作用下的破坏通常是沿其横截面的断裂破坏，岩石的拉伸破坏试验分直接试验和间接试验两类。要直接进行如图 2-6(a)所示的拉伸试验是很困难的，这是因为不可能像压缩试验那样将拉伸荷载直接施加到试件的两个端面上，而只能将试件两端固定在试验机的拉伸夹具内，如图 2-6(b)所示。由于夹具内所产生的应力过于集中，往往会引起试件两端破裂，造成试验失败。若夹具施加夹持力不够大，试件就会从夹具中被拉出，这也是不行的。通常直接试验所用的岩石试件其两端胶结在水泥或环氧树脂中，如图 2-6(c)和图 2-6(d)所示。拉伸荷载施加在强度较高的水泥、环氧树脂或金属连接端上，这样就保证试件拉伸断裂前其其他部位不会先行破坏而导致试验失败。

另一种直接拉伸试验的装置如图 2-7 所示。该试验使用“狗骨头”形状的岩石试件。在液压 p 的作用下，由于试件两端和中间部位截面积的差异，在试件中引起的拉伸应力 σ_3 为

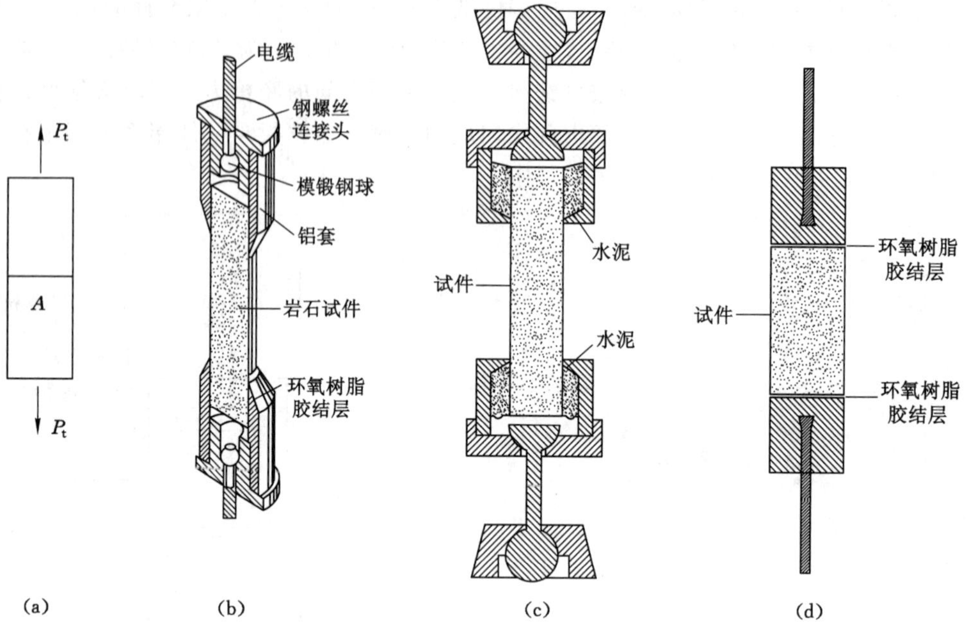

图 2-6 拉伸试验加载和试件示意图

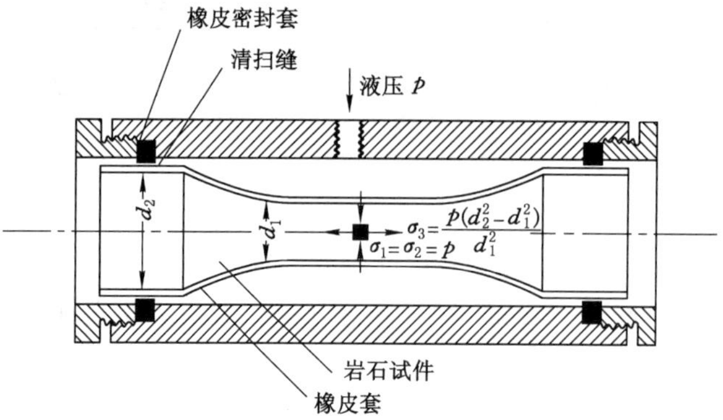

图 2-7 限制性直接拉伸装置示意图

$$\sigma_3=\frac{p(d_2^2-d_1^2)}{d_1^2} \tag{2-18}$$

试件断裂时的 σ_3 值就是岩石的抗拉强度。但这是一种限制性的抗拉强度，原因是在该试验条件下，试件除受到轴向拉伸应力外，还受到 $\sigma_2=\sigma_3=p$ 的侧向压应力。

由于进行直接拉伸试验在准备试件方面要花费大量的人力、物力和时间，因此取而代之的一些间接拉伸试验方法涌现出来。在间接试验方法中，最著名的是巴西试验法(Brazilian test)，俗称劈裂试验法。劈裂试验的试件为一岩石圆盘，加载方式如图 2-8(a)所示。在实际试验中，荷载 P 并不是如图所示沿着平行于轴线的一条线加载到试件上的，那样会造成沿线加载不均匀。因为受加工精度所限，压板和圆盘间不可能保持全线紧密接触，并且线荷载还会造成圆盘表面破坏。实际上荷载是沿着一条弧线加上去的，但弧高不能超过圆盘直径的 1/20。

图 2-8(b)显示的是在压应力的作用下，沿圆盘直径 y-y 的应力分布图。在圆盘边缘处，沿 y-y 方向的应力(σ_y)和垂直于 y-y 方向的应力(σ_x)均为压应力。而离开边缘后，沿 y-y 方向的应力(σ_y)仍为压应力，但应力值比边缘处显著减小，并趋于均匀化；垂直于 y-y 方向的应力(σ_x)变成拉应力，并在沿 y-y 方向的很长一段距离上呈均匀分布状态。由图 2-8(b)可以看出，虽然拉应力值比压应力值低很多，但由于岩石的抗拉强度很低，所以试件还是由于 x 方向的拉应力而导致其沿直径劈裂破坏。破坏从直径中心开始，然后向两端发展，反映了岩石的抗拉强度比抗压强度要低得多的事实。

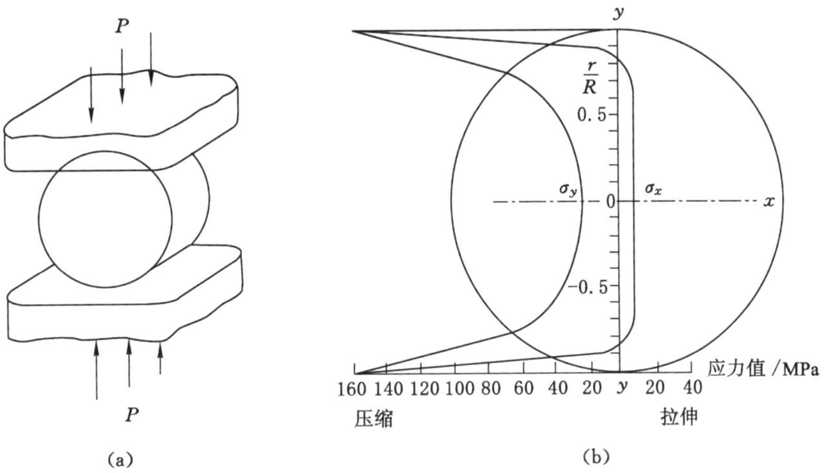

图 2-8　劈裂试验加载和应力分布示意图

由劈裂试验求岩石抗拉强度的公式为

$$\sigma_t=\frac{2P}{\pi dt} \tag{2-19}$$

式中　P——试件劈裂破坏发生前的最大压力值，N；

d——岩石圆盘试件的直径，m；

t——岩石圆盘试件的厚度，m。

另外一种间接拉伸试验是梁的弯曲试验，试件可以是圆柱梁，也可以是长方形截面棱柱梁。图 2-9 为试验加载示意图。

在压力 P 的作用下，梁的下部(中性线以下)出现拉伸应力，当拉伸应力超过极限后，从梁的中部下边缘处开始出现拉伸断裂。出现弯曲拉伸断裂时试件所能承受的最大应力称为岩石的弯曲强度，记为 R_0。

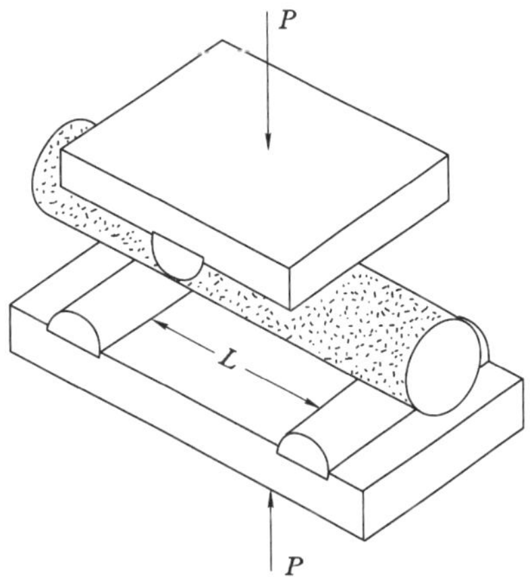

图 2-9　三点加载弯曲试验示意图

对于圆柱梁试件

$$R_0=\frac{8PL}{\pi D^3} \tag{2-20}$$

式中　D——梁的横截面直径。

对于长方形截面棱柱梁

$$R_0=\frac{3PL}{2ba^2} \tag{2-21}$$

式中　a、b——梁的横截面高度和宽度。

R_0一般为直接拉伸试验所获得的抗拉强度的2～3倍。

岩石的抗拉强度一般为抗压强度的1/25～1/4，平均为1/10。由于岩石的抗拉强度很低，所以在工程设计中应尽可能避免拉应力的出现。

2.3.4 抗剪强度

岩石在剪切荷载作用下达到破坏前所能承受的最大剪应力称为岩石的抗剪强度(shear strength)。剪切强度试验分为非限制性剪切强度试验和限制性剪切强度试验两类。非限制性剪切强度试验在剪切面上只存在剪应力，没有正应力；限制性剪切强度试验在剪切面上除了存在剪应力外，还存在正应力。

典型的非限制性剪切强度试验有四种：单面剪切试验、双面剪切试验、冲击剪切试验和扭转剪切试验，如图2-10所示。

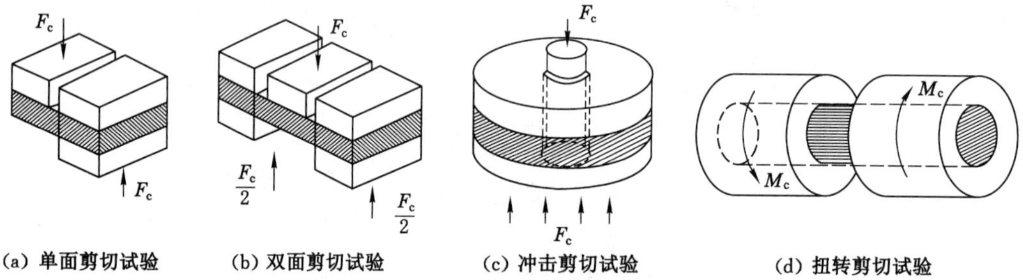

图2-10　非限制性剪切强度试验

非限制性抗剪强度记为S_0，其值由下列公式计算。

(1) 单面剪切试验

$$S_0=\frac{F_c}{A} \tag{2-22}$$

式中　F_c——试件被剪断前达到的最大剪切力，N；

A——试件沿剪切方向截面积，m^2。

(2) 双面剪切试验

$$S_0=\frac{F_c}{2A} \tag{2-23}$$

(3) 冲击剪切试验

$$S_0=\frac{F_c}{2\pi ra} \tag{2-24}$$

式中　a——试件厚度，m；

r——冲击孔半径，m。

(4) 扭转剪切试验

$$S_0=\frac{16M_c}{\pi D^3} \tag{2-25}$$

式中　M_c——试件被剪断前达到的最大扭矩，N·m；

D——试件直径，m。

几种典型的限制性剪切强度试验如图 2-11 所示。图中，F_c为剪切力，P 为正压力。

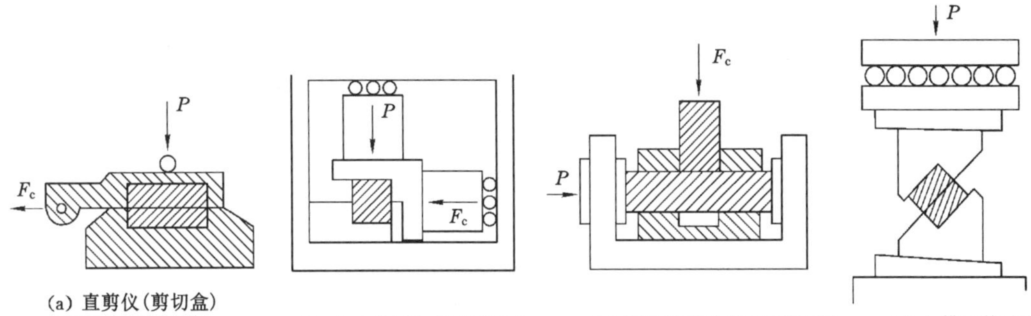

(a) 直剪仪(剪切盒)压剪试验(单面剪)　(b) 立方体试件单面剪试验　(c) 试件端部受压双面剪试验　(d) 角模压剪试验

图 2-11　限制性剪切强度试验

在上述四种限制性剪切强度试验中，直剪仪压剪试验是典型的标准的限制性剪切强度试验，其试验装置功能多、精度高。图 2-12 是一种便携式的直剪仪(剪切盒)装置示意图。岩石试件是事先浇筑在混凝土或石膏等材料中的，剪切面位于试件中部。这种方法对进行弱面剪切试验是极为有用和方便的。这是因为若要对某弱面做剪切试验，只要事先把弱面置于被剪切位置就行了。剪切面所受剪切力和正压力分别由两个油压千斤顶施加。

图 2-11(d)所示的角模压剪试验是一种最简单的限制性剪切强度试验。在正压力 P 的作用下，剪切面上可分解为沿剪切面的剪应力$P\sin\alpha/A$ 和垂直于剪切面的正应力 $P\cos\alpha/A$，如图 2-13 所示。

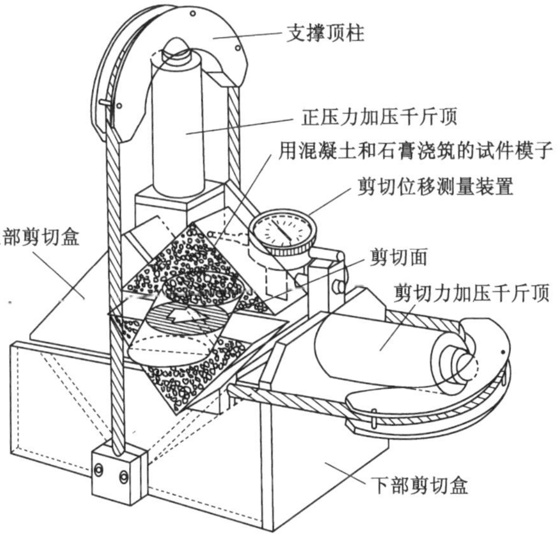

图 2-12　Hoek 剪切盒试验装置

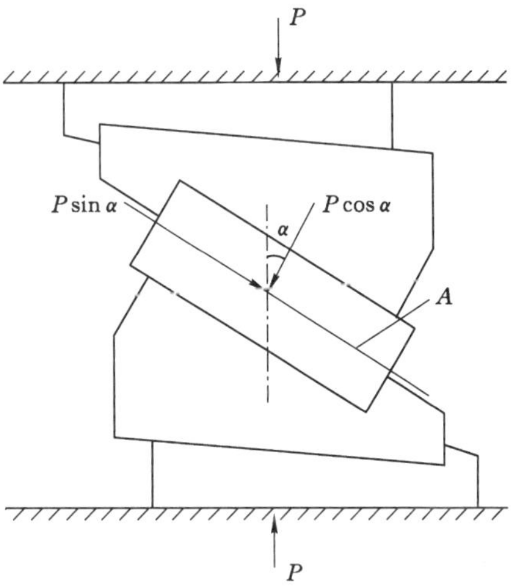

图 2-13　角模压剪试验试件受力示意图

试验表明，剪切面上所受的正应力越大，试件被剪破坏前剪切面上所能承受的剪应力也越大。这是因为剪切破坏发生前一要克服黏结力(内聚力)，二要克服剪切面上的摩擦力，正应力越大，摩擦力也越大。将限制性剪切强度试验试件被剪破坏时的剪应力和正应力标注到σ-τ 应力平面上就是一个点，不同的正应力、剪应力组合就是不同的点，将所有点连接起来就可获得莫尔强度包络线，如图 2-14 所示。这是除三轴抗压强度试验外，获得莫尔强度包络线的另一途径。

当剪切面上的剪应力超过峰值剪切强度后，剪切破坏发生，然后较小的剪切力作用就可使岩石沿剪切面滑动。能使破坏面保持滑动所需的较小剪应力就是破坏面的残余剪切强度。正应力越大，残余剪切强度越高，如图 2-15 所示。图 2-15 中，$\sigma_a > \sigma_b > \sigma_c$。因此只要有正应力存在，岩石剪切破坏面仍具有抗剪切的能力。

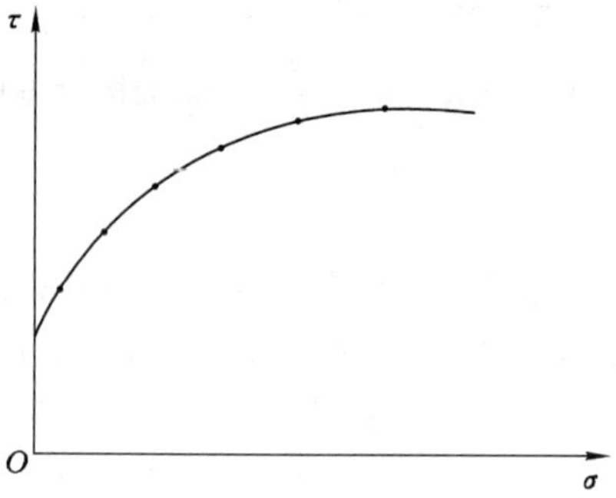

图 2-14　由限制性剪切强度试验结果绘制的莫尔强度包络线

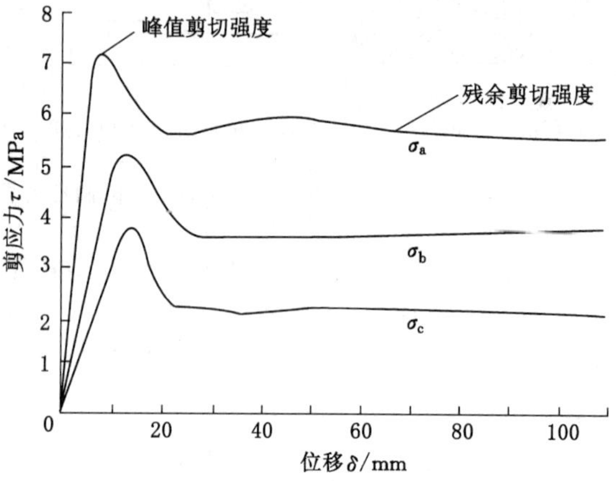

图 2-15　剪切面正应力和残余剪切强度关系示意图

2.3.5　三轴抗压强度

岩石在三轴压缩荷载作用下达到破坏前所能承受的最大压应力称为岩石的三轴抗压强度(triaxial compressive strength)。与单轴压缩试验相比，三轴压缩试验试件除受轴向压力外，还受侧向压力。侧向压力限制试件的横向变形，因而三轴压缩试验是限制性抗压强度(confined compressive strength)试验。

三轴压缩试验的加载方式有两种。一种是真三轴加载，试件为立方体，加载方式如图 2-16(a)所示。其中 σ_1 为主压力，σ_2 和 σ_3 为侧向压力。这种加载方式试验装置复杂，且 6 个面均会受到由加压铁板所引起的摩擦力，对试验结果有很大影响，因而实用意义不大。故极少有人做这样的三轴压缩试验。常规的三轴压缩试验是伪三轴试验，试件为圆柱体，试件直径为 50 mm，高度与直径之比为 2∶1 或 3∶1，加载方式如图 2-16(b)所示。轴向压力 σ_1 的加载方式与单轴压缩试验时相同；但由于有了侧向压力，其加载时的端部效应比单轴加载时要轻微得多，侧向压力(σ_2 和 σ_3)由圆柱形液压缸施加。由于试件侧表面已被加压液压缸的橡皮套包住，液压油不会在试件表面产生摩擦力，因而侧向压力可以均匀施加到试件中。其试验装置示意图如图 2-17 所示。在上述两种试验条件下，三轴抗压强度均为试件达到破坏前所能承受的最大压应力值 σ_1。

第一个经典的三轴压缩试验是由意大利人冯·卡门(von Karman)于 1911 年完成的。试验使用的是白色圆柱体大理石试件，该大理石具有很细的颗粒并且是非常均质的。试验发现，在围压为零或较低时，大理石试件以脆性方式破坏，沿一组倾斜的裂隙破坏。随着围

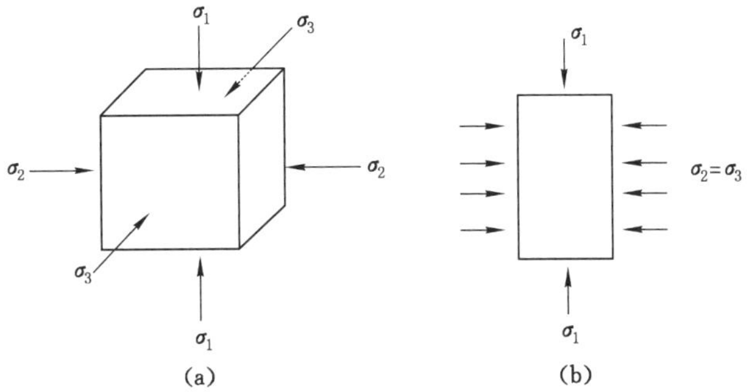

图 2-16　三轴压缩试验加载示意图

压的增加，试件的延性变形和强度都不断增加，直至出现完全延性或塑性流动变形，并伴随工作硬化，试件也变成粗腰桶形的。在试验开始阶段，试件体积减小，当 σ_1 达到三轴抗压强度一半时，出现扩容，泊松比迅速增大。

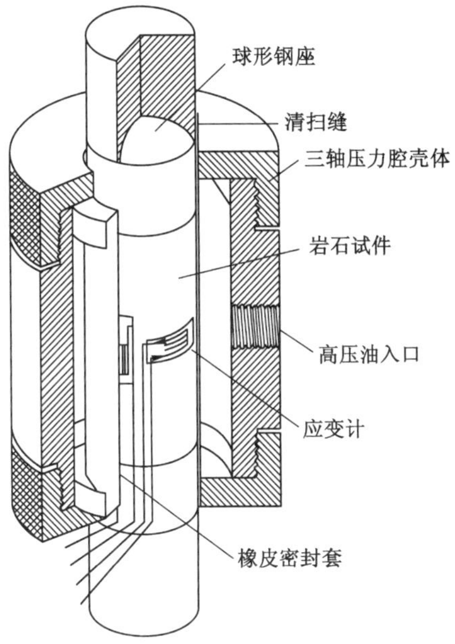

图 2-17　常规三轴压缩试验装置图

三轴压缩试验的最重要成果是对于同一种岩石的不同试件或不同的试验条件给出几乎恒定的强度指标值，这一强度指标值以莫尔强度包络线的形式给出。为了获得某种岩石的莫尔强度包络线，需对该岩石的 5～6 个试件做三轴压缩试验，每次试验的围压值不等，由小到大，得出每次试件破坏时的莫尔应力圆，通常也将单轴压缩试验和拉伸试验试件破坏时的莫尔应力圆用于绘制莫尔强度包络线，各莫尔应力圆的包络线就是莫尔强度曲线，如图 2-18(a)所示。如岩石中一点的应力组合(正应力加剪应力)落在莫尔强度包络线以下，则岩石不会破坏；若应力组合落在莫尔强度包络线之上，则岩石会出现破坏。

莫尔强度包络线一般是抛物线形的，但也有试验得出某些岩石的莫尔强度包络线是直线形的，如图 2-18(b)所示。与此相对应的强度准则为库仑强度准则。

直线形莫尔强度包络线在 τ 轴上的截距称为岩石的内聚力，记为 C，与 σ 轴的夹角称为岩石的内摩擦角，记为 φ。

对曲线形莫尔强度包络线(曲线斜率是变化的)，如何确定 C 和 φ 值，一种方法是将包络线在 τ 轴上的截距定为 C，将包络线与 τ 轴相交点的包络线外切线与 σ 轴夹角定为内摩擦角；另一种方法建议根据实际应力状态在莫尔强度包络线上找到相应点，在该点作包络线外切线，外切线与 σ 轴夹角为内摩擦角，外切线在 τ 轴上的截距即内聚力。实践中采用第一种方法较多。

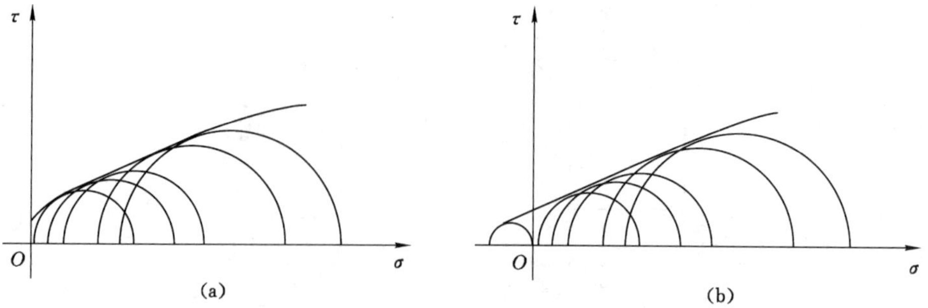

图 2-18 莫尔强度包络线

2.4 岩石的变形性质

与岩石的强度特性一样，岩石的变形特性也是岩石的重要力学特性。只有对岩石的变形特性的变化规律有了足够的了解，才能应用某些数学表达式表征岩石的变形特性，从而运用这些表达式计算岩石在外荷载作用下所产生的变形特性，评价岩石的稳定性。近年来，人们加强了对岩体工程的现场测量。通常，现场测量所获得的数据大都是岩体的变形值，为了能够更好、更全面地利用这些数据，必须要掌握岩石的变形规律及特征，并在此基础上综合结构面的力学特性，分析岩体的稳定性。随着对变形特性的深入研究，有人提出用变形表示的破坏判据代替以往常用的应力强度判据。可以说，这是一个更切合实际的新的研究方向。由此可见，变形特性是极为重要的。在实际工程中，经常遇到岩石在单轴和三轴压缩状态下的变形问题。因此，本节着重介绍岩石在上述两种受力状态下的变形特性。

2.4.1 岩石在单向压缩应力作用下的变形特性

2.4.1.1 *岩石在普通试验机中进行单向压缩试验时的变形特性*

岩石的变形特性通常可从试验时所记录下来的应力-应变曲线中获得，岩石的应力-应变曲线反映了各种不同应力水平所对应的应变（变形）规律。下面介绍具有代表性的典型的应力-应变曲线。

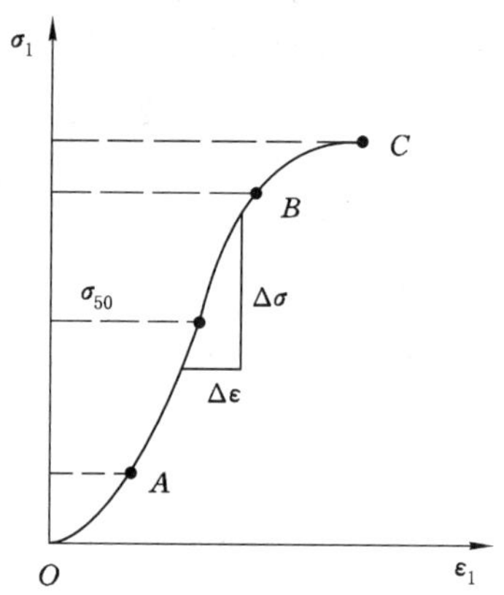

图 2-19 典型的应力-应变曲线

（1）典型的岩石应力-应变曲线分析

图 2-19 示例了典型的应力-应变曲线。根据应力-应变曲线的形态变化，可将其分成 OA、AB、BC 三个阶段，三个阶段各自显示了不同的变形特性。

① OA 阶段，通常称为压密阶段。其特征是应力-应变曲线呈上凹状，即应变随应力的增加其增量减小，形成这一特性的主要原因是存在于岩石内的微裂隙在外力作用下发生闭合。

② AB 阶段，也就是弹性阶段。由图 2-19 可知，

这一阶段的应力-应变曲线基本呈直线。若在这一阶段卸载的话其应变可以恢复，由此而称之为弹性阶段。这一阶段常用两个弹性常数来描述其变形特性，即弹性模量 E 和泊松比 μ。所谓弹性模量，是指应力-应变曲线中呈直线阶段的应力与应变之比（或者是该曲线在直线段的斜率），亦被称作平均模量。就模量的概念而言，岩石的模量还有初始模量、切线模量和割线模量等。在岩石力学中比较常用的是平均弹性模量 E 和割线模量 E_{50}。E_{50} 是指岩石峰值应力一半处的应力、应变之比，其实质代表了岩石的变形模量。所谓泊松比 μ，是指弹性阶段岩石的横向应变与纵向应变之比，其是描述岩石侧向变形特性的一个参数。近年来，经过大量的试验发现，在 AB 阶段，由于受载后不断地出现裂纹扩展，岩石将产生一些不可逆的变形。因此从某种意义上来说，它并不属于真正的弹性特性，只是一种近似的弹性变形。B 点是该岩石的屈服点，当应力超过 B 点后，则将进入第三阶段（BC 阶段）。

③ BC 阶段，也被称作塑性阶段。当应力超出屈服应力之后，随着应力的增大曲线呈下凹状，明显地表现出应变增大（软化）的现象。进入塑性阶段，岩石将产生不可逆的塑性变形，应变速率 $\dot{\varepsilon}_1$、$\dot{\varepsilon}_3$ 将同时增大，且最小主应变的应变速率 $\dot{\varepsilon}_3$ 的增大表现得更明显。应该指出，对于坚硬的岩石来说，这一塑性阶段很短，有的几乎不存在，它所表现的是脆性破坏的特征。所谓脆性，是指应力超过屈服应力却并不表现出明显的塑性变形的特性，而岩石因此破坏，即脆性破坏。

（2）反复循环加载曲线

若改变加载的方式，采用循环加卸载，可得到如图 2-20 所示的应力-应变曲线。岩石是一种带有缺陷的介质，其内部存在许多微裂隙，当岩石受力后这些裂隙会产生扩展、连接等现象。因此，从某种意义上来说，岩石并不具有理想的弹性特性，图 2-20 说明了这个问题。当进行循环加卸载试验后，岩石的应力-应变曲线形成了一个环，通常将它称作塑性滞环。研究发现，塑性滞环的形成反映了经过循环加卸载后消耗于裂隙的扩展和裂隙面之间的摩擦所做的功。因此，随着卸载点的应力增大，所需的能量也将增大，进而促使塑性滞环面积的增大。此外，由循环加卸载曲线可知，整个循环加卸载过程对岩石的变形特性影响并不大，尤其是再加载后的曲线似乎始终沿着原应力-应变曲线的轨迹发展，有人将这样的特性形象地称为岩石的“记忆”功能。

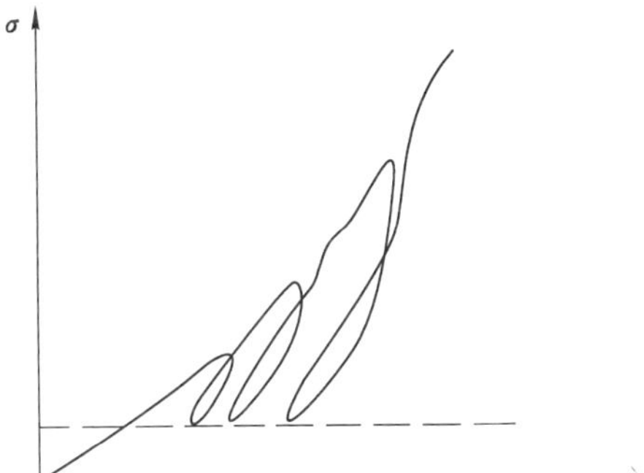

图 2-20　岩石在反复加载和卸载时的应力-应变曲线

（3）岩石应力-应变曲线形态的类型

岩石在成岩过程中，矿物成分、胶结物质不同且后期所经历的地质作用存在差异，故岩石具有不同的变形特性。根据对大量结果的分析，可将反映不同种类岩石变形特性的应力-应变曲线大致归纳为以下四种类型（图 2-21）。

① 直线型曲线：该类曲线主要表征具有很明显的弹性特性的岩石，且绝大多数有很强的脆性，其代表性岩石主要有石英岩、玄武岩等很坚硬的岩石。

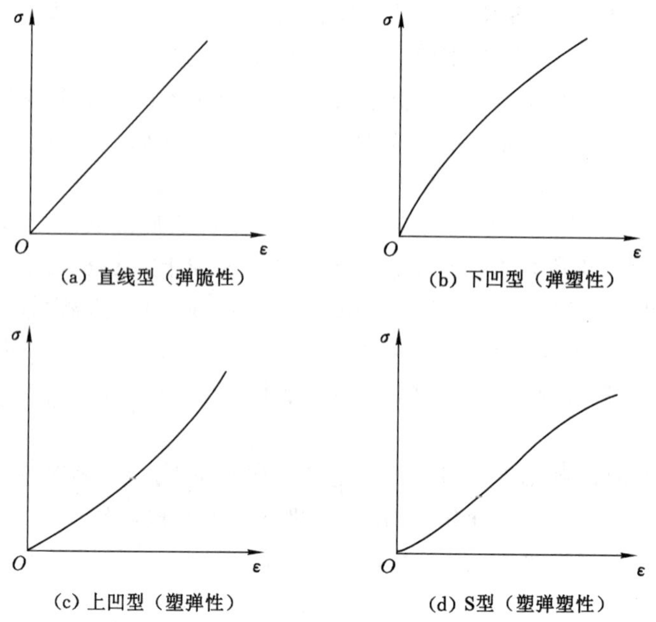

图 2-21　岩石在单向压力下进行适当缓慢和连续加载条件下的应力-应变曲线类型

② 下凹型曲线:也被称作弹塑性曲线,该类曲线主要表征具有较明显的塑性变形的岩石,石灰岩和粉砂岩是该类曲线的代表性岩石。

③ 上凹型曲线:岩石具有较大的孔隙又比较坚硬,往往会具有该类曲线的特性。据此,也有人称其为塑弹性曲线,具有这类特性的代表性岩石是片麻岩。

④ S型曲线:该类曲线主要表征呈塑弹塑性的岩石,其实质是上凹型与下凹型曲线的组合。大理岩是这类曲线所描述的代表性岩石。

2.4.1.2　*岩石在刚性试验机中进行单向压缩试验时的变形特性*

上面介绍了岩石在普通试验机中进行单向压缩试验时的变形特性,这些变形特性反映了岩石“破坏”前的力学特性。绝大多数岩石的变形属脆性,这使得“破坏”无明显前兆,不出现明显的塑性变形,岩石试件突然崩溃,无法记录崩溃后的应力-应变曲线。那么有人提出了这样的问题:岩石在试验过程中发生崩溃现象是否是岩石所固有的特性?岩石“破坏”后的特性是怎样的?经过大量的试验研究发现,岩石达到“破坏”的瞬间,试验机给予岩石试件的附加应力是加剧岩石试件崩溃的主要原因。1970年,沙拉蒙(M. D. G. Salamon)全面论述了试验机的刚度对岩石变形特性的影响,提出用刚度较大的试验机来减小作用于岩石的附加应力,进而可求得峰值应力后的应力-应变曲线。之后,这一观点被从事岩石力学工作的研究人员和工程技术人员接受,刚性试验机和应力-应变全过程曲线这两个全新的概念进入了岩石力学领域。

(1) 刚性试验机工作原理简介

试验机主要由出力系统和金属框架组成。当进行岩石压缩试验时,试验机的金属框架承受与出力系统大小相同的拉力,此时框架中储存着一定数量的弹性应变能。当岩石达到峰值应力时,由于已超出岩石所能承受的极限应力,岩石将产生一个较大量级的应变,这一应变的产生促使试验机框架向岩石释放出储存在机内的弹性应变能。显然,岩石的突然崩溃正是这部分附加的能量所导致的。图 2-22 是分析试验机刚度对试验结果影响的示意图。假设岩石的刚度用 K_s 表示；而且岩石在达峰值应力后仍具有一定的承载能力，刚度用 K'_s 表示。试验机的刚度用 K_m 和 K'_m 表示，且 $K'_m < K_m$，前者代表小刚度的试验机，后者代表大刚度的试验机。当试验机加载至岩石的峰值应力之后，若产生一个微小量的应变，则其应力-应变曲线应沿着 AA' 移动，此时岩石所能承受的能量为 $AA'O_2O_1$ 围成的面积。当试验机为柔性机（刚度为 K'_m），即试验机的刚度小于岩石的刚度时，由于加载作用，储存在试验机内的弹性应变能为 ABO_2O_1 所围成的面积。当应力加至峰值应力时，岩石会突然出现一个微小的应变（$\Delta\varepsilon$），与此同时，试验机也将恢复部分能量，并将其作用在岩石上，此时岩石所能承受的能量比试验机释放的能量小，其大小如图 2-22 所示的由 ABA' 所围成的面积。因此，由于附加能量的作用，岩石的裂纹扩展加剧，并产生崩溃的现象。与此相反，当试验机的刚度（K_m）大于岩石的刚度时，则在相同的条件下，试验机附加给岩石的能量为 ACO_2O_1 所围成的面积，比岩石所能承受的能量小（差值相当于 $AA'C$ 所围成面积代表的能量），岩石要继续产生应变必须依靠外荷载的加载才能实现。因此，当试验机的刚度大于岩石的刚度时，才有可能记录下岩石峰值应力区的应力-应变曲线。这就是刚性试验机的工作原理。

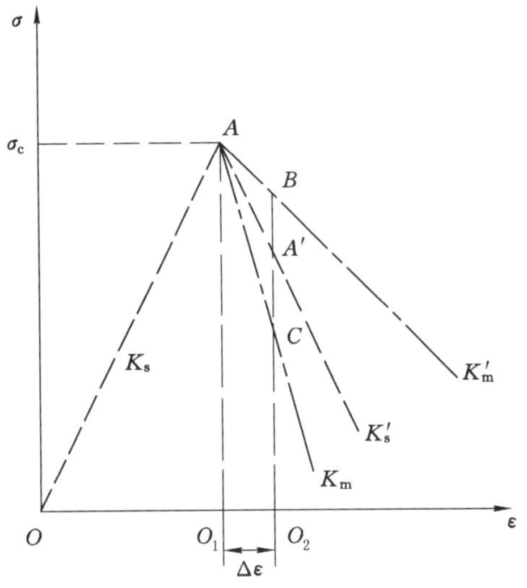

图 2-22　刚性试验机工作原理分析

(2) 应力-应变全过程曲线形态

由上述分析可知，所谓应力-应变全过程曲线，是指在刚性试验机上进行试验所获得的包括岩石达到峰值应力之后的应力-应变曲线。

由图 2-23 可知，除了前面已介绍的曲线可分成 OA、AB、BC 三个阶段之外，当应力值过 C 点之后还存在另外两个阶段。

CD 阶段，又被称作应变软化阶段。虽然此时应力已超过峰值应力，但岩石仍具有一定的承载能力，而这一承载能力将随着应变的增大而逐渐减小，表现出明显的软化现象。

D 点以后阶段，为摩擦阶段。它仅反映岩石产生宏观的断裂面之后，断裂面的摩擦所具有的抵抗外力的能力。

(3) 峰值应力后应力-应变曲线的特征及类型

① 岩石达到峰值应力之后，仍然具有一定的承载能力，而岩石突然的“崩溃”是一种假象。因此，前述将应力达到峰值应力时称作岩石“破坏”是不够严密的，其实质并非完全破坏，仅仅表现为承载能力的降低。

② 在反复加卸载的情况下，曲线也会形成塑性滞环，而且塑性滞环的平均斜率逐渐减小，表现出应变软化的特征。此外，曲线仍具有记忆能力，反复加卸载对岩体的变形特性并无多大影响。

岩石在刚性试验机上进行试验，其应力-应变曲线类型根据岩性的不同可以分成两种。

第一种类型为稳定型。当试件所受的荷载超过其峰值应力后，只有在外力继续做功的情况下，才能使其破损进一步发展，如图 2-24 中的类型Ⅰ。第二种类型为不稳定型，如图 2-24 中的类型Ⅱ。该类试件将出现不稳定的裂纹扩展，试件在不需要外力继续做功的情况下破裂会持续发展，直至丧失承载能力。

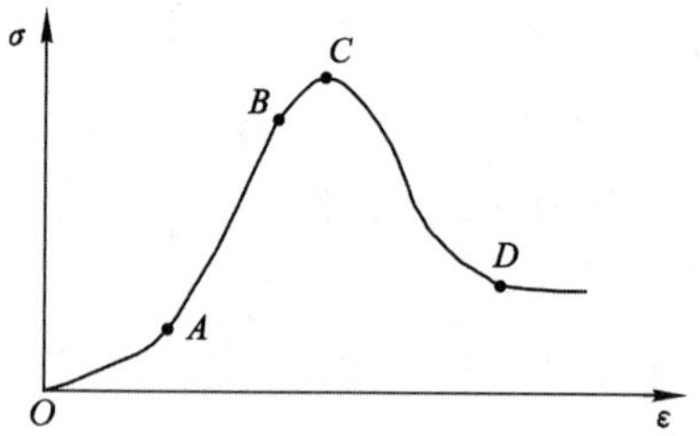

图 2-23　岩石的应力-应变全过程曲线

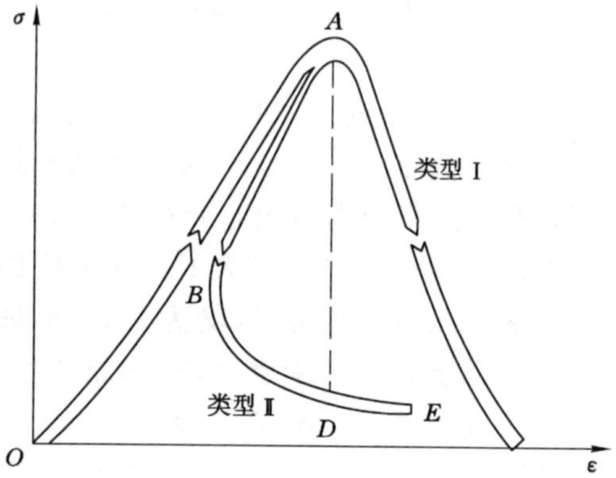

图 2-24　岩石试件的两种应力-应变曲线类型

2.4.2　岩石在三向压缩应力作用下的变形特性

岩石在三向压缩应力作用下的变形特性与岩石的强度一样，也与单向压缩状态下存在比较大的差异。

2.4.2.1　$\sigma_2=\sigma_3$时岩石的变形特性

在$\sigma_2=\sigma_3$的条件下，即经常所说的假三轴的试验条件下，岩石的变形特性将受到围压的影响。图 2-25 是一组大理岩的试验曲线，图中显示了变形特性具有以下几条规律：

① 随着围压($\sigma_2=\sigma_3$)的增加，岩石的屈服应力随之提高。

② 总体来说，岩石的弹性模量变化不大，有随围压增加而增大的趋势。

③ 随着围压的增加，峰值应力所对应的应变值有所增大，其变形特性表现出低围压的脆性向高围压的塑性转换的规律。

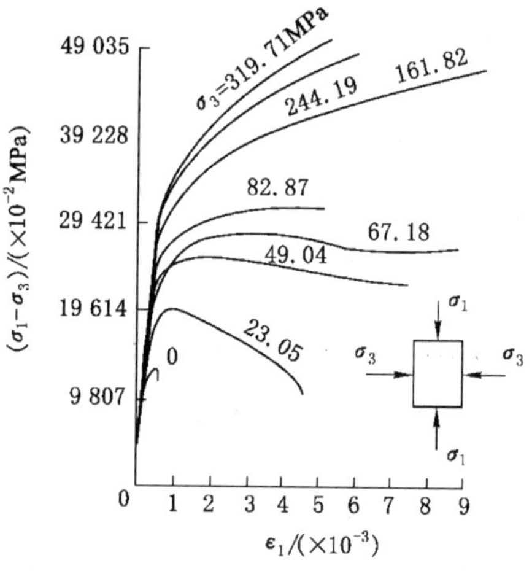

图 2-25　三向压缩应力作用下大理岩的试验结果

2.4.2.2　σ_3为常数时岩石的变形特性

当σ_3为常数时，在不同的σ_2作用下，其变形曲线如图 2-26(a)所示。由图可知：

① 随着σ_2的增大，岩石的屈服应力有所提高。

② 弹性模量基本不变，不受σ_2变化的影响。

③ 当σ_2不断增大时，岩石由塑性逐渐向脆性转换。

2.4.2.3　σ_2为常数时岩石的变形特性

当σ_2值较大且为常数时，在不同的σ_3作用下，岩石的变形特性如图 2-26(b)所示，主要特征如下：

① 岩石的屈服应力几乎不变。

② 岩石的弹性模量基本不变。

③ 岩石始终保持塑性破坏的特性，只是随 σ_3 的增大，其塑性变形量也随之增大。

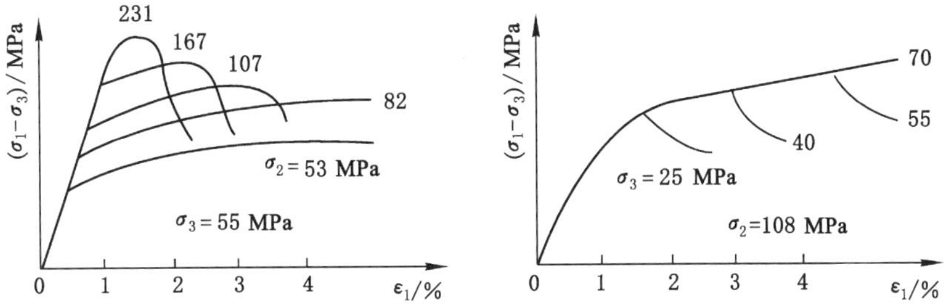

(a) σ_3为常数时σ_2的影响　　(b) σ_2为常数时σ_3的影响

图 2-26　岩石在三轴压缩状态下的应力-应变曲线(据茂木清夫)

2.4.2.4　岩石的体积应变特性

岩石体积应变的变化规律也是从另一个角度反映岩石变形特性的重要方面。

图 2-27 中的体积应变 ε_V 是根据弹性力学中的基本假设条件，按式(2-26)求得的。

$$\varepsilon_V=\frac{\Delta V}{V}=\varepsilon_1+\varepsilon_2+\varepsilon_3 \tag{2-26}$$

式中　ΔV——体积增量；

V——试件的原体积；

ε_1、ε_2、ε_3——最大主应变、中间主应变和最小主应变。

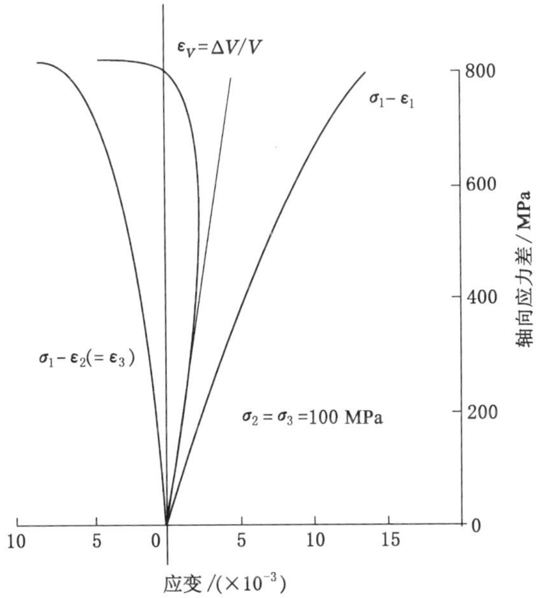

图 2-27　Westerly 花岗岩的应力-应变曲线

图 2-27 中的曲线反映了体积应变与轴向应力差之间关系的变化规律。在假三轴试验条件下，由于 $\sigma_2=\sigma_3$，体积应变在很大程度上受最小主应变 $\varepsilon_2=\varepsilon_3$ 的影响。从图中可知，当作用的外荷载较小时，体积应变表现出线性变化特征，且岩石的体积随荷载的增大而减小。然而，当外荷载达到一定值之后，体积应变经过了保持不变的阶段，开始发生体积膨胀的现象，这一现象在岩体力学中被称作扩容。所谓扩容，是指岩石受外力作用后，发生非线性的体积膨胀，且这一体积膨胀是不可逆的。产生扩容现象的主要原因是岩石试件在不断加载过程中，由于岩石中存在的微裂纹张开、扩展、贯通等，岩石内孔隙增大，岩石体积也随之增大，这一体积变化的现象在三向压缩和单向压缩试验中都会出现。但是，随着围压的增大会出现扩容量随之减弱的现象。

2.4.3 岩石弹性、塑性变形机理的微观分析

弹性、塑性变形是岩石最基本的变形，了解其微观机理，将有助于更全面地认识岩石的变形规律和特征。岩石在外力作用下产生的弹性变形和塑性变形都建立在组成岩石的基本质点（原子、分子、离子及分子团、离子团等）之间相对位置变化的基础上。岩石的变形特性，还可以通过对岩石的原子、分子结构以及基本质点之间的相互作用规律来进行研究。

由固体物理学可知，在结晶体的内部，物质质点以一定的距离保持在一定的位置上组成空间格子（图 2-28）。物质质点具有一定的动能和势能，势能使物质质点之间保持一定的距离，而动能则使物质质点围绕相对静止位置的四周产生振动，动能的大小与绝对温度成正比。

物质质点能维持在空间格子的位置上，是由于质点之间存在相互作用力。以离子为例，在离子之间同时存在吸引力和排斥力。吸引力 f_a 的表达式为

$$f_a=\frac{e_1 e_2}{r^2}$$

式中 e_1、e_2——两离子所带电量；

r——两离子间的距离。

离子之间排斥力 f_c 的表达式为

$$f_c=-\frac{b}{r^n}\ (n>2)$$

式中 b——比例常数。

因此，两离子之间的实际作用力，即吸引力和排斥力叠加而得的合力

$$f=\frac{e_1 e_2}{r^2}-\frac{b}{r^n} \tag{2-27}$$

图 2-29 所示为吸引力 f_a（C_1线）、排斥力 f_c（C_2线）以及合力 f 随离子间距变化而变化的规律。由于物质质点之间的作用力性质与此相似，所以就由此图来认识物质质点之间的作用力特性。由图可见，随着物质质点间距 r 的变化，合力 f 不仅数值大小有变化，而且作用力的性质也会改变：当 $r<r_0$ 时，表现为排斥力；当 $r>r_0$ 时，则表现为吸引力；当 $r=r_0$ 时（图中 A 点），质点之间吸引力与排斥力相等。

A 点的平衡位置表示物体内部没有应力作用。当物体受压后，质点间距减小，排斥力相应就会增长，直到与压应力平衡。此时质点间距 $r<r_0$，并保持新的平衡状态。而一旦压应力消失，则质点间距会恢复至 r_0，维持原有的平衡。物体受拉与此类似。只是物体的抗拉

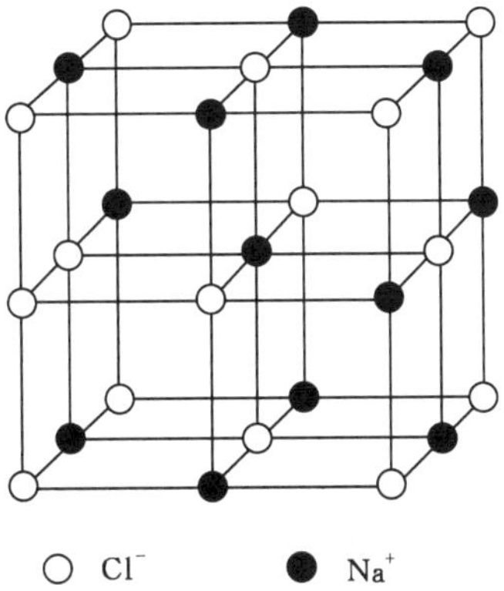

图 2-28　组成矿物(岩盐)的空间格子

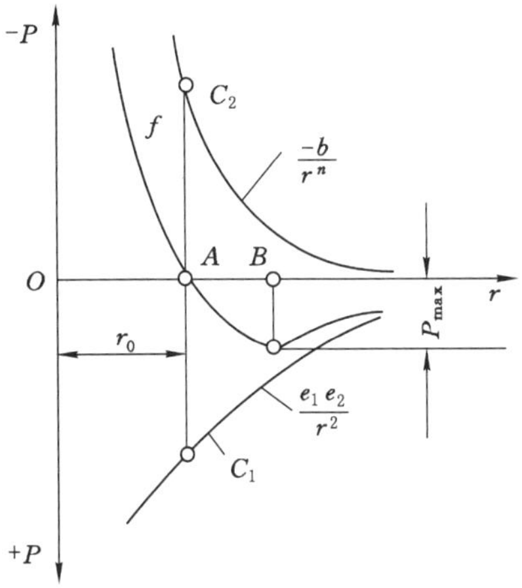

图 2-29　物质质点之间的空间相互作用力

能力是有限的,当质点间距超过了 OB,则质点之间的平衡就不能维持,会产生物质的分离破坏。

由上述分析可见,物体的弹性性能是以物质质点相互之间的作用力来表现的,应力改变了质点间距,相应产生了物体的变形,同时也建立了新的平衡,一旦荷载消失,质点随即产生位移,返回到无应力时的平衡位置上。这也表明物体弹性变形的恢复能力是强制性的。

下面再来讨论塑性。物体的塑性表现为当应力大于某一数值以后,物体的应变会持续产生,并且当应力消失后变形不再恢复。物体的塑性变形过程是相当复杂的,从质点之间的作用来看,可将塑性变形看作质点在格子中受到剪应力而产生位错的结果。质点的位错形式有多种,图 2-30 是晶体产生位错的例子。晶体的空间格子受到剪应力作用以后产生形变,当剪应力超过某一数值以后,质点就会产生位置交换,或者产生孪生的晶体形变,这种现象就称为位错。位错往往是沿某一个面或一组面进行的。质点经过位错以后,质点之间仍然保持与位置交换以前相同的作用力,这样,晶格组合并未受到多大损害,而塑性变形却能保持下来。

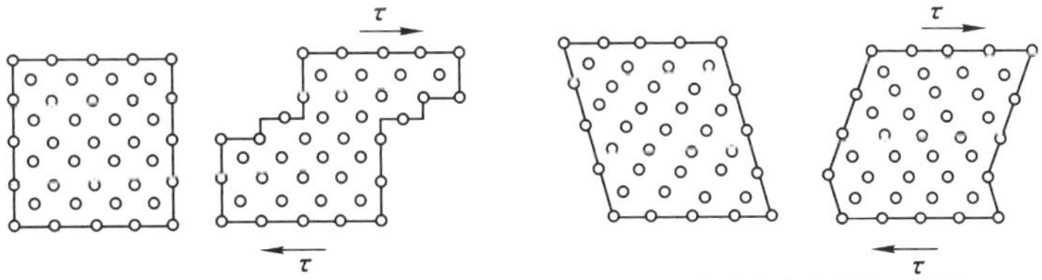

(a) 通过平移而形变　　(b) 通过孪生的晶体而形变

图 2-30　晶体的位错

如上所述,矿物的力学性能与其空间格子有密切关系。组成矿物的空间格子有各种不同的形式,其各个方向结合键的结合力以及质点间距都是不相同的。它不仅与矿物的化学成分有关,而且与矿物结晶时的外界条件(温度、压力、冷却速度等)有关。例如,金刚石和石墨同样由碳原子组成,但它们的晶体空间格子形式是不相同的。如图 2-31 所示,在金刚石晶体的空间格子中,碳原子是按正四面体均匀排列的,所有碳原子的距离是相同的,等于

1.54×10^{-10} m。而石墨的空间格子为另一种形式，碳原子组成了间距等于 1.42×10^{-10} m 的六角平面网，而相邻面网之间的碳原子间距却为 3.40×10^{-10} m。这样，由于物质结构形式不同，它们的物理性能不同。众所周知，金刚石是硬度最大的矿物，而石墨却能在纸上划出痕迹。一般来说，晶体空间格子沿不同方向的质点间距以及质点之间作用力是不相同的，因此，矿物的力学性能也会沿各个方向而不同，这就表现为各向异性。对于具有层状格子构造的矿物来说，如云母、石墨、黏土矿物(高岭土、蒙脱土等)以及其他片状矿物，其各向异性表现得尤为明显。由于绝大多数矿物总能形成某一方向上的软弱面，因此，矿物在受到外力作用以后，在弱面方向容易表现出变形、位错及破坏。矿物的弹性和塑性也就与矿物中的弱面性质有关，并且总是表现为各向异性。

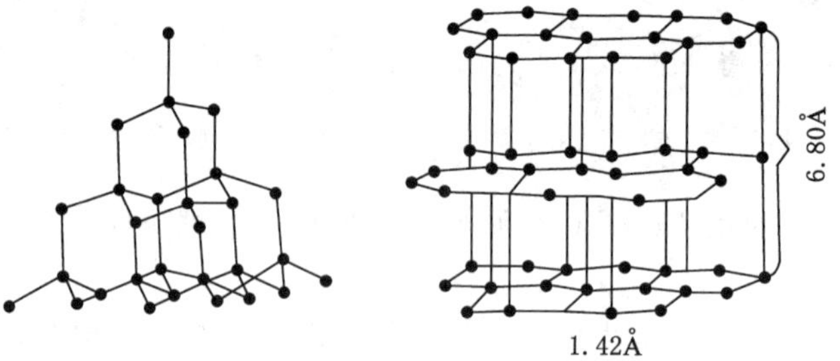

(a) 金刚石　　(b) 石墨

图 2-31　金刚石和石墨的空间格子

岩石的力学性能不仅与矿物性能有关，而且与岩石的结构、构造有关。从统计角度来看，存在下列情况：一种情况是岩石中的矿物呈定向排列，尤其是具有明显弱面的片状矿物的定向排列，使得岩石形成一定方向上的一组软弱面或微裂隙，这就决定了岩石的各向异性，并且岩石的力学性质主要取决于这些软弱面的性质；另一种情况是岩石中的各种矿物都是沿不同方向均匀排列，从统计角度看，即使岩石含有某些具有明显软弱面的矿物，但它们在各个方向上出现的概率是相同的，软弱面的作用在各个方向上分散了，因此宏观上就可把岩石近似地看作均质体，当然，这种均质体仍含有弱面或微裂隙。岩石的弹塑性以及力学强度，都与此密切相关。即使是在岩石的弹性变形阶段，仍然会有内部微裂隙的脆性扩展和破裂的出现，岩石的破坏是与弹性及塑性变形过程中微裂隙的破裂的积累和发展分不开的。因此，岩石的内部受力过程是相当复杂的，目前人们正在继续深入研究。

2.5　岩石的流变性质

2.5.1　岩石流变的概念

流变性质，是指材料的应力-应变关系与时间因素有关的性质，材料变形过程中具有时间效应的现象称为流变现象。

岩石的变形不仅表现出弹性和塑性，而且也具有流变性质，岩石的流变包括蠕变、松弛和弹性后效。

蠕变，是指当应力不变时，变形随时间延长而增长的现象。

松弛，是指当应变不变时，应力随时间延长而减小的现象。

弹性后效，是指加载或卸载时，弹性应变滞后于应力的现象。

2.5.2　典型蠕变曲线特征

由于岩石的蠕变特性对岩石工程稳定性有重要意义，我们重点分析岩石的蠕变。

岩石的蠕变曲线如图 2-32 所示，图中三条蠕变曲线是在不同应力下得到的，其中 $\sigma_a > \sigma_b > \sigma_c$。蠕变试验表明，岩石在某一较小的恒定荷载持续作用下，其变形量虽然随时间延长有所增加，但蠕变变形的速率随时间延长而减小，最后变形趋于一个稳定的极限值，这种蠕变称为稳定蠕变。当荷载较大时，如图 2-32 中的 $abcd$ 曲线所示，蠕变不能稳定于某一极限值，而是无限增长直到岩石破坏，这种蠕变称为不稳定蠕变。这是典型的蠕变曲线，根据应变速率不同，其蠕变过程可分为三个阶段：

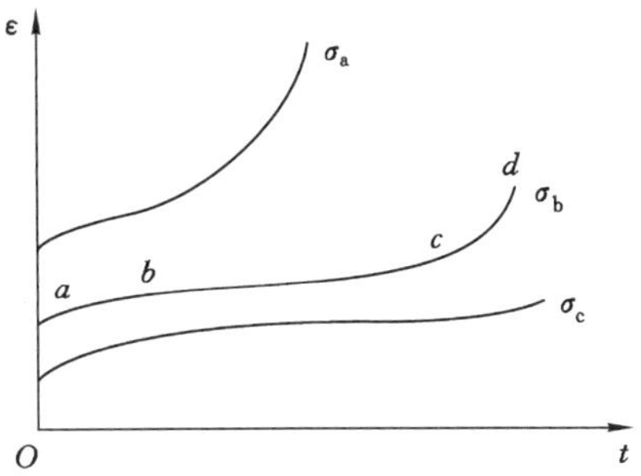

图 2-32　岩石蠕变曲线

第一蠕变阶段：如曲线中 ab 段所示，应变速率随时间延长而减小，故又称为减速蠕变阶段或初始蠕变阶段。

第二蠕变阶段：如曲线中 bc 段所示，应变速率保持不变，故又称为等速蠕变阶段。

第三蠕变阶段：如曲线中 cd 段所示，应变速率迅速增加直到岩石破坏，故又称为加速蠕变阶段。

一种岩石既可发生稳定蠕变也可发生不稳定蠕变，这取决于岩石应力的大小。当岩石应力超过某一临界应力时，蠕变向不稳定蠕变发展；当岩石应力小于此临界应力时，蠕变按稳定蠕变发展。通常，称此临界应力为岩石的长期强度。

2.5.3　岩石的长期强度

一般情况下，当荷载达到岩石瞬时强度（通常指岩石单轴抗压强度）时，岩石发生破坏。在岩石承受的荷载低于其瞬时强度的情况下，如持续作用较长时间，由于流变作用，岩石也可能发生破坏。因此，岩石的强度随外载作用时间的延长而降低，通常把作用时间 $t \to \infty$ 的强度（最低值）S_∞ 称为岩石的长期强度。

长期强度的确定方法有两种：

第一种方法——长期强度曲线即强度随时间延长而降低的曲线，可以通过各种应力水平长期恒载试验得出。设在荷载 $\sigma_1 > \sigma_2 > \sigma_3 \cdots$ 试验的基础上，绘得非衰减蠕变的曲线簇，并确定每条曲线加速蠕变达到破坏前的应力 σ 及荷载作用所经历时间，如图 2-33(a)所示。以纵坐标表示破坏应力 $\sigma_1, \sigma_2, \sigma_3, \cdots$，横坐标表示破坏前经历的时间 $t_1, t_2, t_3, \cdots$，作破坏应力和破坏前经历时间的关系曲线，称为长期强度曲线，如图 2-33(b)所示。所得曲线的水平渐近线在纵轴上的截距，即所求长期强度 S_∞。

第二种方法——通过不同应力水平恒载蠕变试验，得一簇曲线（σ 为恒量下 ε-t 曲线）图，在图上作 $t_0 (t=0), t_1, t_2, \cdots, t_\infty$ 时与纵轴平行的直线，且与各蠕变曲线相交，各交点包含

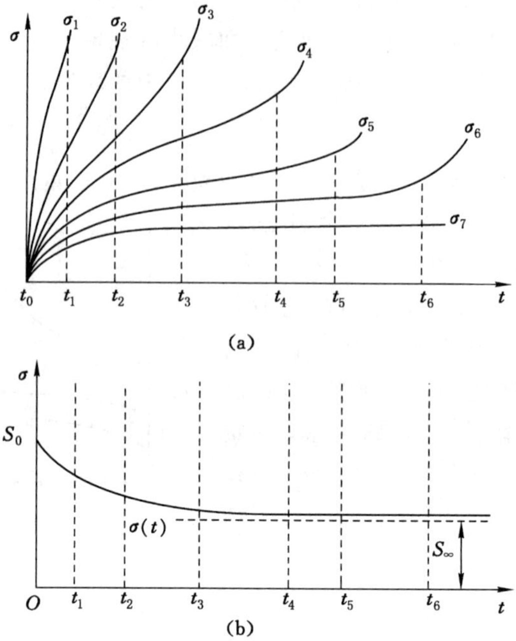

图 2-33　岩土蠕变曲线和长期强度曲线

σ,ε,t 三个参数，如图 2-34(a)所示。应用此三个参数，作等时的 σ-ε 曲线簇，得到相应的等时 σ-ε 曲线，对应 t_∞ 的等时 σ-ε 曲线的水平渐近线在纵轴上的截距，即所求长期强度 σ_∞ 或 S_∞，如图 2-34(b)所示。

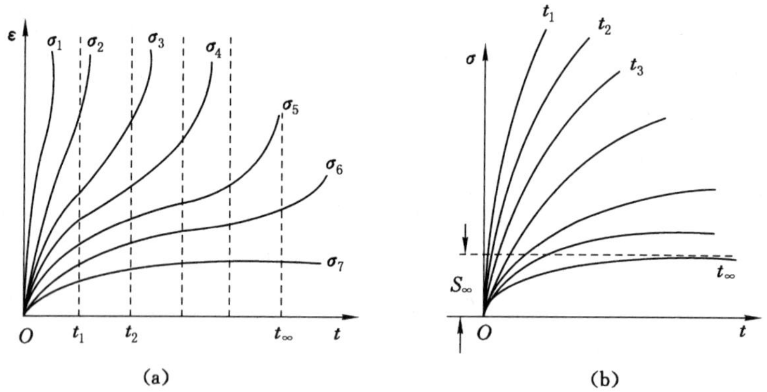

图 2-34　应用蠕变试验曲线确定长期强度

长期强度曲线如图 2-35 所示，可用指数型经验方程表示为

$$\sigma_t = A + Be^{-\alpha t} \tag{2-28}$$

由 $t=0$ 时，$\sigma_t = S_0$，得 $S_0 = A + B$；$t \to \infty$ 时，$\sigma_t \to S_\infty$，得 $\sigma_\infty = A$；故有 $B = S_0 - A = S_0 - S_\infty$。由此，方程(2-28)可写为

$$\sigma_t = S_\infty + (S_0 - S_\infty)e^{-\alpha t} \tag{2-29}$$

式中，α 为由试验确定的经验常数。由方程(2-29)可确定任意时间 t 时的强度 σ_t。岩石长期强度

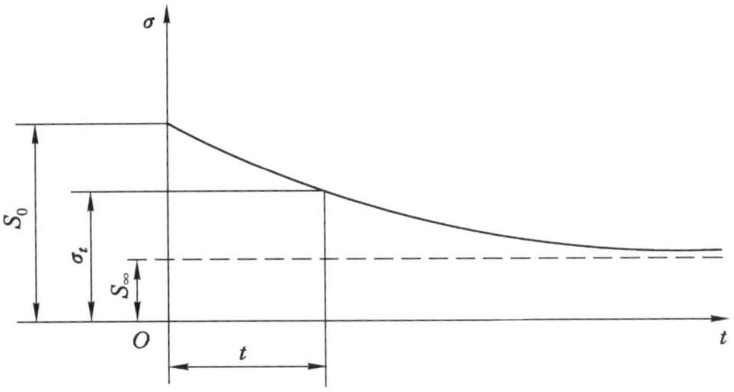

图 2-35　长期恒载破坏试验确定的岩石长期强度

是一种极有意义的时间效应指标。当衡量永久性及使用期长的岩石工程的稳定性时,不应以瞬时强度而应以长期强度作为计算指标,可惜至今国内外在这方面所做的工作还很有限。

在恒定荷载长期作用下,岩石会在比瞬时强度小得多的情况下破坏。根据目前试验资料,大多数岩石的长期强度/瞬时强度(S_∞/S_0)为 0.4～0.8,软的和中等坚固岩石为 0.4～0.6,坚固岩石为 0.7～0.8,表 2-10 列出了几种岩石长期强度与瞬时强度的比值。

表 2-10　几种岩石长期强度与瞬时强度的比值

岩石名称	黏土	石灰岩	盐岩	砂岩	白垩
S_∞/S_0	0.74	0.73	0.70	0.65	0.62

2.6　影响岩石力学性质的因素

岩石力学性质是指岩石在外力作用下的变形和破坏特性。岩石力学性质的影响因素分为内因和外因。内因主要包括岩石的组成矿物成分和岩石的结构特征。如岩石的成分不同,其力学性质也会有所不同。例如,石英岩的抗压强度要大于砂岩的抗压强度,砂岩的抗拉强度要大于石英岩的抗拉强度。岩石的结构特征会影响其力学性质,例如,岩石的结构越松散,其力学性质就越差。影响岩石力学性质的外因很多,如水、温度、风化程度、加载速率、围压等,它们对岩石的力学性质都有影响。

2.6.1　水对岩石力学性质的影响

岩石中的水通常以两种方式赋存,一种称为结合水或束缚水,另一种称为重力水或自由水。它们对岩石力学性质的影响,主要体现在五个方面:联结作用、润滑作用、水楔作用、孔隙压力作用、溶蚀及潜蚀作用。前三种作用为结合水产生的,后两种作用是重力水造成的。结合水是由于矿物对水分子的吸附力超过重力而被束缚在矿物表面的水,水分子运动主要受矿物表面势能的控制;结合水在矿物表面形成一层水膜,这种水膜产生前述的三种作用。

联结作用——束缚在矿物表面的水分子通过其吸引力作用将矿物颗粒拉近、接紧,起联结作用,这种作用在松散土中是明显的,而对于岩石,由于矿物颗粒间的联结强度远远高于这种联结作用,因此,它对岩石力学性质的影响是微弱的,但对于被土充填的结构面的力学性质的影响则很明显。

润滑作用——由可溶盐、胶体矿物联结的岩石，当有水浸入时，可溶盐溶解、胶体水解，原有的联结变成水胶联结，从而导致矿物颗粒间联结力减弱、摩擦力减小，水起到润滑剂的作用。

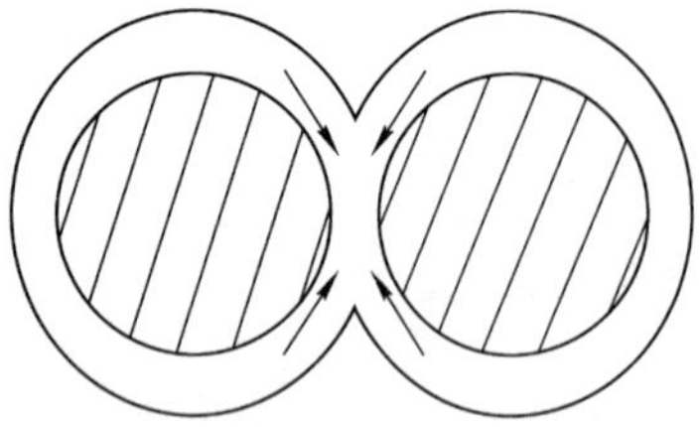

图 2-36　水楔作用

水楔作用——如图 2-36 所示，当两个矿物颗粒靠得很近，有水分子补充到矿物表面时，矿物颗粒利用其表面吸着力将水分子拉到自己周围，在两个颗粒接触处吸着力作用使水分子向两个矿物颗粒之间的缝隙内挤入，这种现象称为水楔作用。

当岩石受压时，如压应力大于吸着力，水分子就被压力从接触点中挤出。反之，如压应力减小至低于吸着力，水分子则又被挤入两颗粒之间，使两颗粒间距增大，这样便产生两种结果：一是岩石体积膨胀，如岩石处于不可变形的条件，便产生膨胀压力；二是水胶联结代替胶体及可溶盐联结，产生润滑作用，岩石强度降低。

以上几种作用都与岩石中结合水有关，而岩石含结合水的多少主要和矿物的亲水性有关。岩石中亲水性最大的是黏土矿物，故含黏土矿物多的岩石受水的影响最大，如黏土岩在浸湿后其强度降幅可达 90%；而含亲水矿物少（或不含）的岩石如花岗岩、石英岩等，浸水后强度变化则小得多。各类型岩石的软化系数见表 2-11。

表 2-11　各类型岩石的软化系数

岩浆岩		沉积岩		变质岩	
岩石名称	软化系数	岩石名称	软化系数	岩石名称	软化系数
花岗岩	0.72～0.97	火山集块岩	0.6～0.8	片麻岩	0.75～0.97
闪长岩	0.60～0.80	火山角砾岩	0.57～0.95	石英片麻岩	0.44～0.84
闪长玢岩	0.78～0.81	安山凝灰集块岩	0.61～0.74	角闪片麻岩	0.44～0.84
辉绿岩	0.33～0.90	凝灰岩	0.52～0.86	云母片岩	0.53～0.69
流纹岩	0.75～0.95	砾岩	0.50～0.96	绿泥石片岩	0.53～0.69
安山岩	0.81～0.91	石英砂岩	0.65～0.97	千枚岩	0.67～0.96
玄武岩	0.30～0.95	泥质砂岩、粉砂岩	0.21～0.75	硅质板岩	0.75～0.79
		泥岩	0.40～0.60	泥质板岩	0.39～0.52
		页岩	0.24～0.74	石英岩	0.94～0.96
		石灰岩	0.70～0.94		
		泥灰岩	0.44～0.54		

自由水不受矿物表面吸着力控制，其运动主要受重力作用控制，它对岩石力学性质的影响主要表现在孔隙压力作用和溶蚀、潜蚀作用。

孔隙压力作用——对于孔隙和微裂隙中含有重力水的岩石，当其突然受载而水来不及排出时，岩石孔隙或裂隙中将产生很高的孔隙压力。这种孔隙压力，可减小颗粒之间的压应力，从而导致岩石的抗剪强度降低，甚至使岩石的微裂隙端部处于受拉状态而破坏岩石的联结。

溶蚀、潜蚀作用——岩石中渗透水在流动过程中可将岩石中可溶物质溶解带走，有时将岩石中小颗粒冲走，从而使岩石强度大为降低，变形加大，前者称为溶蚀作用，后者称为潜蚀作用。岩体中有酸性或碱性水流时，极易出现溶蚀作用；当水力梯度很大时，孔隙率大、联结差的岩石则易产生潜蚀作用。

同时还应当指出，除了上述五种作用外，孔隙、微裂隙中的水在冻融时的胀缩作用对岩石力学强度破坏作用很大。

岩石试件的湿度，即含水量也显著影响岩石的抗压强度指标值，含水量越大，抗压强度指标值越低。水对岩石强度的影响通常以软化系数表示。

2.6.2　温度对岩石力学性质的影响

从工程建筑角度来看，除了一些特殊项目，一般不需要研究温度对岩石力学性质的影响。这是因为按一般地热增温看，每增加 100 m 深度，温度升高 3 ℃，这样在目前的工程活动的最大深度 3 000 m 内，岩石的温度约为 90 ℃，这一温度对岩石力学性质不可能产生显著的影响。

一般来说，随着温度的升高，岩石的延性增大、屈服点降低、强度也降低。三种不同岩石在围压为 500 MPa，温度由 25 ℃升高到 800 ℃时应力-应变特征如图 2-37 所示。

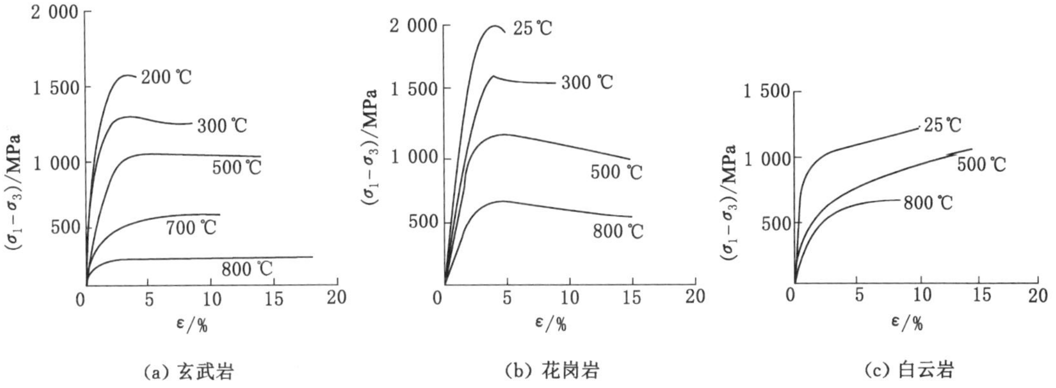

图 2-37　温度对高压下岩石变形的影响（据格雷格斯）

2.6.3　加载速率对岩石力学性质的影响

做单轴压缩试验时施加荷载的速率对岩石的变形性质和强度指标值有明显影响。加载速率越大，测得的弹性模量越大；加载速率越小，测得的弹性模量越小。

加载速率越大，获得的强度指标值越高。国际岩石力学与岩石工程学会建议的加载速率为 0.5～1.0 MPa/s，一般从开始试验直至试件破坏的时间为 5～10 min。

2.6.4　围压对岩石力学性质的影响

由三轴压缩试验可知，岩石的脆性和塑性并非岩石固有的性质，其与岩石受力状态有关，随着受力状态的改变，岩石的脆性和塑性是可以相互转化的 。例如，欧洲阿尔卑斯山的山岭隧道穿过很坚硬的花岗岩，由于山势陡峭，花岗岩处于很高的三维地应力状态下，表现出明显的塑性变形，可见试验结论与实际是相符的。在三轴压缩条件下，岩石的变形、强度和弹性极限都有显著增大。

2.6.5 风化程度对岩石力学性质的影响

新鲜岩石的力学性质和风化岩石的力学性质有较大的区别，特别是当岩石风化程度很深时，岩石的力学性质会明显降低，而在实际工程中又常常将风化岩石作为工程的基础，因此，研究和认识风化岩石的力学特性是有必要的。风化作用是一种表生的自然营力和人类作用的共同产物，是一种很复杂的地质作用，涉及气温、大气、水分、生物、原岩的成因、原岩的矿物成分、原岩的结构和构造等诸因素的综合作用。这里不讨论风化作用的机理，只阐明风化作用使岩石强度降低的评价方法。风化程度的不同对岩石强度的影响程度是不同的。所谓风化程度，是指岩体的风化现状。研究岩体的风化现状对确定建筑物的地基、边坡或围岩的施工开挖深度以及采取防护措施等均具有重要的意义。事实上，并不是所有的风化岩石都不能满足设计的要求，只是那些风化比较强烈、物理力学性质较差的岩石，在不能满足设计要求的情况下需要挖除，而那些风化比较轻微、物理力学性质还不是很差且能够保证建筑物稳定的岩石，就可以充分利用。基于此，必须了解岩石风化程度的评价方法。

岩石风化的结果主要从以下几个方面来削弱岩体的力学性质：

① 降低岩体结构面的粗糙程度并产生新的裂隙，使岩体被再次分裂成更小的碎块，进一步破坏岩体的完整性。随着岩石原有结构联结被削弱以致丧失，坚硬岩石可转变为半坚硬岩石，甚至成为疏松土。

② 岩石在化学风化过程中，矿物成分发生变化，原生矿物经受水解、水化、氧化等作用后逐渐为次生矿物所代替，特别是产生黏土矿物（如蒙脱石、高岭石等），且随着风化程度的加深，这类矿物逐渐增加。

由于风化后岩石成分、结构和构造的变化，岩石的物理力学性质也随之改变。一般规律为：抗水性减弱，亲水性增强（如膨胀性、崩解性、软化性增强）；力学强度降低，压缩性加大（如抗压强度可由原来的几百兆帕降低到几十兆帕）；孔隙性增加，渗透性增强（但当风化剧烈、黏土矿物较多时，渗透性又趋于减弱）。总之，岩体在风化营力的作用下，其优良性质削弱了，而不良性质加剧了，从而使岩石的力学性质大大恶化。

风化对岩石力学性质的影响程度可以通过岩石风化程度的评价来获得，岩石的风化程度可以通过室内岩石物理力学性质指标评定的方法，也可以用声波及超声波的方法确定。这里只介绍利用室内岩石物理力学性质指标评定岩石风化程度的方法。

1964 年以来，成都市水利电力勘测设计研究院有限公司（原成都市水利电力勘测设计院）提出用岩石风化程度系数（K_y）来评定岩石的风化程度。

$$K_y=\frac{1}{3}(K_n+K_r+K_w) \tag{2-30}$$

式中，$K_n=n_1/n_2$，为孔隙率系数；$K_r=\sigma_2/\sigma_1$，为强度系数；$K_w=\omega_1/\omega_2$，为吸水率系数；n_1、σ_1、ω_1 为新鲜岩石的孔隙率、抗压强度、吸水率；n_2、σ_2、ω_2 为风化岩石的孔隙率、抗压强度、吸水率。

利用 K_y 分级如下：

$K_y \leqslant 0.1$	剧风化
$K_y=0.1\sim0.35$	强风化
$K_y=0.35\sim0.65$	弱风化
$K_y=0.65\sim0.90$	微风化

$K_y=0.90\sim1.00$　　　　　　　　新鲜岩石

用上述分级法与从地质上肉眼判断等级进行对比，大多数是吻合的，所以采用以地质定性评价为基础，再用定量分级加以补充的方法，可以消除人为误差。

应当说明的是，上述岩石风化程度系数 K_y 的概念，仅是表示岩石风化程度深浅的一个相对指标，而不是绝对值。

思考题与习题

1. 自然界中的岩石按地质成因分类可分为几大类？各有什么特点？
2. 岩石的结构和构造有何区别？岩石颗粒间的联结有哪几种？
3. 岩石物理性质的主要指标及其表示方式是什么？
4. 岩石破坏有哪些形式？对各种破坏的原因作出解释。
5. 什么是岩石的应力-应变全过程曲线？什么是刚性试验机？为什么普通试验机不能得出岩石的应力-应变全过程曲线？
6. 在三轴压缩试验中岩石的力学性质会发生哪些变化？
7. 岩石的抗剪强度与剪切面上正应力有何关系？
8. 什么叫岩石的流变、蠕变、松弛？
9. 岩石蠕变一般包括哪几个阶段？各阶段有何特点？
10. 不同受力条件下岩石流变具有哪些特征？
11. 什么是岩石的长期强度？它与岩石的瞬时强度有什么关系？

第3章 岩石的本构关系与强度理论

3.1 概 述

岩石力学研究的对象是岩石或岩体，它们的力学性质可以用弹性、塑性、黏性或三者之间的组合，如黏弹性、弹黏性、弹塑性、黏弹塑性、弹塑黏性等来表示。求解岩石力学问题时从物体的单元微分体出发，研究微分体的力的平衡关系（平衡方程）、位移和应变的关系（几何方程）以及应力和应变的关系（物理方程或本构方程），得到相应的基本方程，然后联立、积分求解这些方程，并与物体的边界条件联系起来，从而求得整个物体内部的应力场和位移场。弹塑黏性力学问题解题基本程序如图 3-1 所示。

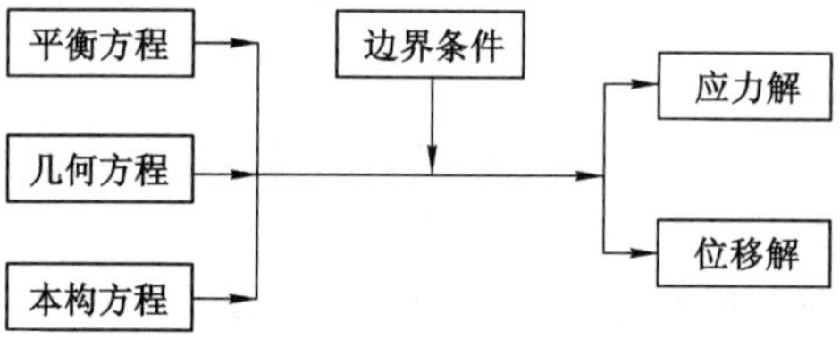

图 3-1 弹塑黏性力学问题解题基本程序

3.1.1 平衡微分方程

一般来说，作用于物体上的外力可分为体积力和表面力。体积力是分布在物体内的力，如重力和惯性力；表面力是分布在物体表面上的力，如流体压力和接触力。从物体中取出一个微小的平行六面体，它在 x 和 y 方向的尺寸各为 dx、dy，为计算方便在 z 方向的尺寸取一个单位长度，见图 3-2。对各应力分量、变形分量和位移分量的符号作以下规定：在外法线的指向与坐标轴的正向一致的面上，应力的正向与坐标轴的正向相同；在外法线的指向与坐标轴的正向相反的面上，应力的正向与坐标轴的正向相反。正应变以伸长为正，压缩为负。剪应变以直角变小时为正，变大时为负。作用力和位移以沿坐标轴的正方向为正，沿坐标轴的负方向为负。图 3-2 所示的正应力全是正的。

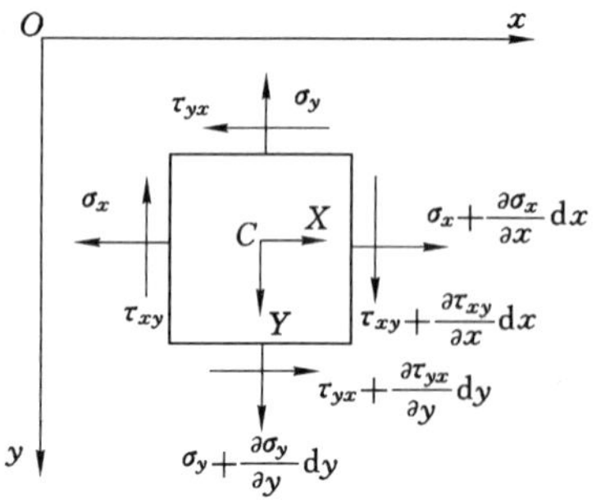

图 3-2 单元体受力图

对于平面问题，应力分量是位置坐标 x 和 y 的函数。设作用于左面的平均正应力分量是 σ_x，由于右面在 x 方向相差 dx 的距离，则该面的平均正应力分量应表示为 $\sigma_x+\frac{\partial\sigma_x}{\partial x}dx$。

同理，设左面的平均剪应力是 τ_{xy}，则右面的平均剪应力为 $\tau_{xy}+\dfrac{\partial\tau_{xy}}{\partial x}\mathrm{d}x$。设上面的平均正应力和平均剪应力分别为 σ_y 和 τ_{yx}，则下面的平均正应力和平均剪应力分别为 $\sigma_y+\dfrac{\partial\sigma_y}{\partial y}\mathrm{d}y$ 和 $\tau_{yx}+\dfrac{\partial\tau_{yx}}{\partial y}\mathrm{d}y$。$X$，$Y$ 分别为 x 方向和 y 方向的体积应力。

通过中心 C 点并平行于 z 轴的直线为矩轴，列出力矩的平衡方程 $\sum M_C=0$：

$$\left(\tau_{xy}+\frac{\partial\tau_{xy}}{\partial_x}\mathrm{d}x\right)\mathrm{d}y\times1\times\frac{\mathrm{d}x}{2}+\tau_{xy}\mathrm{d}y\times1\times\frac{\mathrm{d}x}{2}-\left(\tau_{yx}+\frac{\partial\tau_{yx}}{\partial y}\mathrm{d}y\right)\mathrm{d}x\times1\times\frac{\mathrm{d}y}{2}-\tau_{yx}\mathrm{d}x\times1\times\frac{\mathrm{d}y}{2}=0$$

忽略 3 阶微量，整理可得到

$$\tau_{yx}\mathrm{d}x\mathrm{d}y-\tau_{xy}\mathrm{d}y\mathrm{d}x=0$$

或

$$\tau_{yx}=\tau_{xy} \tag{3-1}$$

这样就证明了剪应力互等定理。

以 x 轴为投影轴，列出平衡方程 $\sum F_x=0$：

$$\left(\sigma_x+\frac{\partial\sigma_x}{\partial x}\mathrm{d}x\right)\mathrm{d}y\times1-\sigma_x\mathrm{d}y\times1+\left(\tau_{yx}+\frac{\partial\tau_{yx}}{\partial y}\mathrm{d}y\right)\mathrm{d}x\times1-\tau_{yx}\mathrm{d}x\times1+X\mathrm{d}x\mathrm{d}y\times1=0$$

经整理得到

$$\frac{\partial\sigma_x}{\partial x}+\frac{\partial\tau_{yx}}{\partial y}+X=0$$

同样，由平衡方程 $\sum F_y=0$ 可得一个相似的微分方程。于是可得平面问题的平衡微分方程：

$$\begin{cases}\dfrac{\partial\sigma_x}{\partial x}+\dfrac{\partial\tau_{yx}}{\partial y}+X=0\\[2ex]\dfrac{\partial\sigma_y}{\partial y}+\dfrac{\partial\tau_{xy}}{\partial x}+Y=0\end{cases} \tag{3-2}$$

这两个微分方程包含三个未知变量 σ_x、σ_y、τ_{xy}（$=\tau_{yx}$），是一个超静定问题。还必须考虑变形和位移才能求解。

3.1.2　几何方程

物体在外力作用下产生形状和尺寸的改变，这种改变使物体内各点的位置发生变化，即各点都有位移。下面推导应变（单位长度的变形）分量和位移之间的关系，也就是平面问题的几何方程。

在弹性体内的任意一点 P，沿 x 轴和 y 轴方向取两个微小长度的线段 $PA=\mathrm{d}x$ 和 $PB=\mathrm{d}y$，见图 3-3。设弹性体受力后，P、A、B 三点移动到 P'、A'、B'。现以 u、v 表示 P 点在 x 方向和 y 方向的位移分量，则 A 点在 x 方向的位移分量为 $u+\dfrac{\partial u}{\partial x}\mathrm{d}x$，因此，线段 PA 的正应变为

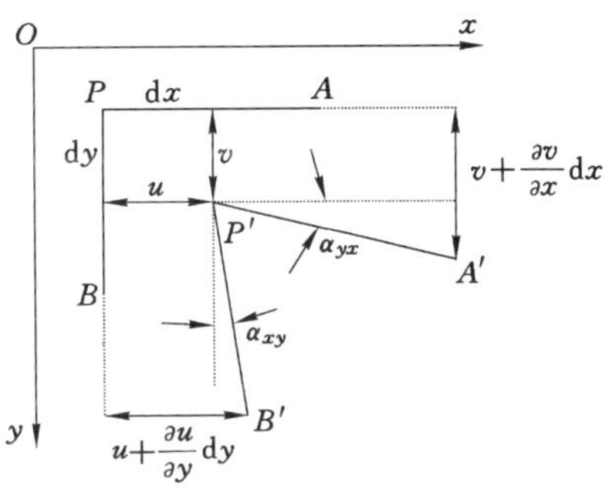

图 3-3　单元体变形图

$$\varepsilon_x=\frac{\left(u+\frac{\partial u}{\partial x}\mathrm{d}x\right)-u}{\mathrm{d}x}=\frac{\partial u}{\partial x}$$

B 点在 y 方向的位移为 $v+\frac{\partial v}{\partial y}\mathrm{d}y$，因此，线段 PB 的正应变为

$$\varepsilon_y=\frac{\left(v+\frac{\partial v}{\partial y}\mathrm{d}y\right)-v}{\mathrm{d}y}=\frac{\partial v}{\partial y}$$

下面分析 PA、PB 两线段之间直角的改变量，也就是剪应变 γ_{xy}，也用位移分量来表示。由图 3-3 可知，该剪应变由两部分组成，一部分是 x 方向的线段 PA 向 y 方向的线段 PB 的转角 α_{yx}，另一部分是 y 方向的线段 PB 向 x 方向的线段 PA 的转角 α_{xy}。由于 P 点在 y 方向的位移分量为 v，A 点在 y 方向的位移分量为 $v+\frac{\partial v}{\partial x}\mathrm{d}x$，因此，$PA$ 的转角为

$$\alpha_{yx}=\frac{\left(v+\frac{\partial v}{\partial x}\mathrm{d}x\right)-v}{\mathrm{d}x}=\frac{\partial v}{\partial x}$$

同样，可得线段 PB 的转角为

$$\alpha_{xy}=\frac{\partial u}{\partial y}$$

将 α_{yx} 和 α_{xy} 相加，可得 PA、PB 两线段之间直角的改变量，即剪应变 γ_{xy} 为

$$\gamma_{xy}=\alpha_{yx}+\alpha_{xy}=\frac{\partial v}{\partial x}+\frac{\partial u}{\partial y}$$

因此可得平面问题的几何方程：

$$\varepsilon_x=\frac{\partial u}{\partial x},\varepsilon_y=\frac{\partial v}{\partial y},\gamma_{xy}=\frac{\partial v}{\partial x}+\frac{\partial u}{\partial y} \tag{3-3}$$

由上述分析可见，当物体的位移分量完全确定时，应变分量就可以完全确定。但应变分量完全确定时，位移分量却不能完全确定。这是因为物体的位移不但与物体的变形有关，还与物体的刚体运动有关。考察位移函数

$$u=u_0-\omega y,v=v_0+\omega x \tag{3-4}$$

将式(3-4)代入式(3-3)，可知 $\varepsilon_x=\varepsilon_y=\gamma_{xy}=0$。这表明式(3-4)所示的是物体的绝对刚体运动，即与变形无关的位移 u_0 及 v_0 分别为物体沿 x 及 y 轴方向的刚体平移，而 ω 为物体绕 z 轴的刚体转动。

由此可以看出，平衡方程和几何方程与材料的性质无关，只有本构关系反映材料的性质。所谓岩石本构关系，是指岩石的应力或应力速率与其应变或应变速率的关系。若只考虑静力问题，则本构关系是指应力与应变，或者应力增量与应变增量之间的关系。

岩石的变形性质按卸载后变形是否可以恢复分为弹性和塑性两类。弹性是指物体加载时产生变形，卸载后变形可完全恢复的性质；塑性是指卸载后变形不能完全恢复的性质。弹性和塑性是物质变形的两种性质，一般也是物质变形的两个阶段。一般来说，物质在变形的初始阶段呈现弹性，后期呈现塑性，岩石也一样，所以岩石的变形一般为弹塑性。岩石在弹性阶段的本构关系称为岩石弹性本构关系，岩石在塑性阶段的本构关系称为岩石塑性本构关系，通称为弹塑性本构关系。弹性本构关系按是否为线性又分为线性弹性本构关系和非线性弹性本构关系。弹塑性本构关系按物质是否为各向同性又分为各向同性弹塑性本构关

系和非各向同性弹塑性本构关系。物体的弹性和塑性与时间无关，都属于即时变形。如果外界条件不变，物体的应变或应力随时间而变化，则称物体具有流变性。岩石产生流变时的本构关系称为岩石流变本构关系。

岩石的强度是指岩石抵抗破坏的能力。破坏是指岩石材料的应力超过它的极限或者变形超过它的使用限制，这里主要指应力超过它的极限。岩石材料破坏的形式主要有两类：一类是断裂破坏；另一类是流动破坏（出现显著的塑性变形或流动现象）。断裂破坏发生于应力达到强度极限时，流动破坏发生于应力达到屈服极限时。在简单应力状态下，可以通过试验来确定材料的强度。例如，通过单轴压缩试验可以确定材料的单轴抗压强度，通过单轴拉伸试验可以确定材料的抗拉强度，等等。同时，可建立相应的强度准则，但是在复杂应力状态下，如果仿造单轴压缩（拉伸）试验建立强度准则，则必须对材料在各种各样的应力状态下一一进行试验，以确定相应的极限应力，建立强度准则，这显然是难以实现的。所以要采用判断推理的方法，提出一些假说，推测材料在复杂应力状态下破坏的原因，从而建立强度准则。这样的一些假说称为强度理论。

岩石强度理论是研究岩石在各种应力状态下的强度准则的理论。强度准则又称破坏判据，它表征岩石在极限应力状态下（破坏条件）的应力状态和岩石强度参数之间的关系，一般可以表示为极限应力状态下的主应力间的关系方程，即

$$\sigma_1 = f(\sigma_2, \sigma_3) \tag{3-5}$$

或者表示为处于极限平衡状态截面上的剪应力 τ 和正应力 σ 间的关系方程

$$\tau = f(\sigma) \tag{3-6}$$

总之，岩石的力学性质可分为变形性质和强度性质两类，变形性质主要通过本构关系来反映，强度性质主要通过强度准则来反映。本章主要论述岩石弹、塑性本构关系和流变本构关系及当前普遍认可的岩石强度理论。

3.2　岩石的弹性本构关系

3.2.1　平面应力与平面应变问题

（1）平面应力

设所研究的物体为等厚度薄板，如图 3-4 所示，所受荷载（包括体积力）都与 z 轴垂直，在 z 方向不受力，并且由于板很薄，外力沿 z 方向无变化，可以认为在整个薄板内任何一点都有

$$\sigma_z = 0, \tau_{zx} = 0, \tau_{zy} = 0$$

考虑剪应力互等关系，可知 $\tau_{xz} = 0$、$\tau_{yz} = 0$。这样，只剩下平行于 xy 面的三个应力分量，即 σ_x、σ_y、$\tau_{xy}(=\tau_{yx})$，它们只是 x 和 y 的函数，不随 z 而变化，这种问题称为平面应力问题。

（2）平面应变

与平面应力问题相反，设有很长的柱形体，如图 3-5 所示的挡土墙，以任一横截面为 xy 面，任一纵线为 z 轴，所受荷载都垂直于 z 轴而且沿 z 方向没有变化，则所有应力分量、变形分量和位移分量都不沿 z 方向变化，而只是 x 和 y 的函数。如果近似地认为墙的两端受到光滑平面的约束，使之在 z 方向无位移，则任何一个横截面在 z 方向都没有位移，也就是 $\omega=0$，所有变形都发生在 xy 面平面内。这种情况就称为平面应变。由对称性（任一横截面

都可以看作对称面)可知，$\tau_{zx}=0,\tau_{zy}=0$。根据剪应力互等关系，又可以得 $\tau_{xz}=0,\tau_{yz}=0$。但是，由于 z 方向的伸缩被阻止，所以 σ_z 一般并不等于零。

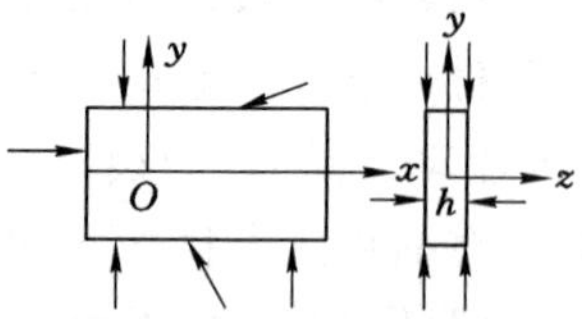

图 3-4 薄板示意图

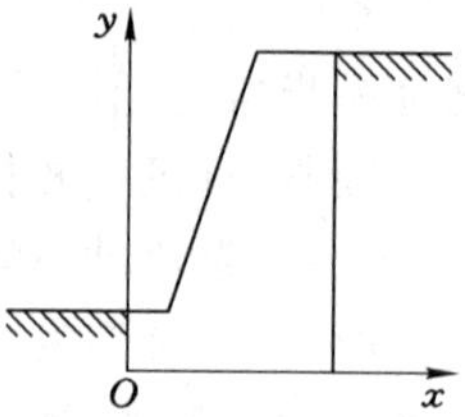

图 3-5 挡土墙示意图

3.2.2 平面弹性本构关系

在完全弹性的各向同性体内，根据胡克定律可知

$$\begin{cases}\varepsilon_x=\dfrac{1}{E}[\sigma_x-\mu(\sigma_y+\sigma_z)]\\ \varepsilon_y=\dfrac{1}{E}[\sigma_y-\mu(\sigma_z+\sigma_x)]\\ \varepsilon_z=\dfrac{1}{E}[\sigma_z-\mu(\sigma_x+\sigma_y)]\\ \gamma_{yz}=\dfrac{1}{G}\tau_{yz},\gamma_{zx}=\dfrac{1}{G}\tau_{zx},\gamma_{xy}=\dfrac{1}{G}\tau_{xy}\end{cases}\tag{3-7}$$

式中 E——物体的弹性模量；

μ——泊松比；

G——剪切弹性模量。

$$G=\frac{E}{2(1+\mu)}\tag{3-8}$$

在平面应变问题中，因 $\tau_{yz}=\tau_{zx}=0$，又因 $\varepsilon_z=0$，可知

$$\sigma_z=\mu(\sigma_x+\sigma_y)$$

代入式(3-7)，可得平面应变问题的本构方程

$$\begin{cases}\varepsilon_x=\dfrac{1-\mu^2}{E}\left(\sigma_x-\dfrac{\mu}{1-\mu}\sigma_y\right)\\ \varepsilon_y=\dfrac{1-\mu^2}{E}\left(\sigma_y-\dfrac{\mu}{1-\mu}\sigma_x\right)\\ \gamma_{xy}=\dfrac{2(1+\mu)}{E}\tau_{xy}\end{cases}\tag{3-9}$$

在平面应力问题中，因为 $\sigma_z=\tau_{zx}=\tau_{yz}=0$，代入式(3-7)可得

$$\begin{cases}\varepsilon_x=\dfrac{1}{E}(\sigma_x-\mu\sigma_y)\\ \varepsilon_y=\dfrac{1}{E}(\sigma_y-\mu\sigma_x)\\ \gamma_{xy}=\dfrac{2(1+\mu)}{E}\tau_{xy}\end{cases}\tag{3-10}$$

另外，由式(3-7)第三式可得

$$\varepsilon_z = -\frac{\mu}{E}(\sigma_x + \sigma_y)$$

上式可以用来求得薄板厚度的改变量。

对比平面应力问题与平面应变问题本构方程可以看出，只要将平面应力问题本构方程式(3-10)中的 E 换成$\frac{E}{1-\mu^2}$，μ 换成$\frac{\mu}{1-\mu}$，就可得到平面应变问题本构方程式(3-9)。

3.2.3　边界条件

边界条件是求解弹性力学问题的重要条件，根据研究问题的不同它可分为位移边界条件、应力边界条件和应力位移混合边界条件。在位移边界条件中，所研究物体的边界上的位移分量已知，设 u_s、v_s 为物体的边界位移，$\bar{u}$、$\bar{v}$ 表示边界点在 x、y 轴方向的给定位移，则位移边界条件为

$$u_s = \bar{u}, v_s = \bar{v} \tag{3-11}$$

在应力边界条件中，物体在边界上所受的面力是已知的。在物体的边界上取一斜面，如图 3-6 所示，N 代表斜面 AB 外法线的方向，$\bar{X}$、$\bar{Y}$ 表示边界上给定的面力在 x、y 轴方向的分量，设 AB 的长度为 ds，垂直于图平面的尺寸为 1，列出 $\sum F_x = 0$ 平衡方程

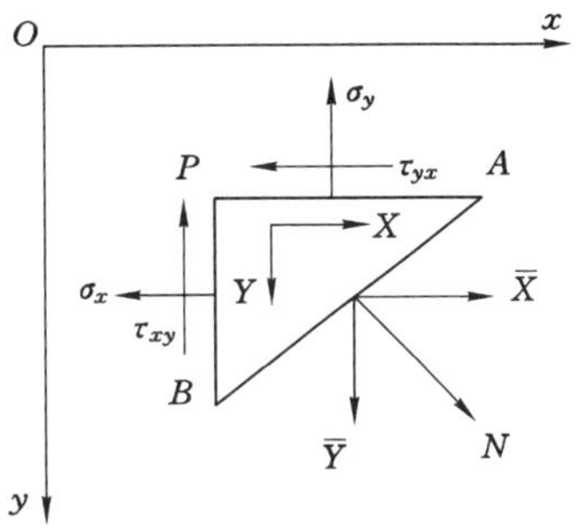

图 3-6　单元体任一截面受力分析

$$\bar{X}\mathrm{d}s \times 1 - \sigma_x \mathrm{d}s\cos(N,x) \times 1 - \tau_{yx}\mathrm{d}s\cos(N,y) \times 1 + X\,\frac{\cos(N,x)\mathrm{d}s\cos(N,y)\mathrm{d}s}{2} \times 1 = 0$$

除以 ds，然后略去微量，得

$$\bar{X} = \sigma_x\cos(N,x) + \tau_{yx}\cos(N,y)$$

同样可以由 $\sum F_y = 0$ 得出另一个方程，则平面问题的应力边界条件为

$$\begin{cases} \bar{X} = \sigma_x\cos(N,x) + \tau_{yx}\cos(N,y) \\ \bar{Y} = \sigma_y\cos(N,y) + \tau_{xy}\cos(N,x) \end{cases} \tag{3-12}$$

上面导出的平衡微分方程组式(3-2)、几何方程组式(3-3)、本构方程组式(3-9)或式(3-10)，就是弹性力学平面问题的基本方程。这三组 8 个方程包含 8 个未知变量：3 个应力分量 σ_x、σ_y、$\tau_{xy}(=\tau_{yx})$；3 个变形分量 ε_x、ε_y、γ_{xy}；2 个位移分量 u、v。基本方程数目恰好等于未知变量数目，再考虑适当的边界条件就可求解。

3.2.4　平面问题的求解

求解弹性问题，有三种基本方法，即按应力求解、按位移求解和混合求解。按应力求解时，变换基本方程和边界条件为应力分量函数，求出应力分量后，代入平面问题的岩石弹性本构方程，求出变形分量，再代入几何方程求出位移分量。按位移求解时，变换基本方程和边界条件为位移分量函数，求出位移分量以后，代入几何方程求出变形分量，再代入本构方程求出应力分量。混合求解时，变换部分基本方程和边界条件为只包含部分未知变量，先求出这部分未知变量，之后再用适当方程求出其他未知变量。

这里仅导出按应力求解平面问题时所需要的微分方程。平面问题的几何方程是式(3-3)，即

$$\varepsilon_x=\frac{\partial u}{\partial x},\varepsilon_y=\frac{\partial v}{\partial y},\gamma_{xy}=\frac{\partial v}{\partial x}+\frac{\partial u}{\partial y}$$

将 ε_x、ε_y分别对 y 和 x 求二阶导数，然后相加得

$$\frac{\partial^2\varepsilon_x}{\partial y^2}+\frac{\partial^2\varepsilon_y}{\partial x^2}=\frac{\partial^3 u}{\partial x\partial y^2}+\frac{\partial^3 v}{\partial y\partial x^2}=\frac{\partial^2}{\partial x\partial y}\left(\frac{\partial u}{\partial y}+\frac{\partial v}{\partial x}\right)$$

或

$$\frac{\partial^2\varepsilon_x}{\partial y^2}+\frac{\partial^2\varepsilon_y}{\partial x^2}=\frac{\partial^2\gamma_{xy}}{\partial x\partial y} \tag{3-13}$$

这个关系称为变形协调方程或相容方程。这意味着当物体发生变形时，物体内的每一点都有确定的位移，即同一点不可能有两个不同的位移。也就是原来连续的材料变形后仍是连续的。

将本构方程代入相容方程，消去相容方程中的变形分量。对于平面应力问题，把式(3-10)代入式(3-13)可得

$$\frac{\partial^2}{\partial y^2}(\sigma_x-\mu\sigma_y)+\frac{\partial^2}{\partial x^2}(\sigma_y-\mu\sigma_x)=2(1+\mu)\frac{\partial^2\tau_{xy}}{\partial x\partial y} \tag{3-14}$$

由平衡微分方程得

$$\frac{\partial\tau_{xy}}{\partial y}=-\frac{\partial\sigma_x}{\partial x}-X$$

$$\frac{\partial\tau_{xy}}{\partial x}=-\frac{\partial\sigma_y}{\partial y}-Y$$

将以上两式分别对 x 及 y 求导，然后相加得

$$2\frac{\partial^2\tau_{xy}}{\partial x\partial y}=-\frac{\partial^2\sigma_x}{\partial x^2}-\frac{\partial^2\sigma_y}{\partial y^2}-\frac{\partial X}{\partial x}-\frac{\partial Y}{\partial y}$$

代入式(3-14)，化简得

$$\left(\frac{\partial^2}{\partial x^2}+\frac{\partial^2}{\partial y^2}\right)(\sigma_x+\sigma_y)=-(1+\mu)\left(\frac{\partial X}{\partial x}+\frac{\partial Y}{\partial y}\right) \tag{3-15}$$

同样对于平面应变问题，可推导出

$$\left(\frac{\partial^2}{\partial x^2}+\frac{\partial^2}{\partial y^2}\right)(\sigma_x+\sigma_y)=-\frac{1}{1-\mu}\left(\frac{\partial X}{\partial x}+\frac{\partial Y}{\partial y}\right) \tag{3-16}$$

也可不推导，直接将式(3-15)中 μ 换为$\frac{\mu}{1-\mu}$，就得到平面应变问题的相容方程。

当体积力为常量时，如重力和平行移动的惯性力，相容方程式(3-15)和式(3-16)的右边都为零，两种平面问题的相容方程都可简化为

$$\left(\frac{\partial^2}{\partial x^2}+\frac{\partial^2}{\partial y^2}\right)(\sigma_x+\sigma_y)=0$$

或简写为

$$\nabla^2(\sigma_x+\sigma_y)=0 \tag{3-17}$$

这就是说，$(\sigma_x+\sigma_y)$应该满足调和函数，$\nabla^2=\frac{\partial^2}{\partial x^2}+\frac{\partial^2}{\partial y^2}$为拉普拉斯算子。

应当指出，当体积力为常量时，虽然平面应力问题和平面应变问题求解的方程完全相同，但它们的物理方程不同，故应变和位移及应力分量 σ_z 有所不同。

设物体的体积力为自重($X=0,Y=-\rho g=-p$)，则平面问题的解答归结为求下列三个

微分方程的积分,并满足其边界条件。

平衡微分方程

$$\begin{cases}\dfrac{\partial\sigma_x}{\partial x}+\dfrac{\partial\tau_{xy}}{\partial y}=0\\ \dfrac{\partial\tau_{xy}}{\partial x}+\dfrac{\partial\sigma_y}{\partial y}-p=0\end{cases} \tag{3-18}$$

相容方程

$$\nabla^2(\sigma_x+\sigma_y)=0$$

方程(3-18)是一个非齐次微分方程,其解是相应齐次方程特解之和,特解可以取为

$$\sigma_x=0,\sigma_y=0,\tau_{xy}=px \tag{3-19}$$

上列应力分量显然满足平衡微分方程式(3-18)。

然后,求下列齐次方程组的通解

$$\begin{cases}\dfrac{\partial\sigma_x}{\partial x}+\dfrac{\partial\tau_{xy}}{\partial y}=0\\ \dfrac{\partial\tau_{xy}}{\partial x}+\dfrac{\partial\sigma_y}{\partial y}=0\end{cases} \tag{3-20}$$

如取

$$\sigma_x=\frac{\partial\psi}{\partial y},\tau_{xy}=-\frac{\partial\psi}{\partial x} \tag{3-21}$$

可以满足式(3-20)的第一式,其中,$\psi(x,y)$是任意函数。再取

$$\tau_{xy}=\frac{\partial\xi}{\partial y},\sigma_y=-\frac{\partial\xi}{\partial x} \tag{3-22}$$

则第二式满足,$\xi(x,y)$也是任意函数。要使方程组(3-20)的两式同时满足,则式(3-21)和式(3-22)中的 τ_{xy} 必须相等,即

$$-\frac{\partial\psi}{\partial x}=\frac{\partial\xi}{\partial y} \tag{3-23}$$

如果取

$$\psi=\frac{\partial\varphi}{\partial y},\xi=-\frac{\partial\varphi}{\partial x} \tag{3-24}$$

可以使式(3 23)满足,其中,$\varphi(x,y)$也是任意函数。将式(3-24)代入式(3-21)和式(3-22),可得通解

$$\sigma_x=\frac{\partial^2\varphi}{\partial y^2},\sigma_y=\frac{\partial^2\varphi}{\partial x^2},\tau_{xy}=-\frac{\partial^2\varphi}{\partial x\partial y} \tag{3-25}$$

将通解式(3-25)与特解式(3-19)叠加,可得平衡微分方程的全解

$$\sigma_x=\frac{\partial^2\varphi}{\partial y^2},\sigma_y=\frac{\partial^2\varphi}{\partial x^2},\tau=-\frac{\partial^2\varphi}{\partial x\partial y}+px \tag{3-26}$$

函数 $\varphi(x,y)$称为应力函数,或称艾瑞函数。

将式(3-26)代入式(3-17)得

$$\nabla^2\left(\frac{\partial^2\varphi}{\partial x^2}+\frac{\partial^2\varphi}{\partial y^2}\right)=\nabla^2\nabla^2\varphi=\nabla^4\varphi=0 \tag{3-27}$$

展开式(3-27)得

$$\frac{\partial^4\varphi}{\partial x^4}+2\frac{\partial^4\varphi}{\partial x^2\partial y^2}+\frac{\partial^4\varphi}{\partial y^4}=0 \tag{3-28}$$

这就是用应力函数 φ 表示的相容方程，它是一个重调和方程。

可见，对于弹性平面问题，如果体积力是常量，问题就变为找出一个应力函数 $\varphi(x,y)$，使其满足重调和方程(3-27)，然后由式(3-26)确定应力，并使它们满足应力边界条件式(3-12)。如果需要，再利用式(3-9)或式(3-10)确定应变，由式(3-3)求出位移。另外还需指出，当体积力为常量时，两种平面问题的相容方程式(3-27)和决定应力分量的式(3-26)及应力边界条件式(3-12)都不含任何弹性常数。故平面问题的应力分布规律与材料的弹性常数无关。

3.2.5 空间问题基本方程

空间问题的平衡微分方程为

$$\begin{cases}\dfrac{\partial\sigma_x}{\partial x}+\dfrac{\partial\tau_{xy}}{\partial y}+\dfrac{\partial\tau_{zx}}{\partial z}+X=0\\ \dfrac{\partial\sigma_y}{\partial y}+\dfrac{\partial\tau_{zy}}{\partial z}+\dfrac{\partial\tau_{xy}}{\partial x}+Y=0\\ \dfrac{\partial\sigma_z}{\partial z}+\dfrac{\partial\tau_{xz}}{\partial x}+\dfrac{\partial\tau_{yz}}{\partial y}+Z=0\end{cases} \tag{3-29}$$

空间问题的几何方程为

$$\begin{cases}\varepsilon_x=\dfrac{\partial u}{\partial x},\varepsilon_y=\dfrac{\partial v}{\partial y},\varepsilon_z=\dfrac{\partial w}{\partial z}\\ \gamma_{yz}=\dfrac{\partial w}{\partial y}+\dfrac{\partial v}{\partial z},\gamma_{zx}=\dfrac{\partial u}{\partial z}+\dfrac{\partial w}{\partial x},\gamma_{xy}=\dfrac{\partial v}{\partial x}+\dfrac{\partial u}{\partial y}\end{cases} \tag{3-30}$$

空间问题的本构方程为

$$\begin{cases}\varepsilon_x=\dfrac{1}{E}[\sigma_x-\mu(\sigma_y+\sigma_z)]\\ \varepsilon_y=\dfrac{1}{E}[\sigma_y-\mu(\sigma_z+\sigma_x)]\\ \varepsilon_z=\dfrac{1}{E}[\sigma_z-\mu(\sigma_x+\sigma_y)]\\ \gamma_{yz}=\dfrac{2(1+\mu)}{E}\tau_{yz}\\ \gamma_{zx}=\dfrac{2(1+\mu)}{E}\tau_{zx}\\ \gamma_{xy}=\dfrac{2(1+\mu)}{E}\tau_{xy}\end{cases} \tag{3-31}$$

式(3-29)至式(3-31)就是空间问题的岩石弹性基本方程。它共有 15 个基本方程，也有 15 个未知变量：6 个应力分量 σ_x、σ_y、σ_z、$\tau_{zx}(=\tau_{xz})$、$\tau_{xy}(=\tau_{yx})$、$\tau_{zy}(=\tau_{yz})$；6 个应变分量 ε_x、ε_y、ε_z、γ_{yz}、γ_{zx}、γ_{xy}；3 个位移分量 u、v、w。基本方程数目和未知变量数目相等，再考虑适当的边界条件，就可以求解。

3.2.6 岩石力学中关于力、位移、应变和应力的习惯符号规定

到目前为止，有关力、位移、应变和应力的符号规定都是按照一般弹性力学通用规定。然而，在岩石力学中，往往以承受压应力为主，如果仍采用弹性力学的符号规定，应变和应力

计算的结果会出现很多负值，这会给数学处理带来不便。因此，在岩石力学中，对力、位移、应变和应力的符号采取如下习惯规定：

① 力和位移分量的正方向与坐标轴的正方向一致；

② 压缩的正应变取为正；

③ 压缩的正应力取为正；

④ 假如表面的外法线方向与坐标轴的正方向一致，则该表面上正的剪应力的方向与坐标轴的正方向相同，反之则相反。

3.3　岩石的塑性本构关系

塑性是材料的一种变形或变形的一个阶段，材料进入塑性的特征是当荷载卸载以后存在不可恢复的永久变形，如图 3-7 所示，因而塑性本构关系具有如下特点。

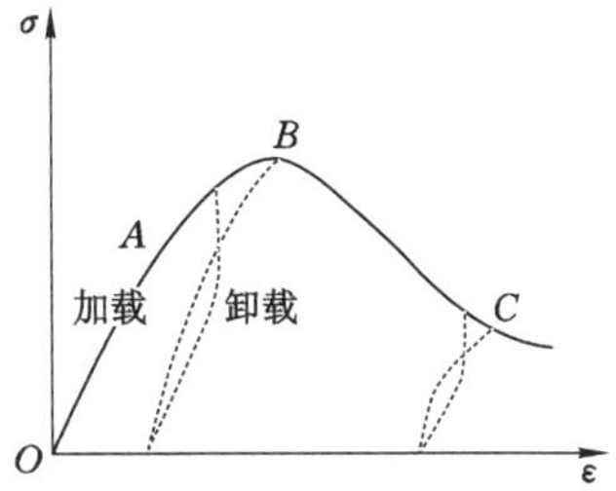

图 3-7　加卸载应力-应变曲线

（1）应力-应变关系的多值性

应力-应变关系的多值性即对于同一应力往往有多个应变值与它相对应。因而它不能像弹性本构关系那样建立应力和应变的一一对应关系，通常只能建立应力增量和应变增量间的关系。要描述塑性材料的状态，除了要用应力和应变这些基本状态变量外，还需要用能够表达塑性变形历史的内状态变量（塑性应变、塑性功等）。

（2）本构关系的复杂性

描述塑性状态的本构关系不能像弹性状态那样只用一组物理方程，通常包括三组方程：

① 屈服条件。材料最先达到塑性状态的应力条件。

② 加卸载准则。材料进入塑性状态以后继续塑性变形或回到弹性状态的准则，通式写为

$$\varphi(\sigma_{ij}, H_\alpha)=0 \tag{3-32}$$

式中　σ_{ij}——垂直于 i 轴的平面上平行于 j 轴的应力（$i=x,y,z$；$j=x,y,z$）；

φ——某一函数关系；

H_α——与加载历史有关的参数，$\alpha=1,2,\cdots$。

③ 本构方程。材料在塑性阶段的应力-应变关系或应力增量与应变增量间的关系，通式写为

$$\varepsilon_{ij}=R(\sigma_{ij})\text{或}\ \mathrm{d}\varepsilon_{ij}=R(\mathrm{d}\sigma_{ij}) \tag{3-33}$$

式中　R——某一函数关系。

以下分别叙述岩石塑性本构关系的这三个方面。

3.3.1　岩石屈服条件和屈服面

从弹性状态开始第一次屈服的屈服条件叫初始屈服条件，它可表示为

$$f(\sigma_{ij})=0 \tag{3-34}$$

式中　f——某一函数关系。

若产生了塑性变形，屈服条件的形式发生变化，此时的屈服条件叫后继屈服条件，它的

形式为

$$f(\sigma_{ij},\sigma_{ij}^{p},\chi)=0 \tag{3-35}$$

式中 σ_{ij}——总应力；

σ_{ij}^{p}——塑性应力；

χ——标量的内变量，它可以代表塑性功、塑性体积应变或等效塑性应变。

屈服条件在几何上可以看作应力空间中的超曲面，因而它们也称为初始屈服面和后继屈服面，通称为屈服面。

随着塑性应变等的出现和发展，按塑性材料屈服面的大小和形状是否发生变化，可将塑性材料分为理想塑性材料和硬化材料两种：随着塑性应变等的出现和发展，屈服面的大小和形状不发生变化的材料，叫作理想塑性材料；反之，叫硬化材料，如图 3-8 所示。

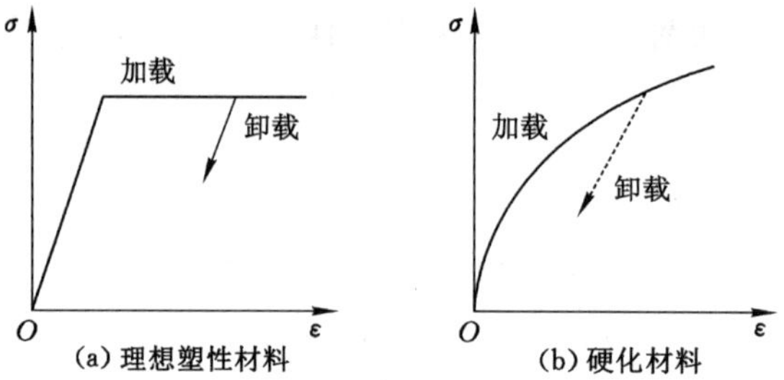

图 3-8 塑性材料分类

(1) 硬化材料的屈服面模型

① 等向硬化-软化模型：塑性变形发展时屈服面均匀扩大（硬化）或均匀收缩（软化）。如果 $f^*=0$ 是初始屈服面，那么等向硬化-软化的后继屈服面可表示为

$$f=f^*(\sigma_{ij})-H(\chi)=0 \tag{3-36}$$

式中 H——标量的内变量 χ 的函数。

② 随动硬化模型：塑性变形发展时，屈服面的大小和形状保持不变，仅是整体地在应力空间做平动。其后继屈服面可表示为

$$f=f^*(\sigma_{ij}-\alpha\sigma_{ij}^{p})=0 \tag{3-37}$$

式中 α——材料参数。

③ 混合硬化模型：介于等向硬化-软化模型和随动硬化模型之间的模型。其后继屈服面可表示为

$$f=f^*(\sigma_{ij}-\alpha\sigma_{ij}^{p})-H(\chi)=0 \tag{3-38}$$

复杂应力状态下的各种硬化模型如图 3-9 所示。

(2) 塑性岩石力学最常用的屈服条件

① 库仑(Coulomb)屈服条件。它是一种等向硬化-软化模型，它认为当材料某平面的剪应力达到某一特定值时，材料就进入屈服状态。而这一特定值不仅与材料自身的性质有关，而且与该平面上的正应力有关。一般可表示为

$$|\tau|=C+\sigma_{n}\tan\varphi \tag{3-39}$$

式中 τ——屈服面上的剪应力；

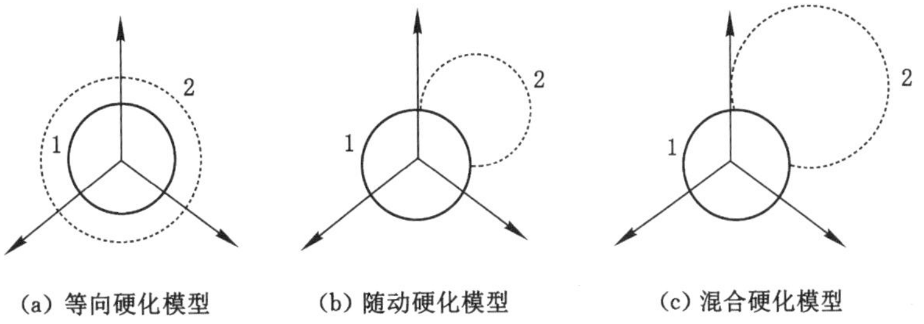

1—屈服曲线；2—加载曲线。

图 3-9　复杂应力状态下的硬化模型

σ_n——τ 所在平面上的正应力；

C——内聚力；

φ——内摩擦角。

主应力的表示形式为

$$f(\sigma_1,\sigma_2,\sigma_3)=\frac{1}{2}(\sigma_1-\sigma_3)-\frac{1}{2}(\sigma_1+\sigma_3)\sin\varphi-C\cos\varphi=0 \tag{3-40}$$

式中　σ_1、σ_2、σ_3——主应力。

库仑屈服条件没有考虑围压 σ_2 对屈服特性的影响。德鲁克-普拉格屈服条件是对库仑屈服条件的修正，它不仅考虑围压 σ_2 对屈服特性的影响，而且能反映剪切引起膨胀（扩容）的性质。

② 德鲁克-普拉格(Drucker-Prager)屈服条件。它也是一种等向硬化-软化模型，可表示为

$$f=\alpha I_1+J_2^{1/2}-K=0 \tag{3-41}$$

式中　I_1——应力第一不变量，$I=\sigma_1+\sigma_2+\sigma_3$；

J_2——应力偏量第二不变量，$J_2=\frac{1}{6}[(\sigma_1-\sigma_2)^2+(\sigma_2-\sigma_3)^2+(\sigma_3-\sigma_1)^2]$；

α、K——材料参数，它们与 C 和 φ 的关系为（当与库仑六棱锥的顶点重合时）

$$\alpha=\frac{2\sin\varphi}{\sqrt{3}(3-\sin\varphi)}$$

$$K=\frac{6C\cos\varphi}{\sqrt{3}(3-\sin\varphi)}$$

在主应力空间，库仑屈服条件是一个六棱锥，德鲁克-普拉格屈服条件是一个圆锥。以上两种屈服条件在 π 平面（与三个主应力轴等交的平面）上的几何图形见图 3-10。

3.3.2　塑性状态的加卸载准则

在塑性状态下，材料对所施加的应力增量的反应是复杂的。一般有三种情况：第一种情况是塑性加载，即对材料施加应力增量后，材料从一种塑料状态变化到另一种塑性状态，且有新的塑性变形出现；第二种情况是中性变载，即对材料施加应力增量后，材料从一种塑性状态变化到另一种塑性状态，但没有新的塑性变形出现；第三种情况是塑性卸载，即对材料施加应力增量后，材料从塑性状态退回到弹性状态。如图 3-11 所示。

加载是从一个塑性状态变化到另一个塑性状态，应力点始终保持在屈服面上，因而有

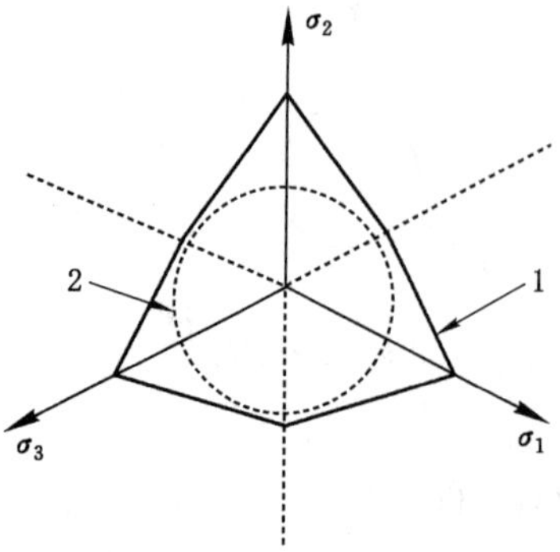

1—库仑条件;2—德鲁克-普拉格条件。

图 3-10 π 平面上屈服曲线

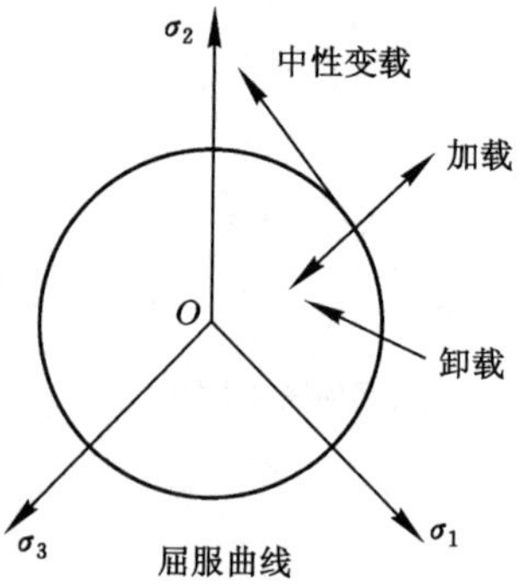

图 3-11 加卸载条件

$$dF=0 \tag{3-42}$$

这个条件称为一致性条件。卸载是从塑性状态退回到弹性状态,因而卸载应有 $dF<0$。故理想塑性材料的加卸载准则为

$$l=\frac{\partial f}{\partial \sigma_{ij}}d\sigma_{ij}\begin{cases}<0,\text{卸载}\\=0,\text{加载}\end{cases} \tag{3-43}$$

对于硬化材料,其情况比较复杂,同理可推导出加卸载准则

$$l=\frac{\partial f}{\partial \sigma_{ij}}d\sigma_{ij}\begin{cases}<0,\text{卸载}\\=0,\text{中性加载}\\>0,\text{加载}\end{cases} \tag{3-44}$$

3.3.3 本构方程

塑性力学中本构关系三个方面的一个最重要方面是塑性本构方程,即塑性状态下的应力-应变关系。屈服条件和加卸载准则仅回答材料是否进入塑性状态,而要分析塑性过程的应力、应变和位移,就需要建立本构方程。

弹性状态的应力-应变为单值关系,这种关系仅取决于材料的性质;而塑性状态时,应力-应变关系是多值的,它不仅取决于材料性质,而且还取决于加卸载历史。因此,除了在简单加载或塑性变形很小的情况下,可以像弹性状态那样建立应力-应变的全量关系外,一般只能建立应力增量和应变增量间的关系。描述塑性变形中全量关系的理论称为全量理论,又称形变理论或小变形理论。描述应力增量和应变增量间关系的理论称为增量理论,又称流动理论。

(1) 全量理论

全量理论是由汉基(Hencky,1924)提出,依留申(Ильюшин,1943)加以完善的。在弹性理论中,根据广义胡克定律,有

$$\begin{cases}\sigma_{xx}-\sigma_m=2G(\varepsilon_{xx}-\varepsilon_m),\tau_{xy}=G\gamma_{xy}\\\sigma_{yy}-\sigma_m=2G(\varepsilon_{yy}-\varepsilon_m),\tau_{yz}=G\gamma_{yz}\\\sigma_{zz}-\sigma_m=2G(\varepsilon_{zz}-\varepsilon_m),\tau_{zx}=G\gamma_{zx}\end{cases} \tag{3-45}$$

式中 G——剪切模量;

ε_m——体积应变;

σ_m——平均应力。

在塑性力学的全量理论中,类似弹性理论的广义胡克定律,建立如下公式

$$\begin{cases}\sigma_{xx}-\sigma_m=2G'(\varepsilon_{xx}-\varepsilon_m),\tau_{xy}=G'\gamma_{xy}\\ \sigma_{yy}-\sigma_m=2G'(\varepsilon_{yy}-\varepsilon_m),\tau_{yz}=G'\gamma_{yz}\\ \sigma_{zz}-\sigma_m=2G'(\varepsilon_{zz}-\varepsilon_m),\tau_{zx}=G'\gamma_{zx}\end{cases} \tag{3-46}$$

式中　G'——与应力(或塑性应变)有关的参数,是一个变量,$G'=\sigma_i/(3\varepsilon_i)$;　(3-47)

σ_i——等效应力;

ε_i——等效应变。

$$\begin{cases}\sigma_i=\dfrac{1}{\sqrt{2}}\sqrt{(\sigma_1-\sigma_2)^2+(\sigma_2-\sigma_3)^2+(\sigma_3-\sigma_1)^2}\\ \varepsilon_i=\dfrac{\sqrt{2}}{3}\sqrt{(\varepsilon_1-\varepsilon_2)^2+(\varepsilon_2-\varepsilon_3)^2+(\varepsilon_3-\varepsilon_1)^2}\end{cases} \tag{3-48}$$

式中　σ_1、σ_2、σ_3——主应力;

ε_1、ε_2、ε_3——主应变。

忽略体积变形,$\varepsilon_m=0$,则全量理论方程为

$$\begin{cases}\sigma_{xx}-\sigma_m=2G'\varepsilon_{xx},\tau_{xy}=G'\gamma_{xy}\\ \sigma_{yy}-\sigma_m=2G'\varepsilon_{yy},\tau_{yz}=G'\gamma_{yz}\\ \sigma_{zz}-\sigma_m=2G'\varepsilon_{zz},\tau_{zx}=G'\gamma_{zx}\end{cases} \tag{3-49}$$

写成张量的形式为

$$\boldsymbol{s}_{ij}=2G'\boldsymbol{\varepsilon}_{ij} \tag{3-50}$$

式中　$\boldsymbol{s}_{ij}$——应力偏量,$\boldsymbol{s}_{ij}=\boldsymbol{\sigma}_{ij}-\boldsymbol{\sigma}_m$。

若设 $G'=G/\psi$,ψ 称为塑性指标,在弹性变形时 $\psi=1$,则轴对称问题的圆柱坐标系全量理论方程为

$$\begin{cases}\varepsilon_r=\dfrac{\psi}{2G}(\sigma_r-\sigma_m)\\ \varepsilon_\theta=\dfrac{\psi}{2G}(\sigma_\theta-\sigma_m)\\ \varepsilon_z=\dfrac{\psi}{2G}(\sigma_z-\sigma_m)\end{cases} \tag{3-51}$$

在平面应变问题中,$\varepsilon_z=0$,塑性本构方程为

$$\begin{cases}\varepsilon_r=\dfrac{\psi}{4G}(\sigma_r-\sigma_\theta)\\ \varepsilon_\theta=\dfrac{\psi}{4G}(\sigma_\theta-\sigma_r)\end{cases} \tag{3-52}$$

式中,ψ 可根据边界条件等确定。

(2) 增量理论

一般情况下,塑性状态的应力-应变不能像胡克定律那样建立全量关系,只能建立应力增量-应变增量间的关系。当应力产生一无限小增量时,假设应变的变化可分成弹性的和塑性的两部分,即

$$d\varepsilon_{ij}=d\varepsilon_{ij}^{e}+d\varepsilon_{ij}^{p} \tag{3-53}$$

弹性应力增量与弹性应变增量之间仍由常弹性矩阵 **D** 联系，塑性应变增量由塑性势理论给出。类似于弹性介质变能或余能的概念，塑性势理论认为，对弹塑性介质存在塑性势函数 Q，它是应力状态和塑性应变的函数，使得

$$d\varepsilon_{ij}^{p}=\lambda\frac{\partial Q}{\partial\sigma_{ij}} \tag{3-54}$$

式中　λ——一正的待定的有限量，它的具体数值和材料硬化法则有关。

式(3-54)称为塑性流动法则。对于稳定的应变硬化材料，Q 通常取与后继屈服函数 F 相同的形式。当 $Q=F$ 时，这种特殊情况称为关联塑性，否则称为非关联塑性。对于关联塑性，塑性流动法则可表示为

$$d\varepsilon_{ij}^{p}=\lambda\frac{\partial F}{\partial\sigma_{ij}} \tag{3-55}$$

如果使应力空间的坐标与应变空间的坐标重合，则式(3-55)几何上表示应变增量矢量与屈服面正交，因而式(3-55)也叫作正交法则。

总应变增量表示为

$$d\varepsilon_{ij}=D^{-1}\sigma_{ij}+\lambda\frac{\partial F}{\partial\sigma_{ij}} \tag{3-56}$$

由一致性条件可推导出待定有限量

$$\lambda=\frac{1}{A}\frac{\partial F}{\partial\sigma_{ij}}d\sigma_{ij} \tag{3-57}$$

对于理想塑性材料，$A=0$；对于硬化材料，有

$$A=-\frac{\partial F}{\partial\sigma_{ij}^{p}}D\frac{\partial Q}{\partial\sigma_{kl}}-\frac{\partial F}{\partial u}\sigma_{ij}\frac{\partial Q}{\partial\sigma_{ij}} \tag{3-58}$$

式中　u——塑性功。

这样加载时的本构方程为

$$d\varepsilon_{ij}=\left(D^{-1}+\frac{1}{A}\frac{\partial Q}{\partial\sigma_{ij}}\frac{\partial F}{\partial\sigma_{kl}}\right)d\sigma_{kl} \tag{3-59}$$

这样，对任何一个状态(σ_{kl}，σ_{kl}^{p}，u)，只要给出应力增量，就可以按式(3-59)唯一地确定应变增量 $d\varepsilon_{ij}$。

应用增量理论求解塑性问题，能够反映应变历史对塑性变形的影响，因而可比较准确地描述材料的塑性变形规律。但是，求解问题比较复杂。

3.4　岩石的流变本构关系

岩石的流变本构模型，用于描述岩石应力-应变关系随时间变化的规律，它是通过试验—理论—应用证实而得到的。为了描述岩石的流变现象，在一系列的岩石流变试验基础上建立反映岩石流变性质的流变方程，通常有经验法和理论模型模拟法两种方法。

3.4.1　经验法

根据岩石蠕变试验结果(图 3-12)，由数理统计学的回归拟合方式建立经验方程。

岩石蠕变经验方程的通常形式为

$$\varepsilon(t)=\varepsilon_0+\varepsilon_1(t)+\varepsilon_2(t)+\varepsilon_3(t) \tag{3-60}$$

式中　$\varepsilon(t)$——t 时间的应变；

ε_0——瞬时应变；

$\varepsilon_1(t)$——初始段应变；

$\varepsilon_2(t)$——等速段应变；

$\varepsilon_3(t)$——加速段应变。

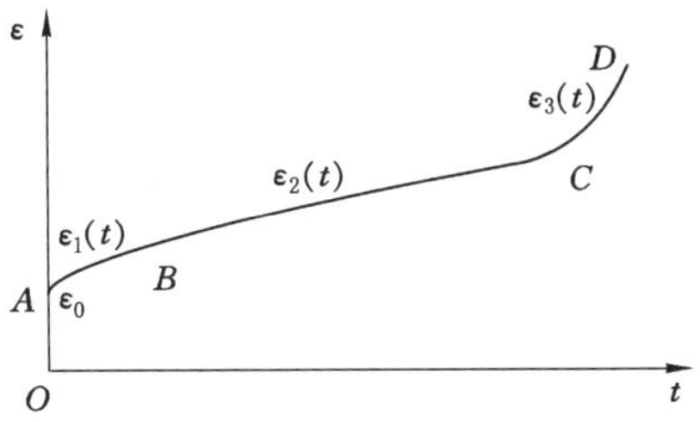

图 3-12　岩石的典型蠕变曲线

典型的岩石蠕变方程如下。

(1) 幂函数方程

对大理石进行轴向和侧向蠕变试验得出图 3-13 所示的典型的大理岩应变(ε)-时间(t)曲线，可用幂函数方程表达。

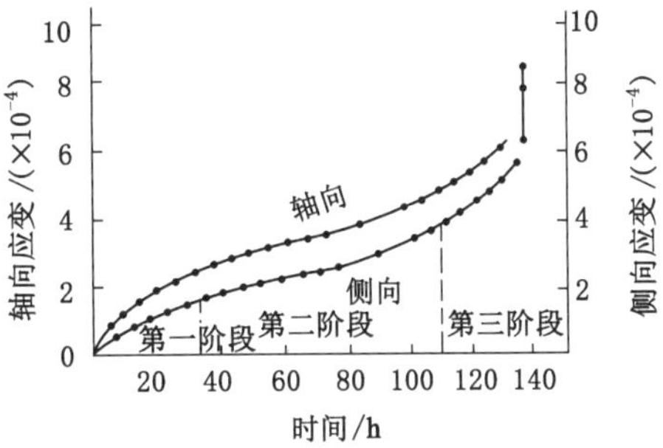

图 3-13　在 87.8 MPa 恒压下大理石的轴向和侧向蠕变曲线

第一、二阶段的轴向蠕变方程为

$$\varepsilon=0.420\,5t^{0.504\,4}\times10^{-4} \tag{3-61}$$

第一、二阶段的侧向蠕变方程为

$$\varepsilon=1.161\,0t^{0.569\,0}\times10^{-4} \tag{3-62}$$

(2) 指数方程

对闪长玢岩试件进行弹簧式单轴压缩蠕变试验，加载到 50 kN 后试件产生加速蠕变，其蠕变曲线满足指数方程关系

$$\varepsilon=0.019\,684\,81\times e^{0.261\,785\,7t} \tag{3-63}$$

(3) 幂函数、指数函数、对数函数混合方程

在室温(20±4)℃和大气压(0.102±0.05)MPa条件下，在实验室对几种岩石进行单轴蠕变试验，并用计算机进行拟合分析，得到各种岩石蠕变方程如下。

① 干燥的钙质石灰岩

$$\varepsilon=(2\,822+5\lg t+48t^{0.651})\times10^{-6} \tag{3-64}$$

② 干燥的白云质石灰岩

$$\varepsilon=(648+56t^{0.489}+0.7\times e^{0.49t})\times10^{-6} \tag{3-65}$$

③ 干燥的砂岩

$$\varepsilon=(1\,858+410t^{0.687}-58\times e^{0.01t})\times10^{-6} \tag{3-66}$$

3.4.2　理论模型模拟法

目前，常采用简单的基本单元来模拟材料的某种性状，再将这些基本单元进行不同的组合就可求得岩石的不同流变方程式，以模拟不同的岩石流变。通常用的基本单元有三种：弹性单元、塑性单元和黏性单元。

3.4.2.1　*岩石流变模型的基本组成单元*

(1) 弹性单元

这种模型是线弹性的，完全服从胡克定律，所以也称胡克体。弹性单元在应力作用下应变瞬时发生，而且应力与应变呈正比关系，应力 σ 与应变 ε 的关系为

$$\sigma=E\varepsilon \tag{3-67}$$

这种模型可用刚度为 E 的弹簧来表示，如图 3-14(a)所示。

（2）塑性单元

这种模型是理想刚塑性的，在应力小于屈服值时可以看成刚体，不产生变形；在应力达到屈服值后，应力不变而变形逐渐增加。塑性单元也称为圣维南体。这种模型可用两块粗糙的滑块表示，如图 3-14(b)所示。

（3）黏性单元

这种模型完全服从牛顿黏性定律，它表示应力 σ 与应变速率 $\dot{\varepsilon}$ 成比例，应力与应变速率的关系为

$$\sigma=\eta\dot{\varepsilon} \tag{3-68}$$

或

$$\sigma=\eta\frac{\mathrm{d}\varepsilon}{\mathrm{d}t} \tag{3-69}$$

式中　t——时间；

η——黏性系数。

这种模型也称为牛顿体，它可用充满黏性液体的圆筒形容器内的有孔活塞来表示，如图 3-14(c)所示。

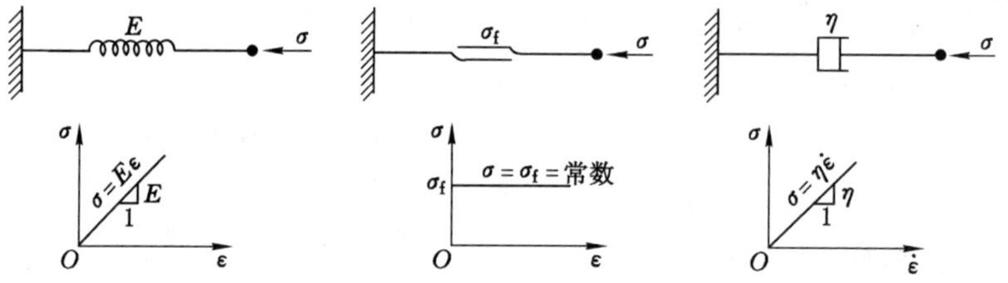

(a) 线性弹簧（弹性单元）　(b) 粗糙滑块（塑性单元）　(c) 线性缓冲壶（黏性单元）

图 3-14　基本单元模型

将以上若干个基本单元串联或并联，就可得到不同的组合模型。串联时每个单元模型担负着同一总荷载，它们的应变速率之和等于总应变速率；并联时由每个单元模型担负的荷载之和等于总荷载，而它们的应变速率都是相等的。

3.4.2.2　*岩石的组合流变模型本构方程*

（1）麦克斯韦(Maxwell)模型

这种模型是用弹性单元和黏性单元串联而成的，如图 3-15 所示。

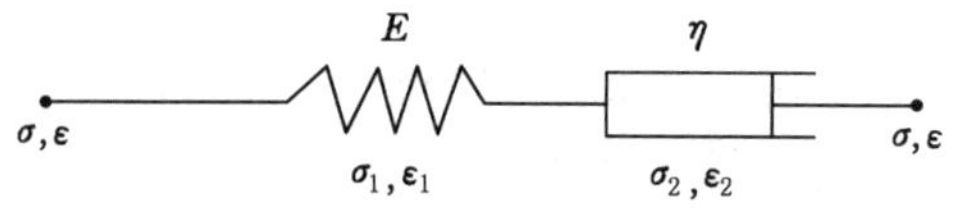

图 3-15　麦克斯韦模型

当骤然施加应力并保持为常量时，变形以常速率不断发展。这个模型用两个常数 E 和 η 来描述。由于是串联，这两个单元上作用着相同的应力 σ。

$$\sigma=\sigma_a=\sigma_b \tag{3-70}$$

$$\dot{\varepsilon}=\dot{\varepsilon}_a+\dot{\varepsilon}_b \tag{3-71}$$

又因为 $\sigma_a=\eta\dot{\varepsilon}_a$ 以及 $\sigma_b=E\varepsilon_b$，代入上面各式，得

$$\dot{\varepsilon}=\frac{\sigma}{\eta}+\frac{\dot{\sigma}}{E} \tag{3-72}$$

或者

$$\frac{d\varepsilon}{dt}=\frac{1}{E}\frac{d\sigma}{dt}+\frac{\sigma}{\eta} \tag{3-73}$$

式(3-73)为描述麦克斯韦黏弹性体应力 σ 与应变 ε 关系的微分方程式。对于单轴压缩试验在 $t=0$ 时骤然施加轴向应力 σ_0 的情况(σ 保持为常量)，该方程式的解答是

$$\varepsilon(t)=\sigma_0\left(\frac{t}{\eta}+\frac{1}{E}\right) \tag{3-74}$$

式中　$\varepsilon(t)$——轴向应变。

式(3-74)为麦克斯韦模型的蠕变本构方程，其蠕变曲线如图 3-16 所示。由式(3-74)和图 3-16 可知：应力保持一定时，麦克斯韦体的变形由瞬时变形 σ_0/E 和蠕变变形组成。如果在某一时刻 t' 卸去荷载，变形 σ_0/E 将立即恢复，且残留蠕变变形。

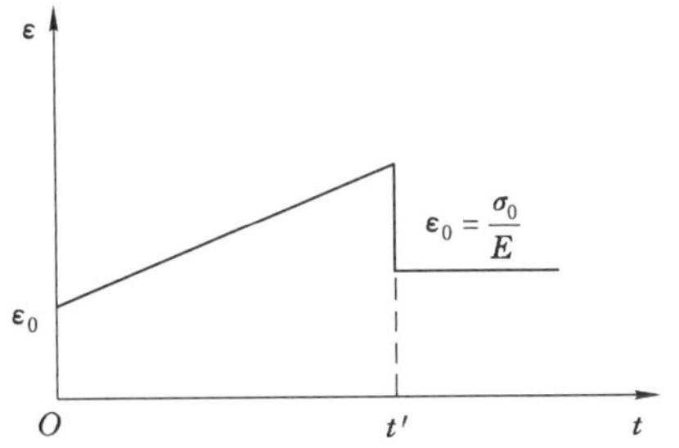

图 3-16　麦克斯韦体的蠕变曲线

(2) 开尔文(Kelvin)模型

该模型又称沃伊特(Voight)模型，它由弹性单元和黏性单元并联而成，如图 3-17 所示，可模拟变形随时间延长而无限增大的力学介质。当骤然施加应力时，应变速率随着时间延长逐渐递减，当时间趋于无穷大时应变趋于$\frac{\sigma_0}{E}$。该模型用两个常数 E 和 η 来描述。由于是并联，介质上的应力是弹性单元和黏性单元应力之和，由式(3-75)给出

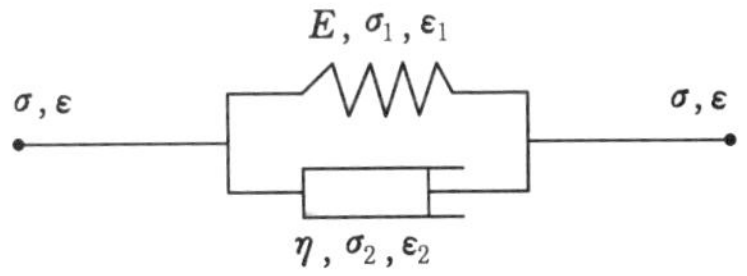

图 3-17　开尔文模型

$$\sigma=\sigma_1+\sigma_2 \tag{3-75}$$

黏性单元的剪应力与剪应变的关系由式(3-76)给出

$$\sigma_1=\eta\dot{\varepsilon}_1 \tag{3-76}$$

弹性单元的剪应力与剪应变的关系为

$$\sigma_2=E\varepsilon_2 \tag{3-77}$$

将式(3-76)和式(3-77)代入式(3-75)，得

$$\sigma=E\varepsilon+\eta\frac{d\varepsilon}{dt} \tag{3-78}$$

式(3-78)是描述开尔文模型应力 σ 与应变 ε 关系的微分方程。对于单轴压缩蠕变试验

的情况，σ_0 在 $t=0$ 时骤然施加，且随后保持为常量，方程式的解为

$$\varepsilon(t)=\frac{\sigma_0}{E}(1-e^{-Et/\eta}) \tag{3-79}$$

式(3-79)为开尔文模型的蠕变本构方程，其曲线如图 3-18 所示。可见开尔文体不具瞬时变形特性。

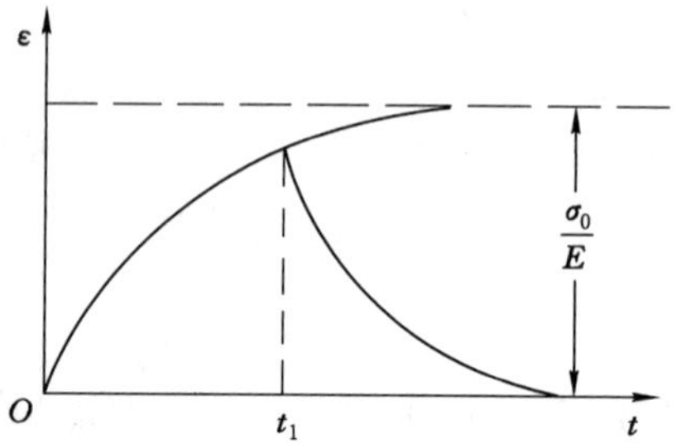

图 3-18　开尔文体的蠕变曲线

(3) 广义麦克斯韦模型

如图 3-19 所示，该模型由开尔文模型与黏性单元串联而成，用 3 个常数 E、η_1 和 η_2 描述。剪应变开始以指数速率增长，逐渐趋近于常速率。

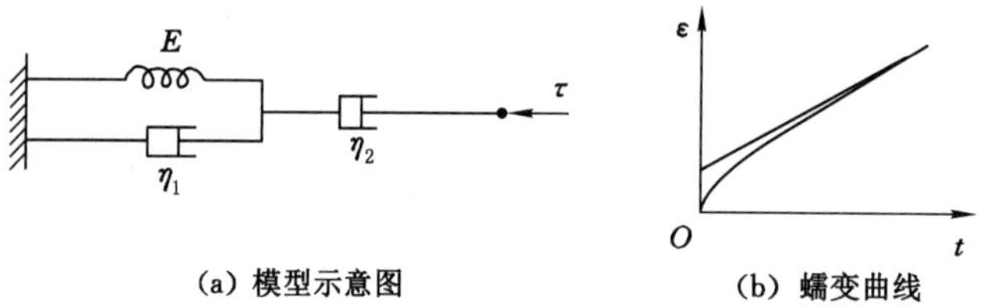

图 3-19　广义麦克斯韦模型及其蠕变曲线

(4) 广义开尔文模型

如图 3-20 所示，模型由开尔文模型与弹性单元串联而成，用 3 个常数 E_1、E_2 和 η_1 表示该种材料的性状。该模型开始时产生瞬时应变，随后剪应变以指数递减速率增长，最终应变速率趋于零，应变不再增长。

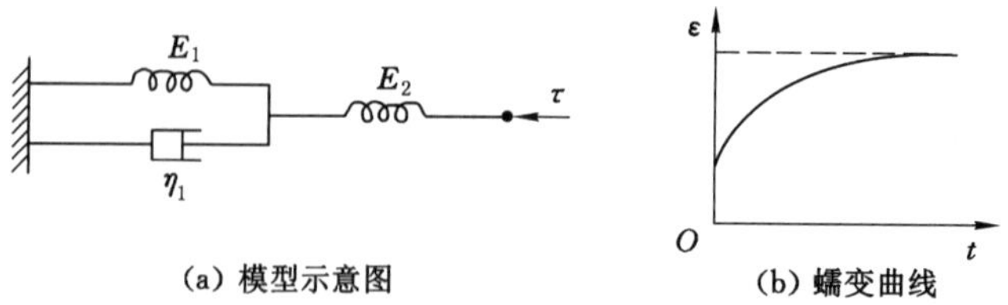

图 3-20　广义开尔文模型及其蠕变曲线

(5) 伯格斯(Burgers)模型

该模型由开尔文模型与麦克斯韦模型串联而成，如图 3-21 所示，用 4 个常数 E_1、E_2、η_1 和 η_2 来描述。其蠕变曲线上开始有瞬时变形，然后剪应变以指数递减速率增长，最后趋于以不变速率增长。从形成一般的蠕变曲线的观点来看，这种模型是用来描述第三期蠕变以前的蠕变曲线的较好且最简单的模型。当然，用增加弹性单元和黏性单元的办法还可组成

更复杂而合理的模型，但是柏格斯模型对实用而言已经足够了，该模型已获得较广泛的应用。

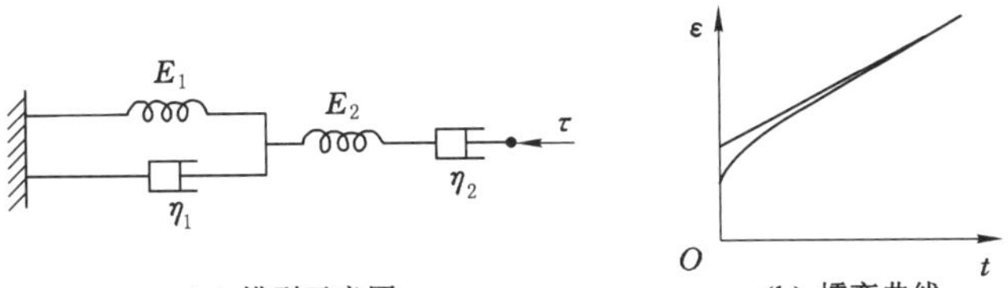

(a) 模型示意图　　(b) 蠕变曲线

图 3-21　伯格斯模型及其蠕变曲线

3.5　岩石强度理论

岩石的强度理论（破坏准则）是岩石力学的基本问题之一，即如何去确定岩石破坏时的应力状态。岩石力学研究表明，岩石破坏有两种基本类型：一是脆性破坏，它的特点是岩石达到破坏时不产生明显的变形；二是塑性破坏，岩石破坏时会产生明显的塑性变形而不呈现明显的破坏面。通常认为，岩石的脆性破坏是应力条件下岩石中裂隙产生和发展的结果；而塑性破坏通常是在塑性流动状态下发生的，这是组成物质颗粒间相互滑移所导致的。

影响岩石破坏的因素很多，有应力、温度、应变速率、试件大小和应力梯度等。目前，岩石破坏准则多数只考虑应力的影响，而对其他因素的影响研究得很不够，故多未予考虑。研究岩石的破坏准则有经验性的和理论性的两种方法。前者根据试验结果，通过分析整理寻求规律，以求得数学表达式；后者根据固体的基本物理性质来建立岩石的破坏准则。

目前的强度理论多数是从应力的观点来考察材料破坏的。岩石力学中广泛应用的莫尔-库仑强度理论和格里菲斯强度理论，都立足于应力观点来考察岩石的破坏。莫尔-库仑强度理论一般能较好地反映岩石的塑性破坏机制，加上它较为简便，所以在工程界广为应用。但莫尔-库仑强度理论不能反映具有细微裂缝岩石的破坏机理，而格里菲斯强度理论能很好地反映脆性材料破坏机理。本节主要介绍这两种岩石强度理论。

3.5.1　应力和应力状态分析

当材料在外力作用下不能产生位移时，它的几何形状和尺寸将发生变化，这种形变就称为应变。材料发生形变时内部产生大小相等但方向相反的反作用力抵抗外力。把分布内力在一点的集度称为应力，应力与微面积的乘积即微内力。或物体由于外因（受力、湿度变化等）而变形时，在物体内各部分之间产生相互作用的内力，以抵抗这种外因的作用，并力图使物体从变形后的位置回复到变形前的位置。

受力物体内任一点的应力状态通常可用 σ_1、σ_2、σ_3 三个主应力表示。在岩体力学中，经常把三向应力状态简化为二向应力状态来研究，与岩石形变和强度直接相关的是应力在其作用法线方向和切线方向的分量，其中，沿截面法线方向的应力分量称为正应力 σ，沿截面切线方向的应力分量称为剪应力 τ，并且按习惯规定：正应力以压应力为正，拉应力为负；剪应力以使物体产生逆时针方向转动为正，反之为负[图 3-22(a)]。

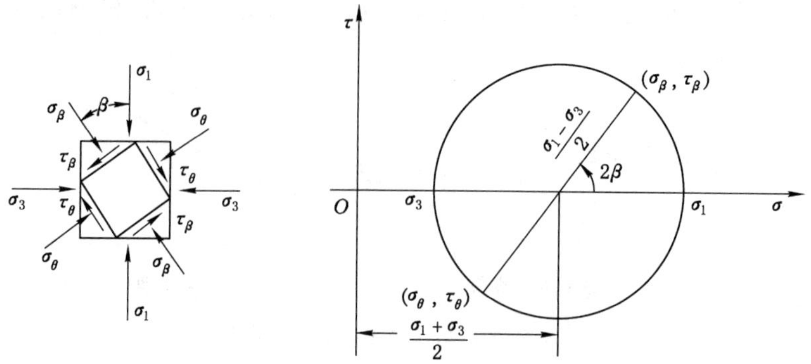

(a)　　(b)

图 3-22　岩石内一点的应力状态和莫尔应力图

对于平面问题,如果已知岩石内一点的两个主应力 σ_1、σ_2,则与最大主应力 σ_1 呈夹角为 β 的斜截面上的法向应力 σ_β 和剪应力 τ_β 为

$$\begin{cases}\sigma_\beta=\dfrac{\sigma_1+\sigma_3}{2}+\dfrac{\sigma_1-\sigma_3}{2}\cos 2\beta\\[2ex]\tau_\beta=\dfrac{\sigma_1-\sigma_3}{2}\sin 2\beta\end{cases}\tag{3-80}$$

而其共轭面($\theta=90°+\beta$)上的法向应力 σ_θ 和剪应力 τ_θ 为

$$\begin{cases}\sigma_\theta=\dfrac{\sigma_1+\sigma_3}{2}-\dfrac{\sigma_1-\sigma_3}{2}\cos 2\theta\\[2ex]\tau_\theta=-\dfrac{\sigma_1-\sigma_3}{2}\sin 2\theta\end{cases}\tag{3-81}$$

将式(3-80)的第一式改写为

$$\sigma_\beta-\frac{\sigma_1+\sigma_3}{2}=\frac{\sigma_1-\sigma_3}{2}\cos 2\beta\tag{3-82}$$

将式(3-82)与式(3-80)的第二式两边平方后相加得

$$\left(\sigma_\beta-\frac{\sigma_1+\sigma_3}{2}\right)^2+\tau_\beta^2=\left(\frac{\sigma_1-\sigma_3}{2}\right)^2\tag{3-83}$$

式(3-83)在 $\tau\sigma$ 坐标系中是一个圆,其圆心坐标为 $\left(\dfrac{\sigma_1+\sigma_3}{2},0\right)$,半径为 $\dfrac{\sigma_1-\sigma_3}{2}$。这个圆称为莫尔应力圆[图 3-22(b)]。莫尔应力圆圆周上任意一点的坐标,代表岩石内任一斜截面上的应力。因此,利用莫尔应力圆可以方便地表示岩石中一点的应力状态。

3.5.2　岩石剪切破坏的强度理论

3.5.2.1　库仑强度理论

库仑(C. A. Coulomb)于 1773 年提出内摩擦准则,常称为库仑强度理论。若用 σ 和 τ 代表受力单元体某一平面上的正应力和剪应力,则这条准则规定:当 τ 达到式(3-84)大小时,该单元就会沿此平面发生剪切破坏,即

$$|\tau|=f\sigma+C\tag{3-84}$$

式中　C——内聚力;

　　　f——内摩擦系数。

引入内摩擦角 φ,并定义

$$f=\tan\varphi \tag{3-85}$$

这个准则在 τ-σ 平面上是一条斜率为 $f=\tan\varphi$、截距为 C 的直线。剪切面上的正应力和剪应力可分别由应力圆给出,如图 3-23 所示。当此应力圆与式(3-84)所表示的直线相切时,即发生破坏。

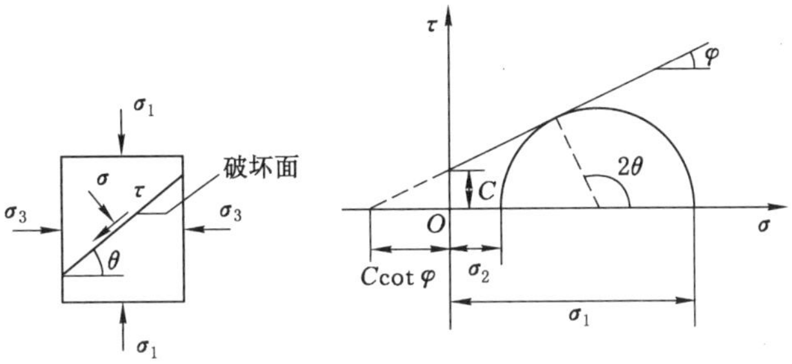

图 3-23　库仑强度准则及破坏面

若将 τ 和 σ 用主应力 σ_1、σ_2 和 σ_3 表示,这里 $\sigma_1>\sigma_2=\sigma_3$,则

$$\sigma=\frac{1}{2}(\sigma_1+\sigma_3)+\frac{1}{2}(\sigma_1-\sigma_3)\cos 2\theta \tag{3-86}$$

$$\tau=\frac{1}{2}(\sigma_1-\sigma_3)\sin 2\theta \tag{3-87}$$

式中　θ——剪切面与最小主应力 σ_3 作用方向之间的夹角,即剪切面的法线方向与最大主应力 σ_1 作用方向的夹角。

因此

$$C=|\tau|-f\sigma=\frac{1}{2}(\sigma_1-\sigma_3)(\sin 2\theta-f\cos 2\theta)-\frac{f}{2}(\sigma_1+\sigma_3)$$

令 $\frac{\partial C}{\partial\theta}=0$,可得

$$\tan 2\theta=-\frac{1}{f} \tag{3-88}$$

所以,2θ 的值介于 90°和 180°之间。由此可得由主应力表示的库仑强度准则

$$2C=\sigma_1[(f^2+1)^{1/2}-f]-\sigma_3[(f^2+1)^{1/2}+f] \tag{3-89}$$

式(3-89)在 σ_1-σ_3 平面上是一条直线,如图 3-24 所示,并交 σ_1 轴、σ_3 轴于

$$C_0=2C/[(f^2+1)^{1/2}-f] \tag{3-90}$$

$$T=-2C/[(f^2+1)^{1/2}+f] \tag{3-91}$$

这里 C_0 为单轴抗压强度,但 T 不是抗拉强度,只有几何意义。这是因为式(3-84)隐含的假定是 $\sigma>0$,根据式(3-86)和式(3-88)得

$$\sigma_1[(f^2+1)^{1/2}-f]+\sigma_3[(f^2+1)^{1/2}+f]>0 \tag{3-92}$$

式(3-92)与式(3-89)联立,可得

$$\sigma_1>C/[(f^2+1)^{\frac{1}{2}}-f]=\frac{1}{2}C_0 \tag{3-93}$$

由此可得,图 3-24(a)中只有直线 AC_0P 部分代表有效的准则。

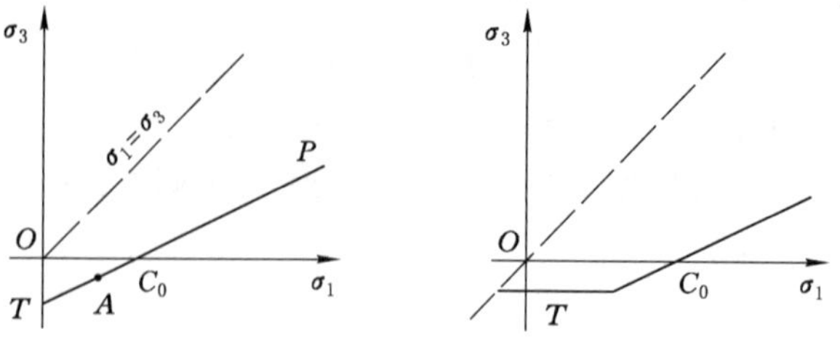

(a)　　(b)

图 3-24　库仑强度准则在主应力平面上的几何关系

单轴压缩试验和轴对称三轴压缩试验的结果证明：库仑强度准则不适于 $\sigma_3<0$，即有拉应力的情况（因为断裂面与 σ_3 作用方向垂直）；也不适用于高围压的情况。但对于一般工程来说，库仑强度准则还是适用的。库仑强度准则没有考虑中间主应力 σ_2 的影响，但试验证明这个影响是存在的。

3.5.2.2　莫尔强度理论

莫尔（O. Mohr）于 1900 年提出材料的强度是应力的函数，材料在极限状态下，剪切面上的剪应力达到随法向应力和材料性质而定的极限值。也就是说，当材料中一点的可能滑动面上的剪应力超过该面上的剪切强度时，该点就产生破坏，而滑动面的剪切强度 τ 又是作用于该面上法向应力 σ 的函数，即

$$\tau=f(\sigma) \tag{3-94}$$

式(3-94)在 $\tau\sigma$ 平面上是一条关于 σ 轴对称的曲线，它可以由试验确定，即在不同应力状态（单轴拉伸、单轴压缩和三轴压缩）下达到破坏时的应力圆的包络线，称为莫尔强度包络线。这个准则也没有考虑 σ_2 对破坏的影响，这是它存在的一个问题。

根据莫尔强度理论，在判断材料内某点处于复杂应力状态下是否破坏时，只需要在 $\tau\sigma$ 平面上作出该点的莫尔应力圆。如果所作应力圆在莫尔强度包络线以内，如图 3-25 中的圆 1，图中曲线 4 表示包络线，则通过该点任何面上的剪应力都小于相应面上的抗剪强度，说明该点没有破坏。如果所绘应力圆刚好与包络线相切，如图 3-25 中的圆 2，则通过该点有一对平面上的剪应力刚好达到相应面上的抗剪强度，该点开始破坏，或者称之为处于极限平衡状态。而与包络线相割的应力圆，如图 3-25 中的虚线圆 3，实质上是不存在的，因为当应力达到这一状态之前，该点就沿着一对平面破坏了。

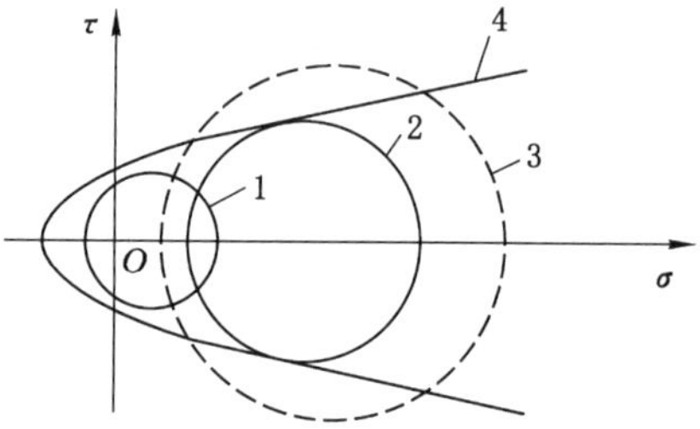

1—未破坏的应力圆；2—临界破坏的应力圆；3—破坏的应力圆；4—莫尔强度包络线。

图 3-25　用莫尔强度包络线判别材料的破坏

（1）二次抛物线形

岩性较坚硬至较软弱的岩石，如泥灰岩、砂岩、泥页岩等岩石的莫尔强度包络线近似为二次抛物线，如图 3-26 所示，其表达式为

$$\tau^2=n(\sigma+\sigma_t) \tag{3-95}$$

式中　σ_t——岩石的抗拉强度；

n——待定系数。

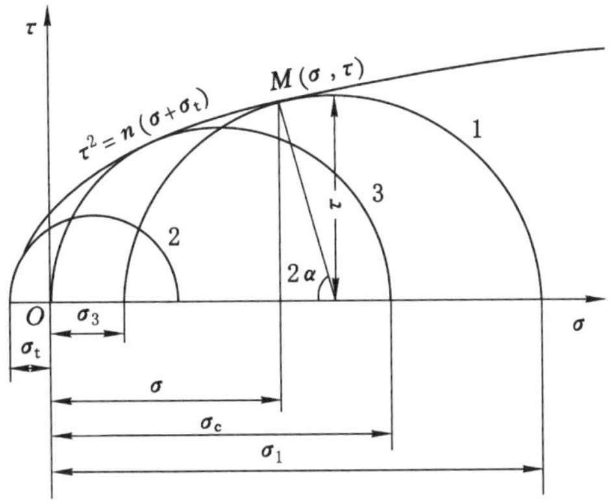

1—任意三向压缩应力圆；2—拉压应力圆；3—单向压缩应力圆。

图 3-26　二次抛物线形莫尔强度包络线

利用图 3-26 中的关系，有

$$\begin{cases}\dfrac{1}{2}(\sigma_1+\sigma_3)=\sigma+\tau\cot 2\alpha \\ \dfrac{1}{2}(\sigma_1-\sigma_3)=\dfrac{\tau}{\sin 2\alpha}\end{cases} \tag{3-96}$$

式中，τ、$\cot 2\alpha$ 和 $\sin 2\alpha$ 可由式(3-95)和图 3-26 获得

$$\begin{cases}\tau=\sqrt{n(\sigma+\sigma_t)} \\ \dfrac{d\tau}{d\sigma}=\cot 2\alpha=\dfrac{n}{2\sqrt{n(\sigma+\sigma_t)}} \\ \dfrac{1}{\sin 2\alpha}=\csc 2\alpha=\sqrt{1+\dfrac{n}{4(\sigma+\sigma_t)}}\end{cases} \tag{3-97}$$

将式(3-97)的有关项代入式(3-96)，并消去式中的 σ，得二次抛物线形包络线的主应力表达式

$$(\sigma_1-\sigma_3)^2=2n(\sigma_1+\sigma_3)+4n\sigma_t-n^2 \tag{3-98}$$

在单轴压缩条件下，有 $\sigma_3=0$，$\sigma_1=\sigma_c$，则式(3-95)变为

$$n^2-2(\sigma_c+2\sigma_t)n+\sigma_c^2=0 \tag{3-99}$$

由式(3-99)可近似解得

$$n=\frac{\sigma_c^2}{2(\sigma_c+2\sigma_t)} \tag{3-100}$$

将式(3-100)代入式(3-95)和式(3-98)，可分别得到用剪应力和主应力表达的二次抛物线形莫尔强度判据

$$\tau^2=\frac{\sigma_c^2}{2(\sigma_c+2\sigma_t)}(\sigma+\sigma_t) \tag{3-101}$$

$$(\sigma_1-\sigma_3)^2=\frac{\sigma_c^2}{\sigma_c+2\sigma_t}(\sigma_1+\sigma_3+2\sigma_t)-\frac{\sigma_c^4}{4(\sigma_c+2\sigma_t)^2} \tag{3-102}$$

利用式(3-101)和式(3-102)可判断岩石中一点是否破坏。

(2) 双曲线形

据研究，砂岩、灰岩、花岗岩等坚硬、较坚硬岩石的莫尔强度包络线近似为双曲线(图 3-27)，其表达式为

$$\tau^2=(\sigma+\sigma_t)^2\tan^2\varphi_0+(\sigma+\sigma_t)\sigma_t \tag{3-103}$$

式中 φ_0——包络线渐近线的倾角，$\tan\varphi_0=\frac{1}{2}\left(\frac{\sigma_c}{\sigma_t}-3\right)^{1/2}$。

利用式(3-103)可判断岩石中一点是否破坏。

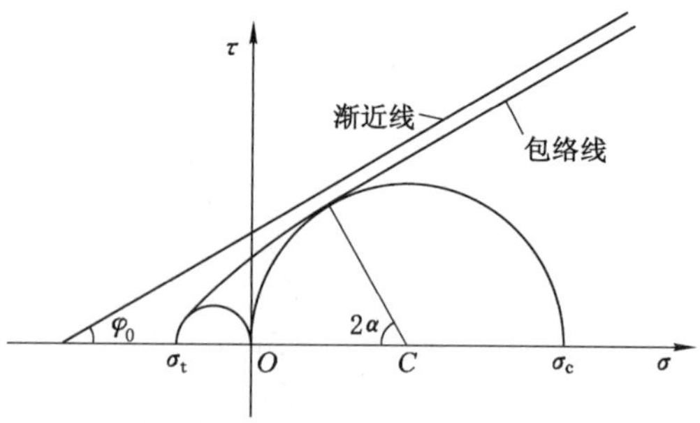

图 3-27 双曲线形莫尔强度包络线

莫尔强度理论实质上是一种剪应力强度理论。一般认为，该理论比较全面地反映了岩石的强度特性，它既适用于塑性岩石，也适用于脆性岩石的剪切破坏。同时，该理论也反映了岩石抗拉强度远小于抗压强度这一特性，并能解释岩石在三向等拉时会破坏，而在三向等压时不会破坏(曲线在受压区不闭合)的特点。这一点已为试验所证实。因此，目前莫尔强度理论被广泛地应用于实践。

对于莫尔-库仑强度准则，需要指出的是：

① 莫尔强度准则的缺点是忽略了中间主应力 σ_2 的影响，与试验结果有一定的出入。另外，该准则只适用于剪切破坏，受拉区的适用性还值得进一步探讨，并且不适用于膨胀或蠕变破坏。

② 库仑强度准则是建立在试验基础上的破坏判据。

③ 库仑强度准则和莫尔强度准则都以剪切破坏作为其物理机理，但是岩石试验证明：岩石破坏存在大量的微破裂，这些微破裂是张拉破坏而不是剪切破坏。

④ 莫尔-库仑强度准则适用于低围压的情况。

3.5.3 岩石拉伸破坏的强度理论

3.5.3.1 格里菲斯强度理论

格里菲斯脆性破坏理论，是在微裂纹控制破坏和渐进式破坏概念的基础上提出来的。该理论认为，实际的固体在结构构造上既不是绝对均匀的，也不是绝对连续的，其内部包含大量的微裂纹和微孔洞。这种固体在外力作用下，即使作用的平均应力不大，但由于微裂纹或微孔洞边缘上的应力集中，也很可能在边缘局部产生很大的拉应力。当拉应力达到或超过固体抗拉强度时，微裂纹便开始扩展，当许多这样的微裂纹扩展、联合时，固体最终沿某一个或若干个平面或曲面形成宏观破裂。岩石就是这样一种包含大量微裂纹和微孔洞的固体材料，因此，格里菲斯强度理论为岩石破坏判据提供了一个重要的理论基础。

格里菲斯强度准则认为，脆性破坏是拉伸破坏，而不是剪切破坏。

格里菲斯强度理论假定岩石中的微裂纹呈近似椭圆形，且相邻微裂纹间相互没有影响。在外力作用下，椭圆形裂纹的受力状态如图 3-28 所示，由椭圆周边切向应力公式可推导出裂纹边壁上的切向应力 σ_b

$$\sigma_b m=\sigma_y\pm(\sigma_y^2+\tau_{xy}^2)^{1/2} \tag{3-104}$$

式中　σ_b——裂纹边壁上的切向应力；

m——裂纹的长短轴之比；

σ_y——垂直于裂纹方向的法向应力；

τ_{xy}——平行于裂纹方向的剪应力。

当裂纹边壁上的切向应力 σ_b 达到或超过岩石的抗拉强度 σ_t 时，裂纹便开始扩展。由于 σ_b 和 m 难以测定，为此，可设想最简单的情况，即假定裂纹长轴垂直于单向拉应力方向，以确定切向应力 σ_b 的临界值。这时受单向拉伸至岩石破坏时，$\tau_{xy}=0$，$\sigma_y=-\sigma_t$，代入式(3-104)得

$$\sigma_b m=-\sigma_t-\sigma_t=-2\sigma_t \tag{3-105}$$

将式(3-105)代入式(3-104)，取"—"号，得格里菲斯判据的剪应力表达式为 $\tau_{xy}^2=4\sigma_t(\sigma_y+\sigma_t)$，写成通式即

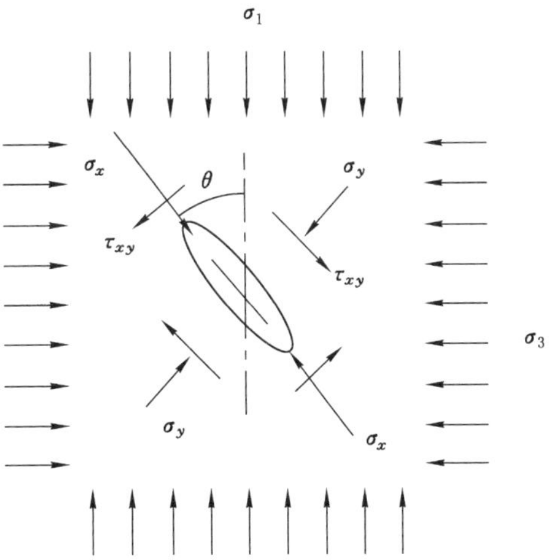

图 3-28　格里菲斯裂纹及受力示意图

$$\tau^2=4\sigma_t(\sigma_y+\sigma_t) \tag{3-106}$$

其强度包络线如图 3-29 所示，为一抛物线，顶点在 $-\sigma_t$ 处，在 τ 轴上的截距为 $2\sigma_t$。

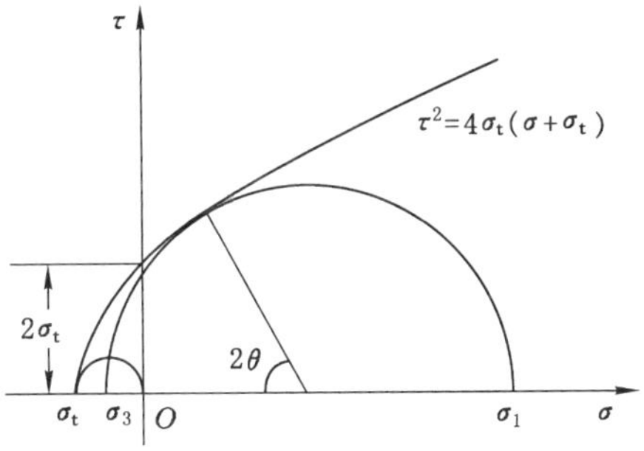

图 3-29　格里菲斯判据的强度包络线

另外，将式(3-81)代入式(3-104)($\sigma_y=\sigma_\theta$，$\tau_{xy}=\tau_\theta$)后简化得

$$\sigma_b m-\frac{1}{2}[(\sigma_1+\sigma_3)-(\sigma_1-\sigma_3)\cos 2\theta]\pm\left[\frac{1}{2}(\sigma_1^2+\sigma_3^2)-\frac{1}{2}(\sigma_1^2-\sigma_3^2)\cos 2\theta\right]^{1/2} \tag{3-107}$$

由式(3-107)可知，σ_b 是裂纹长轴面与最小主平面夹角 θ 的函数，令 $\frac{d\sigma_b}{d\theta}=0$，可得 σ_b 为最大时的危险角 θ

$$\begin{cases}\sin 2\theta=0\\ \text{或}\\ \cos 2\theta=-\dfrac{\sigma_1-\sigma_3}{2(\sigma_1+\sigma_3)}\end{cases} \tag{3-108}$$

当 $\sin 2\theta=0$ 时，最危险的方向为 $\theta=0°$ 的方向，代入式(3-107)得最大拉应力

$$\sigma_b m=2\sigma_3 \tag{3-109}$$

当 $\cos 2\theta=-\frac{\sigma_1-\sigma_3}{2(\sigma_1+\sigma_3)}$ 时，代入式(3-107)得最大拉应力

$$\sigma_b m=\frac{-(\sigma_1-\sigma_3)^2}{4(\sigma_1+\sigma_3)} \tag{3-110}$$

因为有 $\cos 2\theta=\frac{\sigma_1-\sigma_3}{2(\sigma_1+\sigma_3)}\leqslant 1$，所以式(3-110)中的最大拉应力达到式(3-105)所给定的临界值使岩石破裂时必有 $\sigma_1+3\sigma_3\geqslant 0$，其破坏条件为

$$\frac{(\sigma_1-\sigma_3)^2}{4(\sigma_1+\sigma_3)}=-2\sigma_t$$

或

$$\frac{(\sigma_1-\sigma_3)^2}{(\sigma_1+\sigma_3)}=8\sigma_t \quad (\sigma_1+3\sigma_3\geqslant 0) \tag{3-111}$$

当 $\sigma_1+3\sigma_3<0$ 时，由式(3-110)给出的最大拉应力达到 $-2\sigma_t$，岩石破裂，其破坏条件为 $2\sigma_3=-2\sigma_t$，即

$$\sigma_3=-\sigma_t \tag{3-112}$$

此时裂纹的扩展方向与最大主应力 σ_1 方向一致。

综合式(3-111)和式(3-112)，得格里菲斯判据的主应力表达式

$$\begin{cases}\dfrac{(\sigma_1-\sigma_3)^2}{(\sigma_1+\sigma_3)}=8\sigma_t & (\sigma_1+3\sigma_3\geqslant 0)\\ \sigma_3=-\sigma_t & (\sigma_1+3\sigma_3<0)\end{cases} \tag{3-113}$$

应用式(3-113)判断岩石中一点是否破坏时，根据应力 σ_1、σ_3 的大小：当 $\sigma_1+3\sigma_3\geqslant 0$ 时，按第一个式子判断，即将 σ_1、σ_3 及 σ_t 代入，如左边大于或等于右边时，则岩石中的该点破坏，否则不破坏；当 $\sigma_1+3\sigma_3<0$ 时，按第二个式子判断，判断方法相反。式中，σ_t 取绝对值。

按格里菲斯判据，当 $\sigma_3=0$ 时，$\sigma_1=\sigma_c=8\sigma_t$，即 σ_c 与 σ_t 的比值为 8。该判据适用于脆性岩石的拉破坏情况。

3.5.3.2 修正的格里菲斯强度理论

麦克林托克(F. A. Moclintock)等于 1962 年考虑岩体中的应力主要为压应力，以及裂纹在压应力作用下发生闭合而引起裂纹壁面的摩擦效应，即在较高的压应力作用下，微裂纹往往先闭合，此时，当岩石变形时，裂纹壁面间必然产生摩擦，从而可提高岩石的强度。所以需对格里菲斯判据进行修正。根据以上观点，麦克林托克等认为，只有当 $\sigma_b m=f\sigma_y-\tau_{xy}$ 达到 $-2\sigma_t$ 时，岩石才产生破坏，将式(3-81)中的法向应力和剪应力代入上式得

$$\sigma_b m=f\left(\frac{\sigma_1+\sigma_3}{2}-\frac{\sigma_1-\sigma_3}{2}\cos 2\theta\right)+\frac{\sigma_1-\sigma_3}{2}\sin 2\theta=-2\sigma_t \tag{3-114}$$

$2\sigma_t$ 随 θ 变化而变化，当 $2\sigma_t$ 达到最大时岩石破坏，令 $\frac{\mathrm{d}(2\sigma_t)}{\mathrm{d}\theta}=0$，得 $\tan 2\theta=\frac{1}{f}$，即有 $\theta=45°-\frac{\varphi}{2}$，进一步可得

$$\sin 2\theta=\frac{1}{\sqrt{1+f^2}} \tag{3-115}$$

$$\cos 2\theta=\frac{f}{\sqrt{1+f^2}} \tag{3-116}$$

代入式(3-114)后经简化整理，可得修正的格里菲斯判据

$$\sigma_1=\sigma_3\frac{\sqrt{1+f^2}+f}{\sqrt{1+f^2}-f}+\frac{4\sigma_t}{\sqrt{1+f^2}-f} \tag{3-117}$$

修正的格里菲斯判据的剪应力表达式为

$$\tau=2\sigma_t+\sigma f \tag{3-118}$$

在单向压缩条件下，$\sigma_3=0$，$\sigma_1=\sigma_c$，则由式(3-117)得

$$\sigma_c=\frac{4\sigma_t}{\sqrt{1+f^2}-f} \tag{3-119}$$

则式(3-117)变为

$$\sigma_1=\frac{\sqrt{1+f^2}+f}{\sqrt{1+f^2}-f}\sigma_3+\sigma_c \tag{3-120}$$

式中　f——裂纹闭合后的摩擦系数，$f=\tan\varphi$。

思考题与习题

1. 简述岩石的本构关系。
2. 简述广义胡克定律。
3. 简述岩石平面弹性本构方程。
4. 伯格斯蠕变本构方程表达式是什么？
5. 简述格里菲斯强度理论的基本假设与适用条件。
6. 简述莫尔强度理论的基本假设与适用条件。
7. 假设某岩石的强度条件为 $\tau=15+\sigma\tan 30°$(MPa)，试求：

① 该试件的单轴抗压强度。

② 假设 $\sigma_1>\sigma_2>\sigma_3$，如果受力状态为(40 MPa，20 MPa，5 MPa)，该岩石是否会发生破坏，并说明原因。

8. 某岩块的剪切强度参数为 $C=50$ MPa、$\varphi=60°$，设岩石破坏服从莫尔直线形强度准则，如用该岩石试件做三轴压缩试验，当围压 σ_3 和轴压 σ_1 分别加到 50 MPa 和 700 MPa 时，保持轴压不变，逐渐卸除围压，问围压卸到多少时，岩石试件破坏。

9. 假定岩石中一点的应力为 $\sigma_1=61.2$ MPa、$\sigma_3=-11.4$ MPa，室内试验测得的岩石单轴抗拉强度 $\sigma_t=-8.7$ MPa，剪切强度参数 $C=30$ MPa、$\tan\varphi=1.54$，试用格里菲斯判据判断该岩块是否破坏，并讨论结果。

10. 对某岩石试件进行单轴压缩试验，当压应力达到 60 MPa 时试件发生破坏，破坏面与最大主应力作用方向的夹角为 60°。假设岩石破坏符合莫尔-库仑强度准则，试计算：① 岩石内摩擦角；② 破坏面上的正应力与剪应力；③ 与最大主应力作用方向的夹角为 30°平面上的正应力与剪应力。

第4章 岩体结构及岩体力学性质

4.1 概 述

岩体像所有的物质一样具有一定的结构，这种结构因素对岩石的变形和破坏在一定条件下甚至起着决定性的作用。一般来说，岩体的许多力学性状，就是通过岩性这个内因显示出来的。在工程上，岩性因素是人们利用岩石作为材料的基础，并且用其抗压强度作为衡量坚硬与软弱岩石的指标。岩体结构分类的方法有很多，本书从岩体结构是不同类型的岩体结构单元在岩体内的组合、排列形式的定义出发，介绍岩体结构的基本类型及其特点。

岩体结构单元有结构面和结构体两种基本要素。结构面分软弱结构面和坚硬结构面两类。结构体按力学作用可归并为块状结构体和板状结构体两大类。它们在岩体内组合、排列不同构成不同类型的岩体结构。同时，自然界的岩体结构是互相包容的，如软弱结构面切割成的结构体内包含坚硬结构面切割成的次一级的结构体，它们之间存在级序性关系。如此，可将软弱结构面切割成的岩体结构定为Ⅰ级岩体结构，将坚硬结构面切割成的岩体结构定为Ⅱ级岩体结构。

在相同级序之内又可按结构体地质特征再划分为不同结构类型，如软弱结构面切割成的Ⅰ级岩体结构，按Ⅰ级结构体类型，又可将Ⅰ级岩体结构划分为块裂结构和板裂结构。具体地说，岩体结构划分的第一个依据是结构面类型，第二个依据是结构面切割程度或结构体类型。

4.2 岩体结构面特征及类型

岩体中的结构面对岩体的力学性能有着重要影响。岩体的变形和强度，取决于构成岩体的岩石力学性能和结构面力学性能。由于结构面往往是岩体弱面，在一些岩体工程中，结构面的力学性能决定了工程的稳定性，如边坡的层面、大坝坝基中软弱夹层、井巷工程中的断裂破碎带等。

岩体结构面是在岩体生成过程以及生成后若干地质年代中，受地质构造作用而形成的具有一定方向、延展较大而厚度较小的二维面状地质界面，它包括微裂隙、片理、叶理、节理和层面。结构面是岩体的重要组成单元之一，它的存在使岩体显示构造上的不连续性和不均质性，导致岩体的各向异性，成为岩体渗流的主要通道，所以岩体的力学性质与结构面的特性密切相关。

4.2.1 岩体结构面成因类型

按照自然成因不同，可以将广泛发育于岩体中的各种结构面归纳为三种类型，即原生结构面、构造结构面和次生结构面。

(1) 原生结构面

原生结构面，是指在成岩过程中所形成的结构面，其特征和岩体成因密切相关，包括内动力地质作用和外动力地质作用两种成因，因此又可分为岩浆结构面、沉积结构面和变质结构面三类。

① 岩浆结构面。岩浆结构面，是指岩浆侵入及冷凝过程中所形成的原生结构面，包括岩浆岩体与围岩接触面、多次侵入的岩浆岩之间接触面、软弱蚀变带、挤压破碎带、岩浆岩体中冷凝的原生节理，以及岩浆侵入活动及冷凝过程中形成的流纹和流层的层面等。

② 沉积结构面。沉积结构面，是指沉积过程中所形成的物质分异面，包括层面、软弱夹层及沉积间断面(不整合面、假整合面等)。它的产状一般与岩层一致，空间延续性强。海相岩层中，此类结构面分布稳定；陆相及滨海相岩层中此类结构面呈交错状，易尖灭。层面、软弱夹层等结构面较为平整，沉积间断面多由碎屑、泥质物质构成，且不平整。国内外较大的坝基滑动及滑坡很多由此类结构面所造成，如法国的 Malpasset 坝的破坏、意大利 Vajont 坝的巨大滑坡等。

③ 变质结构面。变质结构面，是指在区域变质作用中形成的结构面，如片理、片岩夹层等。区域变质与接触变质不同，它是伴随强烈的地壳运动而产生的，在较广阔的空间进行动热变质作用，片理就是在这种动热变质作用下形成的。片状构造为片理的典型特征。变质作用与深度有关，一般来说，在一定深度以下变质作用是逐渐变化的但不显著。片岩软弱夹层含片状矿物，呈鳞片状。片理面一般呈波状，片理短小，分布极密，但这种密集的片理会像层理那样，延展范围可以很大。

(2) 构造结构面

构造结构面，是指岩体受地壳运动(构造应力)作用所形成的结构面，属于内动力地质作用成因，如断层、节理、劈理以及由于层间错动而引起的破碎层等。其中，以断层的规模最大，节理的分布最广。

① 断层。断层，一般是指位移显著的构造结构面。就其规模来说，大小有很大的不同，有的深切岩石圈甚至上地幔，有的仅限于地壳表层，或地表以下数十米。断层破碎带往往有一系列滑动面，而且还存在一套复杂的构造岩。断层因应力条件不同而具有不同的特征，根据应力场的特性，可分为张性、压性和剪性(扭性)断层，也就是正断层、逆断层和平移断层。

② 节理。节理可分为张节理、剪节理和层面节理。

张节理，是指岩体在张应力作用下形成的一系列裂隙的组合。其特点是裂隙宽度大，裂隙面延伸短，尖灭较快，曲折，表面粗糙，分布不均。在砾岩中裂隙面多绕砾石而过。

剪节理，是指岩体在剪应力作用下形成的一系列裂隙的组合。它通常以相互交叉的两组裂隙同时出现，因而又称 X 节理或共轭节理，有时只有一组比较发育。剪节理的特点是裂隙闭合，裂隙面延伸远且方位稳定，一般较平直，有时有平滑的弯曲，无明显曲折，面光滑，常具有磨光面、擦痕、阶步、羽裂等痕迹。在砾岩中裂隙面常切穿砾石而过。

层面节理，是指层状岩体在构造应力作用下沿岩层层面(原生沉积软弱面)破裂而形成的一系列裂隙的组合。在褶曲发育过程中，两翼岩层的上覆层与下伏层发生层间滑动，形成剪性层面节理；而在层间发生层间脱节，则形成张性层面节理。

③ 劈理。劈理，是指岩体受力或因变质作用产生并沿着一定方向大致成平行排列的密集的裂隙或面状构造。一般把组成劈理的破裂面叫作劈面；相邻劈面所夹的岩石薄片叫作

劈石；相邻劈面的垂直距离叫作劈面距离，一般在几毫米至几厘米之间。劈理的密集性与岩性和厚度等因素有关，较厚岩层中的劈理相较薄岩层稀疏些。同时，劈理在通过不同岩性的岩层时要发生折射，构成S形或反S形的反射劈理。

(3) 次生结构面

次生结构面，是指岩体在外应力(如风化、卸荷、应力变化、地下水、人工爆破等)作用下形成的结构面，主要为外动力地质作用成因。但是卸荷作用有的是构造抬升卸荷，因此所产生的结构面应属于内动力地质作用成因。它们的发育多呈不平整、不连续的无序状态。

风化裂隙是由风化作用在地壳的表部形成的裂隙。风化作用沿着岩石脆弱的地方，如层理、劈理、片麻构造及岩石中晶体之间的结合面，产生新的裂隙；另外，风化作用还使岩体中原有的软弱面扩大、变宽，这些扩大和变宽的弱面，是原生作用或构造作用形成的，但有风化作用参与的明显痕迹。风化裂隙的特点是裂隙延伸短而弯曲或曲折；裂隙面参差不齐，不光滑；裂隙分支分叉较多，分布密集，相互连通，呈不规则网状；裂隙发育程度随深度的增加而减弱，浅部裂隙极发育，岩石破碎，甚至成为疏松土，向深处裂隙发育程度减弱，岩石完整，并保持原岩的矿物组成、结构，仅在裂隙面上或附近有化学风化的痕迹。

卸荷裂隙是岩体的表面某一部分被剥蚀掉，引起重力和构造应力的释放或调整，使得岩体向自由空间膨胀而产生平行于地表面的张裂隙。若在深切的河谷，还有重力作用的剪应力分量而产生的剪张裂隙，这些裂隙基本平行于岸坡表面。另外，在漫长的岁月中伴随着年复一年的地下水季节性的变动，同样可以产生与地下水面近于平行的卸荷裂隙。

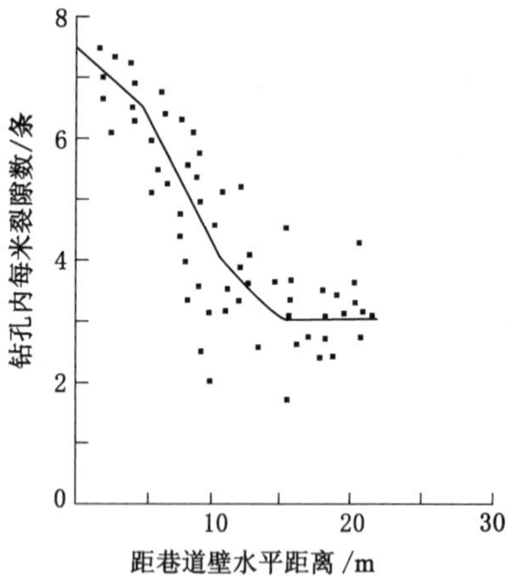

图 4-1　巷道围岩裂隙密度变化

应力变化、人工爆破等作用可生成次生结构面。图4-1为保加利亚一地下巷道受爆破和巷道地压的影响产生裂隙的情况。从图中可看出，从巷道壁向深处水平距离增加，裂隙数随之减少，至一定深度(约15 m)后保持为常数。

各种结构面均有其特定的地质特征，据此可以鉴别结构面的成因类型，并且有助于分析其力学性质。

在岩体力学中，结构面只是根据一定的地质实体抽象出来的概念而已，与几何学中平面或曲面的意义有相同之处，但是也存在较大差别。也就是说，结构面是由一定物质组成的，并且存在表面结构特征(如凸起及沟槽等)，在切向上具有二维平面内无限延展的几何学中面的特征；但是，在法向上往往有一定厚度，与几何学中平面或曲面不同。因此，结构面实质是一种地质实体。但是，从运动学和动力学角度考察，这种地质实体在一定程度上又具有几何学中平面或曲面作用机理。结构面在变形上表现为张开、闭合、压缩及滑动等机理。在岩体力学研究中，结构面概念的提出为将有关岩体变形与破坏的信息抽象为地质模型和物理力学模型奠定了基础。

4.2.2　结构面的规模及分级

结构面规模不同对岩体稳定性影响也有所不同。在研究岩体力学性质时，不仅要查明各种类型结构面及其地质特征，而且还应该按照力学作用差别对结构面进行等级划分。结构面中含有软弱物质的属于软弱结构面，而无充填物的则为硬性结构面，软弱结构面具有重要的工程岩体力学意义。工程岩体总是有一定范围的，一定范围岩体中所发育的结构面依据其规模及力学效应可以划分为Ⅰ、Ⅱ、Ⅲ、Ⅳ、Ⅴ等 5 个等级，分述如下。

（1）Ⅰ级结构面

Ⅰ级结构面规模最大，一般延长几千米至数十千米以上，贯穿整个岩体，结构面内破碎带宽度达几米至数十米，经常见到的有较大断层或断层破碎带。这种结构面属于软弱结构面（有时可以作为一种独立的力学模型，即做软弱夹层处理），构成岩体力学作用边界，控制岩体变形和破坏方式。有些区域性大断层往往具有现代活动性，会给工程建设带来很大的危害，直接关系着建设地区的地壳稳定性，影响山体稳定性和岩体稳定性。对于这种结构面，应该注重研究结构面的物质成分、形态、产状及组合形式等。

（2）Ⅱ级结构面

Ⅱ级结构面，是指延伸长而宽度不大的区域性地质界面，如较大的断层、层间错动、不整合面和原生软弱夹层等。其规模贯穿整个工程岩体，长度一般为数百米至数千米，破碎带宽数十厘米至数米。这种结构面常控制工程区的山体稳定性或岩体稳定性，影响工程布局；建筑物应避开这种结构面或采取必要的处理措施。

（3）Ⅲ级结构面

Ⅲ级结构面规模较小，延长几米（或更短）至几十米，结构面内无破碎带，也不夹泥（有时可见泥膜），有的发生错动，有的未错动，通常表现为各种节理、劈理、小断层（开裂）层面及次生裂隙等。少数此类结构面呈弱结合状态。这种结构面多数属于软弱结构面，少量属硬性结构面，参与将岩体切割成结构体，是确定岩体结构类型的重要依据，也是岩体结构效应的基础，对岩体力学性质往往具有控制作用，一般构成次级地应力场边界。对于这种结构面，应该注重研究结构面的产状、组数、密度及组合形式等。

（4）Ⅳ级结构面

Ⅳ级结构面，包括延伸较差的节理、层面、次生裂隙、小断层及较发育的片理、劈理等。长度一般为数十厘米至二三十米，小者仅数厘米至十几厘米，宽度为零至数厘米不等。这种结构面是构成岩块的边界面，会破坏岩体的完整性，影响岩体的物理力学性质及应力分布状态。该级结构面数量多，分布具随机性，主要影响岩体的完整性和力学性质，是岩体分类及岩体结构研究的基础，也是结构面统计分析和模拟的对象。

（5）Ⅴ级结构面

Ⅴ级结构面又称微结构面，包括隐节理、微层面、微裂隙及不发育的片理、劈理等，其规模小，连续性差，常包含在岩块内，主要影响岩块的物理力学性质。

上述 5 级结构面中，Ⅰ、Ⅱ级结构面又称为软弱结构面，Ⅲ级结构面多数也为软弱结构面，Ⅳ、Ⅴ级结构面为硬性结构面。不同级别的结构面，对岩体力学性质的影响及在工程岩体稳定性中所起的作用不同。如Ⅰ级结构面控制工程建设地区的地壳稳定性，直接影响工程岩体稳定性；Ⅱ、Ⅲ级结构面控制着工程岩体力学作用的边界条件和破坏方式，它们的组合往往构成可能滑移岩体（如滑坡、崩塌等）的边界面，直接威胁工程的安全稳定性；Ⅳ级结构面主要控制岩体的结构、完整性和物理力学性质，是岩体结构研究的重点，也是难点，这是因为相对工程岩体来说Ⅲ级以上结构面分布数量少，甚至没有，且规律性强，容易搞清楚，而

Ⅳ级结构面数量多且具随机性，其分布规律不太容易搞清楚，需用统计方法进行研究；Ⅴ级结构面控制岩块的力学性质。各级结构面互相制约、互相影响，并非孤立的。在实际工作中，这些特点应予以注意。

4.2.3 结构面特征及其对岩体性质的影响

结构面对岩体性质的影响是不言而喻的，影响程度则主要取决于结构面的发育情况。如岩性完全相同的两种岩体，由于结构面的空间方位、连续性、密度、形态、张开度及其组合关系等的不同，在外力作用下，这两种岩体将呈现完全不同的力学反应。因此，研究结构面特征及其对岩体性质的影响是十分必要的。

4.2.3.1 结构面的自然特征

结构面成因复杂，而后又经历了不同性质、不同时期构造运动的改造，从而造成结构面自然特征的各不相同。例如，有些结构面，在后期构造运动中受到影响，结构面的开闭状态、充填物质的性状及结构面的形态和粗糙度等改变；有的结构面由于后期岩浆注入或淋水作用形成的方解石脉网络等，其内聚力有所增加；而有的裂隙经过地下水的溶蚀作用而加宽，或充以气和水，或充填黏土物质，其内聚力减小或完全丧失。所有这些都决定着结构面的力学性质，也直接影响着岩体的力学性质。因此，必须十分注意对结构面性状的研究，才能进一步研究岩体受力后变形、破坏的规律。

(1) 充填胶结特征

结构面内充填物的力学效应取决于其物质成分、厚度及结构等。结构面内充填物成分有泥质、钙质、硅质、矿物碎屑、岩屑和角砾等多种类型，其中泥质和钙质充填物的强度与其压密程度和含水量关系很大，并且同时表现于内聚力和内摩擦角两个方面，硅质充填物的强度也主要表现在内聚力和内摩擦角两个方面，而碎屑及角砾充填物的强度则与其黏土质含量有很大关系(黏土质含量越多，强度越低)，并且突出表现于内摩擦角和咬合程度两个方面。结构面内充填物厚度可以分为薄膜、薄层和厚层三种类型。其中，薄膜(厚度一般小于1 mm)多数为次生的黏土矿物及蚀变矿物，可使结构面强度大为降低；薄层(厚度与结构面起伏差相当)的存在致使结构面强度主要决定于充填物的力学性质及充填程度，并且岩体主要沿着结构面滑移破坏；厚层(厚度远远超过结构面起伏差)的存在导致岩体破坏方式不仅是沿着结构面滑移，而且表现为充填物塑性流变。应该指出，当含有厚层充填物时，结构面应视为一种特殊的力学模型，即软弱夹层，往往使岩体发生大规模破坏，所以应做专门研究；此外，若结构面内含薄层状充填物，也会使之成为岩体中重要的软弱结构面，需要特别引起注意。结构面内充填物结构对岩体强度和破坏方式影响较大。

(2) 形态特征

结构面在三维空间展布的几何属性称为结构面的形态，它是地质应力作用下地质体发生变形和破坏遗留下来的产物。结构面的几何形态，可归纳为下列四种(图 4-2)。

① 平直型：它的变形、破坏取决于结构面的粗糙度、充填物质成分、侧壁岩体风化的程度等。它包括一般层面、片理、原生节理及剪切破裂面等。

② 波浪型：它的变形、破坏取决于起伏角、起伏幅度、岩石力学性质、充填情况等。它包括波状的层理、轻度揉曲的片理及沿走向和倾向均呈缓波状的压性、压剪性结构面等。

③ 锯齿型：它的变形、破坏取决的条件基本与波浪型相同。它包括张性、张剪性结构面，具有交错层理和龟裂纹的层面，也包括由一般裂隙而发育的次生结构面、沉积间断

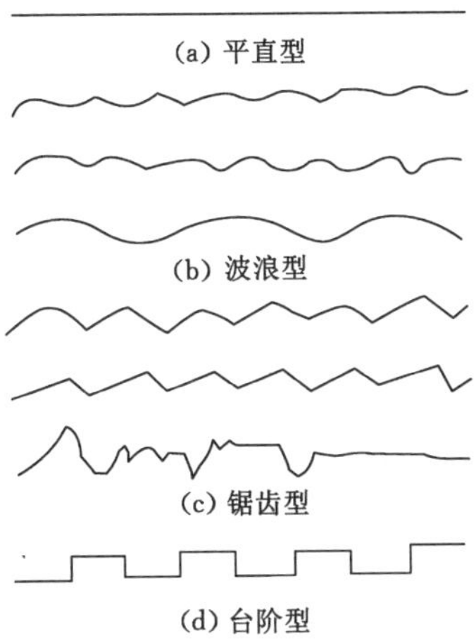

图 4-2　结构面的几何形态图

面等。

④ 台阶型：它的变形、破坏取决于岩石的力学性质等。它包括地堑、地垒式构造等。这类结构面的起伏角为 90°，多经断层的层间错动后形成。

结构面的形态对岩体的力学性质和水力学性质存在明显的影响，结构面的形态可以从侧壁的起伏形态和粗糙度两方面进行研究。结构面的起伏形态，主要是研究其凹凸度与强度的关系。根据规模大小，可将它分为两级，如图 4-3 所示，第一级凹凸度称为起伏度，第二级凹凸度称为粗糙度。岩体沿结构面发生剪切破坏时，第一级的凸出部分可能被剪断或不被剪断，这两种情况均会增大结构面的抗剪强度，增大状况与起伏角和岩石性质有关。起伏角越大，结构面的抗剪强度也越大。

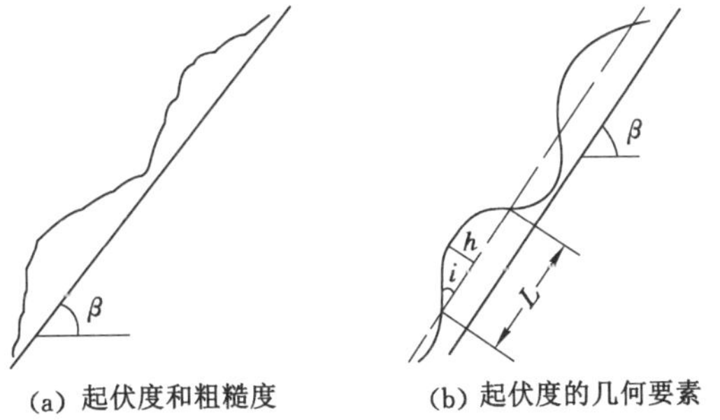

β—结构面的平均倾角；i—结构面的起伏角；h—平均起伏差；L—平均基线长度。

图 4-3　结构面的凹凸度

另外，起伏角的大小也可以表示出前述结构面的三种几何形态：$i=0°$时，结构面为平直型；$i=10°\sim20°$时，结构面为波浪型；i 更大时，结构面变为锯齿型。

第二级凹凸度即粗糙度，反映结构面上普遍微量的凹凸不平状态。对结构面来讲，一般可分为极粗糙、粗糙、一般、光滑、镜面 5 个等级。沉积间断面、张性和张剪性的构造结构面和次生结构面等属于极粗糙和粗糙类别；一般层面、冷凝原生节理、一般片理等属于一般类；绢云母片状集合体所造成的片理、板理，一般压性、剪性、压剪性构造结构面均属于光滑一类;而许多压性、压剪性、剪性构造结构面,由于剧烈的剪切滑移运动,往往可以形成光滑的镜面,这种状况则属于镜面一类。

结构面侧壁的起伏程度可用起伏角 i 表示

$$i = \arctan(2h/L) \tag{4-1}$$

式中 h——平均起伏差;

L——平均基线长度。

结构面的粗糙度可用粗糙度系数 JRC(joint roughness coefficient)表示,随粗糙度的增大,结构面的摩擦角也增大。据巴顿(N. Barton)的研究,可将结构面的粗糙度系数划分为图 4-4 所示的 10 级。实际工作中,可用结构面纵剖面仪测出所研究结构面的粗糙剖面,然后与图 4-4 所示的标准剖面图进行对比,即可求得结构面的粗糙度系数 JRC。

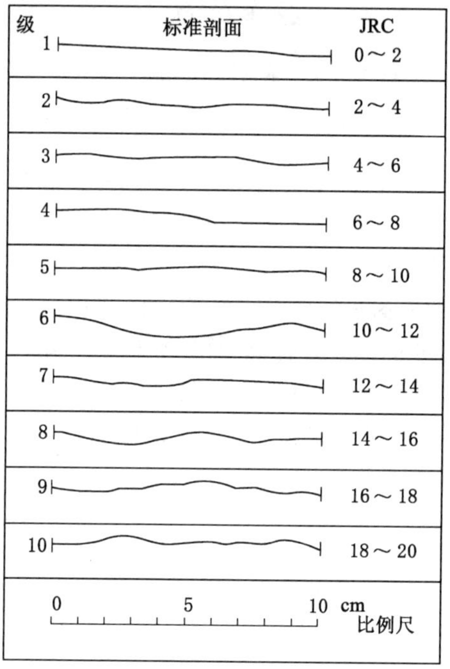

图 4-4 标准粗糙度剖面图及其 JRC 值

(据 N. Barton,1977)

(3) 张开度

结构面的张开度,是指结构面两壁面间的垂直距离。结构面两壁面一般不是紧密接触的,而是呈点接触或局部接触,接触点大部分位于起伏或锯齿状的凸起点。这种情况下,由于结构面实际接触面积减少,其内聚力必然降低。当结构面张开且被外来物质充填时,则其强度主要由充填物决定。一般来说,在边界条件和受力都相同的情况下,岩石越坚硬,结构面的间距越大,张开度也越大。

张开度还可说明岩体的"松散度"和岩体的水力学特征。总的来说,结构面张开度越大,岩体将越"松散"。结构面张开度分级如表 4-1 所列。

表 4-1　结构面张开度分级

描　　述		结构面张开度/mm
闭合结构面	很紧密	<0.1
	紧密	0.1～<0.25
	部分张开	0.25～<0.5
裂开结构面	张开	0.5～<2.5
	中等宽的	2.5～<10
	宽的	≥10
张开结构面	很宽的	10～<100
	极宽的	100～<1 000
	似洞穴的	≥1 000

(4) 结构面的组合关系

结构面的组合关系控制可能滑移岩体的几何边界条件、形态、规模、滑动方向及滑移破坏类型，它是工程岩体稳定性预测与评价的基础。任何坚硬岩体的块体滑移破坏，都必须具备一定的几何边界条件。因此，在研究岩体稳定性时，必须研究结构面之间及其与临空面之间的组合关系，确定可能失稳块体的形态、规模和可能滑移方向等。结构面组合关系的分析可采用赤平投影、立体投影和三角几何计算法等。

4.2.3.2　结构面对岩体强度的影响

若岩体由同类岩石分层组成，或岩体只含有一种岩石，但有一组发育的弱面(如层理等)，当最大主应力 σ_1 方向与弱面垂直时，岩体强度与弱面无关，此时岩体强度就是岩石的强度。当最大主应力方向与弱面的夹角 $\beta=45°+\varphi/2$ 时，岩体将沿弱面破坏，此时岩体强度就是弱面的强度。当最大主应力方向与弱面平行时，由于弱面抗拉强度小，岩体将因弱面的横向扩张而破坏，此时岩体的强度介于前述两种情况之间。如果以极坐标辐射方向表示弱面与最大主应力方向的夹角 β，径向长度表示岩体的强度，则岩体强度随 β 角的变化情况如图 4-5(a)所示，即

当 $\beta=n\pi$ 时

$$S_c=\frac{2C\cos\varphi}{1-\sin\varphi}$$

当 $\beta=n\pi+\left(45°\pm\frac{\varphi_j}{2}\right)$ 时

$$S_c=\frac{2C_j\cos\varphi_j}{1-\sin\varphi_j}$$

当 $\beta=(n\pm\frac{1}{2})\pi$ 时

$$\frac{2C_j\cos\varphi_j}{1-\sin\varphi_j}<S_c<\frac{2C\cos\varphi}{1-\sin\varphi}$$

式中　φ、φ_j——岩石和弱面的内摩擦角；

C、C_j——岩石和弱面的内聚力。

显然，没有弱面时岩石的强度即图 4-5(a)中的外圆半径。

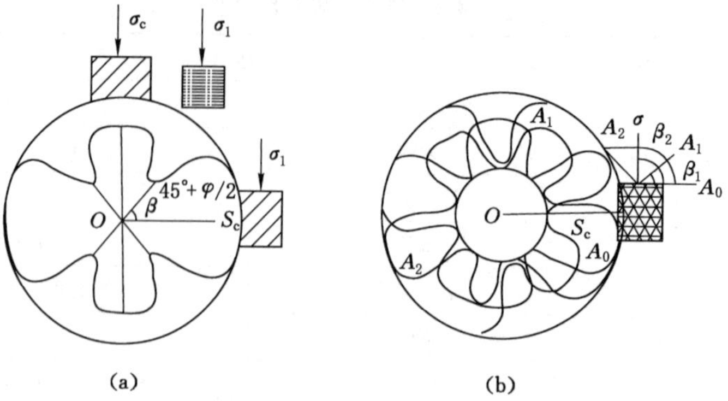

图 4-5　岩体强度的各向异性及其与岩石强度的关系

若岩体中有多组弱面，如 A_0、A_1、A_2 三组弱面，A_0 与 A_1 的夹角为 β_1，A_0 与 A_2 的夹角为 β_2，则此时岩体的强度图像为各单组弱面岩体强度图像的叠加，如图 4-5(b)中的阴影部分。此时岩体的强度基本决定于弱面的强度，可见，当岩体中含有三组以上弱面，且弱面分布匀称、强度大体相同时，岩体强度图像很接近图 4-5(b)的内圈，此时岩体又恢复了各向同性，但强度大大削弱了。

当岩体由不同薄层岩石组成时，其强度将变化于最弱岩层岩石强度与弱面强度之间，岩体的强度取决于结构面和岩石的强度。岩体的抗剪强度包络线是介于结构面强度包络线和岩石强度包络线之间的曲线(图 4-6)。

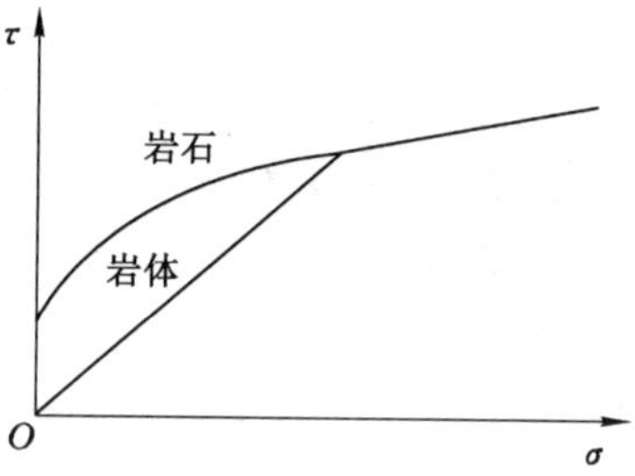

图 4-6　岩体抗剪强度包络线

岩体无论是单向受压还是三向受压，其强度受加载方向与结构面夹角 θ 的控制，表现出岩体强度的各向异性。图 4-7(a)和图 4-7(b)分别表示结晶片岩单轴抗压强度和石墨片岩三轴抗压强度随夹角 $\theta=90°-\beta$ 变化的情况。从图中可以看出，当 θ 为 30°左右时(即 $\theta=45°-\varphi_j/2$)，岩体抗压强度最低，这是由于破坏面与结构面重合。当 θ 角偏离该值时，无论 θ 角增大或减小，岩体抗压强度都将逐渐增大。当 θ 角增至不大于 90°的某一极限值后，岩体抗压强度增至最大，与无结构面影响时的岩体抗压强度相等。可见，岩体中有结构面存在时，其强度在某些方向上有所降低，尤以单向受压时降低更甚。

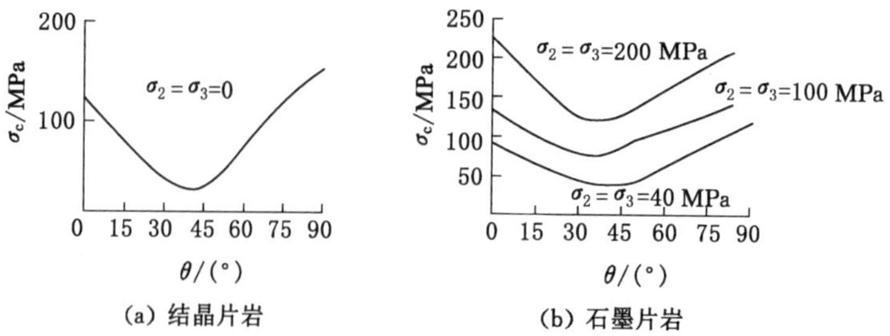

图 4-7　岩体抗压强度与夹角的关系

4.2.4 软弱结构面

4.2.4.1 软弱夹层

在沉积岩形成过程中，由于沉积条件发生暂时性变化，往往出现一些局部的软弱夹层，如杂砂岩中夹有泥质薄层状页岩、石英砂岩中夹有钙质薄层、白云岩中夹有灰岩薄层等。这些软弱夹层受力时很容易滑动破坏而引起工程事故，不少斜坡危岩体、地下硐室围岩及其他岩石地基失稳即与软弱夹层关系密切，所以在进行岩体工程设计及施工过程中务必加强对软弱夹层的勘探与研究，努力查明软弱夹层力学性质及变形特征。

软弱夹层的软弱是相对其赋存的主体岩层而言的，可以采用能干性这一术语来描述软弱夹层与主体岩层之间变形行为的差异。通常把岩层按照能干性的不同划分为能干的和不能干的两种类型，能干的也就是力学性质强的岩层，而不能干的则是力学性质弱的岩层，软弱夹层即不能干的岩层。这只是指在相同变形条件下，能干的岩层较不能干的岩层难以发生塑性流变或剪切破坏。因而，在一定程度上也可以采用黏度比来表示岩层的能干性差异。应该指出，有时也把岩层的能干性差异与韧性差异相混用。严格意义上来说，韧性差异是指岩层达到破坏时塑性变形量的差异，并不完全与能干性差异的含义一致。对于具体的工程岩体，可以根据其构造变形特征观察及变形试验研究结果，排列出包括软弱夹层在内的不同岩层能干性大小顺序。在同样的变形条件下，相对能干的岩层可以在不发生明显的内部变形时出现脆性破裂或弹塑性挠曲；而相对不能干的岩层或软弱夹层则以发生很大的内部应变来调节总体变形。岩层的能干性主要取决于碎屑成分和粒度、胶结物类型和胶结性质以及结构等。

4.2.4.2 泥化夹层

泥化夹层是含泥质的软弱夹层经一系列地质作用演化而成的。它多分布在上下相对坚硬而中间相对软弱的岩层组合条件下，在构造运动作用下产生层间错动、岩层破碎、结构改组，并为地下水渗流提供了良好的通道。水的作用使破碎岩石中的颗粒分散，含水量增大，进而使岩石处于塑性状态（泥化），强度大为降低；水还使夹层中的可溶盐类溶解，引起离子交换，从而改变泥化夹层的物理化学性质。

泥化夹层具有以下特性：

① 由原岩的超固结胶结式结构变成泥质散状结构或泥质定向结构。

② 黏粒含量很高。

③ 含水量接近或超过塑限，密度比原岩小。

④ 常具有一定的胀缩性。

⑤ 力学性质比原岩差，强度低，压缩性高。

⑥ 由于其结构疏松，抗冲刷能力差，因而在渗透水流的作用下易产生渗透变形。

以上这些特性对工程建设，特别是对水工建筑物的危害很大。

对泥化夹层的研究，应重点研究其成因类型、存在形态、分布、所夹物质的成分和物理力学性质以及这些性质在条件改变时的变化趋势等。

4.2.4.3 层间滑动面

层间滑动面属于一种软弱结构面，介于相邻的硬性岩层（能干层）之间，较为普遍存在于层状岩体（如沉积岩）中。

所谓层间滑动，是指仅在层面或软弱夹层内发生滑动，滑动面与岩层面平行一致而不切割岩层面。层间滑动多数存在于软、硬相间岩体中的软弱夹层内部,有的连续延伸、有的断续发育。在岩体力学研究中,应该重视层间滑动面,这是因为层间滑动面是一种极为重要的软弱结构面,也是不少岩体工程事故的主要隐患。一般情况下,层间滑动面的厚度变化于几毫米至几十厘米之间。

层间滑动面的结构包括破劈理带、糜棱化-泥化带、主滑动面等3个主要部分,如图4-8所示。层间滑动面是岩体发生多次往返层间滑动作用所致。若坚硬岩层(如砂岩层)中含有软弱夹层(如页岩),当岩层发生剪切作用时,先在软弱夹层中形成破劈理,破劈理与岩层面夹角(锐角)指向与本盘剪切滑动方向相反,夹角大小与软弱夹层塑性程度有关,软弱夹层塑性程度越大,夹角就越小。

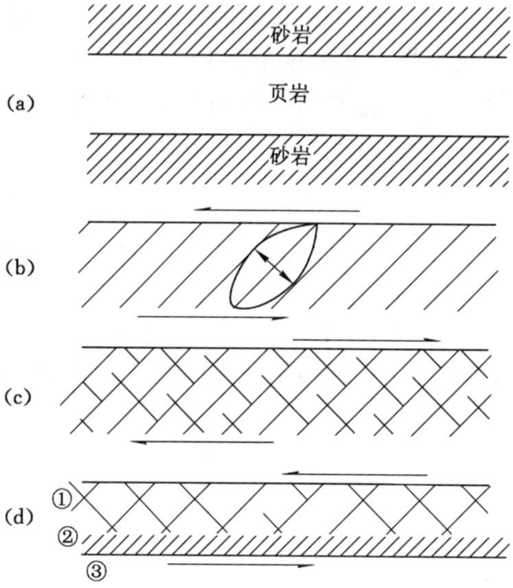

①—破劈理带;②—糜棱化-泥化带;③—主滑动面。

图4-8 层间滑动形成过程示意图

4.3 结构面的力学性质

一般来说,结构面力学性质与其成因及演化过程密切相关。因此,在分析结构面力学性质时,必须以成因及演化过程研究为基础,抓住结构面分布的几何空间规律,以取得较为理想的结果。岩体力学研究的主要基础之一是结构面力学性质。

结构面力学性质主要包括三个方面:结构面的法向变形、剪切变形和抗剪强度。

4.3.1 法向变形

在垂直于结构面的法向应力作用下,结构面将产生法向变形。理论上,岩体结构面是没有厚度的;但是,由于岩体中结构面一般均具有一定的张开度及表面结构,此外软弱结构面本属于软弱夹层,所以结构面实际上是有厚度的。既然如此,结构面在法向应力作用下无疑会发生法向压缩变形,在研究软弱结构面力学性质时,既可以将其作为软弱结构面看待,也可以将其作为软弱夹层处理。将它作为软弱结构面研究时,无法描述其厚度,只能用变形刚度表征其变形特征。亦已公认，岩体中硬性结构面法向变形曲线通常是按照指数函数形式分布的。研究表明，软弱结构面与硬性结构面法向变形基本相同，其法向变形曲线也呈指数函数形式分布，如图4-9所示。在法向荷载作用下，岩石粗糙结构面的接触面积和接触点数随荷载增大而增加，结构面间隙呈非线性减小，应力与法向变形之间呈指数关系。这种非线性力学行为归结于接触微凸体弹性变形、压碎和间接拉裂隙的产生，以及新的接触点、接触面积的增加。古德曼(R. E. Goodman)于1974年通过试验，得出法向应力 σ_n 与结构面闭合量 δ_n 有如下关系

$$\frac{\sigma_n-\xi}{\xi}=s\left[\frac{\delta_n}{\delta_{max}-\delta_n}\right]^t \tag{4-2}$$

式中　ξ——原位压力，由初始条件决定；

δ_{max}——结构面闭合量；

s、t——结构面几何特征、岩石力学性质有关参量。

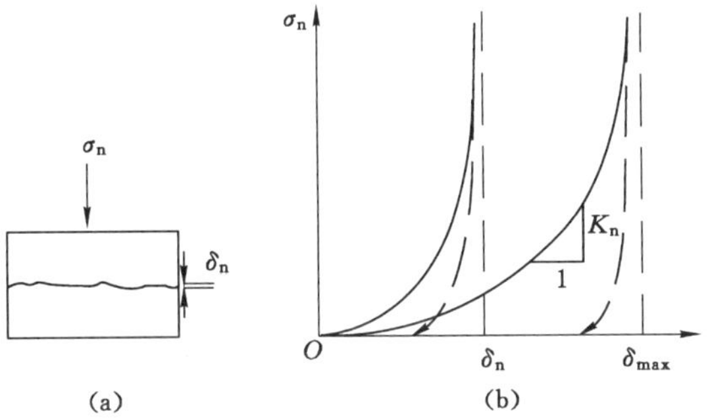

图4-9　结构面法向变形曲线

法向刚度(K_n)是反映结构面产生单位法向变形的法向应力梯度，它不仅取决于岩石本身的力学性质，更主要是取决于粗糙结构面接触点数、接触面积和结构面两侧微凸体相互啮合程度。一般情况下，法向刚度不是一个常数，其大小与应力水平有关。根据古德曼的研究，法向刚度可由式(4-3)表示

$$K_n=K_{n0}\left[\frac{K_{n0}\delta_{max}+\sigma_n}{K_{n0}\delta_{max}}\right]^2 \tag{4-3}$$

式中　K_{n0}——结构面的初始法向刚度。

1984年，班迪斯(S. C. Bandis)通过对大量的天然、不同风化程度和表面粗糙度的非充填结构面的试验研究，提出双曲线形法向应力 σ_n 与法向变形 δ_n 的关系式

$$\sigma_n=\frac{\delta_n}{a-b\delta_n} \tag{4-4}$$

式中　a、b——常数。

当法向应力 $\sigma_n\to\infty$ 时，$a/b=\delta_{max}$。

法向刚度可由式(4-4)得出

$$K_n=\frac{\partial\sigma_n}{\partial\delta_n}=\frac{1}{(a-b\delta_n)^2} \tag{4-5}$$

K_n 的单位为MPa/cm，它是岩体力学性质参数估算及岩体稳定性计算中必不可少的指

标之一。几种结构面的法向刚度经验值列于表 4-2 中。

表 4-2　几种结构面的抗剪参数

结构面特征	法向刚度 K_n/(MPa/cm)	剪切刚度 K_s/(MPa/cm)	抗剪强度参数	
			摩擦角 φ/(°)	内聚力 C/MPa
充填黏土的断层,岩壁风化	15	5	33	0
充填黏土的断层,岩壁轻微风化	18	8	37	0
新鲜花岗片麻岩不连续结构面	20	10	40	0
玄武岩与角砾岩接触面	20	8	45	0
致密玄武岩水平不连续结构面	20	7	38	0
玄武岩张开节理面	20	8	45	0
玄武岩不连续面	12.7	4.5		0

4.3.2　剪切变形

在一定的法向应力作用下,结构面在剪切作用下将产生剪切变形。通常结构面有两种形式,如图 4-10 所示:① 非充填型粗糙结构面,当剪切变形发生时,剪应力上升相对较快,达到峰值后结构面的抗剪能力出现较大的下降,并产生不规则的峰后变形或滞滑现象,如图 4-10(b)中的曲线 A;② 平坦(或有充填物)的结构面,初始阶段的剪切变形曲线呈下凹形,随着剪切变形的持续发展,剪应力逐渐上升,但没有明显的峰值出现,最终达到恒定值,其曲线如图 4-10(b)中的 B。

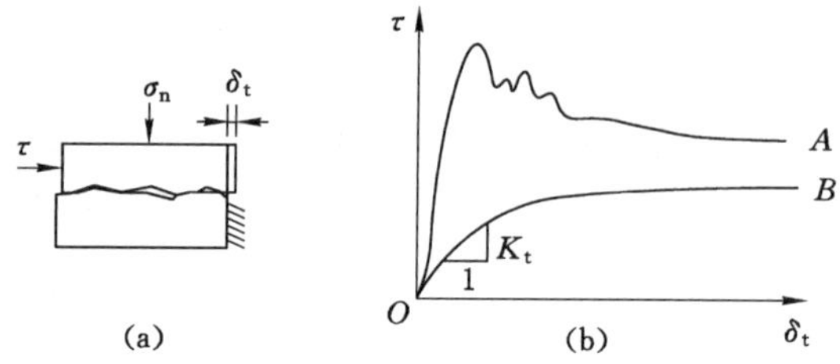

图 4-10　结构面剪切变形曲线

1974 年,古德曼将剪切变形曲线从形式上分为:① 峰前应力上升的弹性区;② 剪应力峰值区;③ 峰后应力降低或恒应力的塑性区。结构面在剪切中的力学过程:结构面微凸体的弹性变形、劈裂、磨粒的产生与迁移、结构面的相对错动等,剪切变形不管在哪个过程中都是不可完全恢复的。

将“弹性区”单位变形内 K_{t0} 的应力梯度称为剪切刚度 K_t。根据古德曼的研究,剪切刚度可由式(4-6)表示

$$K_t = K_{t0}\left(1-\frac{\tau}{\tau_s}\right) \tag{4-6}$$

式中　K_{t0}——初始剪切刚度;

τ_s——产生较大剪切位移时剪应力的渐近值。

试验表明,坚硬的结构面,其剪切刚度一般是常数;比较松软的结构面,其剪切刚度随法

向应力的改变而改变。

粗糙的结构面，可以简化成如图 4-11(a)所示的力学模型。从模型中可以看出，在剪切力作用下，模型上半部沿凸台斜面滑动，除有切向运动外，还产生向上的移动[图 4-11(b)]。这种在剪切过程中产生的法向移动分量称为剪胀。如果使凸台沿根部剪断或拉破坏[图 4-11(c)]，则结构面在剪切过程中就不会出现明显的剪胀作用。因此，结构面的剪切变形与岩石强度、结构面的粗糙度和法向应力有密切关系。

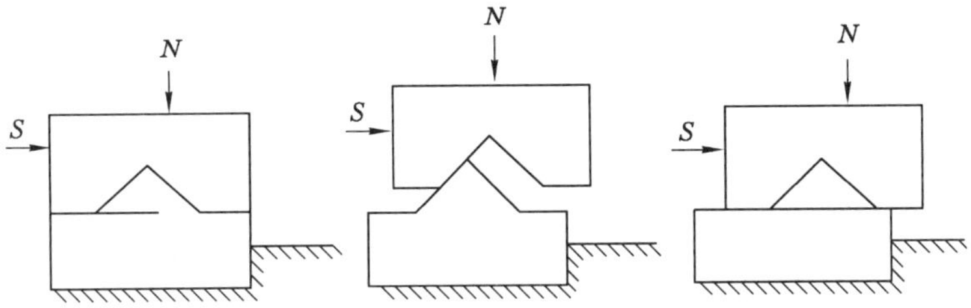

图 4-11　结构面剪切力学模型

4.3.3　抗剪强度

岩体中结构面发生剪切变形达到破坏时的极限剪应力称为抗剪强度或峰值强度，其反映结构面受切向剪应力作用时抵抗剪切破坏的能力。结构面抗剪强度包括抗剪断强度、抗剪强度和抗切强度等三种类型。结构面在剪切过程中的力学机制比较复杂，构成结构面抗剪强度的因素是多方面的，一般结构面抗剪强度可以用库仑准则表述

$$\tau=\sigma_n \tan \varphi+C \tag{4-7}$$

式中，C、φ 分别为结构面的内聚力和摩擦角；σ_n 为作用在结构面上的法向应力。其中，摩擦角可表示成 $\varphi=\varphi_b+i$，φ_b 为岩石平坦时表面基本摩擦角，i 为结构面上微凸台斜坡角。图 4-12 为图 4-11 凸台模型的剪应力与法向应力的关系曲线，近似呈双直线的特征。结构面受剪初期，剪应力上升较快；随着剪应力和剪切变形的增加，结构面上部凸台被剪断，此后剪应力上升的梯度减小，直至达到抗剪强度。

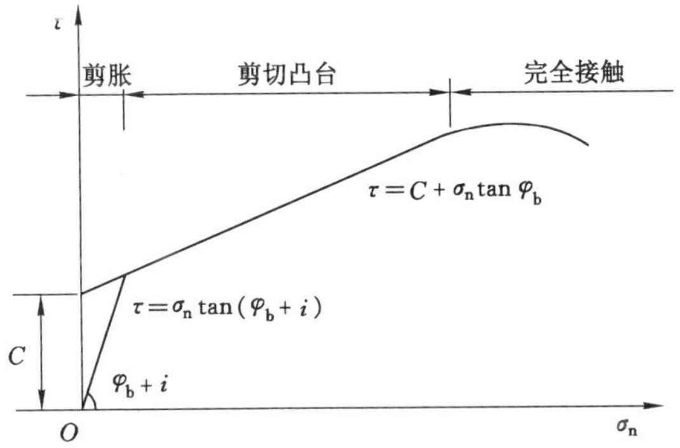

图 4-12　凸台模型的剪应力与法向应力的关系曲线

试验表明，低法向应力时，结构面上有剪切位移和剪胀；高法向应力时，凸台被剪断，结构面抗剪强度最终变成残余抗剪强度。在剪切过程中，凸台起伏形成的粗糙度以及岩石强度对结构面的抗剪强度起着重要作用。考虑上述3个基本因素（法向应力σ_n、粗糙度系数JRC、结构面的抗压强度JCS）的影响，巴顿（N. Barton）等于1977年提出结构面的抗剪强度准则，该准则为一经验公式

$$\tau=\sigma_n \tan\left[\mathrm{JRC}\lg\left(\frac{\mathrm{JCS}}{\sigma_n}\right)+\varphi_b\right] \tag{4-8}$$

式中 σ_n——法向应力；

JCS——结构面的抗压强度；

φ_b——岩石表面的基本摩擦角；

JRC——结构面的粗糙度系数。

4.3.4 影响结构面力学性质的因素

影响结构面力学性质的因素较多，除上述的结构面形态和连续性外，还包括结构面尺寸效应、前期变形历史、后期充填性质和含水量等。

（1）尺寸效应

结构面的尺寸效应在一定程度上与表面凸台受剪破坏有关。大尺寸结构面真正接触的点数很少，但接触面积大；小尺寸结构面接触点数多，而每个点的接触面积都较小。前者只是将最大的凸台剪断了。研究者还发现，结构面的强度JCS与试件的尺寸成反比，结构面的强度与峰值剪胀角是引起尺寸效应的基本因素。对于不同尺寸的结构面，这两种因素在抗剪阻力中所占的比例不同，小尺寸结构面凸台破坏和峰值剪胀角所占的比例均高于大尺寸结构面，当法向应力增大时，结构面尺寸效应将随之减小。

巴顿和班迪斯于1982年用不同尺寸的结构面进行了试验，研究结果表明：当结构面的试块长度从5～6 cm增加到36～40 cm时，平均峰值摩擦角降低8°～12°。随着试块面积的增加，平均峰值剪应力呈减小趋势。结构面的尺寸效应还体现在以下几个方面：

① 随着结构面尺寸的增大，达到峰值强度的位移量增大；

② 随着结构面尺寸的增大，剪切破坏形式由脆性破坏向延性破坏转化；

③ 结构面尺寸加大，峰值剪胀角减小；

④ 随结构面粗糙度减小，尺寸效应也减小。

（2）前期变形历史

自然界中结构面在形成过程中和形成以后，大多经历过位移变形。结构面的抗剪强度与变形历史密切相关，即新鲜结构面的抗剪强度明显高于受过剪切作用的结构面的抗剪强度。耶格（J. C. Jaeger）的试验表明，当第1次进行新鲜结构面剪切试验时，试样具有很高的抗剪强度；沿同一方向重复进行到第7次剪切试验时，试样还保留峰值强度与残余抗剪强度的区别；当进行到第15次剪切试验时，已看不出峰值强度与残余抗剪强度的区别。这说明在重复剪切过程中结构面上凸台被剪断、磨损，岩粒、碎屑产生并迁移，从而使结构面的抗剪力学行为逐渐由凸台粗糙度和起伏度控制转化为由结构面上碎屑的力学性质所控制。

（3）后期充填性质

结构面在长期地质环境中，由于风化或分解，被水带入的泥沙以及构造运动时产生的碎屑和岩溶产物充填。

在岩体工程中经常遇到岩体软弱夹层和断层破碎带，它们的存在常导致岩体滑坡和隧道坍塌，其也是岩体工程治理的重点。软弱夹层力学性质与其岩性及矿物成分密切相关，其中以泥化物对软弱结构面的弱化程度最为显著。同时，矿物粒度的大小分布也是控制结构面变形与强度的主要因素。

已有研究表明，泥化物中有大量的亲水性黏土矿物，一般水稳定性都比较差，对岩体的力学性质有显著影响。一般来说，主要黏土矿物影响岩体力学性能的大小顺序是：蒙脱石＜伊利石＜高岭石。

(4) 含水量

由于水对泥夹层的软化作用，含水量的增加使泥质矿物内聚力和结构面的法向刚度和剪切刚度大幅度下降，暴雨引发岩体滑坡事故正是结构面含水量剧增的缘故。因此，水对岩体稳定性的影响不可忽视。

4.4　岩体的变形特征

岩体变形特征是岩体力学研究的根本基础，岩体在外力作用下的变形与强度特征远比连续介质岩石材料复杂得多，原因在于岩体的变形与强度一方面取决于受力条件(包括荷载类型、加载方式、加载速率和受力面积等)，另一方面还受岩体自身的结构特征及赋存环境条件影响。因此说，岩体变形和强度理论已成为岩体力学研究的核心，关系本学科的发展和其应用于工程实践的前景。

4.4.1　岩体变形曲线及其特征

4.4.1.1　岩体法向变形曲线

通过对各种岩体变形曲线详细研究发现，岩体压力-变形曲线可以划分为四种类型，即直线型、上凹型、下凹型和复合型，如图 4-13 所示。

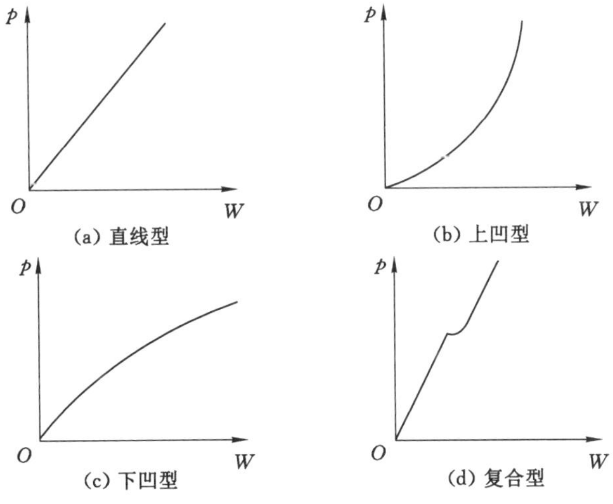

图 4-13　岩体压力-变形曲线类型示意

(1) 直线型

直线型岩体变形曲线简称为A型，是一条经过坐标原点的直线，其方程为

$$\begin{cases} p=f(W)=KW \\ \dfrac{\mathrm{d}p}{\mathrm{d}W}=K \\ \dfrac{\mathrm{d}^2 p}{\mathrm{d}W^2}=0 \end{cases} \tag{4-9}$$

式中，K 为比例常数，反映岩体变形 W 随压力 p 呈正比例增加。岩性均匀且结构面不发育或结构面分布均匀的岩体多呈这类曲线。

(2) 上凹型

上凹型岩体变形曲线简称为B型，是一条经过坐标原点的上凹曲线，其方程为

$$\begin{cases} p=f(W) & \text{（增函数）} \\ \dfrac{\mathrm{d}p}{\mathrm{d}W}=F(p) & \text{（增函数）} \\ \dfrac{\mathrm{d}^2 p}{\mathrm{d}W^2}>0 \end{cases} \tag{4-10}$$

式中，p 为 W 的非线性函数，并且随着 W 增大而加速增加（p 随着 W 开始增加的速度较小，后来增加的速度越来越快，属于变加速度的增加过程）。$\mathrm{d}p/\mathrm{d}W$ 为 p 的非线性函数，并且随着 p 增大而加速增加（也属于变加速度的增加过程）。层状及节理岩体多呈这类曲线。

(3) 下凹型

下凹型岩体变形曲线简称为C型，是一条经过坐标原点的下凹曲线，其方程为

$$\begin{cases} p=f(W) & \text{（增函数）} \\ \dfrac{\mathrm{d}p}{\mathrm{d}W}=F(p) & \text{（增函数）} \\ \dfrac{\mathrm{d}^2 p}{\mathrm{d}W^2}<0 \end{cases} \tag{4-11}$$

式中，p 为 W 的非线性函数，并且开始时 p 随着 W 增大而增加的速度比较快，但后来 p 随着 W 增大而增加的速度逐渐减慢，最终 p 可能趋于某一定值。$\mathrm{d}p/\mathrm{d}W$ 为 p 的非线性函数，并且随着 p 增大而递减，最终 $\mathrm{d}p/\mathrm{d}W$ 可能变为零。

结构面发育且有泥质充填的岩体、较深处埋藏有软弱夹层或岩性软弱的岩体（黏土岩、风化岩）等常呈这类曲线。其主要原因是，组成岩体的性质软弱的结构体或岩体中软弱夹层及裂隙中软弱充填物在前期荷载循环阶段不断受压固结，岩体刚度逐渐提高（即变形硬化作用）；但是，在荷载循环后期阶段，由于岩体刚度不再提高，其压力-变形（p-W）曲线趋于水平。

(4) 复合型

岩体变形复合型 p-W 曲线如图4-13(d)所示，呈阶梯状。结构面发育不均或岩性不均匀的岩体，常呈此类曲线。

上述4类曲线，有人依次将其称为弹性、弹-塑性、塑-弹性和塑-弹塑性岩体变形曲线。但岩体受压时的力学行为是十分复杂的，包括岩块压密、结构面闭合、岩块沿结构面滑移或转动等，同时受压边界条件又随压力增大而改变，因此实际岩体的变形曲线是比较复杂的，应注意结合实际岩体地质条件加以分析。

4.4.1.2　岩体剪切变形特征

岩体的剪切变形是许多岩体工程特别是边坡工程中最常见的一种变形模式，如坝基底部剪滑、巷道拱肩失稳、边坡滑坡等。实际岩体变形有可能是单因素的，如沿某一组结构面剪切滑移、追踪某一组结构面剪切滑移或追踪岩体内部薄弱部位剪断；也可以是几种变形兼而有之。图 4-14 展示了岩体剪切变形的特征。如图 4-14 所示，在屈服点以下，变形曲线与抗压变形相似；在屈服点之后，岩体内某个结构体或结构面可能先被剪坏，随之出现一次应力降，峰值前可能出现多次应力降，应力下降程度与被剪坏的结构体或结构面有关。岩体破碎程度高，应力降反而不明显。当剪应力增加到一定水平时，岩体的剪切变形已积累到一定程度，没被剪坏部位瞬间破坏，并伴有一次大的应力降，然后可能产生稳定的滑移。

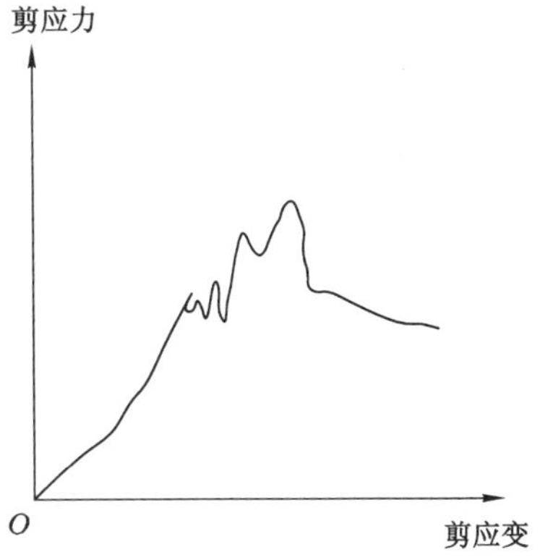

图 4-14　岩体原位抗剪强度曲线

4.4.1.3　岩体各向异性变形特征

岩体变形的另一个主要特征是各向异性。竖直分布节理岩体的变形模量明显大于水平分布节理岩体的变形模量，这种区别主要是变形机制不同所致。垂直于层面方向的压缩变形量主要由岩块和结构面（软弱夹层）压密汇集而成；平行于层面方向的压缩变形量则主要由岩块和少量结构面错动构成，层状岩体中，不仅开裂层面压缩变形量大，而且成岩过程中由于沉积韵律（所谓沉积韵律，是指按颗粒从大到小、密度从大到小的顺序先后分层沉积而成的规律，在地层剖面上，表现为从老到新的顺序上，岩层依粒度从粗到细依次为粗砂岩—中砂岩—细砂岩—粉砂岩—泥岩）的变化，层面出现在矿物联结力弱、致密度又低的部位，它是沿层面方向压缩变形量大的又一个原因。因此，构成岩体变形的各向异性的两个基本要素为：① 物质成分和物质结构的方向性；② 节理、结构面和层面的方向性。节理岩体各方向力学性质的差异均由此而产生，图 4-15 说明了岩体内节理方向对岩体强度和变形模量的

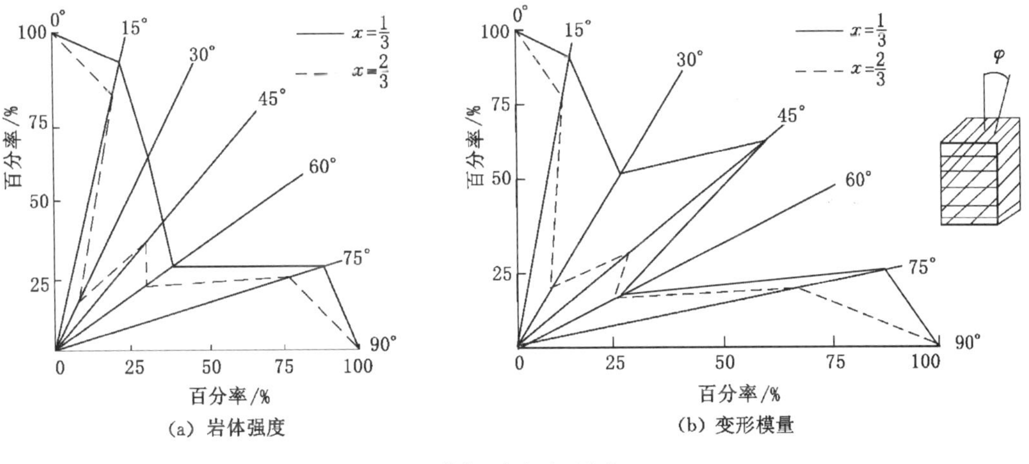

φ—结构面与竖直面夹角。

图 4-15　岩体结构面方位对岩体强度和变形模量的影响

影响。试验模型用 12 mm×12 mm×36 mm 的块体单元制成,为模拟节理贯通的不同程度,块体单元之间没有完全分离,分离度 $x=1$ 表示贯通,$x=0$ 表示完整试件。岩体强度和变形模量在 φ 为 30°左右(约等于岩石内摩擦角)时开始降低,在 φ 为 60°左右时再次降低,这是第二组节理在起作用。φ 角小时破坏形式为节理张开,超过 45°后,除节理张开外,还伴随块体单元开裂。

1977 年,卡尔斯鲁厄理工学院进行了节理岩体模型的真三轴压缩试验。岩体有三组贯通节理,即 KK_1、KK_2、KK_3(图 4-16)。试验结果表明,当结构面平行于 y 轴(中间主应力 σ_{yy} 方向),且与最小主应力 σ_{xx} 方向(x 轴)分别成 $\beta=0°$、15°、30°、45°、60°和 75°角时,轴向应力-应变关系曲线具有以下特点:

① 当结构面 KK_1 与 σ_{xx} 方向成 15°和 75°角时,岩体出现脆性破坏。

② 当结构面 KK_1 与 σ_{xx} 方向成 60°、45°、30°角时,岩体出现短暂的弹性,随应力增大,变形模量降低,出现延性破坏。

③ 围压升高,变形模量增大。

④ 破坏形式因 β 角的不同,表现形式也不同:$\beta=0°$,与完整岩块相同,出现共轭(45°左右交叉)剪切破坏;$\beta=15°$,沿 KK_2 面滑动,并有部分沿结构面或单元体呈直线形的剪切破坏;$\beta=30°$,综合剪切破坏,50%的破坏处在结构面 KK_2 上,50%沿单元体破坏;$\beta=45°$,试件成层扭曲,伴随出现两组较宽的共轭剪切带;$\beta=60°$,沿 KK_1 面滑动;$\beta=75°$,沿 KK_1 面滑动,同时在单元体中产生滑动的剪切带。

⑤ 在最不利方位(主要结构面平行于中间主应力方向),中间主应力对强度影响不大,但在其他方位的影响是很明显的。

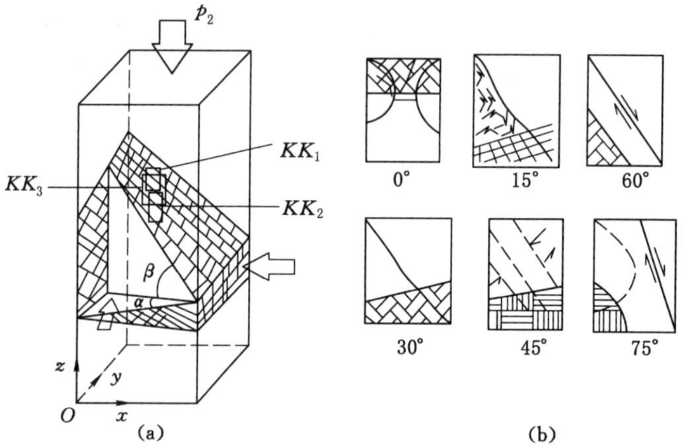

图 4-16　岩体各向异性试验变形破坏特点

通过岩体变形性质的介绍可知,有两方面值得注意:其一是岩体力学性质均具有方向性,作用在岩体上的外荷载方向不同,就可能有不同的变形、破坏机制和强度特征;其二是在工程布置方面要考虑如何扬长避短,充分发挥岩体自身的强度,维持工程的稳定性。

4.4.2　岩体变形试验

由于岩体中存在大量的结构面,结构面中往往还有各种充填物,因此在受力条件改变时岩体的变形是岩块材料变形和结构变形的总和,而结构变形通常包括结构面闭合、充填物压密及结构体转动和滑动等变形。在一般情况下，岩体的结构变形起着控制作用。目前，岩体的变形性质主要通过原位岩体变形试验进行研究。

原位岩体变形试验，按其原理和方法不同可分为静力法和动力法两种。静力法的基本原理：在选定的岩体表面、槽壁或钻孔壁面上施加法向荷载，并测定岩体的变形；然后绘制压力-变形关系曲线，计算岩体的变形参数。根据试验方法不同，静力法又可分为承压板法、钻孔变形法、狭缝法、水压硐室法和单(双)轴压缩试验法等。动力法用人工方法对岩体发射(或激发)弹性波(声波或地震波)，并测定其在岩体中的传播速度，然后根据波动理论求岩体的变形参数。根据弹性波激发方式的不同，动力法又分为声波法和地震波法。本节主要介绍几种典型静力法及其参数的确定方法。

4.4.2.1　承压板法

按承压板的刚度不同，可将承压板法分为刚性承压板法和柔性承压板法。刚性承压板法试验通常在平巷中进行，其装置如图 4-17 所示。先在选择好的具代表性的岩面上清除浮石，平整岩面，然后依次装上承压板、千斤顶、传力柱和百分表等，将巷顶作为反力装置，通过油压千斤顶对岩面施加荷载并用百分表测记岩体的变形值。

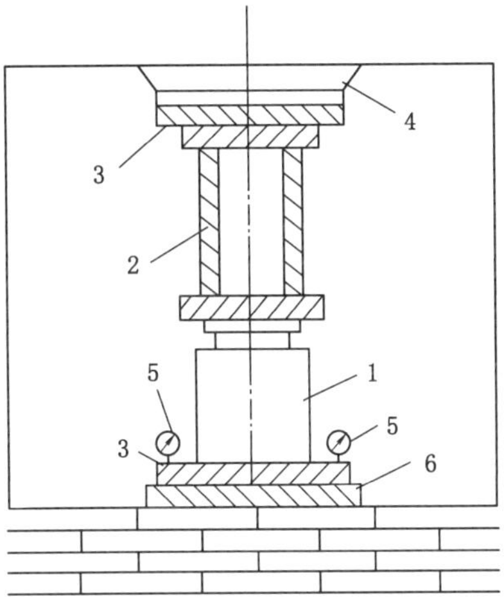

1—千斤顶；2—传力柱；3—钢板；4—混凝土顶板；5—百分表；6—承压板。

图 4-17　承压板法变形试验装置示意图

选择的试验点应具有代表性，并避开大的断层和破碎带。受荷面积可视岩体裂隙发育情况及加荷设备的供力大小而定，一般以 0.25～1.0 m^2 为宜。承压板尺寸与受荷面积相同并应具有足够的刚度。试验时，先将预定的最大荷载分为若干级，采用逐级一次循环法加压。加压过程中，同时测记各级压力(p)下的岩体变形值(W)，绘制 p-W 曲线(图 4-18)。基于某级压力下的变形值，用布西内斯克(Boussinesq)方程计算岩体的变形模量 E_m(MPa)和弹性模量 E_{me}(MPa)。

$$E_m=\frac{pD(1-\mu_m^2)\omega}{W} \tag{4-12}$$

$$E_{me}=\frac{pD(1-\mu_m^2)\omega}{W_e} \tag{4-13}$$

式中　p——承压板单位面积上的压力，MPa；

D——承压板的直径或边长，cm；

W、W_e——p 作用下的岩体总变形和弹性变形，cm；

ω——与承压板形状与刚度有关的系数，圆形板 $\omega=0.785$，方形板 $\omega=0.886$；

μ_m——岩体的泊松比。

试验中如用柔性承压板，则岩体的变形模量应按柔性承压板法公式进行计算。

4.4.2.2 钻孔变形法

钻孔变形法利用钻孔膨胀计等设备，通过水泵对一定长度的钻孔壁施加均匀的径向荷载（图 4-19），同时测记各级压力下的径向变形（U）。利用厚壁筒理论可推导出岩体的变形模量 E_m（MPa）与 U 的关系

$$E_m=\frac{Dp(1+\mu_m)}{U} \tag{4-14}$$

式中 D——钻孔孔径，cm；

p——计算压力，MPa。

其余符号意义同前。

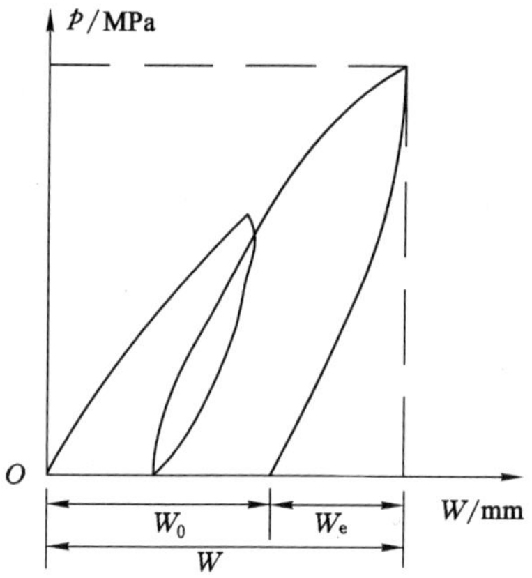

图 4-18 承压板法测定的岩体 p-W 曲线

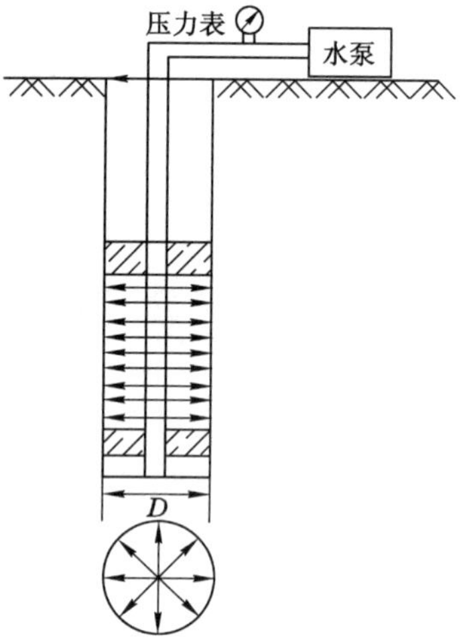

图 4-19 钻孔变形试验装置示意图

4.4.2.3 狭缝法

狭缝法又称狭缝扁千斤顶法，采用狭缝法时，在选定的岩体表面割槽，然后在槽内安装扁千斤顶（压力枕）进行试验（图 4-20）。

试验时，利用油泵和扁千斤顶对槽壁岩体分级施加法向压力，同时利用百分表测记相应压力下的变形值 W_R。岩体的变形模量 E_m（MPa）按式（4-15）计算，如图 4-21 所示。

$$E_m=\frac{pl}{2W_R}[(1-\mu_m)(\tan\theta_1-\tan\theta_2)+(1+\mu_m)(\sin 2\theta_1-\sin 2\theta_2)] \tag{4-15}$$

式中 p——作用于槽壁上的压力，MPa；

W_R——测点 A_1、A_2 的相对位移，cm，$W_R=y_2-y_1$。

岩体的变形模量比岩块小，而且受结构面发育程度和风化程度等因素影响十分明显。因此，不同地质条件下的同一岩体，其变形模量相差较大。所以，在实际工作中，应密切结合

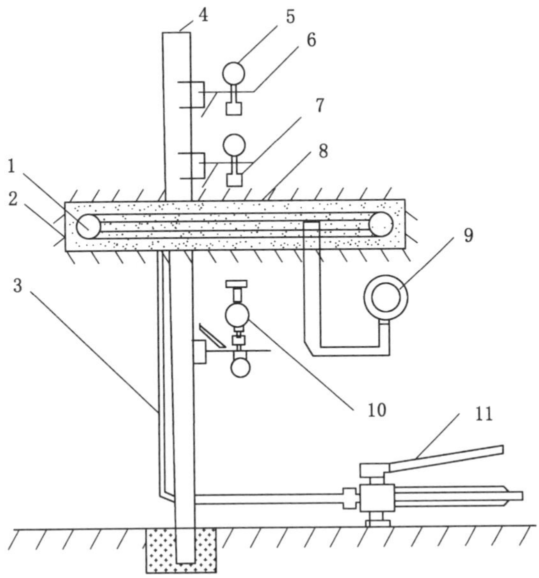

1—扁千斤顶;2—槽壁;3—油管;4—测杆;5—百分表(绝对测量);
6—磁性表架;7—测量标点;8—砂浆;9—标准压力表;10—千分表(相对测量);11—油泵。

图 4-20 狭缝法装置示意图

岩体的地质条件,选择合理的变形模量值。此外,试验方法不同,岩体的变形模量也有差异。

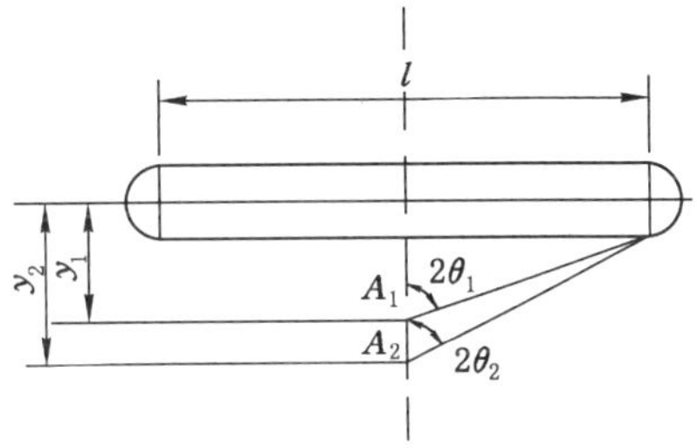

图 4-21 变形计算示意图

4.4.3 影响岩体变形性质的因素

影响岩体变形性质的因素较多,主要包括组成岩体的岩性、结构面发育特征、荷载条件、试件尺寸、试验方法和温度等。

结构面对岩体变形性质的影响因素包括结构面方位、密度、充填特征及其组合关系等,统称为结构效应。

① 结构面的方位。主要表现为岩体变形随结构面与应力作用方向间夹角的不同而不同,即导致岩体变形的各向异性。这种影响在岩体中结构面组数较少时表现特别明显,而随结构面组数增多,影响越来越不明显。图 4-22 为泥岩体变形与结构面产状间的关系,由图可见,无论是总变形还是弹性变形,其最大值均发生在垂直于结构面方向上,平行于结构面方向的变形最小。另外,岩体的变形模量也具有明显的各向异性。一般来说,平行于结构面方向的变形模量大于垂直于结构面方向的变形模量。

② 结构面的密度。主要表现在随结构面密度增大,岩体完整性变差,变形增大,变形模量减小。

③ 结构面的张开度和充填特征对岩体的变形也有明显的影响。一般来说,张开度较大且无充填或充填体较薄时,岩体变形较大,变形模量较小;反之,则岩体变形较小,变形模量较大。

荷载、尺度效应、温度、试验的系统误差对岩体(岩块)变形性质的影响基本上是一致的。

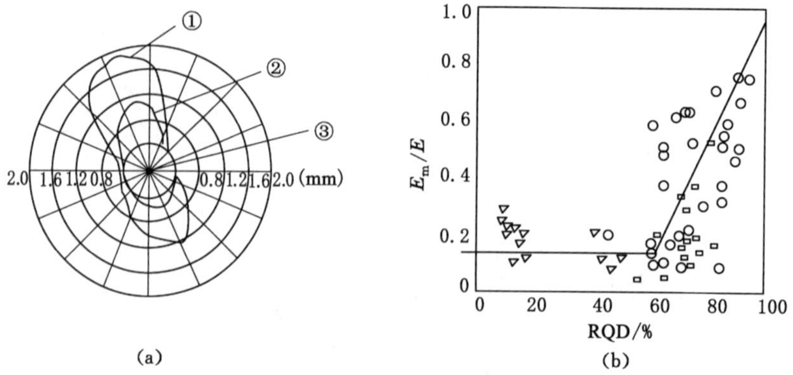

①—总变形；②—弹性变形；③—结构面方向。

图 4-22 硐室岩体径向变形与结构面产状

4.5 岩体的强度特征

岩体强度，是指岩体抵抗外力破坏的能力。和岩块一样，岩体强度也有抗压强度、抗拉强度和抗剪强度之分。但对于裂隙岩体来说，其抗拉强度很小，工程设计上一般不允许岩体中有拉应力出现；加上岩体抗拉强度测试技术难度大，所以目前对岩体抗拉强度的研究很少。因此，本节主要讨论岩体的抗剪强度和抗压强度。

4.5.1 岩体破坏及其方式

由于岩体实际受力条件是多种多样的，加之岩体自身的物质组成、结构特征和力学性质各异，以及复杂的环境因素等不同程度影响，任何单一的岩体破坏形式均不会居于主导地位。也就是说，在实际工程中，某种岩体的破坏包括多种破坏形式，并且这些破坏形式所起的作用相差一般并不是很大。但是，一些特殊情况下，在岩体破坏过程中，挠曲、剪切、拉伸和压缩等四种破坏形式中的每一种均可能起着关键的作用。分述如下。

① 挠曲。挠曲破坏，是指由于岩体弯曲而产生拉伸张裂，并且这种张裂逐渐发展扩大，从而导致岩体破坏。这种破坏形式经常发生于矿井及其他地下硐室顶部层状围岩中，如图 4-23(a)所示。在自重力作用下，硐室顶部岩层可能脱离其上面的岩体而形成岩梁，这种岩梁在自重力作用下又继续向下挠曲，当岩梁中部开始出现裂缝时，其中性轴便随之上升，裂缝逐渐延伸，直至贯穿整个岩梁，从而致使部分岩体向硐室内松动或塌落等。此外，位于大角度斜坡上的岩体，由于岩层向临空面翻转与坍塌，也可能引起挠曲破坏(崩塌破坏)。

② 剪切。剪切破坏，是指由于剪应力达到或超过岩体抗剪强度而形成剪切破裂面。当破坏后的岩体沿着剪切破裂面发生滑动时，剪应力便随之消减(消散)。在性质软弱而类似土的岩体中开挖斜坡，或者在压性(压扭性)断层破碎带中开挖其他岩体工程，剪切破坏是常见的现象。此外，在矿石坚硬而顶底板比较软弱的矿井中，也可能出现剪切破坏形式，如图 4-23(b)所示，上覆荷载或其他原因触发的强大剪应力可能使矿井侧壁的矿柱向上“冲压”到顶板中，或者向下“冲压”到底板中。在岩体中开挖其他地下硐室，也会发生剪切破坏现象。

③ 拉伸。拉伸破坏，是指由于拉应力(张应力)超过岩体抗拉强度而形成张性破裂面。

如图 4-23(c)所示,在凸向临空面的斜坡岩层中往往会发生拉伸破坏,这是由于斜坡下部坡度很大,加之岩层产状又是大角度,当位于斜坡上部凸起处的岩层依靠摩擦力无法维持稳定时,便需要由斜坡顶部凸起处稳定岩层的拉力来维持与岩层自重力之间的平衡,而当该拉力超过岩层抗拉强度时,就产生张性破裂面。对于具有横向结构面的斜坡岩体来说,其破坏机理也属于拉伸破坏,如图 4-23(d)所示。由于拉力作用产生张性破裂面,当各个张性破裂面互相连通时便形成贯穿的滑动面,从而致使岩体整体下滑。当压力隧洞中的内水压力或气体压力过大而超过洞壁围岩抗拉强度时,也会在岩体中产生拉伸破坏,形成径向张性破裂面。张性破裂面较为粗糙,并且没有压碎的岩体颗粒或其他碎片。而剪切破裂面较为光滑,并且其中往往有许多因岩体受碾压而形成的粉末。

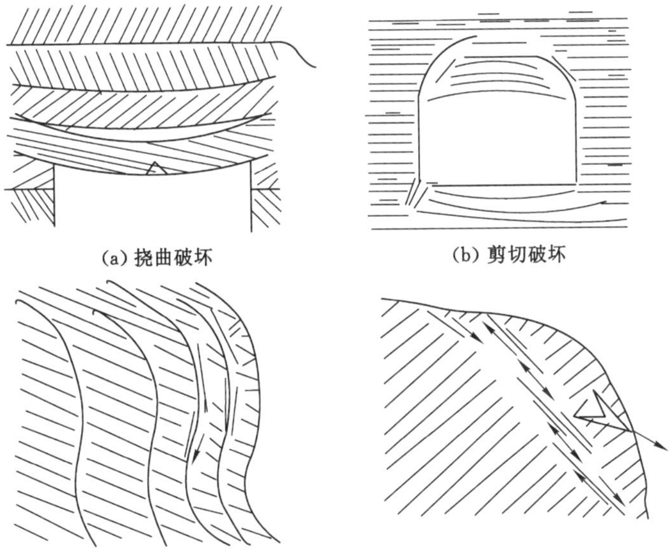

(a) 挠曲破坏　(b) 剪切破坏

(c) 拉伸破坏1　(d) 拉伸破坏2

图 4-23　岩体破坏形式

④ 压缩。压缩破坏是一种相当复杂的岩体破坏形式。其破坏过程包括拉伸(张性)裂缝的形成、由挠曲和剪切作用引起裂缝的增长,以及它们之间的相互影响等。由压缩破坏所形成的裂缝中可能出现很细的岩石粉末。地下硐室开挖,在切向上由于加载有时会发生压缩破坏。在矿井中,过分开采拓宽空间致使矿柱所承受的上覆荷载及自重力超过其抗压强度时,也会发生压缩破坏。此外,大型或特大型建筑物或构筑物的岩石地基,当实际承受的荷载超过其抗压强度时,发生压缩破坏也是常有的。

在荷载作用下,岩体的实际破坏情况是相当复杂的,经常同时具有上述几种破坏形式。迄今为止,还没有任何一种岩体破坏试验能够做到只模拟某种单一的破坏形式而完全排除其他破坏形式的干扰。也就是说,现有的岩体破坏试验均只能做到以需要模拟的某种破坏形式为主。

4.5.2　岩体强度及其测定

岩体强度试验是指在现场原位切割较大尺寸试件进行单轴压缩、三轴压缩和抗剪强度试验。为了保持岩体的原有力学条件,在试块附近不能爆破,只能使用钻机、风镐等机械破岩;根据设计的尺寸,凿出所需规格的试件,一般试件为边长 0.5～1.5 m 的立方体;加载设备为千斤顶和液压枕(扁千斤顶)。试件制备如图 4-24 所示。

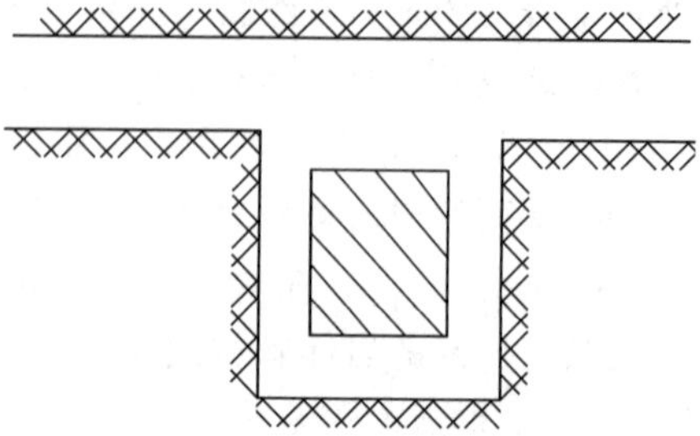

图 4-24　试件制备

4.5.2.1　岩体单轴抗压强度的测定

切割成的试件如图 4-25 所示。在拟加压的试件表面(图 4-25 中为试件的上端)抹一层水泥砂浆,将表面抹平,并在其上放置方木和工字钢组成的垫层,以便把千斤顶施加的荷载经垫层均匀传给试件。根据试件破坏时千斤顶施加的最大荷载及试件受载截面积,计算岩体的单轴抗压强度。

4.5.2.2　岩体抗剪强度的测定

(1) 双千斤顶法

岩体抗剪强度的测定一般采用双千斤顶法,一个垂直千斤顶施加正压力,另一个千斤顶施加横推力,如图 4-26 所示。

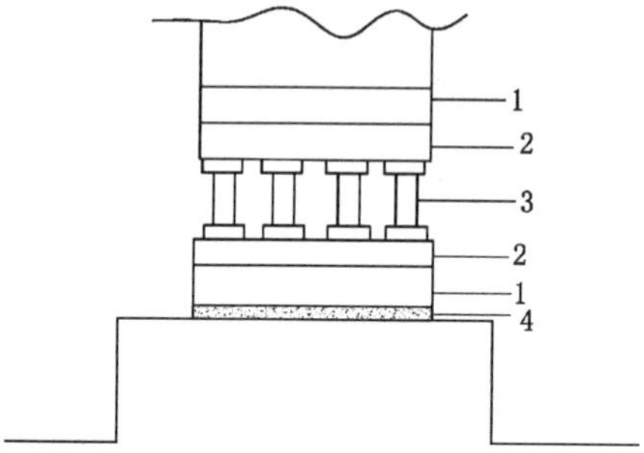

1—方木;2—工字钢;3—千斤顶;4—水泥砂浆。

图 4-25　岩体单轴抗压强度测定

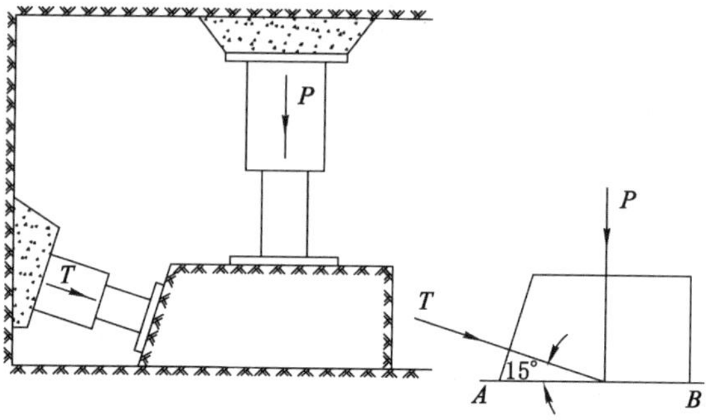

图 4-26　岩体抗剪试验

为使剪切面上不产生力矩效应,应使合力通过剪切面中心,使试件接近纯剪切破坏。另一个千斤顶呈倾斜布置,一般采取倾角 $\alpha=15°$。每组试件应有 5 个以上。根据 τ、σ 绘制岩体强度曲线。

$$\begin{cases}\sigma=\dfrac{P+T\sin\alpha}{S}\\ \tau=\dfrac{T}{S}\cos\alpha\end{cases}\tag{4-16}$$

式中,P、T 分别为垂直千斤顶和横向千斤顶施加的荷载;S 为试件受剪截面积。在现场进行抗剪强度测定时,加载方向对岩体强度有较大影响,岩体的破坏多由其中的结构面发生剪切位移所引起，仅当加载方向垂直于结构面时，岩块本身强度才能发挥作用，许多的边坡失稳及工程失事都证实了这一点。因此，近年来国内外学者都加强了岩体抗剪强度现场测试工作。

(2) 单千斤顶法

单千斤顶法在现场无法对岩体施加垂直荷载的情况下采用。如图 4-27 所示，在预定的剪切面上做成与推力 T 成不同交角 α 的试件，然后用千斤顶加载试验。

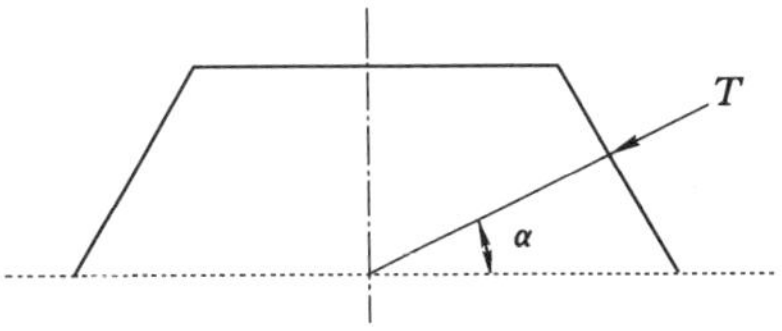

图 4-27　单千斤顶法剪切试验

不难理解，要采用上述方法通过现场试验作出岩体强度曲线，由于每一个试件只能作出强度曲线上的一个点，因此，需要制作足够数量的试件，这样既费工，又费时，很不经济。为了克服该缺点，可采用“单点法”进行试验，即用一个试件做多次剪切试验，先加一正应力，然后剪切，用应变控制法。即控制在每单位时间内变形相等的条件下，逐渐增加剪应力，发现剪应力-应变曲线开始偏离直线时，立即卸载；然后改变正应力，进行同样试验，经若干次以后再做剪断试验。实践证明，这种试验方法与每次剪断的“多点法”结果是相同的。

4.5.2.3　岩体三轴抗压强度试验

地下工程的受力状态是三维的，所以做三轴力学试验非常重要。但由于现场原位三轴力学试验在技术上很复杂，只在非常必要时才进行。现场原位岩体三轴压缩试验装置如图 4-28 所示，用千斤顶施加轴向荷载(轴压)，用压力枕施加周向荷载(围压)。

根据围压情况，可将三轴压缩试验分为等围压三轴压缩试验($\sigma_2=\sigma_3$)和真三轴压缩试验($\sigma_1>\sigma_2>\sigma_3$)。近期研究表明，中间主应力在岩体强度中起重要作用，在多节理的岩体中尤其重要，因此，真三轴压缩试验越来越受重视。而等围压三轴压缩试验的实用性更强，测试结果如图 4-29 所示。

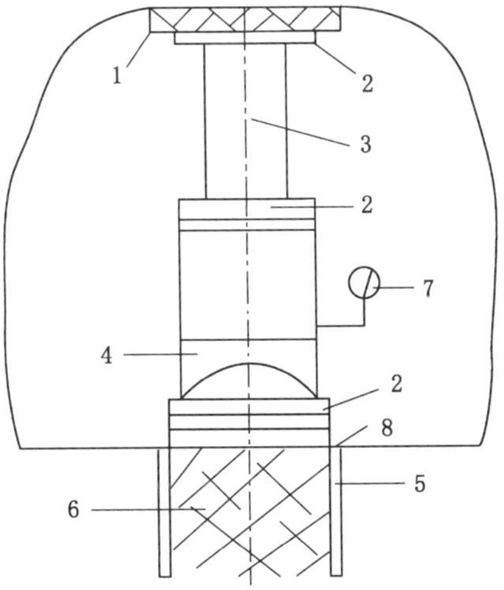

1—混凝土顶座；2—垫板；3—顶柱；
4—球面垫；5—压力枕；6—试件；
7—液压表(千斤顶)；8—液压枕。

图 4-28　原位岩体三轴压缩试验

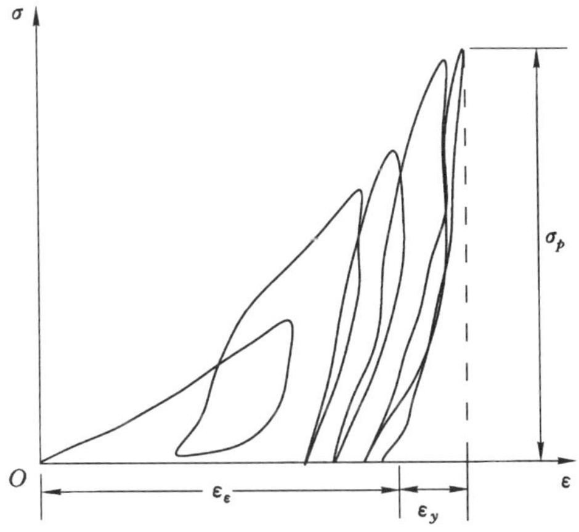

ε_ε—塑性应变；ε_y—弹性应变；σ_p—峰值应力。

图 4-29　岩体多次加卸载应力-应变曲线

4.5.3 岩体强度的估算

岩体强度是岩体工程设计的重要参数，而做岩体的原位试验十分费时、费钱，难以大量进行，因此，如何利用地质资料及小试件室内试验资料对岩体强度作出合理估算是岩体力学中的重要研究课题，下面介绍两种方法。

4.5.3.1 *准岩体强度估算*

这种方法实质是用某种简单的试验指标来修正岩块强度，作为岩体强度的估算值。节理、裂隙等结构面是影响岩体强度的主要因素，其分布情况可通过弹性波传播来查明。弹性波穿过岩体时，遇到裂隙便发生绕射或被吸收，传播速度会有所下降，裂隙越多，波速降低越明显，而小尺寸试件含裂隙少，弹性波传播速度快。因此，根据弹性波在岩石试件和岩体中的传播速度比，可判断岩体中裂隙发育程度，称此比值的平方为岩体完整性（龟裂）系数，以 K 表示。

$$K=\left(\frac{v_{ml}}{v_{cl}}\right)^2 \tag{4-17}$$

式中 v_{ml}——岩体中弹性波纵波传播速度；

v_{cl}——岩块中弹性波纵波传播速度。

各种岩体的完整性系数列于表 4-3，岩体完整系数确定后，便可计算准岩体强度。

表 4-3 岩体完整性系数

岩体种类	岩体完整性系数 K
完整岩体	≥0.75
块状岩体	0.45～<0.75
碎裂状岩体	<0.45

准岩体抗压强度 $\sigma_{mc}=K\sigma_c$

准岩体抗拉强度 $\sigma_{mt}=K\sigma_t$

式中 σ_c——岩石试件的抗压强度；

σ_t——岩石试件的抗拉强度。

4.5.3.2 *裂隙岩体强度的经验估算*

建立岩体强度与地质条件某些因素之间的经验关系是岩体强度估算的重要途径。这方面国内外有不少学者进行了许多有益的探索与研究，提出了许多经验方程。下面主要介绍 Hoek-Brown 经验方程。

霍克（E. Hoek）和布朗（E. T. Brown）根据岩体性质的理论与实践经验，用试验法导出了岩块和岩体破坏时主应力之间的关系

$$\sigma_1=\sigma_3+\sqrt{m\sigma_c\sigma_3+S\sigma_c^2} \tag{4-18}$$

式中 σ_1、σ_3——破坏时的最大主应力和最小主应力；

σ_c——岩块的单轴抗压强度；

m、S——与岩性及结构面情况有关的常数。

由式(4-18)，令 $\sigma_3=0$，可得岩体的单轴抗压强度 σ_{mc}

$$\sigma_{mc}=\sqrt{S}\sigma_c \tag{4-19}$$

对于完整岩块来说，$S=1$，则 $\sigma_{mc}=\sigma_c$，即岩块的单轴抗压强度；对于裂隙岩体来说，必有 $S<1$。

令 $\sigma_3=0$，由式(4-18)可解得岩体的单轴抗拉强度 σ_{mt}

$$\sigma_{mt}=\frac{\sigma_c(m-\sqrt{m^2+4S})}{2} \tag{4-20}$$

另外，式(4-18)相对应的剪应力表达式为

$$\tau=A\sigma_c\left(\frac{\sigma}{\sigma_c}-T\right)^B \tag{4-21}$$

$$T=\frac{1}{2}(m-\sqrt{m^2+4S})$$

式中　τ——岩体的抗剪强度；

σ——法向应力；

A、B——常数。

A、B、T 可查表求得。

利用式(4-18)至式(4-21)及表 4-4 可对裂隙岩体的三轴抗压强度等进行估算，同时还可作出岩体的剪切强度包络线，并求得其抗剪强度参数 C_m、φ_m。进行估算时，需先通过工程地质调查，得出工程所在部位的岩体质量指标(RMR 和 Q 值)、岩石类型及岩块单轴抗压强度。

表 4-4　岩体质量和经验常数之间关系(据 Hoek 和 Brown,1980)

经验强度方程： $\sigma_1=\sigma_c+\sqrt{m\sigma_c\sigma_3+S\sigma_c^2}$ $\tau=A\sigma_c(\sigma/\sigma_c-T)^B$ $T=1/2(m-\sqrt{m^2-4S})$	具有很好结晶解理的碳酸盐类岩石，如白云岩、灰岩、大理岩	成岩的黏土质岩石，如泥岩、粉砂岩、页岩、板岩(垂直于板理)	强烈结晶，结晶解理不发育的砂质岩石，如砂岩、石英岩	细粒、多矿物结晶岩浆岩，如安山岩、辉绿岩、玄武岩、流纹岩	粗粒、多矿物结晶岩浆岩和变质岩，如角闪岩、辉长岩、片麻岩、花岗岩、石英闪长岩等
完整岩块试件，实验室试件尺寸，无节理。 RMR = 100 Q = 500	m = 7.0 S = 1.0 A = 0.816 B = 0.658 T =− 0.140	m = 10.0 S = 1.0 A = 0.918 B = 0.677 T =− 0.099	m = 15.0 S = 1.0 A = 1.044 B = 0.692 T =− 0.067	m = 17.0 S = 1.0 A = 1.086 B = 0.696 T =− 0.059	m = 25.0 S = 1.0 A = 1.22 B = 0.705 T =− 0.040
非常好质量岩体，紧密互锁，未扰动、未风化，节理间距 3 m 左右。 RMR = 85 Q = 100	m = 3.5 S = 0.1 A = 0.651 B = 0.679 T =− 0.028	m = 5.0 S = 0.1 A = 0.739 B = 0.692 T =− 0.020	m = 7.5 S = 0.1 A = 0.848 B = 0.702 T =− 0.013	m = 8.5 S = 0.1 A = 0.883 B = 0.705 T =− 0.012	m = 12.5 S = 0.1 A = 0.998 B = 0.712 T =− 0.008
好的质量岩体，新鲜到轻微风化，轻微构造变化，节理间距 1 ～ 3 m。 RMR = 65 Q = 10	m = 0.7 S = 0.004 A = 0.369 B = 0.669 T =− 0.006	m = 1.0 S = 0.004 A = 0.427 B = 0.683 T =− 0.004	m = 1.5 S = 0.004 A = 0.501 B = 0.695 T =− 0.003	m = 1.7 S = 0.004 A = 0.525 B = 0.698 T =− 0.002	m = 2.5 S = 0.004 A = 0.603 B = 0.707 T =− 0.002

表 4-4(续)

经验强度方程： $\sigma_1=\sigma_c+\sqrt{m\sigma_c\sigma_3+S\sigma_c^2}$ $\tau=A\sigma_c(\sigma/\sigma_c-T)^B$ $T=1/2(m-\sqrt{m^2-4S})$	具有很好结晶解理的碳酸盐类岩石，如白云岩、灰岩、大理岩	成岩的黏土质岩石，如泥岩、粉砂岩、页岩、板岩(垂直于板理)	强烈结晶，结晶解理不发育的砂质岩石，如砂岩、石英岩	细粒、多矿物结晶岩浆岩，如安山岩、辉绿岩、玄武岩、流纹岩	粗粒、多矿物结晶岩浆岩和变质岩，如角闪岩、辉长岩、片麻岩、花岗岩、石英闪长岩等
中等质量岩体，中等风化，岩体中发育几组节理，节理间距 0.3 ~ 1 m。 RMR = 44 Q = 1.0	$m=0.14$ $S=0.0001$ $A=0.198$ $B=0.662$ $T=-0.0007$	$m=0.20$ $S=0.0001$ $A=0.234$ $B=0.675$ $T=-0.0005$	$m=0.30$ $S=0.0001$ $A=0.280$ $B=0.691$ $T=-0.0003$	$m=0.34$ $S=0.0001$ $A=0.295$ $B=0.691$ $T=-0.0003$	$m=0.50$ $S=0.0001$ $A=0.346$ $B=0.700$ $T=-0.0002$
坏质量岩体，大量风化节理，节理间距 30 ~ 500 mm，并含有一些夹泥。 RMR = 23 Q = 0.1	$m=0.04$ $S=0.00001$ $A=0.115$ $B=0.646$ $T=-0.0002$	$m=0.05$ $S=0.00001$ $A=0.129$ $B=0.655$ $T=-0.0002$	$m=0.08$ $S=0.00001$ $A=0.162$ $B=0.672$ $T=-0.0001$	$m=0.09$ $S=0.00001$ $A=0.172$ $B=0.676$ $T=-0.0001$	$m=0.13$ $S=0.00001$ $A=0.203$ $B=0.686$ $T=-0.0001$
非常坏质量岩体，大量严重风化节理，节理间距小于 50 mm，充填夹泥。 RMR = 23 Q = 0.1	$m=0.007$ $S=0$ $A=0.042$ $B=0.534$ $T=0$	$m=0.010$ $S=0$ $A=0.050$ $B=0.539$ $T=0$	$m=0.015$ $S=0$ $A=0.061$ $B=0.546$ $T=0$	$m=0.071$ $S=0$ $A=0.065$ $B=0.548$ $T=0$	$m=0.025$ $S=0$ $A=0.078$ $B=0.556$ $T=0$

关于 m、S 的物理意义，霍克于 1983 年曾指出：m 与莫尔-库仑判据中的内摩擦角 φ 非常类似，而 S 则相当于内聚力 C。若如此，根据霍克和布朗提供的常数，m 最大为 25，显然此时用式(4-18)估算的岩体强度偏低，特别是在低围压下及较坚硬完整的岩体条件下，估算的强度明显偏低。但对于受构造运动扰动改造及结构面较发育的裂隙岩体，霍克认为用这一方法估算是合理的。

另外，P. R. Sheorey 和 V. Choubeg 等于 1989 年在研究含煤地层和其他岩体的强度试验资料后，提出用如下的经验方程来估算裂隙岩体的强度。

$$\sigma_1=a\sigma_c\left(1+\frac{\sigma_3}{c\sigma_c}\right)^b \tag{4-22}$$

式中 σ_1、σ_3——破坏时的最大主应力和最小主应力；

σ_c——岩块单轴抗压强度；

σ_{mc}、σ_{mt}——岩体的单轴抗压强度和单轴抗拉强度；

a、c——与岩体质量指标 Q 值有关的系数，$a=\frac{\sigma_{mc}}{\sigma_c}$，$c=\frac{\sigma_{mt}}{\sigma_c}$，其关系如图 4-30 所示。

$$b=2.6\frac{J_r}{J_a}\left(\frac{a}{c}-0.1\right)^{-0.8} \tag{4-23}$$

式中 J_r——结构面粗糙度系数；

J_a——结构面蚀变系数。

通过现场工程地质调查，取得岩体质量指标 Q 值、结构面粗糙度系数 J_r 和蚀变系数 J_a 及岩块单轴抗压强度 σ_c 后，就可利用式(4-22)和式(4-23)及图 4-30 估算岩体的强度。研究表明，式(4-22)适用于 $\sigma_1=(3\sim4)\sigma_3$ 的脆性破坏范围。

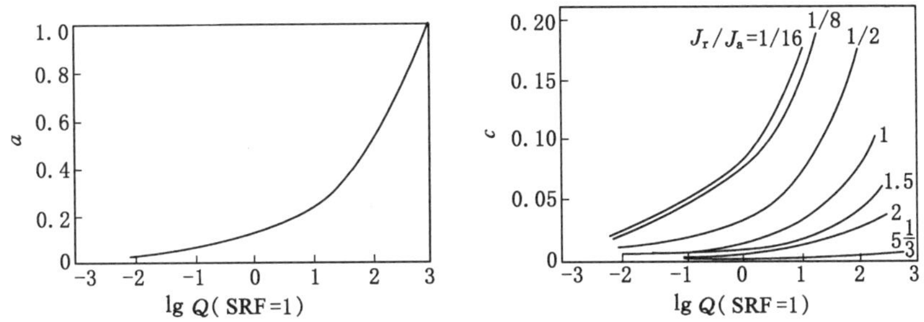

(a) 参数 a 随 Q 变化曲线　　(b) 参数 c 随 Q 变化曲线

SRF—应力折减系数，围岩初始应力越高，SRF 取值越大，可参考下列经验数值：

脆性而坚硬、有严重岩爆现象的岩石，SRF＝10～20；坚硬、有单一剪切带的岩石，SRF＝2.5。

图 4-30　参数 a、c 随 Q 变化曲线

4.5.4　裂隙岩体的强度

4.5.4.1　裂隙岩体的破坏方式

裂隙岩体的破坏方式与岩体的工程类型有关。与井巷、隧道和硐室有关的裂隙岩体的破坏方式有剪切破坏、劈裂破坏、挠曲破坏、坍塌破坏，如图 4-31 所示。与边坡稳定性相关的裂隙岩体的破坏方式有沿断层面滑坡、沿沉积层面滑坡、节理裂隙面贯通型滑坡。

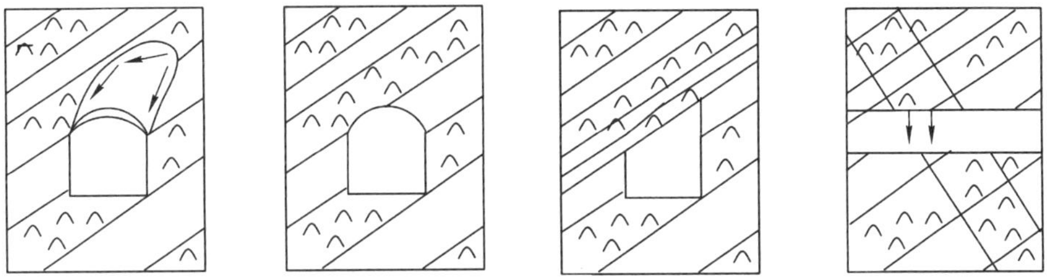

(a) 顶板剪切　　(b) 两帮劈裂　　(c) 顶板挠曲　　(d) 断裂带坍塌

图 4-31　巷道破坏方式

4.5.4.2　裂隙岩体强度的影响因素

裂隙岩体的强度介于岩石强度和结构面强度之间。决定裂隙岩体强度的基本因素是岩石的强度，对岩体强度影响最大的因素是结构面的特征（大小、密度、方向和性质等），此外就是环境因素如地应力、水、温度等。

① 结构面方向与应力场的相对关系。当结构面方向与岩体最大剪应力方向的夹角较小时，岩体更易于破坏。

② 围压的作用。当有较大的围压时，裂隙岩体的力学性质和力学参数会向完整岩体方向转化，围压可降低裂隙面的力学效应。

③ 地下水的作用。裂隙岩体有利于地下水的储存和渗流，水会使裂隙面的摩擦角减

小，当有水压时，水压会促使岩体更易于破坏。

4.5.4.3 结构面的强度效应

与连续介质岩石材料不同，岩体是赋存于一定地质环境中的复杂地质体，其中存在各种软弱结构面，因此岩体强度不仅与组成岩体的岩石力学性质有关，而且还与软弱结构面的物质组成、发育程度、组合类型及力学性质等密切相关，有时软弱结构面对岩体强度甚至起控制作用；此外，环境的地应力、湿度和地下水及岩体受力条件等对岩体强度也有不同程度的影响。由于软弱结构面对岩体强度的影响是岩体力学性质区别于连续介质岩石材料力学性质的根本原因，所以研究岩体变形及强度重点在于软弱结构面的力学效应。

为了从理论上用分析法研究裂隙岩体的抗压强度，耶格(J. C. Jaeger)提出单结构面理论，可作为研究的起点。读者可查阅相关书籍。

4.6 岩体的动力学性质

岩体的动力学性质，是指岩体在动荷载作用下所表现出来的性质，包括岩体中弹性波的传播规律及岩体动力变形性质与强度性质。

岩体的动力学性质在岩体工程动力稳定性评价中具有重要意义，同时也可为岩体各种物理力学参数动测法提供理论依据。

4.6.1 岩体中弹性波的传播规律

当岩体受到振动、冲击或爆破作用时，各种不同动力特性的应力波将在岩体中传播。当应力值较高(相对岩体强度而言)时，岩体中可能出现塑性波和冲击波；而当应力值较低时，则只产生弹性波。这些波在岩体内传播的过程中，弹性波的传播速度快，且传播的距离远，而塑性波和冲击波传播速度慢，且只在振源附近才能观察到。弹性波的传播也称为声波的传播。在岩体内部传播的弹性波称为体波，而沿着岩体表面或内部不连续面传播的弹性波称为面波。体波又分为纵波(P 波)和横波(S 波)。纵波又称为压缩波，波的传播方向与质点振动方向一致；横波又称为剪切波，其传播方向与质点振动方向垂直。面波又有瑞利波(R 波)和勒夫波(Q 波)之分。

根据波动理论，传播于连续、均匀、各向同性弹性介质中的纵波速度 v_P 和横波速度 v_S 可表示为

$$v_P=\sqrt{\frac{E_d(1-\mu_d)}{\rho(1+\mu_d)(1-2\mu_d)}} \tag{4-24}$$

$$v_S=\sqrt{\frac{E_d}{2\rho(1+\mu_d)}} \tag{4-25}$$

式中 E_d——动弹性模量；

μ_d——动泊松比；

ρ——介质密度。

由式(4-24)和式(4-25)可知，弹性波在介质中的传播速度仅与介质密度 ρ 及动力变形参数 E_d、μ_d 有关。这样可以通过测定岩体中的弹性波速度来确定岩体的动力变形参数。比较式(4-24)和式(4-25)可知 $v_P>v_S$，即纵波速度大于横波速度。

岩性、结构面发育特征以及岩体应力等情况的不同，将影响弹性波在岩体中的传播速

度。不同岩性岩体中弹性波速度不同，一般来说，岩体越致密坚硬，波速越大；反之，则波速越小。岩性相同的岩体，弹性波速度与结构面特征密切相关。一般来说，弹性波穿过结构面时，一方面引起振动能量消耗，特别是穿过泥质等充填的软弱结构面时，由于其塑性变形能量容易被吸收，波衰减较快；另一方面，产生能量弥散现象。所以，结构面对弹性波的传播起隔波或导波作用，从而致使弹性波沿结构面传播速度大于垂直于结构面传播速度，造成波速和波动特性的各向异性。工程上常用岩体的纵波速度 v_{mP} 和岩块的纵波速度 v_{rP} 之比的平方来表示岩体的完整性。

此外，应力状态、地下水及地温等地质环境因素对弹性波的传播也有明显的影响。一般来说，在压应力作用下，波速随应力增加而增加，衰减量减小；反之，在拉应力作用下，波速降低，衰减量增大。由于水中的弹性波速度是空气中的 5 倍，因此，岩体中含水量增加也将导致弹性波速度增加。温度的影响则比较复杂，一般来说，岩体处于正温时，波速随温度增高而降低，处于负温时则相反。

4.6.2　岩体中弹性波的测定

现场通常应用声波法和地震法实测岩体的弹性波速度。声波法的原理如图 4-32 所示，选择代表性测线，布置测点和安装声波发射仪，测点可布置在岩体表面或钻孔内。测试时，通过声波发射仪的触发电路产生正弦脉冲，经发射换能器向岩体内发射声波。声波在岩体中传播并为接收换能器所接收，经放大器放大后由计时系统所记录，测得纵、横波在岩体中传播的时间 Δt_p、Δt_s，由式(4-26)和式(4-27)计算纵波速度 v_{mP} 和横波速度 v_{mS}

$$v_{mP}=D/\Delta t_p \tag{4-26}$$

$$v_{mS}=D/\Delta t_s \tag{4-27}$$

式中　D——声波发射点与接收点之间的距离。

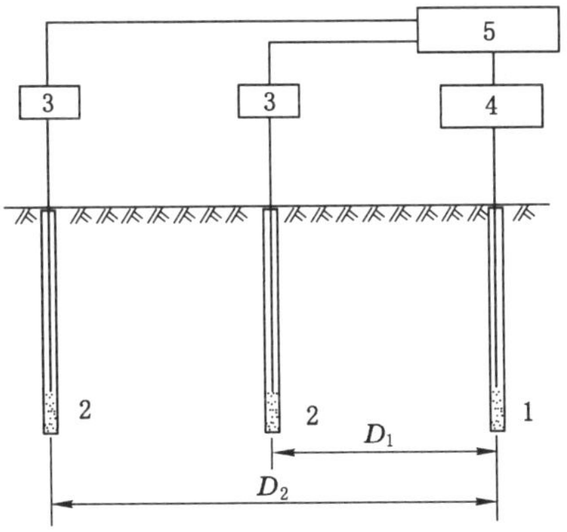

1—发射换能器；2—接收换能器；3—放大器；4—声波发射仪；5—计时装置。

图 4-32　声波法测弹性波原理图

声波法也可用于室内测定岩块试件的纵、横波速度。其方法原理与现场测试一致，把发射换能器和接收换能器紧贴在试件两端。由于试件距离短，为提高测量精度，应使用高频换能器，其频率范围可采用 50 kHz～1.5 MHz。

表 4-5 所列为常见岩石的纵、横波速度，表 4-6 为常见岩体不同结构面发育情况下的纵波速度。由表 4-5 和表 4-6 可知，岩块的纵波速度大于横波速度；岩体中结构面发育特征和

风化程度不同时，其纵波速度也不同，一般来说，波速随结构面密度增大、风化加剧而减小。

表 4-5　常见岩石完整岩块的弹性波速度及动力变形参数

岩石名称	密度/(g/cm³)	纵波速度/(m/s)	横波速度/(m/s)	动弹性模量/GPa	动泊松比
玄武岩	2.60～3.30	4 570～7 500	3 050～4 500	53.1～162.8	0.10～0.22
安山岩	2.70～3.10	4 200～5 600	2 500～3 300	41.4～83.3	0.22～0.23
闪长岩	2.52～2.70	5 700～6 450	2 793～3 800	52.8～96.2	0.23～0.24
花岗岩	2.52～2.96	4 500～6 500	2 370～3 800	37.0～106.0	0.24～0.31
辉长岩	2.55～2.98	5 300～6 560	3 200～4 000	63.4～114.8	0.20～0.21
纯橄榄岩	3.28	6 500～7 980	4 080～4 800	128.3～183.8	0.17～0.22
石英粗面岩	2.30～2.77	3 000～5 300	1 800～3 100	18.2～66.0	0.22～0.24
辉岩	2.53～2.97	5 200～5 800	3 100～3 500	59.5～88.3	0.21～0.22
流纹岩	1.97～2.61	4 800～6 900	2 900～4 100	40.2～107.7	0.21～0.23
石英岩	2.56～2.96	3 030～5 610	1 800～3 200	20.4～76.3	0.23～0.26
片岩	2.65～3.00	5 800～6 420	3 500～3 800	78.8～106.6	0.21～0.23
片麻岩	2.50～3.30	6 000～6 700	3 500～4 000	76.0～129.1	0.22～0.24
板岩	2.55～2.60	3 650～4 450	2 160～2 860	29.3～48.8	0.15～0.23
大理岩	2.68～2.72	5 800～7 300	3 500～4 700	79.7～137.7	0.15～0.21
千枚岩	2.71～2.86	2 800～5 200	1 800～3 200	20.2～70.0	0.15～0.20
砂岩	2.61～2.70	1 500～4 000	915～2 400	5.3～37.9	0.20～0.22
页岩	2.30～2.65	1 330～3 970	780～2 300	3.4～35.0	0.23～0.25
石灰岩	2.30～2.90	2 500～6 000	1 450～3 500	12.1～88.3	0.24～0.25
硅质灰岩	2.81～2.90	4 400～4 800	2 600～3 000	46.8～61.7	0.18～0.23
泥质灰岩	2.25～2.35	2 000～3 500	1 200～2 200	7.9～26.6	0.17～0.22
白云岩	2.80～3.00	2 500～6 000	1 500～3 600	15.4～94.8	0.22
砾岩	1.70～2.90	1 500～2 500	900～1 500	3.4～16.0	0.19～0.22
混凝土	2.40～2.70	2 000～4 560	1 250～2 760	8.85～49.8	0.18～0.21

表 4-6　常见岩体的纵波速度(据唐大雄等,1987)　　单位:m/s

成因及地质年代	岩石名称	岩体特征		
		裂隙少、微风化的新鲜岩体	裂隙多,破碎,胶结差,微风化	破碎带,节理密集,软弱,胶结差,风化显著
古生代及中生代岩浆岩、变质岩及坚硬的沉积岩	玄武岩、花岗岩、辉绿岩、流纹岩、蛇纹岩、结晶片岩、千枚岩、片麻岩、板岩、砂岩、砾岩、石灰岩	4 500～5 500	4 000～4 500	2 000～4 000
古生代和中生代地层	片理显著的变质岩,片理发育的古生代和中生代地层		4 000～4 600	3 100～4 000
中生代火山岩地层、古近纪地层	页岩、砂岩、角砾凝灰岩、流纹岩、安山岩、硅化页岩、硅化砂岩、火山质凝灰岩	4 000～5 000	3 100～4 000	1 500～3 100

表 4-6(续)

成因及地质年代	岩石名称	岩体特征		
		裂隙少、微风化的新鲜岩体	裂隙多,破碎,胶结差,微风化	破碎带,节理密集,软弱,胶结差,风化显著
古近纪、新近纪地层	泥岩、页岩、砂岩、砾岩、凝灰岩、角砾凝灰岩、凝灰熔岩	3 100～4 000	2 200～3 100	1 500～2 200
新近纪地层及第四纪火山喷出物	泥岩、砂岩、粉砂岩、砂砾岩、凝灰岩		2 000～2 400	1 500～2 000

4.6.3　岩体的动弹性参数

反映岩体动力变形性质的参数通常有动弹性模量、动泊松比和动剪切模量。这些参数均可通过声波测试资料求得

$$E_d = v_{mP}^2 \rho \frac{(1+\mu_d)(1-2\mu_d)}{1-\mu_d} \tag{4-28}$$

或

$$E_d = 2v_{mS}^2 \rho (1+\mu_d) \tag{4-29}$$

$$\mu_d = \frac{v_{mP}^2 - 2v_{mS}^2}{2(v_{mP}^2 - v_{mS}^2)} \tag{4-30}$$

$$G_d = \frac{E_d}{2(1+\mu_d)} = v_{mP}^2 \rho \tag{4-31}$$

式中　E_d、G_d——岩体的动弹性模量和动剪切模量,GPa;

μ_d——动泊松比;

ρ——岩体密度,g/cm^3;

v_{mP}、v_{mS}——岩体纵波速度与横波速度,km/s。

利用声波法测定岩体动力学参数的优点是不扰动被测岩体的天然结构和应力状态,测定方法简便,省时省力,且能在岩体中各个部位进行测试。

表 4-7 列出了各类岩体的动弹性模量和动泊松比试验值。

表 4-7　常见岩体动弹性模量(E_d)和动泊松比(μ_d)参考值

岩石名称	特　征	E_d/GPa	μ_d
花岗岩	新鲜	33.0～65.0	0.20～0.33
	半风化	7.0～21.8	0.18～0.33
	全风化	1.0～11.0	0.35～0.40
石英闪长岩	新鲜	55.0～88.0	0.28～0.33
	微风化	38.0～64.0	0.24～0.28
	半风化	4.5～11.0	0.23～0.33
安山岩	新鲜	12.0～19.0	0.28～0.33
	半风化	3.6～9.7	0.26～0.44

表 4-7(续)

岩石名称	特　征	E_d/GPa	μ_d
玢岩	新鲜	34.7～39.7	0.28～0.29
	半风化	3.5～20.0	0.24～0.40
	全风化	2.4	0.39
玄武岩	新鲜	34.0～38.0	0.25～0.30
	半风化	6.1～7.6	0.27～0.33
	全风化	2.6	0.27
砂岩	新鲜	20.6～44.0	0.18～0.28
	半风化至全风化	1.1～4.5	0.27～0.36
	裂隙发育	12.5～19.5	0.26～0.40
页岩	砂质、裂隙发育	0.81～7.14	0.17～0.36
	岩体破碎	0.51～2.50	0.24～0.45
	碳质	3.2～15.0	0.38～0.43
石灰岩	新鲜、微风化	25.8～54.8	0.20～0.39
	半风化	9.0～28.0	0.21～0.41
	全风化	1.48～7.30	0.27～0.35
泥质灰岩	新鲜、微风化	8.6～52.5	0.18～0.39
	半风化	13.1～24.8	0.27～0.37
	全风化	7.2	0.29
片麻岩	新鲜、微风化	22.0～35.4	0.24～0.35
	片麻理发育	11.5～15.0	0.33
	全风化	0.30～0.85	0.46
板岩	硅质	12.6～23.2	0.27～0.33
		3.7～9.7	0.25～0.36
		5.0～5.5	0.25～0.29
角闪片岩	新鲜、致密坚硬	45.0～65.0	0.18～0.26
	裂隙发育	9.8～11.6	0.29～0.31
石英岩	裂隙发育	18.9～23.4	0.21～0.26
大理岩	新鲜、坚硬	47.2～66.9	0.28～0.35
	半风化、裂隙发育	14.4～35.0	0.28～0.35

从大量的试验资料可知，不论是岩体还是岩块，其动弹性模量 E_d 都普遍大于静弹性模量 E_{me}。坚硬完整岩体，其 E_d/E_{me} 为 1.2～2.0；而风化、裂隙发育的岩体和软弱岩体，E_d/E_{me}较大，一般为 1.5～10.0，大者可超过 20.0。

4.7　岩体的水力学性质

岩体的水力学性质，是指岩体的渗透特性及在渗流作用下所表现出的力学性质。水在岩体中的作用包括两个方面：一方面是水对岩石的物理化学作用，在工程上常用软化系数来表示；另一方面是水与岩体相互耦合作用下的力学效应，包括空隙水压力与渗流动水压力等的力学作用效应。空隙水压力的作用可减少岩体内的有效应力，从而使岩体的抗剪强度降低。另外，岩体渗流与应力之间的相互作用强烈，对工程稳定性具有重要的影响，如法国的 Malpasset 坝溃决就是一个明显的例子。

4.7.1　裂隙岩体的水力学特征

4.7.1.1　含一组结构面岩体的渗透性能

当岩体中含有一组结构面时，如图 4-33 所示，设结构面的张开度为 e、间距为 S、渗透系数为 K_f；岩块的渗透系数为 K_m。将结构面内的水流平摊到岩体中，可得到顺结构面走向方向的等效渗透系数 K

$$K=\frac{e}{S}K_f+K_m \tag{4-32}$$

实际上岩块的渗透性比结构面的要弱很多，因此常将 K_m 忽略，这时岩体的渗透系数K 为

$$K=\frac{e}{S}K_f=\frac{K_2 g e^3}{12 v S c} \tag{4-33}$$

式中　K_2——结构面的面连续性系数；

v——水流速度；

c——结构面的相对粗糙修正系数。

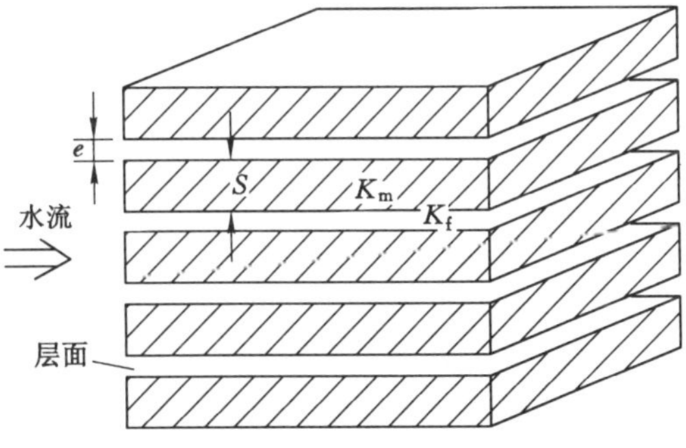

图 4-33　层状岩体的水力学模型

4.7.1.2　含多组结构面岩体的渗透性能

岩体中含有多组(如 3 组)相互连通的结构面时，设各组结构面有固定的间距(S)和张开度(e)，而不同组结构面的间距和张开度可以不同，且各组结构面内的水流相互不干扰。在以上假设条件下，罗姆(E. S. Romm，1966)认为，岩体中水的渗流速度矢量 $\boldsymbol{v}$ 是各组结构面平均渗流速度矢量 $\boldsymbol{u}_i$ 之和，即

$$\boldsymbol{v}=\sum_{i=1}^{n}\frac{e_i}{S_i}\boldsymbol{u}_i \tag{4-34}$$

式中　e_i、S_i——第 i 组结构面的张开度和间距。

按单个结构面的水力特征公式，第 i 组结构面内的断面平均流速矢量为

$$\bar{\boldsymbol{u}}_i=-\frac{K_{2i}ge_i^2}{12vc_i}(\boldsymbol{J}\cdot\boldsymbol{m}_i)\boldsymbol{m}_i \tag{4-35}$$

式中　$\boldsymbol{m}_i$——水力梯度矢量 $\boldsymbol{J}$ 在第 i 组结构面上的单位矢量。

将式(4-35)代入式(4-34)得

$$\boldsymbol{v}=-\sum_{i=1}^{n}\frac{K_{2i}e_i^3g}{12vS_ic_i}(\boldsymbol{J}\cdot\boldsymbol{m}_i)\boldsymbol{m}_i=-\sum_{i=1}^{n}K_{fi}(\boldsymbol{J}\cdot\boldsymbol{m}_i)\boldsymbol{m}_i \tag{4-36}$$

设裂隙面法线方向的单位矢量为 $\boldsymbol{n}_i$，则

$$\boldsymbol{J}=(\boldsymbol{J}\cdot\boldsymbol{m}_i)\boldsymbol{m}_i+(\boldsymbol{J}\cdot\boldsymbol{n}_i)\boldsymbol{n}_i \tag{4-37}$$

令 $\boldsymbol{n}_i$ 的方向余弦为 a_{1i}、a_{2i}、a_{3i}，经整理可得岩体的渗透张量

$$|\boldsymbol{K}|=\begin{vmatrix}\sum_{i=1}^{n}K_{fi}(1-a_{1i}^2) & -\sum_{i=1}^{n}K_{fi}a_{1i}a_{2i} & -\sum_{i=1}^{n}K_{fi}a_{1i}a_{3i}\\ -\sum_{i=1}^{n}K_{fi}a_{2i}a_{1i} & \sum_{i=1}^{n}K_{fi}(1-a_{2i}^2) & -\sum_{i=1}^{n}K_{fi}a_{2i}a_{3i}\\ -\sum_{i=1}^{n}K_{fi}a_{3i}a_{1i} & -\sum_{i=1}^{n}K_{fi}a_{3i}a_{2i} & \sum_{i=1}^{n}K_{fi}(1-a_{3i}^2)\end{vmatrix} \tag{4-38}$$

由实测资料统计求得各组结构面的产状及结构面间距、张开度等数据后，可由式(4-36)和式(4-38)求得岩体的渗透张量。由于反映结构面特征的各种参数都具有某种随机性，因此必须在大量实测资料统计的基础上才能确定。此时，统计样本的数量和统计方法的准确性都将影响计算结果的准确性。

4.7.2　地下水渗流对岩体力学性质的影响

地下水是一种重要的地质营力，它与岩体之间的相互作用，一方面改变着岩体的物理、化学及力学性质，另一方面也改变着地下水自身的物理、力学性质及化学组分。运动着的地下水对岩体产生三种作用，即物理作用、化学作用和力学作用。

4.7.2.1　地下水对岩体的物理作用

① 润滑作用。处于岩体中的地下水，在岩体的不连续面边界(如坚硬岩石中的裂隙面、节理面和断层面等结构面)上产生润滑作用，使不连续面上的摩擦阻力减小和作用在不连续面上的剪应力效应增强，结果导致沿不连续面诱发岩体的剪切运动。这个过程在斜坡受降水渗入使得地下水位上升到滑动面以上时尤其显著。地下水对岩体产生的润滑作用反映在力学性能上，是使岩体的内摩擦角减小。

② 软化和泥化作用。地下水对岩体的软化和泥化作用主要表现在对岩体结构面中充填物的物理性状的改变上，岩体结构面中充填物随含水量的变化，发生由固态向塑态直至液态的弱化效应。一般在断层带易发生泥化现象。软化和泥化作用使岩体的力学性能降低，内聚力和内摩擦角减小。

③ 结合水的强化作用。处于非饱和带的岩体，其中的地下水处于负压状态，此时的地下水不是重力水，而是结合水。按照有效应力原理，非饱和岩体中的有效应力大于岩体的总

应力，地下水的作用是强化了岩体的力学性能，即提升了岩体的强度。当岩土体中无水时(沙漠区表面沙)，包气带的沙土孔隙全被空气充填，空气的压力为正，此时沙土的有效应力小于其总应力，因而是一盘散沙；当加入适量水后，沙土的强度迅速提高。而包气带土体中出现重力水时，水的作用就变成了弱化土体(润滑土粒和软化土体)。这就是在工程中人们为什么要寻找岩土体的最佳含水量的原因。

4.7.2.2　地下水对岩体的化学作用

地下水对岩体的化学作用，主要是指地下水与岩体之间的离子交换、溶解作用(黄土湿陷及岩溶)、水化作用(膨胀岩的膨胀)、水解作用、溶蚀作用、氧化还原作用、沉淀作用和超渗透作用等。

① 离子交换。地下水与岩体之间的离子交换是由物理力和化学力吸附到岩土体颗粒上的离子和分子与地下水的一种交换过程。能够进行离子交换的物质是黏土矿物，如高岭土、蒙脱土、伊利石、绿泥石、沸石、氧化铁以及有机物等，主要是由于这些矿物表面存在胶体物质。地下水与岩土体之间的离子交换一般为：富含 Ca^{2+} 或 Mg^{2+} 的地下淡水在流经富含 Na^+ 的岩土体时，Ca^{2+} 或 Mg^{2+} 置换了岩土体内的 Na^+，一方面水中 Na^+ 的富集使天然地下水软化，另一方面新形成的富含 Ca^{2+} 和 Mg^{2+} 的黏土使孔隙率和渗透性能得以提高。地下水与岩土体之间的离子交换使得岩土体的结构改变，从而影响岩土体的力学性质。

② 溶解作用和溶蚀作用。溶解和溶蚀作用在地下水水化学的演化中起着重要作用，地下水中的各种离子大多是由溶解和溶蚀作用产生的。天然的大气降水渗入土壤带、包气带或渗滤带时，溶解大量的气体，如 N_2、Ar、O_2、H_2、He、CO_2、NH_3、CH_4 和 H_2S 等，弥补了地下水的弱酸性，从而使地下水的侵蚀性增强。这些具有侵蚀性的地下水对可溶性岩石如石灰岩($CaCO_3$)、白云岩[$CaMg(CO_3)_2$]、石膏($CaSO_4$)、岩盐(NaCl)和钾盐(KCl)等产生溶蚀作用，溶蚀作用的结果使岩体产生溶蚀裂隙、溶蚀空隙和溶洞等，导致岩体的空隙率和渗透性增大。对于湿陷性黄土来说，随着含水量的增大，水溶解了黄土颗粒的胶结物——碳酸盐($CaCO_3$)、破坏了其大空隙结构，使黄土发生大的变形，这就是众所周知的黄土湿陷问题。黄土湿陷量取决于黄土空隙结构的大小、地下水的活动状况(水量及水溶液的饱和程度)和温度条件等。

③ 水化作用。水化作用，是指水渗透到岩土体的矿物结晶格架中或水分子附着到可溶性岩石的离子上。水化作用使岩石的结构发生微观、细观及宏观的改变，可减小岩土体的内聚力。自然中的岩石风化作用就是由地下水与岩土体之间的水化作用引起的；还有膨胀土与水作用发生水化作用，从而产生大的体应变。

④ 水解作用。水解作用是地下水与岩土体(实质上是岩土物质中的离子)之间发生的一种反应。若岩土物质中的阳离子与地下水发生水解作用，则地下水中的氢离子(H^+)浓度增加，从而会增大水的酸度，即 $M^+ + H_2O \longrightarrow MOH + H^+$。若岩土物质中的阴离子与地下水发生水解作用，则地下水中的氢氧根离子(OH^-)浓度增加，从而会增大水的碱度，即 $X^- + H_2O \longrightarrow HX + OH^-$。水解作用一方面可改变地下水的 pH，另一方面可使岩土体物质成分发生改变，从而影响岩土体的力学性质。

⑤ 氧化还原作用。氧化还原作用是一种电子从一个原子转移到另一个原子的化学反应。氧化过程是被氧化的物质丢失自由电子的过程，而还原过程则是被还原的物质获得电子的过程。氧化和还原过程必须一起出现，并相互弥补。氧化作用发生在潜水面以

上的包气带，氧气(O_2)可从空气和CO_2中源源不断地获得。在潜水面以下的饱水带氧气(O_2)耗尽。另外，氧气(O_2)在水中的溶解度(在20 ℃时为6.6 cm^3/L)比在空气中的溶解度(在20 ℃时为200 cm^3/L)小得多，因此，氧化作用随着深度加大而逐渐减弱，而还原作用随深度加大逐渐增强。地下水与岩土体之间常发生的氧化过程有：硫化物的氧化产生Fe_2O_3和H_2SO_4，碳酸盐岩的溶蚀产生CO_2。地下水与岩土体之间发生的氧化还原作用，既改变着岩土体中的矿物组成，又改变着地下水的化学组分和侵蚀性，从而影响岩土体的力学特性。

上述地下水对岩土体产生的各种化学作用大多是同时进行的，一般来说化学作用进行的速度很慢，地下水对岩土体产生的化学作用主要是改变岩土体的矿物组成。

4.7.2.3 地下水对岩体的力学作用

该作用主要通过空隙静水压力和空隙动水压力作用对岩土体的力学性质施加影响。前者减小岩土体的有效应力而使岩土体的强度降低，在裂隙岩体中的空隙静水压力可使裂隙产生扩容变形；后者对岩土体产生切向的推力，从而使岩土体的抗剪强度降低。地下水在松散土体、松散破碎岩体及软弱夹层中运动时对土颗粒施加一体积力，在空隙动水压力的作用下岩土体中的细颗粒物质产生移动，甚至被携出岩土体之外，产生潜蚀而使岩土体破坏，这就是管涌现象。岩体裂隙或断层中的地下水对裂隙壁施加两种力：一是垂直于裂隙壁的空隙静水压力(面力)，该力使裂隙产生垂向变形；二是平行于裂隙壁的空隙动水压力(面力)，该力使裂隙产生切向变形。

当多孔连续介质岩土体中存在空隙地下水时，未充满空隙的地下水对多孔连续介质骨架施加一空隙静水压力，该力为面力，结果使岩土体的有效应力增加，即

$$\sigma_a=\sigma+p \tag{4-39}$$

式中　σ_a——岩土体的有效应力；

σ——岩土体的总应力；

p——岩土体中的空隙静水压力(负压)。

当地下水充满多孔连续介质岩土体时，地下水对多孔连续介质骨架施加一空隙静水压力，该力为面力，结果使岩土体的有效应力减小，即

$$\sigma_a=\sigma-p \tag{4-40}$$

当多孔连续介质岩土体中充满流动的地下水时，地下水对多孔连续介质骨架施加一空隙静水压力和动水压力，动水压力为体积力，即

$$\tau_d=\gamma J \tag{4-41}$$

式中　τ_d——岩土体中的动水压力；

γ——地下水的重度；

J——地下水的水力坡度。

当裂隙岩体中充满流动的地下水时，地下水对岩体裂隙壁施加一垂直于裂隙壁面的静水压力和平行于裂隙壁面的动水压力，动水压力为面力，即

$$\tau_d=\frac{b}{2}\gamma J \tag{4-42}$$

式中　b——裂隙的隙宽。

思考题与习题

1. 简述岩体结构分类。
2. 简述岩体结构面成因类型。
3. 简述岩体结构类型。
4. 简述影响结构面力学性质的因素。
5. 结构面密度对岩体强度有何影响?
6. 定量描述岩体结构面的基本参数有哪些?
7. 简述岩体结构面的尺寸效应。
8. 简述岩体的单轴和三轴压缩变形特征。
9. 简述岩体变形试验各方法。
10. 影响岩体变形性质的因素有哪些?
11. 岩体破坏方式有哪几种?
12. 岩体强度测试方法有哪些?
13. 简述岩体强度估算方法。

第 5 章　工程岩体分类

5.1　工程岩体分类的目的和原则

岩体作为地质介质，在形成过程中和长期的地质作用下，产生了不同的结构形式和各种规模的非连续面，从而使得岩体种类繁多、结构复杂、岩性差别很大。然而，在岩石工程编制定额、设计、施工过程中，往往需要对岩体质量进行评价，选择适合的参数或采取针对性的技术措施使其稳定，以达到满足工程功能的要求。因此，工程岩体分类的目的在于，一方面对工程岩体质量的优劣给予明确的区分和定性评价；另一方面为岩石工程建设的勘察、设计、施工和编制定额等提供必要的基本依据。

由于岩体的复杂性，在进行岩体分类时需要考虑的因素很多，不仅需要考虑岩石材料的物理力学特性，同时还要考虑岩体的结构面特性，以及风化程度、地应力、工程规模和施工条件等。即使是同一岩体，由于工程规模或工程类型的不同，对岩体结构稳定性要求和注重的岩体力学特性也不一样。因此，在对岩体进行质量评价和分类时应根据工程要求选用不同的分类方法，但这些分类方法应符合以下原则：

① 确定分类的目的和适用对象。

② 分类应该是定量的，以便用于技术计算和定额制定。

③ 分类的级数应合适，不宜太多或太少，从工程实用角度来看，一般都分为五级。

④ 工程岩体分类方法与步骤应简单明了，数字便于记忆，便于应用。

⑤ 考虑分类因素时，每个因素应该是独立的并且应有明确的物理意义。

目前，在国际上，工程岩体分类的一个明显趋势是利用各种技术手段获取“综合特征值”来反映岩体的工程特性，作为工程岩体分类的基本定量指标，并力求与工程地质勘察和岩体（石）测试工作相结合，用一些简捷的方法迅速判断岩体工程性质的好坏。

5.2　工程岩体代表性分类

在我国现行的设计手册和工程标准定额以及概预算中，大多数仍沿用以坚固性系数 f 表示岩石类别。该分类方法以岩块单轴抗压强度为依据，曾经起到一定的作用，但是由于该方法依据小尺寸岩块的单轴抗压强度，没有反映岩体结构面的效应，不能反映岩体的强度，因此不能完全客观评价岩体质量和岩体的稳定性，需要寻找更科学合理的方法来进行岩体分类。自 20 世纪 50 年代以来，这一课题深受国内外学者的重视，国内外曾出现了数十种岩体分类方法。按岩体分类目的可分为综合性和专题性两种，按其所涉及的因素多少可分为单因素分类法和多因素分类法两种。本书仅介绍几种比较有影响、基本的、综合性的岩体质量评价的分类方法。

5.2.1　按岩石质量指标(RQD)分类

按岩石质量指标分类是笛尔(D. U. Deer)于 1964 年提出的，该法是根据钻探得到的岩心完好程度来定量评价岩体质量的。笛尔认为钻探时岩心的采取率、岩心的平均和最大长度受岩体的原始裂隙、硬度、均质性支配，岩体的质量好坏取决于长度大于 10 cm 以上的大岩块所占的比例。即用直径大于或等于 75 mm 的金刚石钻头和双层岩心管在岩石中钻进，连续取心，将长度在 10 cm(含 10 cm)以上的岩心累计长度占钻孔总长度的百分比，称为岩石质量指标 RQD(rock quality designation)。

$$\mathrm{RQD}=\frac{10\ \mathrm{cm}\ \text{以上(含 10 cm)岩心累计长度}}{\text{钻孔长度}}\times 100\% \tag{5-1}$$

根据岩石质量指标大小，将岩体分为五类，如表 5-1 所列。

表 5-1　岩石质量指标分类

分类	很差	差	一般	好	很好
RQD/%	<25	25～<50	50～<75	75～<90	≥90

这种分类方法能够反映岩石结构非连续性及易碎性等特点，简单易行，能经济、快速地评价岩石质量，在一些国家得到广泛应用。但是由于 RQD 没有反映岩体的节理方位、充填物的影响，因此，在更完善的岩体分类中，仅把 RQD 作为一个参数加以利用。

5.2.2　按岩体结构类型分类

按岩体结构类型进行分类是中国科学院地质研究所的谷德振教授提出的，他主要根据岩体的结构类型、完整程度、结构面特征以及岩块强度指标等因素的综合指标对岩体进行分类。这种分类方法的特点是充分考虑了岩体中的各种结构的地质成因，突出了岩体的工程地质特性。他把岩体结构分为四类，即整体块状结构、层状结构、碎裂结构和散体结构，并把前三类分成 2～3 个亚类。岩体的完整性采用弹性波在该岩体中传播速度的差异来表示，即用式(5-2)计算的岩体完整性系数 I 来表示。岩体结构面特征主要根据结构面类型和结构面的抗剪强度参数来衡量，结构面抗剪强度参数采用主要结构面的内摩擦角 φ 的正切值，即结构面摩擦系数 $f=\tan\varphi$ 来表示。岩块的强度指标采用岩块的饱和单轴抗压强度来衡量。本方法具体分类如表 5-2 所列。

$$I=\left(\frac{v_{\mathrm{mP}}}{v_{\mathrm{rP}}}\right)^{2} \tag{5-2}$$

式中　v_{mP}——岩体纵波速度；

v_{rP}——岩石纵波速度。

5.2.3　我国工程岩体分级标准

我国《工程岩体分级标准》(GB 50218—2014)提出两步分级法：第一步是按岩体的基本质量指标 BQ 进行初步分级；第二步是针对各类工程岩体的特点，考虑其他影响因素，如地应力、地下水和结构面等，对 BQ 值进行修正，再按修正后的 BQ 值进行详细分级。

5.2.3.1　工程岩体基本质量的确定与分级

《工程岩体分级标准》指出：岩石的坚硬程度和岩体完整程度所决定的岩体基本质量，是岩体所固有的属性，是有别于工程因素的共性。岩体基本质量好，则稳定性好；反之，稳定性

表 5-2　岩体结构类型分类

岩体结构类型				岩体完整性		主要结构面及其抗剪特性			岩块饱和单轴抗压强度/MPa
类		亚类		结构面间距/cm	完整性系数 I	级别	类型	主要结构面摩擦系数 f	
代号	名称	代号	名称						
Ⅰ	整体块状结构	Ⅰ1	整体结构	>100	>0.75	存在Ⅳ、Ⅴ级	刚性结构面	>0.60	>60
		Ⅰ2	块状结构	50～100	0.35～0.75	以Ⅳ、Ⅴ级为主	刚性结构面、局部破碎结构面	0.40～0.60	>30，一般大于 60
Ⅱ	层状结构	Ⅱ1	层状结构	30～50	0.30～0.60	以Ⅲ、Ⅳ级为主	刚性结构面、柔性结构面	0.30～0.50	>30
		Ⅱ2	薄层状结构	<30	<0.40	Ⅲ、Ⅳ级显著	柔性结构面	0.30～0.40	10～30
Ⅲ	碎裂结构	Ⅲ1	镶嵌结构	<50	<0.36	Ⅳ、Ⅴ级密集	刚性结构面、破碎结构面	0.40～0.60	>60
		Ⅲ2	层状碎裂结构	<50	<0.40	Ⅱ、Ⅲ、Ⅳ级均发育	泥化结构面	0.20～0.40	<30
		Ⅲ3	碎裂结构	<50	<0.30		破碎结构面	0.16～0.40	<30
Ⅳ	散体结构				<0.20		节理密集，呈无序分布	<0.20	

差。岩石的坚硬程度和岩体的完整程度，应采用定性划分和定量指标两种方法确定。

(1) 分级因素的定性划分

① 岩石坚硬程度的定性划分。岩石的坚硬程度定性划分时，主要依据锤击声、回弹和手感情况，易碎程度、变形情况，吸水情况进行判定。具体岩石坚硬程度的定性划分可根据表 5-3 进行。

② 岩体完整程度的定性划分。岩体的完整程度定性划分时，主要依据结构面的发育程度、主要结构面的结合程度和结构面类型等方面进行判定。具体岩体完整程度的定性划分可根据表 5-4 进行。

(2) 分级因素的定量指标

① 岩石坚硬程度定量指标的确定与划分。岩石坚硬程度的定量指标，采用实测的岩石单轴饱和抗压强度 σ_{cw} 来衡量。当无条件取得 σ_{cw} 的实测值时，亦可采用实测的岩石点载荷强度指数 $I_{s(50)}$ 进行换算，$I_{s(50)}$ 是指直径 50 mm 圆柱形试件径向加压时的点载荷强度。σ_{cw} 与 $I_{s(50)}$ 的换算关系如式(5-3)所示。

$$\sigma_{cw}=22.82I_{s(50)}^{0.75} \tag{5-3}$$

岩石单轴饱和抗压强度 σ_{cw} 与岩石坚硬程度的对应关系，如表 5-5 所列。

② 岩体完整程度定量指标的确定与划分。岩体完整程度的定量指标，采用实测岩体完整性系数 I_v 来确定，而岩体完整性指数是用弹性波试验资料按式(5-2)确定的。I_v 与岩体完整程度的对应关系如表 5-6 所列。

表 5-3　岩石坚硬程度的定性划分

坚硬程度		定性鉴定	代表性岩石
硬质岩	坚硬岩	锤击声清脆，有回弹，震手，难击碎；浸水后，大多无吸水反应	未风化至微风化的花岗岩、正长岩、闪长岩、辉绿岩、玄武岩、安山岩、片麻岩、硅质板岩、石英岩、硅质胶结的砾岩、石英砂岩、硅质石灰岩等
	较坚硬岩	锤击声较清脆，有轻微回弹，稍震手，较难击碎；浸水后，有轻微吸水反应	1. 中等(弱)风化的坚硬岩； 2. 未风化至微风化的熔结凝灰岩、大理岩、板岩、白云岩、石灰岩、钙质砂岩、粗晶大理岩等
软质岩	较软岩	锤击声不清脆，无回弹，较易击碎；浸水后，指甲可刻出印痕	1. 强风化的坚硬岩； 2. 中等(弱)风化的较坚硬岩； 3. 未风化至微风化的凝灰岩、千枚岩、砂质泥岩、泥灰岩、泥质砂岩、粉砂岩、砂质页岩等
	软岩	锤击声哑，无回弹，有凹痕，易击碎；浸水后，手可掰开	1. 强风化的坚硬岩； 2. 中等(弱)风化至强风化的较坚硬岩； 3. 中等(弱)风化的较软岩； 4. 未风化的泥岩、泥质页岩、绿泥石片岩、绢云母片岩等
	极软岩	锤击声哑，无回弹，有较深凹痕，手可捏碎；浸水后，可捏成团	1. 全风化的各种岩石； 2. 强风化的软岩； 3. 各种半成岩

表 5-4　岩体完整程度的定性划分

完整程度	结构面发育程度		主要结构面的结合程度	主要结构面类型	相应结构类型
	组数	平均间距/m			
完整	1～2	>1.0	结合好或结合一般	节理、裂隙、层面	整体状或巨厚层状结构
较完整	1～2	>1.0	结合差	节理、裂隙、层面	块状或厚层状结构
	2～3	0.4～1.0	结合好或结合一般		块状结构
较破碎	2～3	0.4～1.0	结合差	节理、裂隙、层面、小断层	裂隙块状或中厚层状结构
	≥3	0.2～0.4	结合好		镶嵌碎裂结构
			结合一般		薄层状结构
破碎	≥3	0.2～0.4	结合差	各种类型结构面	裂隙块状结构
		≤0.2	结合一般或结合差		碎裂结构
极破碎	无序		结合很差		散体状结构

表 5-5　σ_{cw}与岩石坚硬程度的对应关系

岩石单轴饱和抗压强度 σ_{cw}/MPa	>60	30～60	15～30	5～15	≤5
坚硬程度	硬质岩		软质岩		
	坚硬岩	较坚硬岩	较软岩	软岩	极软岩

表 5-6　I_v与岩体完整程度的对应关系

I_v	>0.75	0.55～0.75	0.35～0.55	0.15～0.35	≤0.15
完整程度	完整	较完整	较破碎	破碎	极破碎

当无条件取得 I_v的实测值时，可选择有代表性的露头或开挖面，对不同的工程地质岩组进行节理裂隙统计，根据统计结果计算岩体体积节理数 J_v（条/m^3）。

$$J_v = S_1 + S_2 + \cdots + S_n + S_k \tag{5-4}$$

式中　S_n——第 n 组节理每米长测线上的条数；

S_k——每立方米岩体非成组节理条数。

实测岩体体积节理数 J_v与岩体完整性指数 I_v之间的对应关系，如表 5-7 所列。

表 5-7　实测岩体体积节理数 J_v与岩体完整性指数 I_v之间的对应关系

J_v/(条/m^3)	<3	3～10	10～20	20～35	≥35
I_v	>0.75	0.55～0.75	0.35～0.55	0.15～0.35	≤0.15

(3) 岩体基本质量分级

岩体基本质量分级应根据岩体基本质量的定性特征和岩体基本质量指标 BQ 两者相结合来确定。岩体基本质量的定性特征分级，可根据表 5-3 和表 5-4 确定，而岩体基本质量指标 BQ 可根据岩体质量定量指标来确定。

① 岩体基本质量指标 BQ 的确定。岩体基本质量指标 BQ 值以 103 个典型工程为抽样总体，采用多元逐步回归和判别分析法建立岩体基本质量定量指标之间关系的表达式

$$BQ = 100 + 3\sigma_{cw} + 250 I_v \tag{5-5}$$

使用式(5-5)时，必须遵守下列条件：

a. 当 $\sigma_{cw} > 90I_v + 30$ 时，应以 $\sigma_{cw} = 90I_v + 30$ 和 I_v代入式(5-5)，求 BQ 值；

b. 当 $I_v > 0.04\sigma_{cw} + 0.4$ 时，应以 $I_v = 0.04\sigma_{cw} + 0.4$ 和 σ_{cw}代入式(5-5)，求 BQ 值。

② 岩体基本质量分级。按计算的 BQ 值和岩体基本质量的定性特征将岩体划分为五级，如表 5-8 所列。

表 5-8　岩体基本质量分级

岩体基本质量级别	岩体基本质量的定性特征	岩体基本质量指标 BQ
Ⅰ	坚硬岩，岩体完整	>550
Ⅱ	坚硬岩，岩体较完整；较坚硬岩，岩体完整	451～550
Ⅲ	坚硬岩，岩体较破碎；较坚硬岩，岩体较完整；较软岩，岩体完整	351～450
Ⅳ	坚硬岩，岩体破碎；较坚硬岩，岩体较破碎至破碎；较软岩，岩体较完整至较破碎；软岩，岩体完整至较完整	251～350
Ⅴ	较软岩，岩体破碎；软岩，岩体较破碎至破碎；全部极软岩及全部极破碎岩	≤250

5.2.3.2　工程岩体质量指标BQ的修正与分级

工程岩体的稳定性，除与岩体基本质量的好坏有关外，还受地下水、主要软弱结构面、初始地应力场的影响。应结合工程特点，考虑各种影响因素修正岩体基本质量指标BQ值，作为不同工程岩体分级的定量依据。其中，地下水影响修正系数按表5-9确定，主要结构面产状影响修正系数按表5-10确定，初始应力状态影响修正系数按表5-11确定。

表5-9　地下工程地下水影响修正系数 K_1

地下水出水状态	BQ				
	>550	451～550	351～450	251～350	≤250
潮湿或点滴状出水，$p \leqslant 0.1$ 或 $Q \leqslant 25$	0	0	0～0.1	0.2～0.3	0.4～0.6
淋雨状或线流状出水，$0.1 < p \leqslant 0.5$ 或 $25 < Q \leqslant 125$	0～0.1	0.1～0.2	0.2～0.3	0.4～0.6	0.7～0.9
涌流状出水，$p > 0.5$ 或 $Q > 125$	0.1～0.2	0.2～0.3	0.4～0.6	0.7～0.9	1.0

注：p 为地下工程围岩裂隙水压，MPa；Q 为每10 m硐长出水量，L/(min·10 m)。

表5-10　地下工程主要结构面产状影响修正系数 K_2

结构面产状及其与硐轴线的组合关系	结构面走向与硐轴线夹角<30°，结构面倾角30°～75°	结构面走向与硐轴线夹角>60°，结构面倾角>75°	其他组合
K_2	0.4～0.6	0～0.2	0.2～0.4

表5-11　初始应力状态影响修正系数 K_3

围岩强度应力比 $\left(\frac{\sigma_c}{\sigma_{max}}\right)$	BQ				
	>550	451～550	351～450	251～350	≤250
<4	1.0	1.0	1.0～1.5	1.0～1.5	1.0
4～7	0.5	0.5	0.5	0.5～1.0	0.5～1.0

因此，工程岩体基本质量指标修正值按式(5-6)计算

$$[BQ]=BQ-100(K_1+K_2+K_3) \tag{5-6}$$

式中　[BQ]——岩体基本质量指标修正值；

BQ——岩体基本质量指标；

K_1——地下水影响修正系数；

K_2——主要结构面产状影响修正系数；

K_3——初始应力状态影响修正系数。

根据BQ修正值进行工程岩体分级，仍然按表5-8进行。各级岩体的物理力学参数和岩体自稳定能力可按表5-12确定。

表 5-12　各级岩体物理力学参数和围岩自稳定能力

级别	密度 $\rho/(g/cm^3)$	抗剪强度 $\varphi/(°)$	抗剪强度 C/MPa	变形模量 /GPa	泊松比	围岩自稳定能力
Ⅰ	>2.65	>60	>2.1	>33	<0.2	跨度≤20 m，可长期稳定，偶有掉块，无塌方
Ⅱ	>2.65	50～60	1.5～2.1	20～33	0.2～0.25	跨度 10～20 m，可基本稳定，局部可掉块或小塌方；跨度<10 m，可长期稳定，偶有掉块
Ⅲ	2.45～2.65	39～50	0.7～1.5	6～20	0.25～0.3	跨度 10～20 m，可稳定数日至 1 个月，可发生小至中塌方；跨度 5～10 m，可稳定数月，可发生局部块体移动及小至中塌方；跨度<5 m，可基本稳定
Ⅳ	2.25～2.45	27～39	0.2～0.7	1.3～6	0.3～0.35	跨度>5 m，一般无自承能力，数日至数月内可发生松动、小塌方，进而发展为中至大塌方，埋深小时，以拱部松动为主，埋深大时，有明显塑性流动和挤压破坏；跨度≤5 m，可稳定数日至 1 个月
Ⅴ	<2.25	<27	<0.2	<1.3	>0.35	无自承能力

注：小塌方：塌方高<3 m，塌方体积<30 m^3；中塌方：塌方高 3～6 m，塌方体积 30～100 m^3；大塌方：塌方高>6 m，塌方体积>100 m^3。

边坡工程岩体详细定级时，应按不同坡高考虑地下水、地表水、初始应力场、结构面间的组合、结构面的产状与边坡面之间的关系等因素对边坡岩体级别的影响进行修正。

5.2.4　岩体地质力学分类(CSIR 分类)

岩体地质力学分类方法是由南非科学和工业研究委员会(Council for Scientific and Industrial Research，CSIR)提出的。CSIR 分类指标 RMR(rock mass rating)由完整岩石强度、RQD、节理间距、节理条件及地下水条件等 5 种指标组成。分类时，先根据各种指标的数值按表 5-13a 的标准评分，求和得总分 RMR 值，然后按表 5-13b 和表 5-14 的规定对总分作适当的修正，最后用修正的总分对照表 5-13c 求得所研究岩体的类别及相应的无支护地下工程的自稳定时间和岩体强度指标(C、φ)。

表 5-13a　岩体地质力学分类表 a——分类参数及其评分值

分类参数			数值范围						
1	完整岩石强度 /MPa	点载荷强度指标	≥10	4～<10	2～<4	1～<2	对强度较低的岩石宜用单轴抗压强度		
		单轴抗压强度	≥250	100～<250	50～<100	25～<50	5～<25	1～<5	<1
	评分值		15	12	7	4	2	1	0
2	RQD/%		90～100	75～<90	50～<75	25～<50	<25		
	评分值		20	17	13	8	3		
3	节理间距/cm		≥200	60～<200	20～<60	6～<20	<6		
	评分值		20	15	10	8	5		

表 5-13a(续)

	分类参数		数值范围				
4	节理条件		节理面很粗糙,节理不连续,节理宽度为零,节理面岩石坚硬	节理面稍粗糙,节理宽度<1 mm,节理面岩石坚硬	节理面稍粗糙,节理宽度<1 mm,节理面岩石较软	节理面光滑或含厚度<5 mm的软弱夹层,张开度1～5 mm,节理连续	含厚度>5 mm的软弱夹层,张开度>5 mm,节理连续
	评分值		30	25	20	10	0
5	地下水条件	每 10 m 长的隧道涌水量/(L/min)	0	<10	10～<25	25～<125	≥125
		$\frac{\text{节理水压力}}{\text{最大主应力}}$	0	0.1	0.1～<0.2	0.2～<0.5	≥0.5
		一般条件	完全干燥	潮湿	只有湿气(有裂隙水)	中等水压	水的问题严重
	评分值		15	10	7	4	0

表 5-13b　岩体地质力学分类表 b——按节理方向修正评分值

节理走向或倾向		非常有利	有利	一般	不利	非常不利
评分值	隧道	0	−2	−5	−10	−12
	地基	0	−2	−7	−15	−25
	边坡	0	−5	−25	−50	−60

表 5-13c　岩体地质力学分类表 c——按总评分值确定的岩体级别及岩体质量评价

评分值	100～81	80～61	60～41	40～21	<20
分级	Ⅰ	Ⅱ	Ⅲ	Ⅳ	Ⅴ
质量描述	非常好的岩体	好岩体	一般岩体	差岩体	非常差的岩体
平均稳定时间	15 m 跨度,20 a	10 m 跨度,1 a	5 m 跨度,7 d	2.5 m 跨度,10 h	1 m 跨度,30 min
岩体内聚力/kPa	>400	300～400	200～300	100～200	<100
岩体内摩擦角/(°)	>45	35～45	25～35	15～25	<15

表 5-14　节理走向和倾角对隧道开挖的影响

走向与隧道轴线垂直				走向与隧道轴线平行		与走向无关
沿倾向掘进		反倾向掘进		倾角 20°～45°	倾角 45°～90°	倾角 0°～20°
倾角 45°～90°	倾角 20°～45°	倾角 45°～90°	倾角 20°～45°			
非常有利	有利	一般	不利	一般	非常不利	不利

CSIR 分类原为解决坚硬节理岩体中浅埋隧道工程问题而发展起来的,从现场应用来看,使用较简便,大多数场合岩体评分值(RMR)都有用,但在处理那些造成挤压、膨胀和涌

水的极其软弱岩体问题时，此分类方法就比较难以应用。

5.2.5 地质强度指标(GSI)

霍克(E. Hoek)等认为岩体质量评价的主要依据是岩体结构特征和结构面状态，于1994提出了地质强度指标 GSI。霍克等先后多次修改完善了 GSI 指标体系；GSI 在工程适用范围及量化评分等方面取得长足发展，广泛应用于岩石和地质工程领域。

地质强度指标(geological strength index，GSI)是判断岩体强度的量化指标，理论上并非岩体分级方法，但 GSI 作为霍克-布朗强度准则的一个重要参数，实现了岩体强度参数的定量计算，与其他分级方法相比，是唯一可直接确定岩体力学参数的方法，因此将地质强度指标 GSI 列入本章。

确定地质强度指标 GSI 后，结合霍克-布朗强度准则进行岩体力学参数分析的具体应用过程见图 5-1。但在实际工程应用中，GSI 的准确取值常依赖于使用者的经验丰富程度。

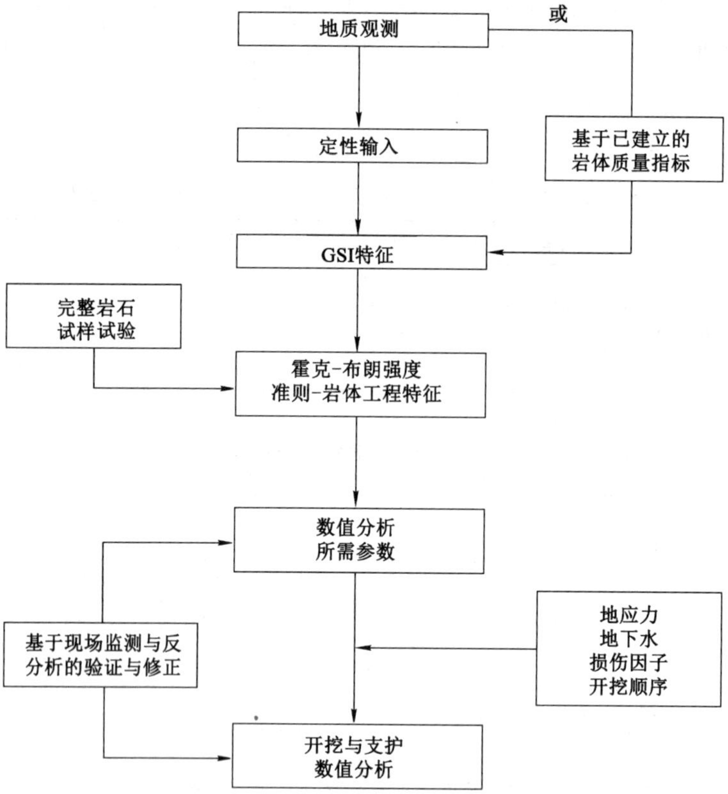

图 5-1 基于 GSI 和霍克-布朗强度准则的岩体力学参数确定及应用流程

2013 年，霍克建立了地质强度指标图表，如图 5-2 所示。他采用数据拟合等手段，建立了 GSI 与结构面状态 JCond(Z. T. Bieniawski，1989)、岩石质量指标 RQD(D. U. Deere，1963)的关系式

$$GSI = 1.5JCond_{89} + RQD/2 \tag{5-7}$$

式(5-7)中 $JCond_{89}$ 参数主要考虑节理迹长、节理张开度(隙宽)、节理面粗糙度、节理充填物以及围岩风化程度五个指标，综合评价节理状态，取值可参照表 5-15。

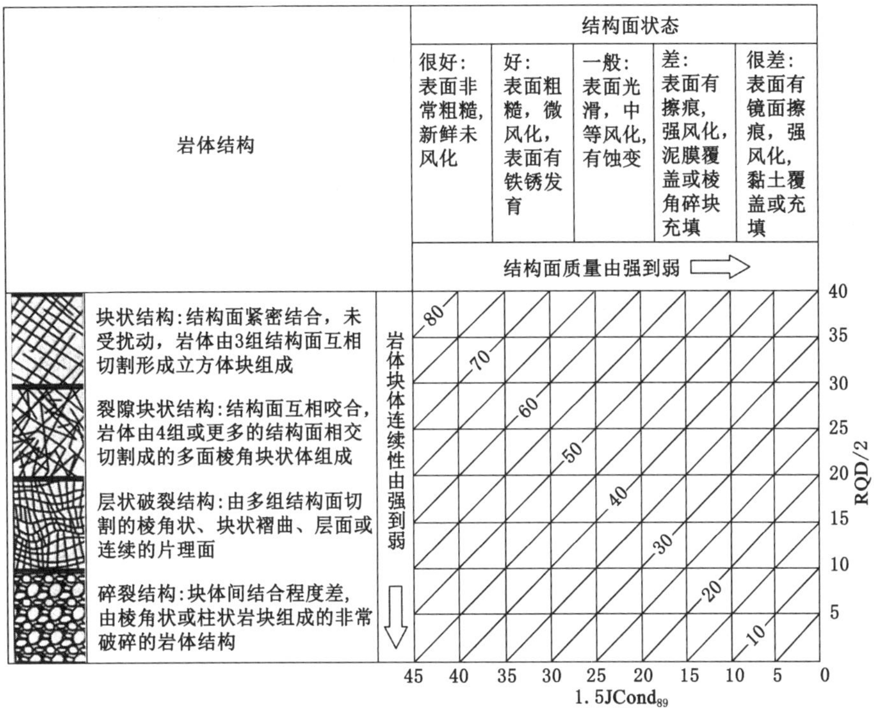

图 5-2　根据结构面状态 $JCond_{89}$ 和 RQD 指标确定的 GSI(据 E. Hoek,2013)

表 5-15　结构面状态 $JCond_{89}$ 取值

结构面状态	节理面很粗糙，节理不连续，隙宽为零，节理面附近岩体未风化	节理面稍粗糙，节理张开度小于 1 mm，节理面附近岩体轻微风化	节理面稍粗糙，节理张开度小于 1 mm，节理面附近岩体强风化	节理面光滑或含厚度小于 5 mm 的软弱夹层或含节理张开度为 1～5 mm 的连续节理	含厚度大于 5 mm 的软弱夹层或含节理张开度大于 5 mm 的连续节理
分值	30	25	20	10	0
不连续节理面分类取值					
节理迹长 分值	<1 m 6	1～<3 m 4	3～<10 m 2	10～<20 m 1	≥20 m 0
节理张开度(隙宽) 分值	无 6	<0.1 mm 5	0.1～<1.0 mm 4	1～<5 mm 1	≥5 mm 0
节理面粗糙度 分值	很粗糙 6	粗糙 5	稍粗糙 3	光滑 1	非常光滑 0
节理充填物 分值	无 6	硬质充填物，厚度<5 mm 4	硬质充填物，厚度>5 mm 2	软质充填物，厚度<5 mm 2	软质充填物，厚度>5 mm 0
围岩风化程度 分值	未风化 6	微风化 5	中风化 3	强风化 1	全风化 0

在地质强度指标 GSI 应用方面,需重点关注以下问题:

① GSI 的应用前提是,假定岩体包括足够多的节理组和随机走向的不连续面,此时可将岩体视为由连锁块体组成的均质各向同性体,岩体的破坏是沿着不连续面滑动或块体旋转的结果。经结构面切割的块体尺寸与工程尺度的比例,是决定能否有效使用 GSI 的重要因素,建议应满足 1∶20 的关系。与工程结构尺寸相比,如果不连续面间距较大,则不能使用 GSI 和霍克-布朗强度准则。

② 由若干节理组合切割而成的互锁角状岩块,可采用 GSI 评价岩体质量与强度。最优适用范围为跨度 10 m 左右的隧道或高度小于 20 m 的边坡;对于更大尺度的地下工程或边坡工程,考虑块体连续性递减,应适当减小 GSI 取值。

③ 对于 GSI>75 的完整或块状岩体,需注意岩体脆性剥落的可能;对于 GSI>75 的含少量节理的岩体,岩体稳定性一般由结构面控制,失稳主要受控于关键块体或楔形体。上述条件下不宜采用 GSI 评价岩体质量与强度。

④ 对于几乎完全失去结构形式的构造变形沉积物、层状沉积岩中的复杂折叠结构,GSI 可能存在较大误差,应谨慎使用 GSI。

确定地质强度指标 GSI 后,可借助霍克-布朗强度准则进行岩体力学参数分析。其中霍克-布朗强度准则为

$$\sigma_1 = \sigma_3 + \sigma_c\left(m_b\frac{\sigma_3}{\sigma_c} + s\right)^a \tag{5-8}$$

式中 σ_c——岩块单轴抗压强度,MPa;

m_b、s、a——表示岩体特性的半经验参数,可表示为地质强度指标 GSI 的函数。

$$\begin{cases} m_b = m_i e^{\frac{GSI-100}{28-14D}} \\ s = e^{\frac{GSI-100}{9-3D}} \\ a = \dfrac{1}{2} + \dfrac{1}{6}(e^{-GSI/15} - e^{-20/3}) \end{cases} \tag{5-9}$$

式中 GSI——地质强度指标,取值参照图 5-2。

m_i——岩石材料常数,由完整岩石三轴压缩试验获取,也可按岩石类型、结构确定,参考表 5-16。

D——考虑岩体受人为因素或自然因素扰动的弱化因子,对于一般岩质边坡,机械开挖宜取 0.2,控制爆破或光面爆破宜取 0.5,生产爆破宜取 1.0;对于软弱岩体边坡,机械开挖、控制爆破或光面爆破宜取 0.7,生产爆破宜取 1.0。

霍克-布朗强度准则对应的等效内摩擦角和等效内聚力计算公式

$$\varphi = \arcsin\left[\frac{6am_b(s + m_b\sigma_{3n})^{a-1}}{2(1+a)(2+a) + 6am_b(s + m_b\sigma_{3n})^{a-1}}\right]$$

$$C = \frac{\sigma_c[(1+2a)s + (1-a)m_b\sigma_{3n}](s + m_b\sigma_{3n})^{a-1}}{(1+a)(2+a)\sqrt{1 + [6am_b(s + m_b\sigma_{3n})^{a-1}]/[(1+a)(2+a)]}} \tag{5-10}$$

式中,$\sigma_{3n} = \sigma_{3max}/\sigma_c$ 其中 σ_{3max} 为最小主应力上限值,与岩体工程类型有关。对于边坡工程岩体,σ_{3max} 可由式(5-11)确定

$$\frac{\sigma_{3max}}{\sigma_{cm}} = 0.72\left(\frac{\sigma_{cm}}{\gamma H}\right)^{-0.91} \tag{5-11}$$

表 5-16　按岩石类型与结构确定完整岩石材料常数 m_i

岩石类型	类别	岩组	岩石结构			
			粗粒	中粒	细粒	极细粒
沉积岩	碎屑岩		砾岩(见注 3)	砂岩 17±4	粉砂岩 7±2	黏土岩 4±2
			角砾岩(见注 3)	—	杂砂岩(18±3)	页岩 6±2
			—	—	—	泥灰岩(7±2)
	非碎屑岩	碳酸盐岩	粗晶石灰岩(12±3)	亮晶石灰岩(10±2)	微晶石灰岩(9±2)	白云岩(9±3)
		蒸发岩	—	石膏岩(8±2)	硬石膏岩(12±2)	—
		有机质岩	—	—	—	白垩岩 7±2
变质岩	非片状构造		大理石 9±3	角页岩 19±4	石英岩 20±3	—
			—	变质砂岩 19±3	—	—
	微片状构造		混合岩(29±3)	角闪岩 20±6	片麻岩 28±5	—
	片状构造		—	片岩 12±3	千枚岩 7±3	板岩 7±4
火成岩	深成岩	浅色	花岗岩 32±3	闪长岩 25±5	—	—
			花岗岩闪长岩(29±3)		—	—
		深色	辉长岩 27±3	粗粒玄武岩	—	—
			苏长岩 20±5		—	—
	浅成岩		斑岩 20±5	—	辉绿岩(15±5)	橄榄岩(25±5)
	喷出岩	熔岩	—	流纹岩(25±5)	石英安山岩(25±3)	—
			—	安山岩(25±5)	玄武岩(25±5)	—
		火山碎岩屑	集成岩(19±3)	角砾岩(19±5)	凝灰岩(13±5)	—

注：1. 不同材料的取值范围取决于结晶构造的粒度和咬合状态，取值越高，对应的结晶颗粒咬合越紧密且摩擦力越大；2. 表中数据是在完整岩石试样上垂直于层面或片理面进行试验得到的(括号内为经验估计值)，若沿面破坏，则 m_i 会有显著差别；3. 砾岩、角砾岩的 m_i 取值范围较宽，取决于胶结成分的性质和胶结程度，变化范围可介于砂岩与细粒沉积物之间(可能小于 10)。

对于地下工程岩体，σ_{3max} 可由式(5-12)确定

$$\frac{\sigma_{3max}}{\sigma_{cm}} = 0.47\left(\frac{\sigma_{cm}}{\gamma H}\right)^{-0.94} \tag{5-12}$$

式中　H——坡高或隧道埋深；

γ——岩体重度；

σ_{cm}——节理岩体的强度，当 $\sigma_t < \sigma_3 < \frac{\sigma_c}{4}$ 时，可由式(5-13)确定

$$\sigma_{cm} = \sigma_c \frac{[m_b + 4s - a(m_b - 8s)](m_b/4 + s)^{a-1}}{2(1+a)(2+a)} \tag{5-13}$$

5.3　岩体质量评价及分类的发展趋势

为了全面考虑各种影响因素，同时使分类形式简单、使用方便，岩体质量评价及分类将向以下几方面发展。

① 采用多因素综合指标进行岩体分类。在分类中力求充分考虑各种因素的影响和相互关系,许多分类都很重视岩体的不连续性,把岩体的结构和岩石质量因素作为影响岩体质量的主要因素和指标。

② 向定性和定量相结合的方向发展。

③ 利用简易岩体力学测试(如钻孔岩心测试、波速测试、点载荷试验等)研究岩体特征,初步判别岩类,减少费用昂贵的大型试验,使岩体分类简单易行。

④ 重视新理论、新方法在岩体分类中的应用。随着计算机技术的迅速发展,一些新理论、新方法(如专家系统、模糊评价等)相继应用于岩体分类中,出现了一些新的分类方法。

⑤ 强调岩体工程分类与岩体力学参数估算的定量关系,与工程岩体处理方法、施工方法相结合。

思考题与习题

1. 简述工程岩体分类的目的。
2. 简述工程岩体分类的原则。
3. 简述岩石质量指标(RQD)分类。
4. 简述岩体地质力学分类。

第 6 章　岩体地应力及其测量方法

6.1　地应力的概念与意义

地应力是存在于地层中的未受工程扰动的天然应力，也称岩体初始应力、绝对应力或原岩应力。它是引起采矿、水利水电、土木建筑、铁道、公路、军事和其他各种地下或露天岩石开挖工程变形和破坏的根本作用力，是确定工程岩体力学属性、进行围岩稳定性分析、实现岩石工程开挖设计和决策科学化的必要前提条件。

传统的岩石工程的开挖设计和施工是根据经验进行的。当开挖活动是在小规模范围内和接近地表的深度上进行的时候，经验类比法往往是有效的。但是随着开挖规模不断扩大和开挖工程不断向深部发展，特别是数百万吨级的大型地下矿山、大型地下电站、大坝、大断面地下隧道、地下硐室以及高陡边坡的出现，经验类比法已越来越失去其作用。根据经验进行开挖施工往往造成各种露天或地下工程的失稳、坍塌或破坏，使开挖作业无法进行，并会导致严重的工程事故，造成严重的人员伤亡和财产损失。

为了对各种岩石工程进行科学合理的开挖设计和施工，必须对影响工程稳定性的各种因素进行充分调查。只有详细了解了这些工程影响因素，并通过定量计算和分析，才能做出既经济又安全实用的工程设计。在诸多的影响岩石开挖工程稳定性的因素中，地应力状态是最重要最根本的因素。如对矿山设计来说，只有掌握了具体工程区域的地应力条件，才能合理确定矿山总体布置，确定巷道和采场的最佳断面形状和尺寸。如根据弹性力学理论，巷道和采场的最佳形状主要由其断面内的两个主应力的比值来决定。为了减少巷道和采场周边的应力集中现象，它们最理想的断面形状是椭圆，而这个椭圆在水平和垂直方向的两个半轴的长度之比与该断面内水平主应力和垂直主应力之比相等。在此情况下，巷道和采场周边将处于均匀等压应力状态，这是一种最稳定的受力状态。同样，在确定巷道和采场走向时，也应考虑地应力的状态，最理想的走向是与最大主应力方向平行。当然，实际工程中的采场和巷道走向与断面形状还要综合考虑工程需要、经济性和其他条件来确定。

由于各种岩石开挖体的复杂性和形状多样性，利用理论解析解的方法进行工程稳定性的分析和计算是不可能的。但是，近年来大型电子计算机的应用和有限元、边界元、离散元等各种数值分析方法的不断发展，使岩石工程迅速接近其他工程领域，成为一门可以进行定量设计计算和分析的工程科学。岩石工程的定量设计计算比其他工程要复杂和困难得多，其根本点在于工程地质条件、岩体性质的不确定性以及岩石材料受力后的应力状态具有加载途径性。岩石开挖的力学效应不仅取决于当时的应力状态，也取决于历史上的全部应力状态。由于许多岩石工程是一个多步骤的多次开挖过程，前面的每次开挖都对后期的开挖产生影响，施工步骤不同、开挖顺序不同，都有各自不同的最终力学效应，即最终不同的稳定性状态。所以只有采用系统工程、数理统计理论，通过大量的计算和分析，比较各种不同开挖和支护方法、过程、步骤、顺序下的应力和应变动态变化过程，以及采用优化设计的方法，才能确定最经济合理的开挖设计方案。所有的计算和分析都必须在已知地应力的前提下进行。如果对工程区域的实际原始应力状态一无所知，那么任何计算和分析都将失去其应有的真实性和实用价值。

亿万年来地球经历了无数次大大小小的构造运动，各次构造运动的应力场也经过多次的叠加、牵引和改造，另外，地应力场还受到其他多种因素的影响，从而造成了地应力状态的复杂性和多变性。即使在同一工程区域，不同点地应力的状态也可能是很不相同的，因此，地应力的大小和方向通过数学计算或模型分析的方法来获得是很困难的。要了解一个地区的地应力状态，唯一的方法就是进行地应力测量。

另外，地应力状态对地震预报、区域地壳稳定性评价、油田油井的稳定性分析、核废料储存、岩爆、煤与瓦斯突出的研究以及地球动力学的研究等也具有重要意义。

6.2 岩体中的初始应力场

岩体是预应力体，研究岩体中应力状态是岩体力学中的重要课题之一。不了解岩体中初始应力场（或称原岩应力场、地应力场）的形成原因与分布规律，便难以正确合理地确定各类岩体工程的设计和施工。所以无论从设计还是生产角度看，都必须研究初始应力场问题。

6.2.1 初始应力场概念

所谓初始应力场，是指未受人类工程活动影响，原始存在于岩土体中的应力场。岩体中的原岩应力最基本的组成因素是岩体的自重。另外，在地质构造运动的影响区域，地质构造应力也是原岩应力的重要组成部分。个别条件下，地温、熔岩活动、地下水和瓦斯气体等也对原岩应力有不同程度的影响。

任何时间和地点，岩体的自重应力是永存的，构造应力取决于该区域的地壳运动状态，有时影响比较大，而其他应力都不一定同时存在。在有些条件下，非自重因素可能成为最主要的影响因素，所以，对于原岩应力的问题应具体分析。由于原岩应力场是分析地下工程体形成后空间周围应力重新分布的基础，因此下面对自重应力场和构造应力场进行重点分析。

6.2.2 岩体自重应力场

地壳岩体内任一点在重力场作用下，上覆岩体自重引起的应力称为自重应力，它在空间的分布状态称为自重应力场。

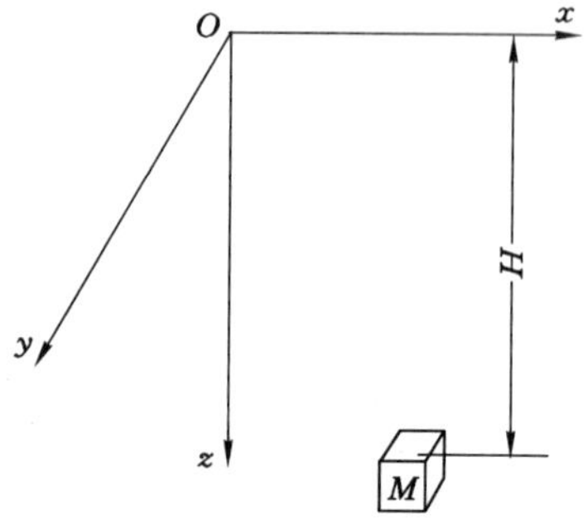

图 6-1　自重应力计算简图

岩体自重应力理论，建立在把岩体看作均质各向同性弹性体的基础上。因此，可以应用连续介质力学原理来研究岩体的自重应力场。

下面研究在岩浆岩构成的岩体内，距地面深度为 H 的一点 M（图 6-1）的应力，应用连续介质力学原理建立它们的关系及计算它们的数值。

应用三维平衡方程和物理方程求解该处各应力分量 σ_1、σ_2、σ_3。

平衡方程

$$\begin{cases}\dfrac{\partial\sigma_x}{\partial x}+\dfrac{\partial\tau_{xy}}{\partial y}+\dfrac{\partial\tau_{xz}}{\partial z}+X=0\\ \dfrac{\partial\tau_{yx}}{\partial x}+\dfrac{\partial\sigma_y}{\partial y}+\dfrac{\partial\tau_{yz}}{\partial z}+Y=0\\ \dfrac{\partial\tau_{zx}}{\partial x}+\dfrac{\partial\tau_{zy}}{\partial y}+\dfrac{\partial\sigma_z}{\partial z}+Z=0\end{cases}\tag{6-1}$$

式中　σ_x、σ_y、σ_z——正应力；

τ_{xy}、τ_{yz}、τ_{zx}——剪应力；

X、Y、Z——体力。

物理方程

$$\begin{cases}\varepsilon_x=\dfrac{\sigma_x}{E}-\mu\left(\dfrac{\sigma_y}{E}+\dfrac{\sigma_z}{E}\right)\\ \varepsilon_y=\dfrac{\sigma_y}{E}-\mu\left(\dfrac{\sigma_z}{E}+\dfrac{\sigma_x}{E}\right)\\ \varepsilon_z=\dfrac{\sigma_z}{E}-\mu\left(\dfrac{\sigma_x}{E}+\dfrac{\sigma_y}{E}\right)\end{cases}\tag{6-2}$$

式中　ε_x、ε_y、ε_z——x、y、z 方向的应变；

E——弹性模量；

μ——泊松比。

由于该点处于重力场作用下，只存在体力 Z，而 X、Y 为零。设 σ_x、σ_y、σ_z 为主应力，于是 $\tau_{xy}=\tau_{yz}=\tau_{zx}=0$。岩体赋存深度不同，岩体重度 γ 可能不同，为坐标 z 的函数，即 $\gamma(z)$。

根据上列条件，平衡方程(6-1)简化成

$$\begin{cases}\sigma_x=\sigma_x(z)\\ \sigma_y=\sigma_y(z)\\ \sigma_z=\displaystyle\int_0^H\gamma(z)\,\mathrm{d}z\end{cases}\tag{6-3}$$

虽然重度 γ 是坐标 z 的函数，但难以用函数式表达，可用平均值表示

$$\gamma(z)=\frac{\sum\gamma_i h_i}{\sum h_i}\tag{6-4}$$

式(6-3)中 σ_z 可用下式表示

$$\sigma_z=\frac{\sum\gamma_i h_i}{\sum h_i}H$$

或

$$\sigma_z=\gamma_{av}H\tag{6-5}$$

式中　γ_{av}——重度平均值。

处于距地面 H 深处的 M 点微元体，在上覆岩体作用下受水平方向周围岩体的约束，不可能发生自由变形，即 $\varepsilon_x=\varepsilon_y=0$。这说明存在水平方向作用的应力，并且 $\sigma_x=\sigma_y$。应用物理方程式(6-2)中 ε_x 或 ε_y 的表达式，便可求出 σ_x 或 σ_y。如利用 ε_x 表达式，则

$$\varepsilon_x=\frac{\sigma_x}{E}-\mu\left(\frac{\sigma_y}{E}+\frac{\sigma_z}{E}\right)=0$$

又

$$\sigma_x=\sigma_y$$

得

$$\sigma_x=\mu(\sigma_y+\sigma_z)$$

$$\sigma_x=\frac{\mu}{1-\mu}\sigma_z \tag{6-6}$$

于是距地面 H 深处岩体内应力状态表达式为

$$\sigma_x=\sigma_y=\frac{\mu}{1-\mu}\sigma_z$$

$$\sigma_z=\gamma_{av}H$$

由式(6-5)和式(6-6)可以看出，在重力场条件下，岩体中任一点的应力状态与岩石的岩性有关，可用侧压系数 λ 取代 $\frac{\mu}{1-\mu}$。于是水平应力 σ_x、σ_y 可表示为 $\sigma_x=\sigma_y=\lambda\sigma_z$。根据试验测得岩石 μ 值并代入 $\frac{\mu}{1-\mu}$ 中，得 λ 值，列于表 6-1。

表 6-1 不同岩性岩石 λ 值

岩 性	μ	λ
坚硬岩石	0.1～0.3	0.11～0.43
软 岩	0.2～0.4	0.25～0.67

由表 6-1 可以看出，随 μ 增大，λ 增大，σ_x、σ_y 值增大。所以随开采深度增大，上覆岩层重力 $\gamma(z)H$ 增大，岩石塑性变形成分增多，甚至会全部呈现塑性变形，μ 趋于 0.5，λ 等于 1。于是该处应力状态为

$$\sigma_x=\sigma_y=\sigma_z=\gamma(z)H \tag{6-7}$$

一般称为静水压力状态。

在一般深度条件下

$$\sigma_z>\sigma_x=\sigma_y$$

上面导出的应力值，是按地面为水平面计算的，没有考虑地形条件及岩体地质构造(向斜、背斜)。根据模拟试验及有限元计算可知，岩体内自重应力分布受它们的影响较大。

国外有的资料中指出，如果不进行现场量测而想估计岩体的初始应力状态，海姆假说是最接近实际的。但是，国外也有资料显示，现场量测结果中，侧压系数并不符合这一假说。这种情况往往与地质构造应力有密切关系。

如果岩体由松散的碎石、砂及卵石组成，可以近似地认为岩体是理想松散介质，可由松散介质极限平衡条件来建立垂直应力与侧向应力之间的关系

$$\lambda=\frac{\sigma_x}{\sigma_z}=\frac{1-\sin\varphi}{1+\sin\varphi} \tag{6-8}$$

式中，φ 为松散岩体的内摩擦角，(°)。φ 一般在 30°左右，所以，$\lambda=\frac{1-0.5}{1+0.5}=\frac{1}{3}$，可以认为在松散岩体中，侧压系数约为 0.33。

实际破碎岩体一般不能视为理想松散介质，而把它看作具有一定内聚力的松散介质。

因此，对于具有一定内聚力的松散岩体，侧向应力 σ_x 与垂直应力 σ_z 之间的关系为

$$\sigma_x = \sigma_z \frac{1-\sin\varphi}{1+\sin\varphi} - \frac{2C\cos\varphi}{1+\sin\varphi} = \gamma H \frac{1-\sin\varphi}{1+\sin\varphi} - \frac{2C\cos\varphi}{1+\sin\varphi} \tag{6-9}$$

式中　C——松散岩体的内聚力，MPa。

由于式(6-9)右端第二项为负值，因此，在一定深度 H_0 以上，侧向应力 σ_x 有可能为负值，即无侧向应力作用，$\sigma_x=0$，即由式(6-9)可得

$$H_0 = \frac{2C\cos\varphi}{\gamma(1-\sin\varphi)} \tag{6-10}$$

所以，具有内聚力 C 的松散岩体，只有在深度 H_0 以下，侧向应力 σ_x 才开始出现，并随深度呈正比关系增加(图 6-2)。

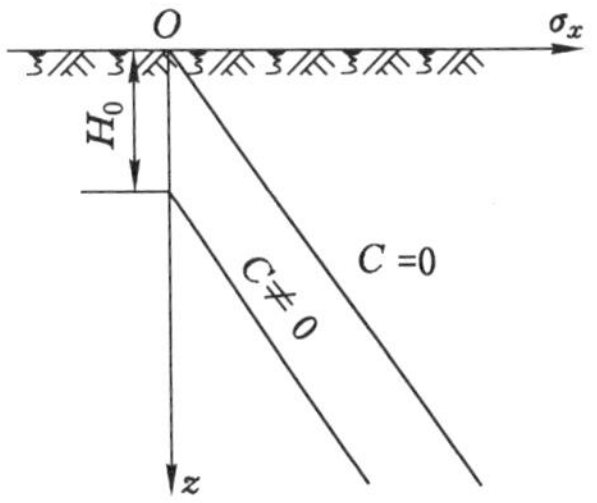

图 6-2　松散岩体内的侧向应力

6.2.3　岩体构造应力场

地壳的各种地质构造是在大范围内的巨大的地质构造应力场作用下形成的。在各个不同的地质年代里，都有不同的地质构造运动发生，地质构造运动过程一般需要很长时间。在同一个地区，一个构造运动结束之后，或者就在这个构造运动发生的过程中，又有新的构造运动发生，就会形成新的构造应力场与老的构造应力场的叠加，形成复杂的复合构造应力场。各种复杂的地质构造就是在长期的地质构造运动作用下形成的。

由于地质构造运动，岩体经受了相当大的外力作用。在相当大的水平构造应力作用下，岩层产生很大的弹性变形和塑性变形，形成了各种地质构造，如向斜、背斜，以及产生断裂而形成各种节理和断层等。在地质构造应力场作用下，岩体产生弹性变形和塑性变形，因而岩体中储存着弹性能，岩体的塑性变形使部分能量转化为热能和位能，或者由于岩体的流变特性，构造应力场中的地质构造应力得以部分释放。因此，在地质构造运动中，岩体中储存的能量是通过弹性变形才能实现的，岩体的弹性变形越大，则岩体储存的能量就越多。当岩体中的应力达到强度极限时，岩体产生破坏。除岩体中保存一部分残余变形外，其储存的能量将部分或全部释放，构造应力也就部分或全部消失。若岩体中的应力尚未达到强度极限，但由于岩体的蠕变特性，构造应力也会部分消失。因此，地质构造运动产生地质构造应力，但岩体中储存的构造应力不可能无限地积累起来，视所处地区不同或地质条件不同，岩体的构造应力可能全部或部分释放，成为残余应力。

因此，岩体构造应力可以分为现代构造应力和地质构造残余应力。由于地壳处于不断运动之中，仅仅是存在相对活跃期或静止期，所以，要在岩体中区分现代构造应力和地质构造残余应力，实际上是不可能的。

目前，岩体的构造应力尚无法用数学力学的方法进行分析计算，而只能采用现场应力量测的方法获得。但是，构造应力场的方向可以根据地质力学的方法加以判断。这是因为各种形态不同的地质构造是各地质历史时期构造运动的产物，地质构造的遗迹，如断层、褶曲等保留在岩体中，它的走向与形成时的应力有一定的关系。根据各种地质构造的分布和组成规律，分析历次构造运动，特别是近期构造运动，确定最新构造体系，进行地质力学分析，就可以根据构造线确定构造应力场的主轴方向。根据地质构造和岩石强度理论，一般认为自重应力是主应力之一，另一主应力与断裂构造体系正交。对于正断层，自重应力是最大主

应力，即$\sigma_1=\gamma H$，最小主应力σ_3与断层带正交。对于逆断层，自重应力是最小主应力，即$\sigma_3=\gamma H$，最大主应力σ_1与断层带正交。对于平移断层，自重应力是中间主应力，即$\sigma_2=\gamma H$，最大主应力σ_1与断层带成30°～45°的夹角，而且σ_1与σ_3均为水平力。其他情况，根据岩脉和褶曲也可推断构造应力的方向(图6-3)。

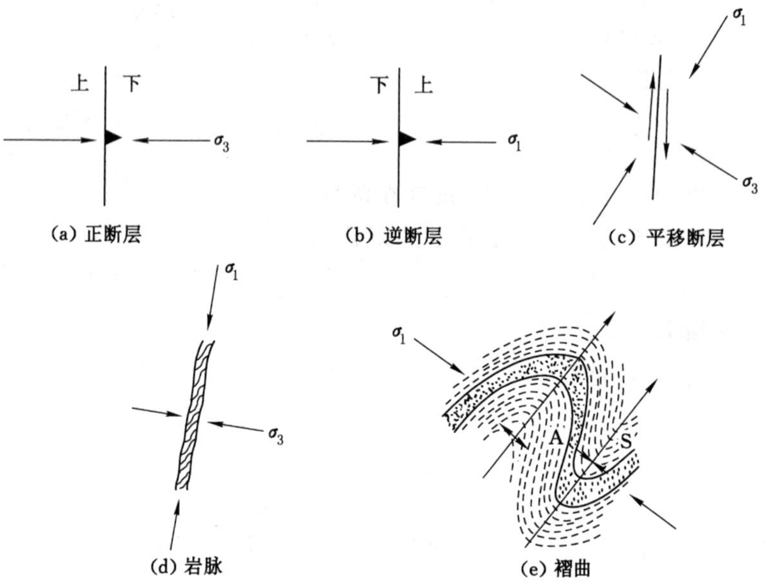

A—背斜；S—向斜。

图6-3 由地质特征推断的应力方向

另外，地壳的垂直升降运动引起地面上抬，会加快地壳表面的剥蚀速度，同样会引起侧压系数λ产生变化。

考虑在某深度H_0处的一个岩石单元，该处侧压系数的初始值为λ_0。上覆岩体剥蚀了厚度ΔH，从而使岩石单元受到卸载作用(图6-4)。卸载后，垂直应力σ_v减小了$\gamma\Delta H$，水平应力σ_h则减小了$\gamma\Delta H\dfrac{\mu}{1-\mu}$(按弹性卸载考虑)。

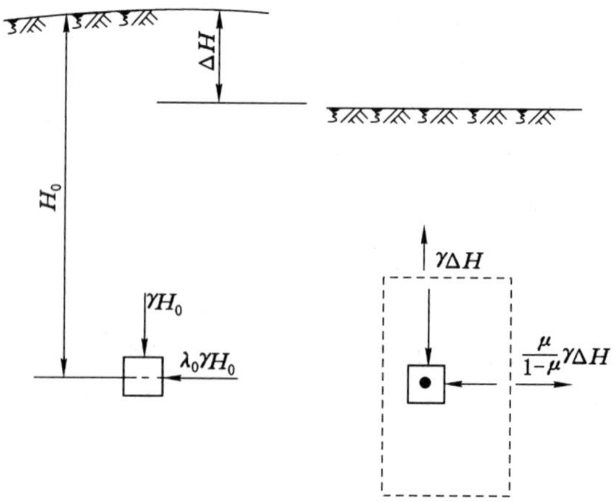

图6-4 侵蚀对某一深度岩石应力的影响

则此时岩石单元的侧压系数为

$$\lambda=\frac{\sigma_h}{\sigma_v}=\frac{\lambda_0\sigma_v-\gamma\Delta H\frac{\mu}{1-\mu}}{\gamma H_0-\gamma\Delta H}=\frac{\lambda_0\gamma H_0-\gamma\Delta H\frac{\mu}{1-\mu}}{\gamma H_0-\gamma\Delta H}$$

$$=\frac{\lambda_0(H_0-\Delta H+\Delta H)-\Delta H\times\frac{\mu}{1-\mu}}{H_0-\Delta H}$$

$$=\lambda_0+\left[\left(\lambda_0-\frac{\mu}{1-\mu}\right)\Delta H\right]\frac{1}{(H_0-\Delta H)} \tag{6-11}$$

注意到剥蚀后岩石单元埋深 $H=H_0-\Delta H$，所以

$$\lambda(H)=\lambda_0+\left[\left(\lambda_0-\frac{\mu}{1-\mu}\right)\Delta H\right]\frac{1}{H}$$

可见，由于上覆岩体被剥蚀，侧压系数 λ 有增加的趋势；当深度小于一定数值时，会出现水平应力大于垂直应力的状况。

6.3　岩体中地应力成因及分布规律

6.3.1　地应力的成因

产生地应力的原因是十分复杂的，也是至今尚不十分清楚的问题。实测和理论分析表明，地应力的形成主要与地球的各种动力运动过程有关，包括板块边界受压、地幔热对流、地球内应力、地心引力、地球旋转、岩浆侵入和地壳非均匀扩容等。另外，地温梯度、水压梯度、地表剥蚀或其他物理化学变化等也可引起相应的应力场。其中，构造应力场和重力应力场为现今地应力场的主要组成部分。

(1) 大陆板块边界受压引起的应力场

中国大陆板块受到外部两块板块的推挤，即印度洋板块和太平洋板块的推挤，推挤速度为每年数厘米，同时受到西伯利亚板块和菲律宾板块的约束。在这样的边界条件下，板块发生变形，产生水平受压应力场，其主应力迹线如图 6-5 所示。印度洋板块和太平洋板块的移动促成了中国山脉的形成，控制了我国地震的分布。

(2) 地幔热对流引起的应力场

由硅镁质组成的地幔因温度很高，具有可塑性，并可以上下对流和蠕动。当地幔深处的上升流到达地幔顶部时，就分为两股方向相反的平流，经一定流程直到与另一对流圈的反向平流相遇，一起转为下降流，回到地球深处，形成一个封闭的循环体系。地幔热对流引起地壳下面的水平切向应力，在亚洲形成由孟加拉湾一直延伸到贝加尔湖的最低重力槽，它是一个有拉伸特点的带状区。我国从西昌、攀枝花到昆明的裂谷正位于这一地区，该裂谷区有一个以西藏中部为中心的上升流的大对流环。在华北—山西地堑有一个下降流，地幔物质的下降，引起很大的水平挤压应力。

(3) 由地心引力引起的应力场

由地心引力引起的应力场称为重力应力场，重力应力场是各种应力场中唯一能够计算的应力场。地壳中任一点的自重应力等于单位面积上覆岩层的重力，即

$$\sigma_G=\gamma H$$

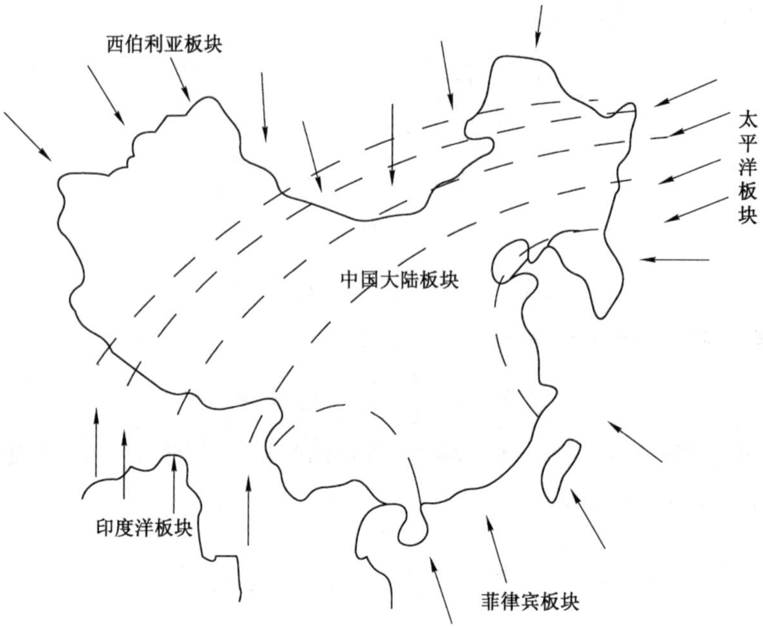

图 6-5　中国大陆板块主应力迹线图

式中　γ——上覆岩层的重度；

H——深度。

重力应力为垂直方向应力，它是地壳中所有点垂直应力的主要组成部分，但是垂直应力一般并不完全等于自重应力，因为板块移动、岩浆对流和侵入、岩体非均匀扩容、地温梯度和水压梯度均会引起垂直方向应力变化。

(4) 岩浆侵入引起的应力场

岩浆侵入挤压、冷凝收缩和成岩，均在周围地层中产生相应的应力场，其过程也是相当复杂的。熔融状态的岩浆处于静水压力状态，对其周围施加的是各个方向相等的均匀压力，但是炽热的岩浆侵入后即逐渐冷凝收缩，并从接触界面处逐渐向内部发展。不同的热膨胀系数及热力学过程会使侵入岩浆自身及其周围岩体应力产生复杂的变化过程。

与上述三种应力场不同，由岩浆侵入引起的应力场是一种局部应力场。

(5) 地温梯度引起的应力场

地层的温度随着深度增加而升高，一般地温梯度 α=3 ℃/100 m。地温梯度引起地层中不同深度不相同的膨胀，从而引起地层中的压应力，其值可达相同深度自重应力的数分之一。另外，岩体局部冷热不均，产生收缩和膨胀，也会导致岩体内部产生局部应力场。

(6) 地表剥蚀产生的应力场

地壳上升部分岩体因为风化、侵蚀和雨水冲刷搬运而产生剥蚀作用。剥蚀后，由于岩体内的颗粒结构的变化和应力松弛赶不上这种变化，岩体内仍然存在比由地层厚度所引起的自重应力还要大得多的水平应力。因此，在某些地区，大的水平应力除与构造应力有关外，还和地表剥蚀有关。

6.3.2　地应力分布的基本规律

通过理论研究、地质调查和大量的地应力测量资料的分析研究，人们已初步认识到浅部地壳应力分布的一些基本规律。

① 地应力是一个具有相对稳定性的非稳定应力场，它是时间和空间的函数。地应力在绝大部分地区是以水平应力为主的三向不等压应力场。三个主应力的大小和方向是随着空间和时间而变化的，因而它是一个非稳定应力场。地应力在空间上的变化，从小范围来看，其变化是很明显的，从某一点到相距数十米外的另一点，地应力的大小和方向也可能是不同的。但就某个地区整体而言，地应力的变化是不大的。如我国的华北地区，地应力场的主导为北西向到近于东西向的主压应力。

在某些地震活动活跃的地区，地应力的大小和方向随时间的变化是很明显的。在地震前，处于应力积累阶段，应力值不断升高；而地震时集中的应力得到释放，应力值突然大幅度下降。主应力方向在地震发生时会发生明显改变，在震后一段时间又会恢复到震前的状态。

② 实测垂直应力基本等于上覆岩层的重力。对全世界实测垂直应力 σ_v 的统计资料的分析表明，在深度为 25～2 700 m 的范围内，σ_v 呈线性增长，大致相当于按平均重度 $\gamma=27\ kN/m^3$ 计算出来的重力 γH。但在某些地区的测量结果有一定的偏差，该偏差除有一部分可能归结于测量误差外，板块移动、岩浆对流和侵入、扩容、不均匀膨胀等也都可引起垂直应力的异常。图 6-6 所示是霍克和布朗总结出的一些地区垂直应力 σ_v 随深度 H 变化的规律。

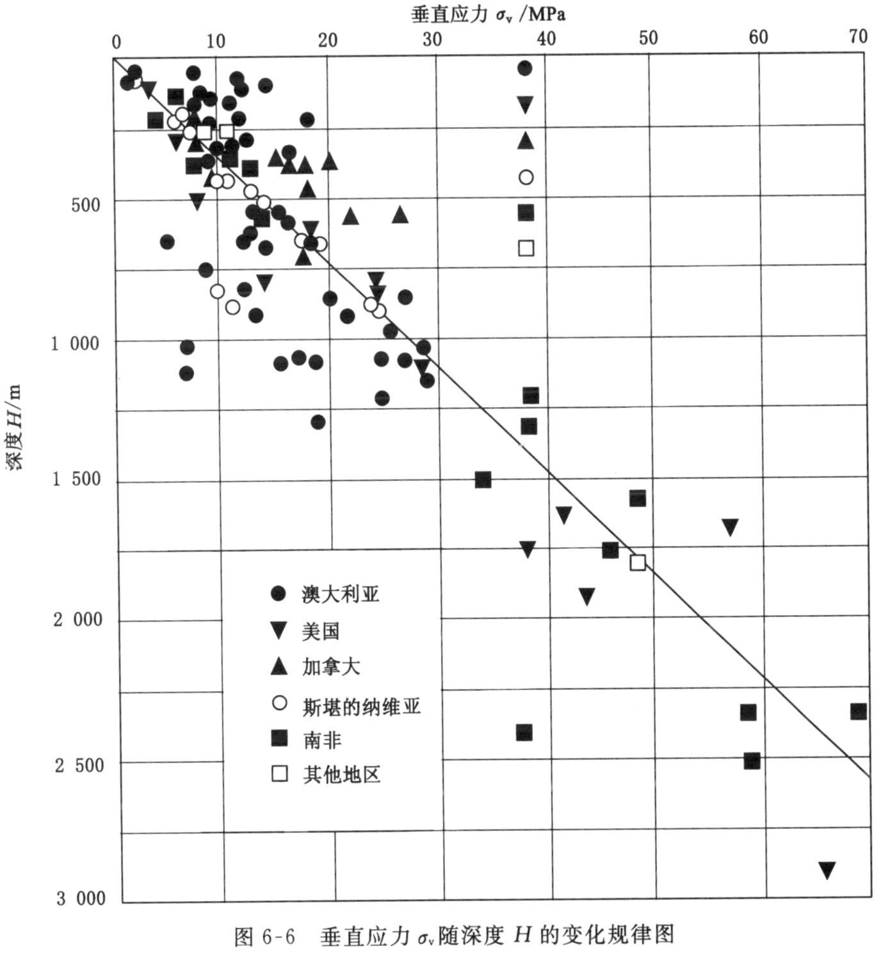

图 6-6　垂直应力 σ_v 随深度 H 的变化规律图

③ 水平应力普遍大于垂直应力。实测资料表明:在绝大多数(几乎所有)地区均有两个主应力位于水平或接近水平的平面内,其与水平面的夹角一般不大于 30°,最大水平主应力 $\sigma_{h,max}$ 普遍大于垂直应力 σ_v;$\sigma_{h,max}$ 与 σ_v 之比值一般为 0.5～5.5,在很多情况下比值大于 2,如果将最大水平主应力与最小水平主应力的平均值 $\sigma_{h,av}=\dfrac{\sigma_{h,max}+\sigma_{h,min}}{2}$ 与 σ_v 相比,总结目前全世界地应力实测的结果,得出 $\sigma_{h,av}/\sigma_v$ 之值一般为 0.5～5.0,大多数为 0.8～1.5,如表 6-2 所列,这说明在浅层地壳中平均水平应力也普遍大于垂直应力。垂直应力在多数情况下为最小主应力,在少数情况下为中间主应力,只在个别情况下为最大主应力。这说明,水平方向的构造运动如板块移动、碰撞对地壳浅层地应力的形成起控制作用。

表 6-2　世界各国水平应力与垂直应力的关系

国家名称	$\sigma_{h,av}/\sigma_v$			$(\sigma_{h,av}/\sigma_v)_{max}$
	<0.8	0.8～1.2	>1.2	
	(%)			
中国	32	40	28	2.09
澳大利亚	0	22	78	2.95
加拿大	0	0	100	2.56
美国	18	41	41	3.29
挪威	17	17	66	3.56
瑞典	0	0	100	4.99
南非	41	24	35	2.50
苏联	51	29	20	4.30
其他地区	37.5	37.5	25	1.96

④ 平均水平应力与垂直应力的比值随深度增加而减小,但在不同地区,变化的速度不同。图 6-7 为不同地区取得的实测结果。

霍克和布朗根据图 6-7 所示结果回归出下列公式,用以表示 $\sigma_{h,av}/\sigma_v$ 随深度变化的取值范围

$$\frac{100}{H}+0.3\leqslant\frac{\sigma_{h,av}}{\sigma_v}\leqslant\frac{1\ 500}{H}+0.5$$

式中　H——深度,m。

图 6-7 表明,在深度不大的情况下,$\sigma_{h,av}/\sigma_v$ 的值相当分散;随着深度增加,该值的变化范围逐步缩小,并向 1 附近集中,这说明在地壳深部有可能出现静水压力状态。

⑤ 最大水平主应力和最小水平主应力随深度增加呈线性增长关系。与垂直应力不同的是,水平主应力线性回归方程中的常数项比垂直应力线性回归方程中的常数项的数值要大些,这反映了在某些地区近地表处仍存在显著水平应力的事实,斯蒂芬森(O. Stephansson)等根据实测结果给出了芬诺斯堪的亚古陆最大水平主应力和最小水平主应力随深度变化的线性方程。

最大水平主应力　　$\sigma_{h,max}=6.7+0.044\ 4H$

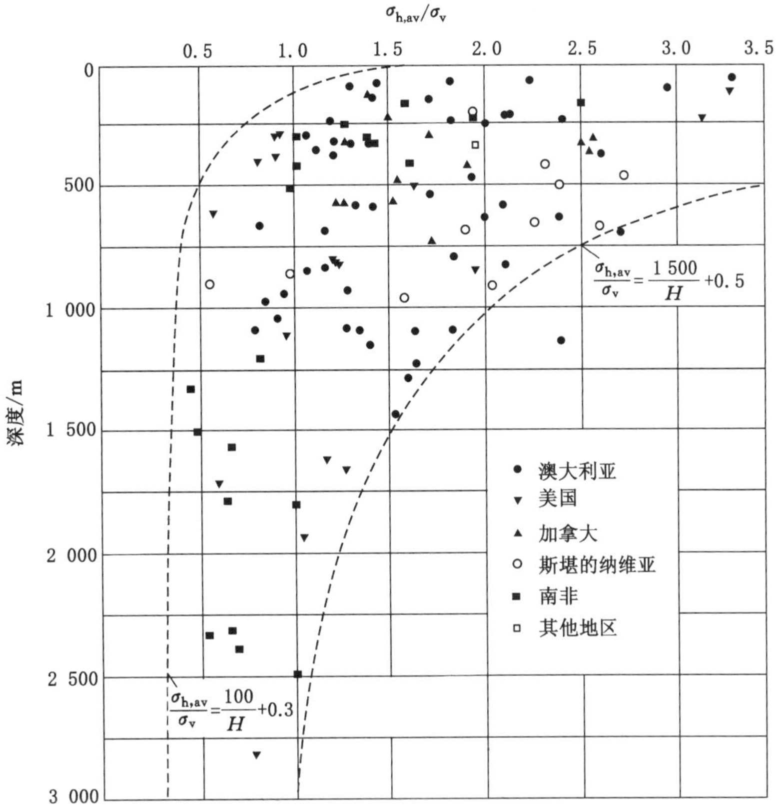

图 6-7　平均水平应力与垂直应力的比值随深度变化的规律图

最小水平主应力　　　　　　$\sigma_{h,min}=0.8+0.0329H$

式中　H——深度，m。

⑥ 最大水平主应力和最小水平主应力值一般相差较大，显示出很强的方向性。$\sigma_{h,min}/\sigma_{h,max}$一般为 0.2～0.8，多数情况下为 0.4～0.8，如表 6-3 所列。

表 6-3　部分国家和地区两个水平主应力的比值

实测地点	统计数目/个	$\sigma_{h,min}/\sigma_{h,min}$ 0.75～1.0 (%)	0.50～0.75 (%)	0.25～0.50 (%)	0～0.25 (%)
斯堪的纳维亚等地	51	14	67	13	6
北美	222	22	46	23	9
中国	25	12	56	24	8
中国华北地区	18	6	61	22	11

⑦ 地应力的上述分布规律还会受到地形、地表剥蚀、风化、岩体结构特征、岩体力学性质、温度、地下水等因素的影响，特别是地形和断层的扰动影响最大。

地形对原始地应力的影响是十分复杂的。在具有负地形的峡谷或山区，地形的影响在侵蚀基准面以上及以下一定范围内表现特别明显。一般来说，谷底是应力集中的部位，越靠近谷底应力集中越明显。最大主应力在谷底或河床中心近于水平，而在两岸岸坡则向谷底或河床倾斜，并大致与坡面相平行。近地表或接近谷坡的岩体，其地应力状态与深部及周围岩体显著不同，并且没有明显的规律性。随着深度不断增加或远离谷坡，地应力分布状态逐渐趋于规律化，并且显示出和区域应力场的一致性。

在断层和结构面附近，地应力分布状态会受到明显的扰动。断层端部、拐角处及交汇处会出现应力集中的现象。断层端部的应力集中与断层长度有关，断层长度越大，应力集中越显著；拐角处的应力集中程度与拐角大小及拐角与地应力的相互关系有关。当最大主应力的方向和拐角的对称轴一致时，其外侧应力大于内侧应力。由于断层带中的岩体一般都比较软弱和破碎，不能承受高的应力和不利于能量积累，所以成为应力降低带，其最大主应力和最小主应力与周围岩体相比均显著减小。另外，断层的性质不同对周围岩体应力状态的影响也不同。压性断层中的应力状态与周围岩体比较接近，仅是主应力的大小比周围岩体有所下降；而张性断层中的地应力大小和方向与周围岩体相比均发生显著变化。

6.3.3 影响岩体初始应力状态的其他因素

(1) 地形

地形的起伏会影响岩体内的自重应力，但这种影响只是在地表下一定深度范围内较明显。如图 6-8 所示，山谷谷底的应力由于凹口的应力集中而很大。在均质岩层中[图 6-8(a)]，凹口的应力集中现象还比较规则；而在非均质岩层中，岩体中的应力变化还会随岩性的变化而变得更复杂[图 6-8(b)]。

图 6-9 显示了地形对岩体地应力影响的另一特征。即在水平地表附近的地应力，其主应力方向几乎与地面线平行，第一主应力沿地面方向，与第二、第三主应力有较大差异；在深处，则呈静水压力状态，如图 6-9(a)所示。而斜坡的垂直方向上应力则几乎等于零。在斜坡上的局部上凸部位，其应力急骤减小；而在斜坡下凹区域应力则增大。在山谷的尖槽底部，应力则会很大，接近或达到岩石强度。如图 6-9(b)所示。

(2) 地质条件

地质构造对自重应力也有影响。图 6-10 所示为背斜褶曲对地应力的影响，在褶曲两翼显示出应力增大，而在褶曲中部应力则降低。也可以推测，向斜会出现两翼应力降低、核部应力增大的现象。

图 6-11 所示为断层对自重应力的影响。由于断层两侧的岩块形成了应力传递，上大下小的楔体 A 产生了卸荷作用，地应力降低；而下大上小的楔体 B 产生了加荷作用，地应力升高。同时，也产生了山峰处地应力低、沟谷处地应力高的现象。

(3) 水压力和热应力

存在于岩体裂隙或孔隙中的水，静止时呈现静水压力，流动时产生动水压力。在通常情况下，静水压力只是起到减轻岩体重力的浮力作用，浮力的大小等于水的密度与所考虑点的水头的乘积。岩体中地下水位的升降，可引起岩体重力的减小或增大，因此，要视具体情况具体分析静水压力产生的作用。

动水压力，是指地下水在水头差的作用下，沿岩体的裂隙或孔隙流动时，给予周围岩块表面的动水摩擦力和动水流向应力。这种力对岩体工程的影响较小，一般可不予考虑。

岩体受局部加温或冷却会产生膨胀或收缩，这样，岩体内部会产生热应力。例如，无论

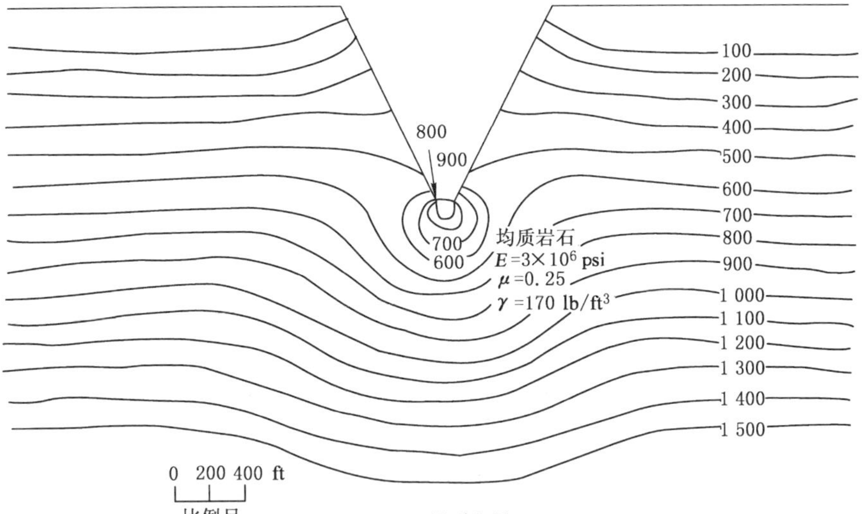

(a) 均质岩层

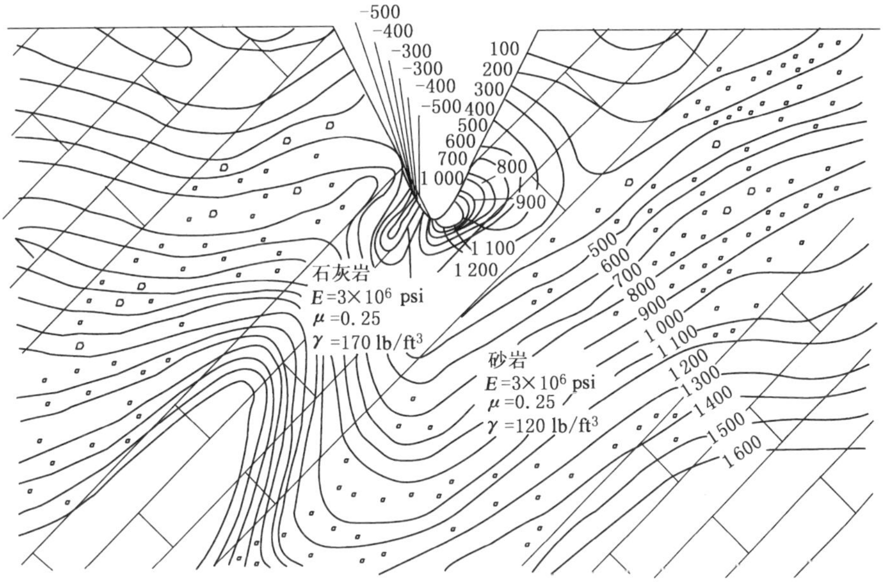

(b) 非均质岩层

1 lb/ft^2＝6.894 76 kPa；1 lb/ft^3＝0.157 1 kN/m^3；1 ft＝0.304 8 m；1 psi＝6.895 kPa。

图 6-8　地形对地应力影响示例(剪应力单位为 lb/ft^2)

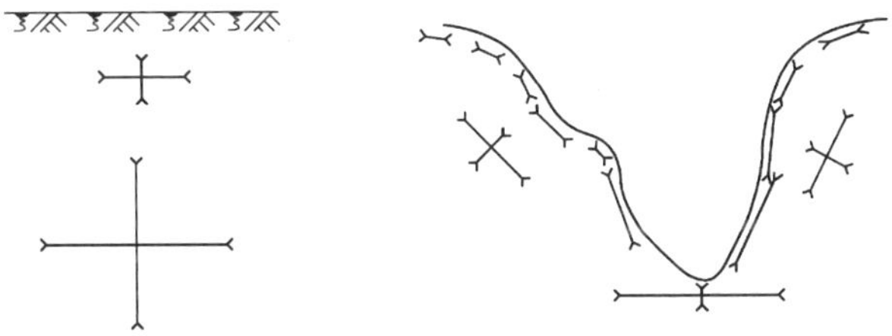

(a)　　(b)

图 6-9　地形对地应力的影响

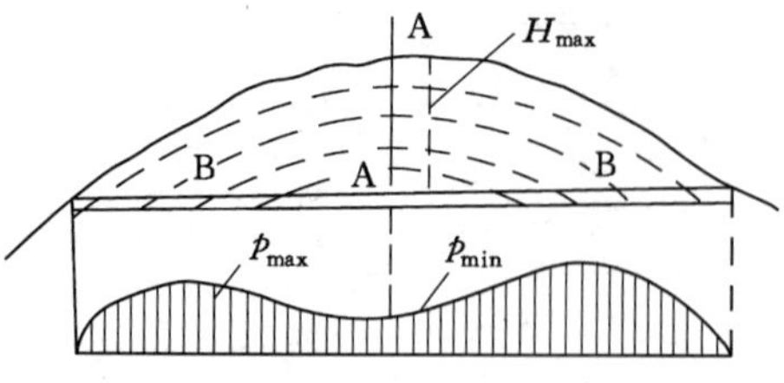

图 6-10　背斜褶曲对地应力的影响

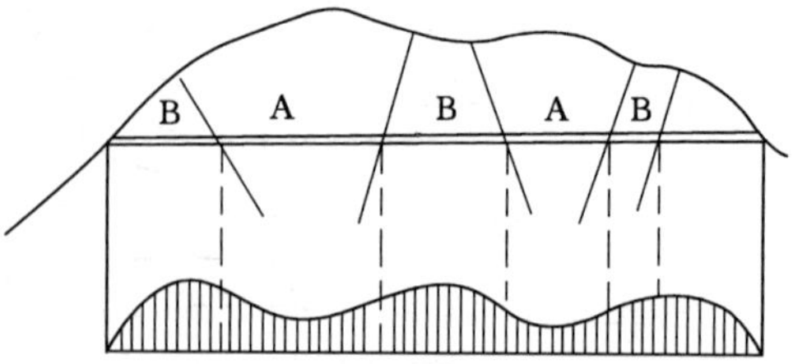

图 6-11　断层对地应力的影响

是大块侵入岩体还是侵入岩流或小型岩脉，岩浆熔流都会使围岩受热膨胀，周围岩体限制受热岩体的膨胀，从而在岩体中产生热应力；当冷却时，又会产生收缩，这样，会在岩体内部形成一些成岩裂隙(如玄武岩的柱状节理)，并在岩体本身及周围岩体中保留部分残余热应力。此外，随着岩体的埋深增加，地温也会逐渐上升，地温升高亦会使岩体内部地应力增加，一般地温梯度 $\alpha=3$ ℃/100 m，岩体的体膨胀系数 β 约为 10^{-5}，弹性模量 $E=10^4$ MPa，所以，地温梯度引起的温度应力约为

$$\sigma^T=z\alpha\beta E=0.03\times10^{-5}\times10^4 z=0.003z$$

式中　z——研究点深度，m。

岩体的温度应力是压缩应力，并随深度增加而增大。在深度相同的情况下，温度应力约为自重应力的 1/9，并且呈静水压力状态，即 $\sigma_x^T=\sigma_y^T=\sigma_z^T=\sigma^T$。

6.4　地应力的测量方法

6.4.1　地应力测量的基本原理和方法

测量原始地应力就是确定存在于拟开挖岩体及其周围区域的未受扰动的应力状态，这种测量通常是通过一点一点量测完成的。岩体中一点的三维应力状态可由选定坐标系中的六个分量($\sigma_x,\sigma_y,\sigma_z,\tau_{xy},\tau_{yz},\tau_{zx}$)来表示，如图 6-12 所示。这种坐标系是可以根据需要和方便任意选择的，但一般取地球坐标系作为测量坐标系，由六个应力分量可求得该点的三个主应力的大小和方向，这是唯一的。在实际测量中，每一测点所涉及的岩石可能从几立方厘米到几千立方米，这取决于采用何种测量方法。但不管是几立方厘米还是几千立方米，对于整个岩体而言，仍可视为一点。虽然也有一些测定大范围岩体内的平均应力的方法，如超声波等地球物理方法，但这些方法很不准确，因而远没有"点"测量方法普及。由于地应力状态的复杂性和多变性，要比较准确地测定某一地区的地应力，就必须进行充足数量的"点"测量，在此基础上，才能借助数值分析和数理统计、灰色建模、人工智能等方法，进一步描绘出该地区的全部

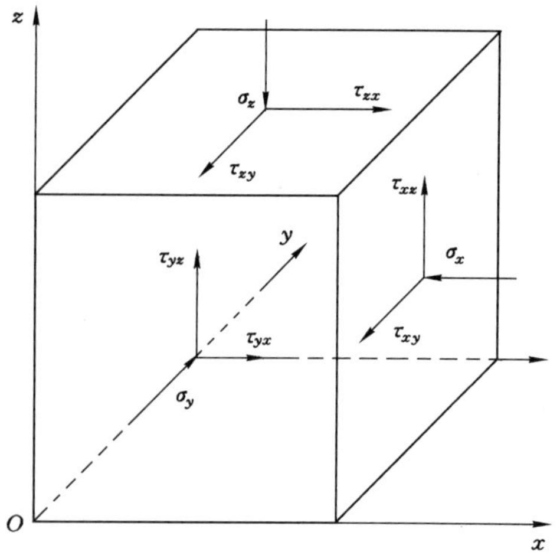

图 6-12　岩体中任一点三维应力状态示意图

地应力场状态。

为了进行地应力测量,通常需要预先开挖一些硐室以便人和设备进入测点。然而,只要硐室一开,硐室周围岩体中的应力状态就受到了扰动。有一类方法,如早期的扁千斤顶法等,就是在硐室表面进行应力测量,然后在计算原始应力状态时,再把硐室开挖引起的扰动作用考虑进去。通常情况下,紧靠硐室表面岩体都会受到程度不同的破坏,它们与未受扰动的岩体的物理力学性质大不相同,同时硐室开挖对原始应力场的扰动也是十分复杂的,不可能进行精确的分析和计算,所以这类方法得出的原岩应力状态往往是不准确的,甚至是完全错误的。为了克服这类方法的缺点,另一类方法是从硐室表面向岩体中打小孔,直至原岩应力区,地应力测量是在小孔中进行的。由于小孔对原岩应力状态的扰动是可以忽略不计的,这就保证了测量在原岩应力区进行。目前,普遍采用的应力解除法和水压致裂法均属此类方法。

随着地应力测量工作的不断开展,各种测量方法和测量仪器也不断发展起来,就世界范围而言,目前主要测量方法有数十种之多,而测量仪器则有数百种之多。

对测量方法的分类并没有统一的标准。有人根据测量手段的不同,将在实际测量中使用过的测量方法分为五大类,即构造法、变形法、电磁法、地震法和放射性法。也有人根据测量原理的不同将测量方法分为应力恢复法、应力解除法、应变恢复法、应变解除法、水压致裂法、声发射法、X 射线法和重力法共八类。

根据国内外多数人的观点,依据测量基本原理的不同,可将测量方法分为直接测量法和间接测量法两大类。

直接测量法由测量仪器直接测量和记录各种应力,如补偿应力、恢复应力、平衡应力,并由这些应力和原岩应力的相互关系,通过计算获得原岩应力。在计算过程中并不涉及不同物理量的换算,不需要知道岩石的物理力学性质和应力-应变关系。扁千斤顶法、水压致裂法、刚性包体应力计法和声发射法均属直接测量法。其中,水压致裂法在目前的应用最为广泛,声发射法次之。

间接测量法借助某些传感元件或某些介质,测量和记录岩体中某些与应力有关的间接物理量的变化,如岩体的变形或应变,岩体的密度、渗透性、吸水性、电阻、电容的变化,弹性波传播速度的变化等,然后通过已知的公式由测得的间接物理量的变化计算岩体中的应力。因此,在间接测量法中,为了计算应力,必须确定岩体的某些物埋力学性质以及所测物理量和应力的相互关系。套孔应力解除法和其他的应力或应变解除方法以及地球物理方法等是间接测量法中较常用的,其中套孔应力解除法是目前国内外最普遍采用的发展较为成熟的一种地应力测量方法。

6.4.2 水压致裂法

6.4.2.1 测量原理

水压致裂法在 20 世纪 50 年代广泛应用于油田,通过在钻井中制造人工裂隙来提高石油的产量。哈伯特(M. K. Hubbert)和威利斯(D. G. Willis)在实践中发现了水压致裂裂隙和原岩应力之间的关系。这一发现又被费尔赫斯特(C. Fairhurst)和海姆森(B. C. Haimson)用于地应力测量。

由弹性力学理论可知,当一个位于无限体中的钻孔受到无穷远处二维应力场(σ_1,σ_2)的作用时,离开钻孔端部一定距离的部位处于平面应变状态,在这些部位,钻孔周边的应力为

$$\sigma_\theta=\sigma_1+\sigma_2-2(\sigma_1-\sigma_2)\cos 2\theta \tag{6-12}$$

$$\sigma_r=0 \tag{6-13}$$

式中 σ_θ、σ_r——钻孔周边的切向应力和径向应力；

θ——周边一点和钻孔中心连线与 σ_1 轴的夹角。

由式(6-12)可知，当 $\theta=0°$ 时，σ_θ 取极小值，此时

$$\sigma_\theta=3\sigma_2-\sigma_1 \tag{6-14}$$

如果采用图 6-13 所示的水压致裂系统将钻孔某段封隔起来，并向该段钻孔注入高压水，当水压超过 $3\sigma_2-\sigma_1$ 和岩石抗拉强度 σ_t 之和后，在 $\theta=0°$ 处，也即 σ_1 所在方位将发生孔壁开裂。设钻孔壁发生初始开裂时的水压为 p_i，则有

$$p_i=3\sigma_2-\sigma_1+\sigma_t \tag{6-15}$$

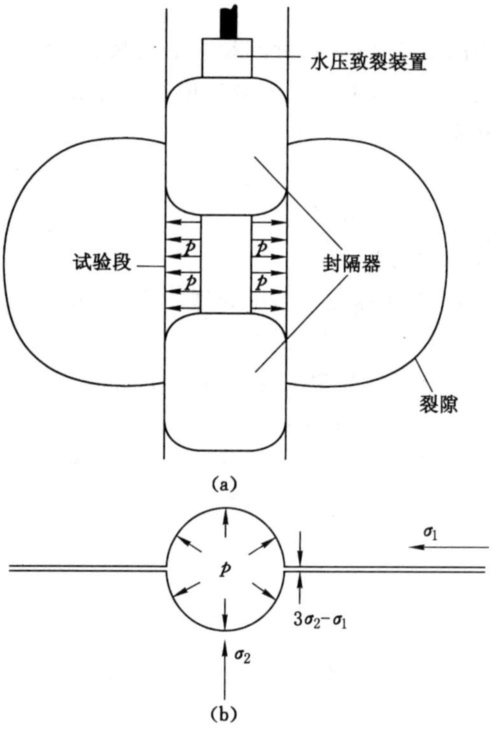

图 6-13 水压致裂应力测量原理

如果继续向封隔段注入高压水，使裂隙进一步扩展，当裂隙深度达到 3 倍钻孔直径时，此处已接近原岩应力状态，停止加压，保持压力恒定，将该恒定压力记为 p_s，则由图 6-13 可见，p_s 应和原岩应力 σ_2 相平衡，即

$$p_s=\sigma_2 \tag{6-16}$$

由式(6-15)和式(6-16)可知，只要测出岩石抗拉强度 σ_t，即可由 p_i 和 p_s 求出 σ_1 和 σ_2。这样 σ_1 和 σ_2 的大小和方向就全部确定了。

在钻孔中存在裂隙水的情况下，如封隔段处的裂隙水压力为 p_0，则式(6-15)变为

$$p_i=3\sigma_2-\sigma_1+\sigma_t-p_0 \tag{6-17}$$

根据式(6-16)和式(6-17)求 σ_1 和 σ_2，需要知道封隔段岩石的抗拉强度，这往往是很困难

的。为了克服这一困难，在水压致裂试验中增加一个环节，即在初始裂隙产生后，将水压卸除，使裂隙闭合，然后重新向封隔段加压，使裂隙重新打开，记裂隙重开时的压力为 p_r，则有

$$p_r = 3\sigma_2 - \sigma_1 - p_0 \tag{6-18}$$

这样，由式(6-16)和式(6-18)求 σ_1 和 σ_2 就无须知道岩石的抗拉强度。因此，由水压致裂法测量原岩应力将不涉及岩石的物理力学性质，而完全由测量和记录的压力值来决定。

6.4.2.2　测量步骤

水压致裂应力测量系统示意图如图 6-14 所示。

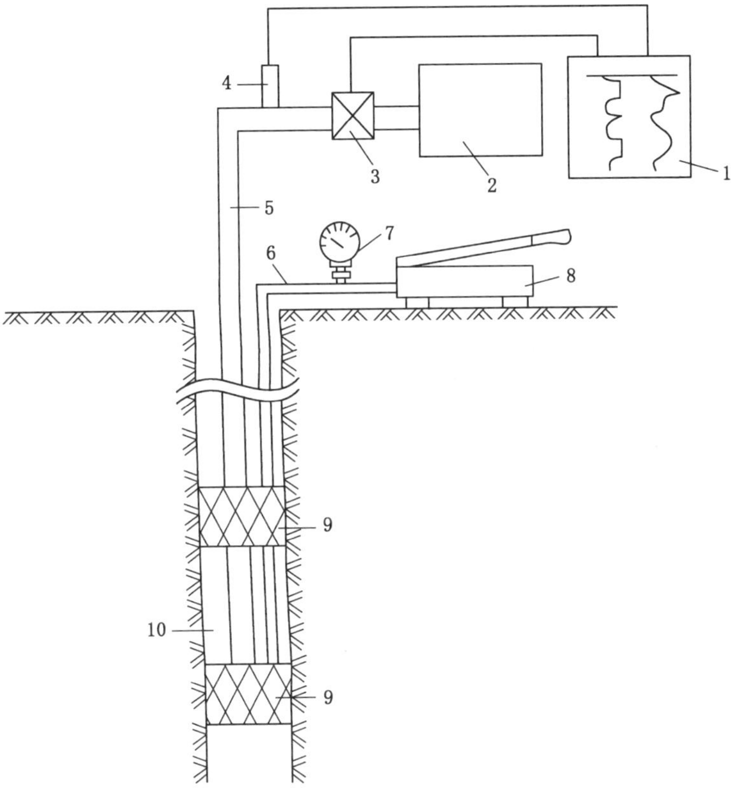

1—记录仪；2—高压泵；3—流量计；4—压力计；5—高压钢管；
6—高压胶管；7—压力表；8—泵；9—封隔器；10—压裂段。

图 6-14　水压致裂应力测量系统示意图

① 打钻孔到准备测量应力的部位，并将钻孔中待加压段用封隔器密封起来，孔直径与所选用的封隔器的直径相一致，有 38 mm、51 mm、76 mm、91 mm、110 mm、130 mm 等几种。封隔器一般是充压膨胀式的，充压可用液体，也可用气体。

② 先向两个封隔器的隔离段注射高压水，不断加大水压，直至孔壁开裂，获初始开裂压力 p_i；然后继续施加水压以扩张裂隙，当裂隙扩张至 3 倍直径深度时，关闭高压水系统，保持水压恒定，此时的压力称为关闭压力，记为 p_s；最后卸压，使裂隙闭合。给封隔器加压和给封闭段注射高压水可共用一个液压回路。一般情况下，利用钻杆作为液压通道，先给封隔器加压，然后关闭封隔器进口，经过转换开关，将管路接通至给钻孔密封段加压。也可采用双回路，即给封隔器加压和水压致裂的回路是相互独立的，水压致裂的液压通道是钻杆，而封

隔器加压通道为高压软管。

在整个加压过程中，同时记录压力-时间曲线图和流量-时间曲线图，如图 6-15 所示。使用适当的方法由压力-时间曲线图可以确定 p_i、p_s，由流量-时间曲线图可以判断裂隙扩展的深度。

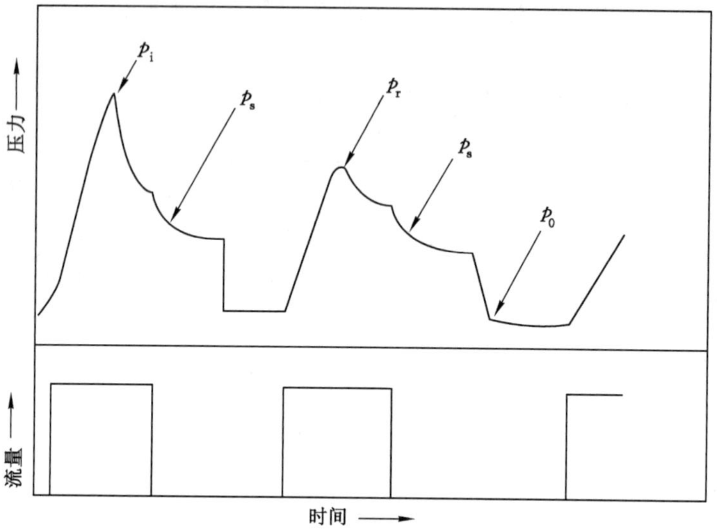

图 6-15　水压致裂法试验的压力-时间、流量-时间曲线图

③ 重新向密封段注射高压水，使裂隙重新打开并记下裂隙重开时的压力 p_r 和随后的恒定关闭压力 p_s，这种卸压、重新加压的过程重复 2～3 次，以提高测试数据的准确性。p_r 和 p_s 同样由压力-时间曲线和流量-时间曲线确定。

④ 将封隔器完全卸压，连同加压管等全部设备从钻孔中取出。

⑤ 测量水压致裂裂隙和钻孔试验段天然节理、裂隙的位置、方向和大小，测量可以采用井下摄像机、井下电视、井下光学望远镜或印模器。前三种方法代价昂贵、操作复杂，使用印模器则比较简便、实用。印模器的结构和形状与封隔器相似，其外面包裹一层可塑性橡皮或类似材料。将印模器连同加压管路一起送入井下的水压致裂部位，然后将印模加压膨胀，以便使钻孔上的所有节理裂隙均印在印模器上。此印痕可保持足够时间，以便提至井上后记录下来。印模器装有定向系统，以确定裂隙的方位。在一般情况下，水压致裂裂隙为一组径向相对的纵向裂隙，很容易辨认出来。

正确地确定 p_i 和 p_s，对于准确计算地应力的值是极其重要的。

水压致裂测量结果只能确定垂直于钻孔平面的最大主应力和最小主应力的大小和方向，所以从原理上讲，它是一种二维应力测量方法。若要确定测点的三维应力状态，必须打互不平行的交汇于一点的 3 个钻孔，这是非常困难的。一般情况下，假定钻孔方向与一个主应力方向一致，如将钻孔打在垂直方向，并认为垂直应力是一个主应力，其大小等于单位面积上覆岩层的重力，则由单孔水压致裂结果就可以确定三维应力场了。但在某些情况下，垂直方向并不是一个主应力的方向，其大小也不等于上覆岩层的重力。如果钻孔方向和实际主应力的方向偏差 15°以上，那么上述假设就会造成较为显著的测量误差。

水压致裂法认为初始开裂发生在钻孔壁切向应力最小的部位，亦即平行于最大主应力的方向，这是基于岩石为连续、均质和各向同性的假设。如果孔壁本来就有天然节理裂隙存在，那么初始开裂很可能发生在这些部位，而并非切向应力最小的部位。因而，水压致裂法较为适用于完整的脆性岩石。

水压致裂法的突出优点是能测量深部应力，已见报道的最大测深为 5 000 m，这是其他方法所不能做到的。因此这种方法可用来测量深部地壳的构造应力场。同时，对于某些工程，如露天边坡工程，由于没有现成的地下井巷、隧道、硐室等可用来接近应力测量点，或者在地下工程的前期阶段，需要估计该工程区域的地应力场，只有使用水压致裂法才是最经济实用的。否则，如果使用其他更精确的方法，如应力解除法，则需要打几百米深的导硐才能接近测点，经济上将是十分昂贵的。因此对于一些重要的地下工程，在工程前期阶段使用水压致裂法估计应力场，在工程施工过程中或工程完成后，再使用应力解除法比较精确地测量某些测点的应力大小和方向，就能为工程设计、施工和维护提供比较准确可靠的地应力场数据。

6.4.3　声发射法

6.4.3.1　测试原理

材料在受到外荷载作用时，其内部储存的应变能快速释放产生弹性波，发生声响，称为声发射。1950 年，德国人凯塞(J. Kaiser)发现多晶金属的应力从其历史最高水平释放后，再重新加载，当应力未达到先前最大应力值时，很少有声发射产生，而当应力达到和超过历史最高水平后，则大量产生声发射，这一现象叫作凯塞效应。从很少产生声发射到大量产生声发射的转折点称为凯塞点，该点对应的应力即材料先前受到的最大应力。后来，许多人通过试验证明，许多岩石如花岗岩、大理岩、石英岩、砂岩、安山岩、辉长岩、闪长岩、片麻岩、辉绿岩、灰岩、砾岩等也具有显著的凯塞效应。

凯塞效应为测量岩石应力提供了一个途径，即如果从原岩中取回定向的岩石试件，通过对加工的不同方向的岩石试件进行加载声发射试验，测定凯塞点，即可找出每个试件以前所受的最大应力，进而求出取样点的原始(历史)三维应力状态。

6.4.3.2　测试步骤

(1) 试件制备

从现场钻孔提取岩石试样，试样在原环境状态下的方向必须确定。将试样加工成圆柱体试件，径高比为 1∶3～1∶2。为了确定测点三维应力状态，必须在该点的试样中沿六个不同方向制备试件，假如该点局部坐标系为 $Oxyz$，则三个方向选为坐标轴方向，另三个方向选为 Oxy、Oyz、Ozx 平面内的轴角平分线方向。为了获得测试数据的统计规律，每个方向的试件数为 15～25 个。

为了消除由于试件端部与压力试验机上、下压头之间摩擦所产生的噪声和试件端部应力集中，试件两端浇铸由环氧树脂或其他复合材料制成的端帽。

(2) 声发射测试

将试件放在单向压缩试验机上加压，同时监测加压过程中从试件中产生的声发射现象。图 6-16 所示是一个典型的监测系统框图。在该系统中，两个压电换能器(声发射接收探头)固定在试件上、下部，用以将岩石试件在受压过程中产生的弹性波转换成电信号；该电信号经放大、鉴别之后送入定区检测单元，定区检测主要检测两个探头之间的特定区域的声发射信号，区域外的信号被认为是噪声而不被接收，定区检测单元输出的信号送入计数控制单

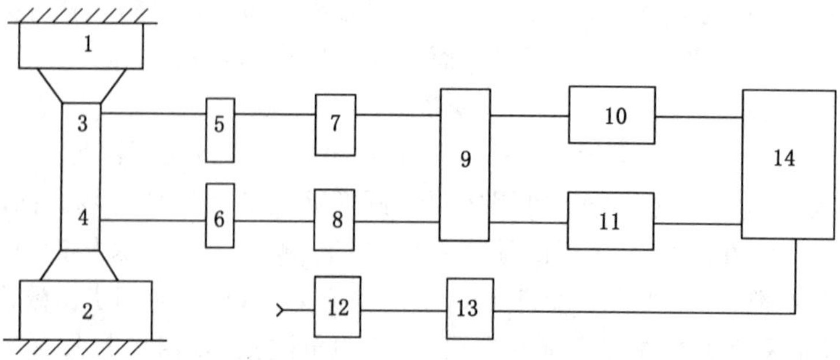

1、2—上、下压头；3、4—换能器 A、B；5、6—前置放大器 A、B；7、8—输入鉴别单元 A、B；
9—定区检测单元；10、11—计数控制单元 A、B；12—压力机油路压力传感器；
13—压力电信号转换仪器；14—三笔函数记录仪。

图 6-16　声发射监测系统框图

元；计数控制单元将规定的采样时间间隔内的声发射模拟量和数字量（事件数和振铃数）分别送到记录仪或显示器绘图、显示或打印。

凯塞效应一般发生在加载的初期，故加载系统应选用小吨位的应力控制系统，并保持加载速率恒定，尽可能避免用人工控制加载速率。如用手动加载，则应采用声发射事件数或振铃总数曲线判定凯塞点，而不应根据声发射事件速率曲线判定凯塞点。这是因为声发射速率和加载速率有关，在加载初期，人工操作很难保证加载速率恒定，在声发射事件速率曲线上可能出现多个峰值，难于判定真正的凯塞点。

(3) 地应力计算

由声发射监测所获得的应力-声发射事件数（速率）曲线（图 6-17），即可确定每次试验的凯塞点，进而确定该试件轴线方向先前受到的最大应力值。由 15～25 个试件获得一个方向的统计结果，根据六个方向的应力即可确定取样点的历史最大三维应力大小和方向。

根据凯塞效应的定义，用声发射法测得的是取样点的先存最大应力，而非现今地应力。但是也有一些人对此持相反意见，并提出了“视凯塞效应”的概念。他们认为声发射可获得两个凯塞点，一个对应引起岩石饱和残余应变的应力，它与现今应力场一致，比历史最高应力小，因此称为视凯塞点；在视凯塞点之后，还可获得另一个真正的凯塞点，它对应历史最高应力。

由于声发射与弹性波传播有关，所以高强度的脆性岩石有较明显的声发射凯塞效应，而多孔隙低强度及塑性岩体的凯塞效应不明显，因此不能用声发射法测定比较软弱疏松岩体中的应力。

6.4.4　套孔应力解除法

套孔应力解除法，是指使测点岩体完全脱离地应力作用的方法。通常采用套钻的方法实现套孔岩心的完全应力解除，因而称套孔应力解除法。套孔应力解除法是发展时间最长，技术比较成熟的一种地应力测量方法。在测定原始应力（绝对应力）的适用性和可靠性方面，目前还没有哪种方法可以和套孔应力解除法相比。

目前，套孔应力解除法已形成一套标准的测量程序，具体步骤如下（图 6-18）。

第一步：从岩体表面，一般是从地下巷道、隧道、硐室或其他开挖体的表面向岩体内部打

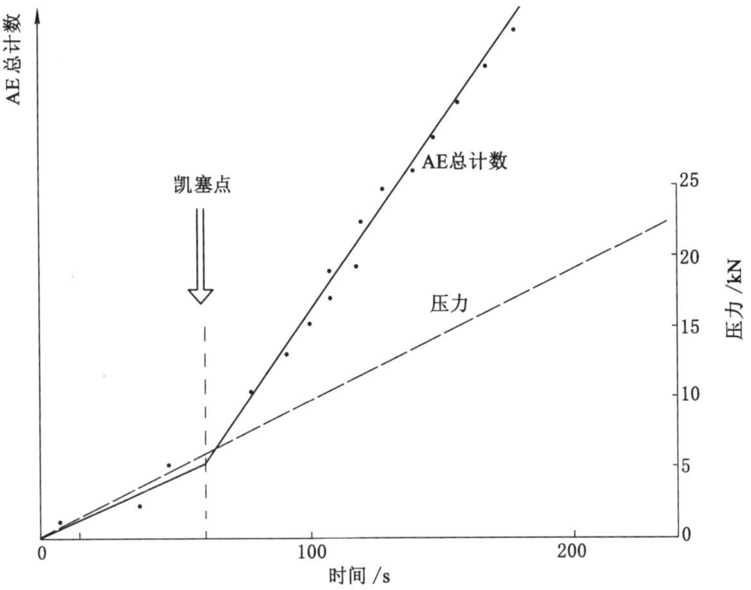

图 6-17　应力-声发射事件试验曲线

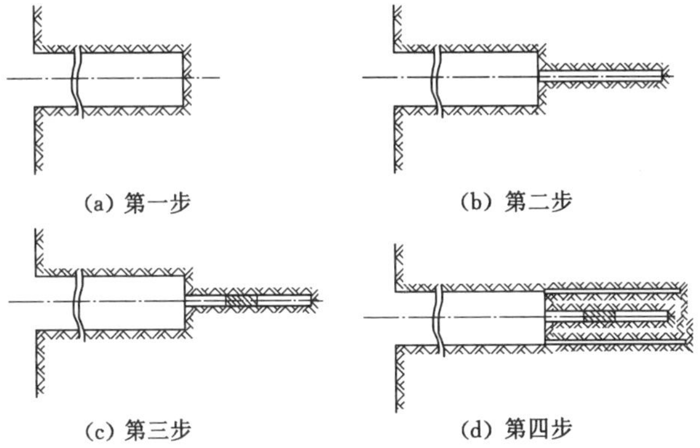

图 6-18　套孔应力解除法测量步骤示意图

大孔，直至需要测量岩体应力的部位。大孔直径为下一步即将打的用于安装探头的小孔直径的 3 倍以上，小孔直径一般为 36～38 mm，因此大孔直径一般为 130～150 mm。大孔深度为巷道、隧道或已开挖硐室跨度的 2.5 倍以上，从而保证测点处于未受岩体开挖扰动的原岩应力区。硐室的跨度越大，所需的大孔深度也就越大。为了节省人力、物力并保证试验的成功，测量应尽可能选择在跨度较小的开挖空间中进行。要避免将测点布置在岔道口或其他开挖扰动大的地点。为了便于下一步安装测试探头，大孔要保持一定的同心度，因此在钻进过程中需有导向装置。大孔钻完后需将孔底磨平，并打出锥形孔，以利下一步钻同心小孔，清洗钻孔和使探头顺利进入小孔。

第二步：从大孔底打同心小孔，供安装探头用，小孔直径由所选用的探头直径决定，一般为 36～38 mm。小孔深度一般为孔径的 10 倍左右，从而保证小孔中央部位处于平面应变状态。小孔打完后需放水冲洗，保证小孔中没有钻屑和其他杂物。为此，钻孔需上倾 1°～3°。

第三步：用一套专用装置将测量探头，如孔径变形计、孔壁应变计等安装（固定或胶结）

到小孔中央部位。

第四步：用第一步打大孔用的薄壁钻头继续延伸大孔，从而使小孔周围岩心实现应力解除。应力解除引起的小孔变形或应变，由包括测试探头在内的量测系统测定并通过记录仪器记录下来。根据测得的小孔变形或应变，利用有关公式即可求出小孔周围的原岩应力状态。

从理论上讲，不管套孔的形状和尺寸如何，套孔岩心中的应力都将完全被解除。但是，若测量探头对应力解除过程中的小孔变形有限制或约束，它们就会对套孔岩心中的应力释放产生影响，此时就必须考虑套孔的形状和尺寸。一般来说，探头的刚度越大，对小孔变形的约束越大，所需的套孔直径也就越大。对绝对刚性的探头，套孔的尺寸必须无穷大，才能实现完全的应力解除。这就是刚性探头为什么不能用于应力解除测量的缘故。对于孔径变形计、孔壁应变计和空心包体应变计等，由于它们对钻孔变形几乎没有约束，因此对套孔尺寸和形状的要求就不太严格，一般套孔直径只要达到小孔直径的 3 倍以上即可。而对实心包体应变计，套孔的直径就要适当大一些。

套孔应力解除法可分为孔径变形法、孔底应变法、孔壁应变法、空心包体应变法和实心包体变形法五种。下面重点介绍孔底应变法、孔壁应变法和空心包体应变法。

6.4.4.1 孔底应变法

(1) 孔底应变测量技术

1956 年，莫尔首次报告了孔底应变测量技术。他将电阻应变片粘贴在一个磨平的孔底，然后采用延伸这个钻孔的办法，使粘贴应变片的岩石实现应力解除，再将从孔底取出的带有应变片的这段岩心拿到实验室去做加载试验，从而获取原先存在于孔底表面的应力。南非科学和工业研究委员会(CSIR)基于这一原理研制了门塞式孔底应变计，但其测量过程和莫尔有所不同。

CSIR 门塞式孔底应变计(图 6-19)的主体是一个橡胶质的圆柱体，其端部粘贴着三支电阻应变片，相互间隔 45°，组成一个直角应变花。橡胶质圆柱体外面有一个硬塑料制的外壳，应变片的导线通过插头连接到应变测量仪器上。该应变计适用于直径大于 36 mm 的钻孔。

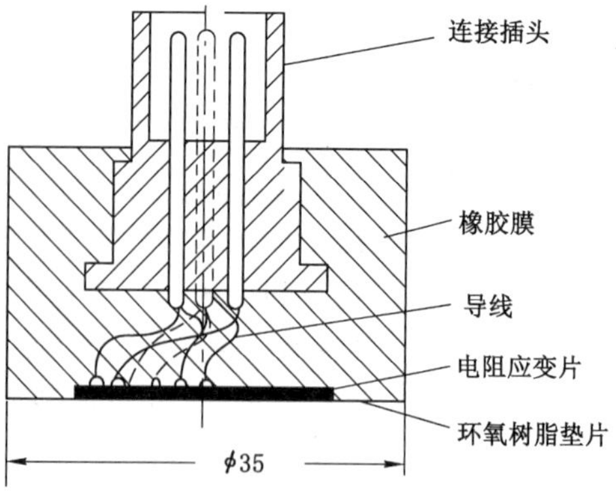

图 6-19 CSIR 门塞式孔底应变计示意图

测量步骤如下：

第一步：将孔底磨平打光。

第二步：将应变计端部涂上胶结剂，并用专门工具送到孔底；施加压力将应变计端部和孔底挤压在一起，直到胶结剂固化为止，这样应变片就粘贴在孔底岩石上了；记录应变片在孔底的方位。

第三步：将应变计导线连接到应变测量仪器上，记录原始应变读数(一般需调零)。

第四步：进行套孔应力解除，解除完后再测读一次应变。根据应力解除前后三支应变片的读数变化即可求出孔底平面的应力状态。

孔底平面的应力状态和周围原岩应力状态的关系目前还没有理论解，只能通过试验或数值分析方法求得。由于孔底应力集中的状况是非常复杂的，要精确确定两者之间的关系是很困难的，正是这一点影响了孔底应变计测量的精度和在实际中的应用。同时，此法也有和孔径变形法相类似的问题，即孔底应变测量只有三个方向是独立的，一孔测量只能给出三个独立方程，要求解原岩应力的六个分量，必须进行互不平行的三个钻孔的测量。但该法也有自己的优点，即它不需要很长的套孔岩心，因而有可能在较为破碎的岩石条件下使用。

管原(K. Sugawara)等研制出一种半球状孔底应变计，该应变计的端部不是扁平的，而是半球状的，在半球面上沿平行于半球底面的一个圆周线等间隔粘贴 8 个应变花，每个应变花由两个应变片组成，呈十字形布置(图 6-20)。这样，从理论上讲，通过一个单孔测量即可确定一点的三维应力状态。然而，由于半球状孔底应力集中和原岩应力状态之间的关系也没有理论解，所以这种方法在实际测量中的应用同样受到限制。该应变计适用孔径为 75 mm。

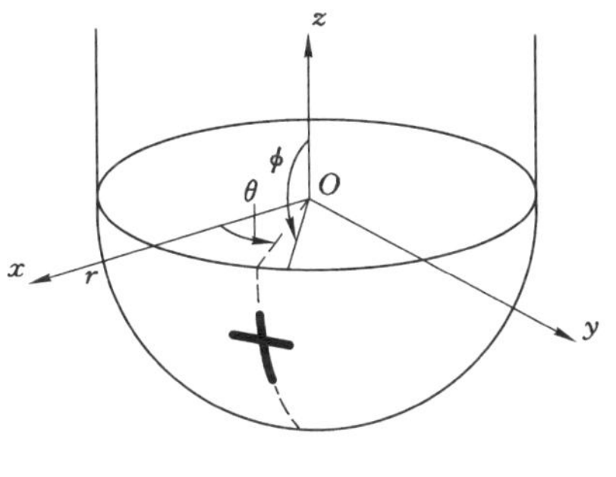

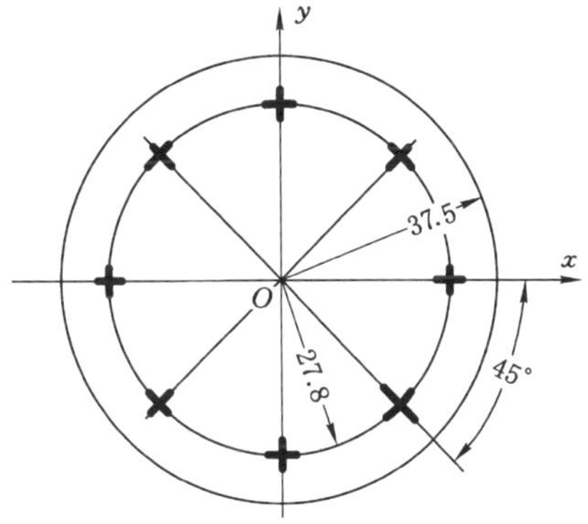

图 6-20　半球状孔底应变计应变片布置图

(2) 孔底应变计算公式

根据 CSIR 门塞式孔底应变计测得的三个应变值 ε_0、ε_{45}、ε_{90}(0、45、90 代表该应变片与 x 轴的夹角度数)，由下列公式即可求出孔底平面上在未套孔前的应力状态

$$\varepsilon_x{}'=\varepsilon_0=\frac{1}{E}(\sigma_x{}'-\mu\sigma_y{}') \tag{6-19}$$

$$\varepsilon_y{}'=\varepsilon_{90}=\frac{1}{E}(\sigma_y{}'-\mu\sigma_x{}') \tag{6-20}$$

$$\gamma_{xy}{}'=3\varepsilon_{45}-(\varepsilon_0-\varepsilon_{90})=\frac{1}{G}\tau_{xy}{}' \tag{6-21}$$

式中，E、μ、G 分别为岩石的弹性模量、泊松比和剪切模量。

这里σ_x'、σ_y'、τ_{xy}'并非原岩应力场，而是孔底平面上经过开挖扰动的次生应力场。它们可以由下列公式和原岩应力场的六个应力分量σ_x、σ_y、σ_z、τ_{xy}、τ_{yz}、τ_{zx}联系起来。

$$\sigma_x'=a\sigma_x+b\sigma_y+c\sigma_z \tag{6-22}$$

$$\sigma_y'=b\sigma_x+a\sigma_y+c\sigma_z \tag{6-23}$$

$$\tau_{xy}'=d\tau_{xy} \tag{6-24}$$

其中，a、b、c、d四个系数没有理论解，只有通过试验或数值分析获得。因此不同的研究者给出了不同的值，古德曼(E. R. Coodman)给出的值为

$$\begin{cases} a=1.30 \\ b=0.085+0.15\mu-\mu^2 \\ c=0.473+0.91\mu \\ d=1.423-0.027\mu \end{cases}$$

6.4.4.2 孔壁应变法

(1) 孔壁应变测量技术

在三维应力场作用下，一个无限体中的钻孔表面及周围的应力分布状态可用现代弹性理论给出精确解。通过应力解除测量钻孔表面的应变，即可求出钻孔表面的应力，进而精确地计算出原岩应力。CSIR 三轴孔壁应变计就是根据这个原理研制出来的。

CSIR 三轴孔壁应变计的主体是三个测量活塞，直径约 1.5 m 的活塞头是由橡胶类物质制造的，端部为圆弧状，其弧度和钻孔弧度相一致，以便和钻孔保持紧密接触。在端部表面粘贴 4 支电阻应变片，组成一个相互间隔 45°的圆周应变花。三个活塞也即三组应变花位于同一圆周上。最初的设计是不等间距分布，夹角分别为 π/2、3π/4、3π/4。后来，格雷(W. M. Gray)和托乌斯(N. A. Toews)分析了应变花分布对测量精度的影响，认为三组应变花等距离分布最好，故后来的设计改为三个活塞成 120°等间距分布。其外壳由前后两部分组成，在前外壳端部有一圆槽，上贴一支应变片，后外壳端部有连接 14 根电阻应变片导线的插头(图 6-21)。使用时首先将一个直径约 1.2 cm、厚 0.8 cm 的岩石圆片胶结在前壳端部的应变片上，供温度补偿用；然后将三个活塞头涂上胶结剂，用专门工具将应变计送入钻孔中测点部位；再启动风动压力，将活塞推出，使其端部和钻孔壁保持紧密接触，直到胶结固化为止；最后进行套孔应力解除。在应力解除前后各测一次应变读数，根据 12 支应变片的读数变化来计算应力。一个单孔应力测量即可测定测点的三维应力大小和方向。CSIR 三轴孔壁应变计的适用孔径为 36～38 mm。

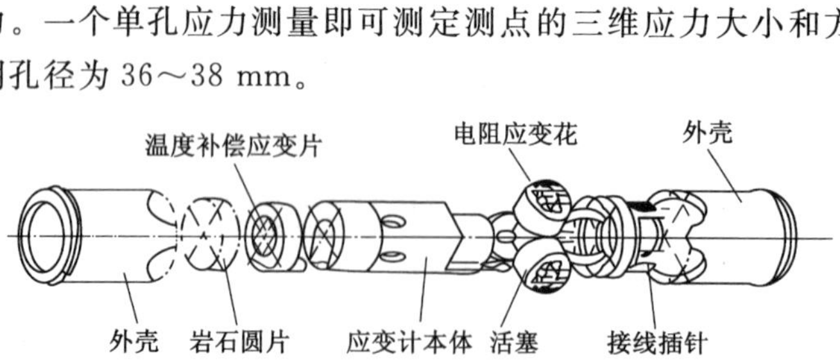

图 6-21　CSIR 三轴孔壁应变计

(2) 孔壁应变测量应力计算原理

① 钻孔围岩应力分布公式。

一个无限体中的钻孔，受到无穷远处的三维应力场(σ_x，σ_y，σ_z，τ_{xy}，τ_{yz}，τ_{zx})的作用时

(图 6-22)，孔边围岩应力分布公式为

$$\sigma_r=\frac{\sigma_x+\sigma_y}{2}\left(1-\frac{a^2}{r^2}\right)+\frac{\sigma_x-\sigma_y}{2}\left(1-4\frac{a^2}{r^2}+3\frac{a^4}{r^4}\right)\cos 2\theta+\tau_{xy}\left(1-4\frac{a^2}{r^2}+3\frac{a^4}{r^4}\right)\sin 2\theta \tag{6-25}$$

$$\sigma_\theta=\frac{\sigma_x+\sigma_y}{2}\left(1+\frac{a^2}{r^2}\right)+\frac{\sigma_x-\sigma_y}{2}\left(1+3\frac{a^4}{r^4}\right)\cos 2\theta-\tau_{xy}\left(1+3\frac{a^4}{r^4}\right)\sin 2\theta \tag{6-26}$$

$$\sigma_z{}'=-\mu\left[2(\sigma_x-\sigma_y)\frac{a^2}{r^2}\cos 2\theta+4\tau_{xy}\frac{a^2}{r^2}\sin 2\theta\right]+\sigma_z \tag{6-27}$$

$$\tau_{r\theta}=\frac{\sigma_x-\sigma_y}{2}\left(1+2\frac{a^2}{r^2}-3\frac{a^4}{r^4}\right)\sin 2\theta+\tau_{xy}\left(1+2\frac{a^2}{r^2}-3\frac{a^4}{r^4}\right)\cos 2\theta \tag{6-28}$$

$$\tau_{\theta z}=(-\tau_{zx}\sin\theta+\tau_{yz}\cos\theta)\left(1+\frac{a^2}{r^2}\right) \tag{6-29}$$

$$\tau_{rz}=(\tau_{zx}\cos\theta+\tau_{yz}\sin\theta)\left(1-\frac{a^2}{r^2}\right) \tag{6-30}$$

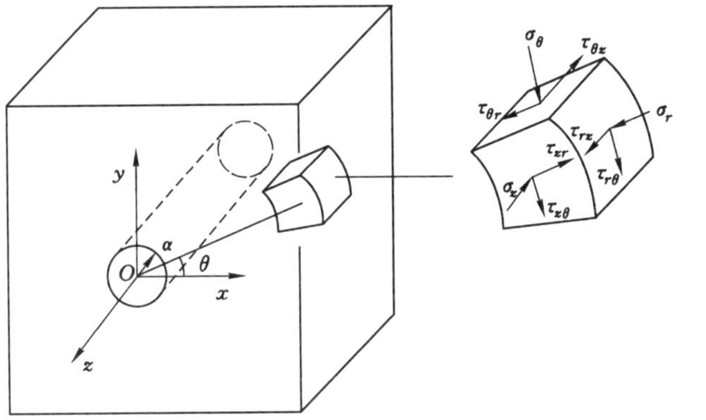

图 6-22　三维钻孔围岩应力分布状态

在上述公式中，原岩应力采用直角坐标系，孔边的围岩应力状态采用柱坐标系，柱坐标系的 z 轴和直角坐标系的 z 轴一致，柱坐标系的 θ 角从 x 轴逆时针旋转计数为正。注意，在式(6-27)中，σ_z 为原岩应力分量，而 $\sigma_z{}'$ 为受开挖影响的孔边围岩中任一点 z 轴方向的应力分量。当 $r\to\infty$ 时，$\sigma_z{}'=\sigma_z$。

② 孔壁应变和三维应力分量之间的关系式。

孔壁为平面应力状态，只有 σ_θ、$\sigma_z{}'$、$\tau_{\theta z}$ 三个应力分量(图 6-23)，每个电阻应变花的 4 支应变片所测应变值 ε_θ、ε_z、ε_{45}、ε_{-45}(即 ε_{135})和它们的关系式为

$$\varepsilon_\theta=\frac{1}{E}(\sigma_\theta-\mu\sigma_z{}') \tag{6-31}$$

$$\varepsilon_z=\frac{1}{E}(\sigma_z{}'-\mu\sigma_\theta) \tag{6-32}$$

$$\gamma_{\theta z}=2\varepsilon_{45}-(\varepsilon_\theta+\varepsilon_z)=(\varepsilon_\theta+\varepsilon_z)-2\varepsilon_{-45}=\frac{\tau_{\theta z}}{G} \tag{6-33}$$

式中，ε_θ、ε_z、$\varepsilon_{\pm 45}$ 分别是孔壁周向、轴向和与钻孔轴线成 $\pm 45°$ 方向的应变；$\gamma_{\theta z}$ 为剪切应变。

利用式(6-25)至式(6-30)将 σ_θ、$\sigma_z{}'$、$\gamma_{\theta z}$ 转变成应力分量 σ_x、σ_y、σ_z、τ_{xy}、σ_{yz}、σ_{zx} 的表达式，

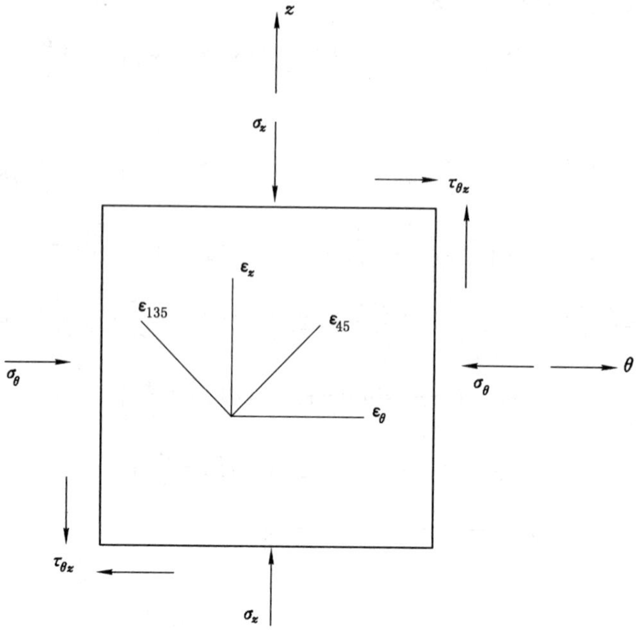

图 6-23　电阻应变花的受力状态

可得到下列方程

$$\varepsilon_{\theta}=\frac{1}{E}\left\{(\sigma_x+\sigma_y)+2(1-\mu^2)[(\sigma_y-\sigma_x)\cos 2\theta-2\tau_{xy}\sin 2\theta]-\mu\sigma_z\right\} \tag{6-34}$$

$$\varepsilon_z=\frac{1}{E}[\sigma_z-\mu(\sigma_x+\sigma_y)] \tag{6-35}$$

$$\gamma_{\theta z}=\frac{4}{E}(1+\mu)(\tau_{yz}\cos\theta-\tau_{zx}\sin\theta) \tag{6-36}$$

$$\varepsilon_{\pm 45}=\frac{1}{2}(\varepsilon_{\theta}+\varepsilon_z\pm\gamma_{\theta z}) \tag{6-37}$$

由每组应变花的测量结果可得到 4 个方程，三组应变花共得到 12 个方程，其中至少有 6 个独立方程，因此可求解出原岩应力的 6 个分量。

③ 由孔壁应变计围压试验结果计算测点岩石弹性模量和泊松比的公式。

应力解除完后取出套孔岩心，此时孔壁应变计仍胶结在钻孔中，对套孔岩心施加围压，根据围压试验结果，可由式(6-38)和式(6-39)求得测点岩石的弹性模量和泊松比。

$$E=\frac{p_0}{\varepsilon_0}\frac{2R^2}{R^2-r^2} \tag{6-38}$$

$$\mu=\frac{\varepsilon_z}{\varepsilon_{\theta}} \tag{6-39}$$

式中，p_0 为围压；E、μ 分别为岩石的弹性模量和泊松比；ε_{θ}、ε_z 分别为围压引起的平均周向应变和平均轴向应变。

6.4.4.3　空心包体应变法

(1) 空心包体应变测量技术

由于在 CSIR 三轴孔壁应变计中，三组应变花直接粘贴在孔壁上，而应变花和孔壁之间接触面积很小，若孔壁有裂隙缺陷，则很难保证胶结质量。如果胶结质量不好，应变计将不可能可靠工作，同时防水问题也很难解决。为了克服这些缺点，澳大利亚联邦科学与工业研究组织（CSIRO）的沃罗特尼基（G. Worotnicki）和沃尔顿（R. Walton）于 20 世纪 70 年代初期研制出一种空心包体应变计。

CSIRO 空心包体应变计的主体是一个用环氧树脂制成的壁厚 3 mm 的空心圆筒，其外径为 37 mm，内径为 31 mm。在其中间部位，即直径 35 mm 处沿同一圆周等间距（120°）嵌埋三组电阻应变花。每组应变花由三支应变片组成，相互间隔 45°（图 6-24）。在制作时，该空心圆筒是分两步浇筑出来的。第一步浇筑直径为 35 mm 的空心圆筒，在规定位置贴好电阻应变花后，再浇筑外面一层，使其外径达到 37 mm。使用时先将其内腔注满胶结剂，并将一个带有锥形头的柱塞用铝销钉固定在其口部防止胶结剂流出。使用专门工具将应变计推入安装于小孔中，当锥形头碰到小孔底后，用力推应变计，剪断固定销，柱塞便慢慢进入内腔。胶结剂沿柱塞中心孔和靠近端部的六个径向小孔流入应变计和孔壁之间的环状槽内，两端的橡胶密封圈阻止胶结剂从该环状槽中流出。当柱塞完全被推入内腔后，胶结剂全部流入环形槽，并将环形槽充满。待胶结剂固化后，应变计即和孔壁牢固胶结在一起。

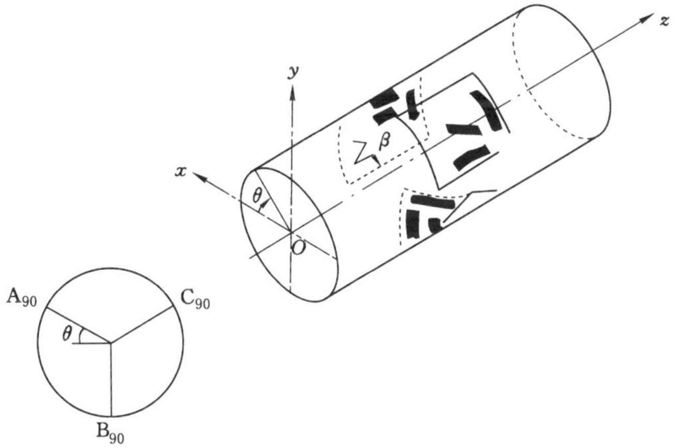

图 6-24　CSIRO 空心包体应变计

在后来的使用过程中，人们又根据实际情况对 CSIRO 空心包体应变计原设计作了一些改进，出现了两个改进型品种。一种改进型是将应变片由 9 支增加到 12 支，在 A 应变花附近增加一个 45°方向应变片，在 B、C 应变花附近各增加了一个轴向应变片。该改进型应变计能获得较多数据，可用于各向异性岩体中的应力测量。另一种改进型是将空心环氧树脂圆筒的厚度由 3 mm 减为 1 mm，应变计的灵敏度得以提升，可用于软岩中的应力测量。

空心包体应变计的突出优点是应变计和孔壁在相当大的一个面积上胶结在一起，因此胶结质量较好，而且胶结剂还可注入应变计周围岩体中的裂隙、缺陷，使岩石整体化，因而较易得到完整的套孔岩心。所以这种应变计可用于中等破碎和松软的岩体中，且有较好的防水性能。因此，目前空心包体应变计已成为世界上最广泛采用的一种地应力解除测量仪器。

(2) 空心包体应变计测量应力计算原理

① 空心包体应变和三维应力分量之间的关系式。

由空心包体应变计所测应力解除过程中应变数据计算地应力的公式和孔壁应变计具有相同的形式。但由于在空心包体应变计中，应变片不是直接粘贴在孔壁上，而是与孔壁有1.5 mm左右的距离，因而其测出的应变和孔壁应变计测出的应变是有区别的。为了修正这一区别，沃罗特尼基和沃尔顿在式(6-34)至式(6-36)中加了4个修正系数k_1、k_2、k_3、k_4(统称k系数)，其形式如下

$$\varepsilon_\theta=\frac{1}{E}\left\{(\sigma_x+\sigma_y)k_1+2(1-\mu^2)[(\sigma_y-\sigma_x)\cos 2\theta-2\tau_{xy}\sin 2\theta]k_2-\mu\sigma_z k_4\right\} \tag{6-40}$$

$$\varepsilon_z=\frac{1}{E}[\sigma_z-\mu(\sigma_x+\sigma_y)] \tag{6-41}$$

$$\gamma_{\theta z}=\frac{4}{E}(1+\mu)(\tau_{yz}\cos\theta-\tau_{zx}\sin\theta)k_3 \tag{6-42}$$

式中，ε_θ、ε_z、$\gamma_{\theta z}$分别为空心包体应变计所测周向应变、轴向应变和剪切应变。

② k系数计算公式。

邓肯·法马(M. E. Duncan Fama)和彭德(M. J. Pender)给出了k系数的计算公式，其形式如下

$$k_1=d_1(1-\mu_1\mu_2)\left[1-\mu_1+\frac{R_1^2}{\rho^2}\right]+\mu_1\mu_2 \tag{6-43}$$

$$k_2=(1-\mu_1)d_2\rho^2+d_3+\mu_1\frac{d_4}{\rho^2}+\frac{d_5}{\rho^4} \tag{6-44}$$

$$k_3=d_6\left(1+\frac{R_1^2}{\rho^2}\right) \tag{6-45}$$

$$k_4=(\mu_2-\mu_1)d_1\left(1-2\mu_1+\frac{R_1^2}{\rho^2}\right)\mu^2+\frac{\mu_1}{\mu_2} \tag{6-46}$$

$$d_1=\frac{1}{1-2\mu_1+m^2+n(1-m^2)}$$

$$d_2=\frac{12(1-n)m^2(1-m^2)}{R_2^2D}$$

$$d_3=\frac{1}{D}[m^4(4m^2-3)(1-n)+x_1+n]$$

$$d_4=\frac{-4R_1^2}{D}[m^6(1-n)+x_1+n]$$

$$d_5=\frac{-3R_1^4}{D}[m^4(1-n)+x_1+n]$$

$$d_6=\frac{1}{1+m^2+n(1-m^2)}$$

$$n=\frac{G_1}{G_2}$$

$$m=\frac{R_1}{R_2}$$

$$D=(1+x_2n)[x_1+n(1-n)(3m^2-6m^4+4m^6)]+(x_1-x_2n)m^2[(1-n)m^6+(x_1+n)]$$

$$x_1=3-4\mu_1$$

$$x_2 = 3 - 4\mu_2$$

式中，R_1 为空心包体内半径；R_2 为安装小孔半径；G_1、G_2 分别为空心包体材料环氧树脂和岩石的剪切模量；μ_1、μ_2 分别为空心包体材料环氧树脂和岩石的泊松比；ρ 为电阻应变片在空心包体中的径向距离。

可见，k 系数是与岩石和空心包体材料的弹性模量、泊松比以及空心包体的几何形状、钻孔半径等有关的变量，而不是对所有情况都适用的常量。对于每一次应力解除试验，都必须具体计算该测点的 k 系数。

③ 由空心包体围压试验结果计算测点岩石弹性模量和泊松比的公式。

由内含空心包体应变计的套孔岩心进行围压试验所得结果计算测点岩石弹性模量和泊松比的公式具有与式(4-38)和式(4-39)相似的形式，即

$$E = k_1 \frac{p_0}{\varepsilon_\theta} \frac{2R^2}{R^2 - r^2} \tag{6-47}$$

$$\mu = \frac{\varepsilon_z}{\varepsilon_\theta} \tag{6-48}$$

式(6-47)与式(6-38)的不同点在于，式(6-47)中多了一个修正系数 k_1。

6.5　高地应力地区的主要岩体力学问题

6.5.1　研究高地应力问题的必要性

① 地应力研究是岩体力学不可缺少的一部分。岩体力学与其他力学学科的最根本的区别在于，岩体中具有初始地应力，所有一切岩体力学现象都与地应力的大小有关。因此，研究高地应力问题本身就是岩体力学的基本任务。

② 岩体的本构关系、破坏准则以及岩体中应力传播规律都要受到地应力大小的影响。例如，在低地应力和低偏压情况下，岩体的脆断特性表现明显，受节理面制约而表现的各向异性和非连续性也很明显，岩体破坏时，峰值强度与残余强度之间数值差较大。在高地应力条件下，岩体的脆性表现不太明显，而塑性表现明显，节理面的存在所引起的各向异性也会明显减弱，表现出连续介质的特性，而且会呈现高地应力的特殊现象，有必要进行深入研究。

③ 随着我国中、西部的开发，尤其是水电系统的工程建设，在高地应力地区出现特殊的地压现象，这给岩体工程稳定问题提出了新课题。由于缺乏研究，对于高地应力地区出现的岩石力学问题缺乏有力的对策和措施，工程建设的发展需要研究高地应力问题。

6.5.2　高地应力判别准则和高地应力现象

(1) 高地应力判别准则

① 不同学科与不同工程对高地应力问题的反应和理解不同，判别标准也不同。所以，目前国际上尚无统一的标准。

② 国内一般岩体工程以初始地应力在 20～30 MPa 为高地应力，因为在这样的应力作用下易于出现高地应力现象。

③ 不同岩石弹性模量不同，岩石的储能性能也不同。一般来说，地区初始地应力大小与该地区岩体的变形特性有关，岩质坚硬，则储存弹性能就多，地应力也大。一般判别高地应力用比值 σ_c/σ_{max} 来衡量：$\sigma_c/\sigma_{max} < 4$，为极高初始地应力；$\sigma_c/\sigma_{max} = 4 \sim 7$，为高地应力。$\sigma_c$ 为

岩石单轴饱和抗压强度；σ_{max}为垂直于硐轴线方向的最大初始地应力，即σ_1。

(2) 高地应力现象

① 岩心饼化现象。在中等强度以下的岩体中进行勘探时，常可见到岩心饼化现象。美国学者 L. Obert 和 D. E. Stophenson 于 1965 年用试验验证的方法同样获得了饼状岩心，并确定了饼状岩心是高地应力产物。从岩石破裂力学成因来分析，岩心饼化是剪胀破裂产物。除此以外，还能发现钻孔缩径现象。

② 岩爆。在岩性坚硬完整或较完整的高地应力地区开挖隧洞或探硐时，在开挖过程中，时有岩爆发生。岩爆现象表现为随着巨大的响声，岩片以极快的速度向硐室内飞散开来，岩片呈透镜状或叶片状，其边缘像刀刃一样锐利。因此，岩爆就是岩石被挤压到弹性限度，岩体内积聚的能量突然释放所造成的一种岩石破坏现象。岩爆的发生常常造成隧洞或坑道的破坏，砸坏施工机械，并严重威胁硐内工作人员的安全。对爆落岩片形状和留在硐壁的凹坑形状比较分析，从岩石力学的观点来看，认为岩片是在压应力作用下张破裂或剪切破坏而形成的破裂碎片。从岩爆发生的部位来看，岩爆经常发生在主地应力方向线与隧洞外轮廓相切的部位(图 6-25)，因为这是应力集中程度最大的部位。

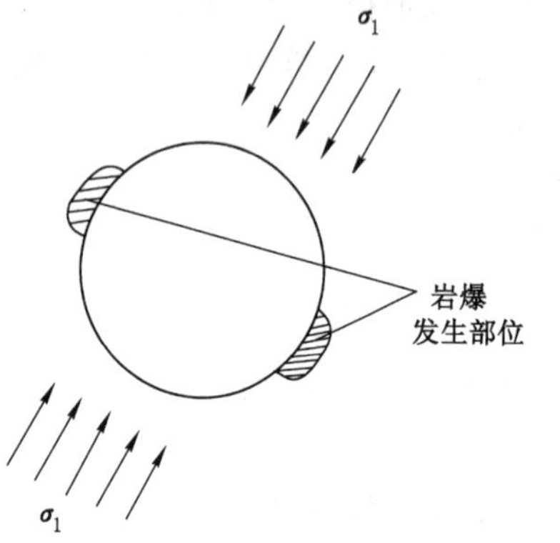

图 6-25　二滩引水隧洞岩爆发生部位示意图

③ 探硐和地下隧洞的硐壁产生剥离，岩体锤击有嘶哑声并有较大变形。在中等强度以下的岩体中开挖探硐或隧洞，高地应力状况不会像岩爆那样剧烈，硐壁岩体产生剥离现象，有时裂缝一直延伸到岩体浅层内部，锤击时有嘶哑声。在软质岩体中硐体则产生较大的变形，位移显著，持续时间长，硐径明显缩小。

④ 岩质基坑底部隆起、剥离以及回弹错动现象。在坚硬岩体表面开挖基坑或槽，在开挖过程中会产生坑底突然隆起、断裂现象，并伴有响声；或在基坑底部产生隆起剥离。岩体中如有软弱夹层，则会在基坑斜坡上出现回弹错动现象(图 6-26)。

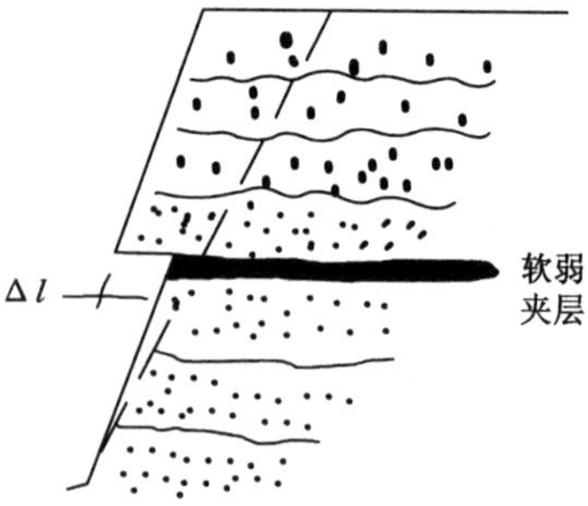

图 6-26　基坑边坡回弹错动

⑤ 野外原位测试测得的岩体物理力学指标比实验室岩块试验结果高。由于高地应力的存在，岩体的声波速度、弹性模量等参数值高，甚至比实验室无应力状态岩块测得的参数值高。野外原位变形测试曲线的形状也会变化，在σ坐标轴上有截距(图 6-27)。

6.5.3　研究高地应力应注意的几个问题

(1) 岩体的潜塑状态

由岩石强度理论可知，岩石(体)发生何种破坏以及破坏形式如何，都可以通过莫尔强度包络线来判断。由试验结果作出莫尔强度包络线(图 6-28)，然后根据岩体中的最大应力状态在同一图中绘出应力圆，若应力圆位于莫尔强度包络线（图 6-28 中曲线 2-2）以内，岩体处于弹性状态且未发生破坏；若应力圆与曲线 2-2 相切或相交，则岩体进入塑性状态或断裂破坏。

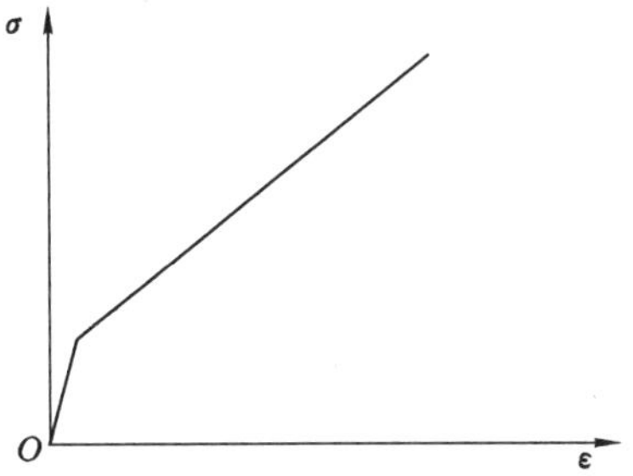

图 6-27　高地应力条件下岩体变形曲线

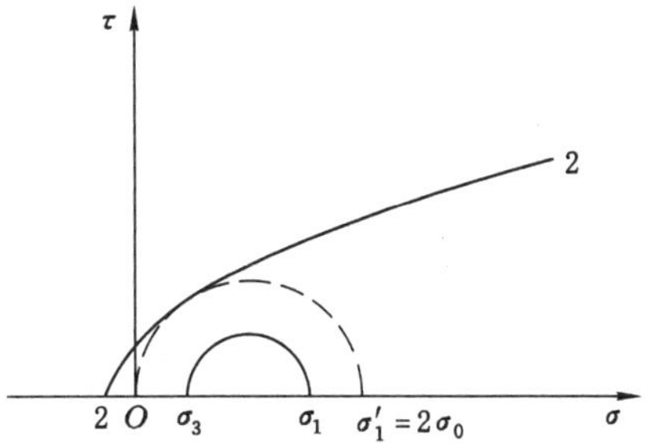

图 6-28　用应力圆和莫尔强度包络线判断岩体是否破坏或进入塑性状态

岩体的初始应力状态是十分复杂的，一般来说，垂直应力大体等于上覆岩层的重力 γH，而水平应力是随埋深增大而增加的，$\sigma_h/\sigma_v=K$。在地壳表层，有 $K>1$ 的情况，也有 $K<1$ 的情况；随着深度增加，则会出现 $K=1$，即静水压力状态。出现 $K=1$ 的深度称为临界深度，世界各地的临界深度是不同的，有的地区较浅，仅 200 m 左右，有的地区则在 2 000 m 以上。岩体在未经开挖前，它的初始应力状态一般可由垂直应力 σ_v 与水平应力 σ_h 为主应力状态构成的应力圆来表示。在 $K=1$ 的情况下，无论 σ_v 和 σ_h 绝对值为多大，由于 $\sigma_v=\sigma_h$ 应力状态所构成的应力圆只是横坐标轴上的一个点，应力绝对值反映在坐标轴上的位置则不同。所以，在这种应力状态下，岩体单元永远呈稳定状态，不会产生破坏。一旦岩体被开挖，开挖面附近的岩体单元由于一部分受力的岩体被挖去而产生不平衡力，岩体中的应力要重新调整，这被称为应力重分布。应力重分布以后岩体单元的应力状态产生变化而形成局部应力集中，开挖面上的岩体单元由于开挖面不受力，其一侧的应力状态 $\sigma_1=0$ 或 $\sigma_3=0$ 作为主应力，另一垂直方向的应力则作为另一主应力。若该主应力为拉应力，则组成的应力圆为单向受拉状态；若该主应力为压应力，则组成的应力圆为单向受压状态。该主应力的大小依据初始应力 σ_v 和 σ_h 的大小、硐形及岩体单元在硐周的位置不同而变化。若初始地应力为 σ_0，应力重分布后的另一主应力一般等于 $(-1\sim3)\sigma_0$，并依此可构成应力圆，由莫尔强度包络线来判断岩体单元的稳定状态。以另一侧的主应力 $\sigma_1=2\sigma_0$ 为例，就可以由 $\sigma_1=2\sigma_0$ 和 $\sigma_3=0$ 构成应力圆。岩体单元是否会进入塑性状态（应力圆与莫尔强度包络线相切），取决于初始地应力 σ_0 与岩体单轴抗压强度 σ_c 的大小。如 $\sigma_c>2\sigma_0$，则应力重分布后应力圆在莫尔强度包络线范围内，岩体单元仍处于弹性状态（图 6-28）；若 $\sigma_c\leqslant2\sigma_0$，应力圆就会与莫尔强度包络线相切或相交，则应力重分布后岩体单元就会进入塑性状态或产生破坏（图 6-28）。把在初始应力状态下处于稳定（弹性）状态而一旦开挖就会处于塑性（破坏）状态的岩体，称为潜塑状态岩体。很显然，这种处于潜塑状态的岩体实际上就是处于高地应力状态。从而也可以理解，高地应力的概念不仅取决于初始地应力的绝对值，而且与工程状况（应力重分布状况）以及岩体坚硬程度（岩体的 σ_c、C、φ 值）有关。

(2) 处理高地应力的岩石力学原则

高地应力问题是近二三十年才碰到的工程岩石力学问题，而且一旦遇到岩爆或大面积剥离，就会使施工人员受到伤害或工程稳定性得不到保证，所以对此问题应引起足够重视。但有关处理的报道不多，只能根据现有工程所采用的处理原则进行一些归纳，供参考。

① 在工程勘测期间及早发现高地应力问题，以便及早作出对应措施和准备工作。

② 由岩爆等产生的具有工程伤害性的高地应力现象，从岩石力学观点来讲，其基本特点是岩体完整坚硬、积聚了大量能量。因而，相应处理的基本思路是及早降低应力，释放能量。具体做法有：在开挖面上及时打超前密集小孔；从开挖面向内钻孔和在一定深度内爆破，使硐室四周一定范围内形成破碎带，从而降低硐周的应力。

③ 及早采取临时性或永久性防护措施，将岩爆与施工人员隔离开来。对大型硐室，为了保护施工人员及机械，可及早布置加挂钢筋网，使过大的岩块不致伤害人、机。在设计支护结构时，考虑高地应力引起的岩体位移变形量大，切忌设计刚性支护，而宜设计柔性支护，如锚喷结构与高地应力状态协调。

④ 工程中设计一定的降压措施。岩爆等现象只在开挖面内一定深度范围内出现，这是因为开挖面形成了开挖空间和周围岩体中出现了应力重分布现象。可以想象，在完整岩体中开挖隧洞过程中，如果同时在隧洞两侧腰部切割一定深度的应力释放槽，就可使隧洞周边一定范围内的应力释放，或将应力集中的范围转移到岩体深部；如果岩体完整性好，也可以沿洞轴线方向隔一定距离多开几条应力释放槽，确保应力释放和转移。另外，在设计岩体工程时，应尽量避免引起应力集中的开挖形态，避免不必要的小型岔硐和形状突变的硐形。

随着社会的发展，采矿、水利水电、土木建筑、铁道、公路、军事和其他各种地下或露天工程会碰到高地应力问题。相信随着科学技术的进步和研究工作的不断深入，人们对高地应力问题的认识会进一步加深，同时也会提出更多合理的防治措施。

思考题与习题

1. 简述地应力测量的重要性。
2. 地应力是如何形成的？控制某一工程区域地应力状态的主要因素是什么？
3. 简述地壳浅部地应力分布的基本规律。
4. 影响岩体初始应力状态的因素有哪些？
5. 地应力测量方法分哪几类？每类包括哪些主要测量技术？
6. 简述水压致裂法的基本测量原理和主要测量步骤。
7. 对水压致裂法的主要优缺点作出评价。
8. 简述空心包体应变计的基本工作原理。
9. 空心包体应变计与孔底应变计和孔壁应变计相比，有哪些优点？
10. 简述高地应力研究的必要性。

第7章　岩体力学在地下工程中的应用

7.1　岩体二次应力状态的基本概况

地下硐室，是指人工开挖或天然存在于岩土体中作为各种用途的构筑物，而采矿所涉及的往往是规模最大、条件最复杂的地下工程。修建岩石地下工程必然要进行岩石开挖和施筑维护结构工程，岩石开挖将使周围岩石失去原有的平衡状态，其内部原有应力场将发生改变。如果周围岩石新应力场中的应力没有超过岩石的承载能力，岩石就会自行平衡；否则，周围岩石将可能产生破坏，如出现破裂甚至冒落，或者断面产生很大的变形。在这种情况下，就要求构筑承力结构或支护结构，如支架、锚喷、衬砌等，进行人工稳定。在岩石地下工程中，由于受开挖影响而发生应力状态改变的周围岩体，称作围岩。

从围岩稳定性研究角度来看，这些地下构筑物是一些不同断面形态和尺寸的地下空间。较早出现的地下硐室是人类为了居住而开挖的窑洞和采掘地下资源而挖掘的矿山巷道。如我国铜录山古铜矿遗址留下的地下采矿巷道，最大埋深 60 余米，其开采年代最迟始于西周（距今约 3 000 年）。但从总体来看，早期的地下硐室埋深和规模都很小；随着生产的不断发展，地下硐室的规模和埋深都在不断增大，用途也越来越广。

地下硐室按其用途可分为矿山巷道、交通隧道、水工隧洞、地下厂房和仓库、地下铁道及地下军事工程等类型。按其内壁是否有内水压力作用可分为有压硐室和无压硐室两类。按其断面形状可分为圆形、矩形、城门洞形和马蹄形硐室等类型。按硐室轴线与水平面的关系可分为水平硐室、竖井和倾斜硐室三类。按围岩介质类型可分为土硐和岩硐两类。另外，还有人工硐室、天然硐室、单式硐室和群硐等类型。各种类型的硐室所产生的岩体力学问题及对岩体条件的要求各不相同，因而所采用的研究方法和内容也不尽相同。

由于开挖形成了地下空间，破坏了岩体原有的相对平衡状态，因而将产生一系列复杂的岩体力学作用，这些作用可归纳为：

① 地下开挖破坏了岩体天然应力的相对平衡状态，硐室周边岩体将向开挖空间松胀变形，从而使围岩中的应力产生重分布作用，形成新的应力状态，称为重分布应力状态。从原始地应力场变化至新的平衡应力场的过程，称为应力重分布。

② 在重分布应力作用下，硐室围岩将向硐内变形位移。如果围岩重分布应力超过了岩体的承受能力，围岩将产生破坏。

③ 围岩变形破坏将给地下硐室的稳定性带来危害，因而，需对围岩进行支护衬砌，变形破坏的围岩将对支衬结构施加一定的荷载，称为矿山压力（简称矿压，又称地压等）。

④ 在有压硐室中，作用有很高的内水压力，并通过衬砌或硐壁传递给围岩，此时围岩将产生一个反力，称为围岩抗力。

地下硐室围岩稳定性分析，实质上是研究地下硐室开挖后上述四种力学作用的形成机理和计算方法。所谓围岩稳定性，是一个相对的概念，它主要研究围岩重分布应力与围岩强度间的相对比例关系。一般来说，当围岩内一点的应力达到并超过相应围岩的强度时，就认为该处围岩已破坏；否则，就不破坏，也就是说该处围岩是稳定的。因此，地下硐室围岩稳定性分析，首先应根据工程所在的岩体天然应力状态确定硐室开挖后围岩中重分布应力的大小和特点；进而研究围岩应力与围岩变形及强度之间的相互关系，进行稳定性评价；再确定围岩压力和围岩抗力的大小与分布情况，以作为地下硐室设计和施工的依据。为此，本章将主要讨论地下硐室围岩重分布应力、围岩变形与破坏、围岩压力及其控制等的岩体力学问题。

7.2 岩体地下工程围岩应力解析法分析

解析方法，是指采用数学力学的计算取得闭合解的方法。采用数学力学方法解岩石力学问题时，必然要用到反映岩石力学基本性质的关系式，即本构方程。因此，在选择使用解析方法时，要特别注意这些物理关系式和岩体所处的物理状态相匹配，反映其真实的力学行为。例如，当地下工程围岩能够自稳时，围岩状态一般都处于应力-应变全过程曲线的峰前段。我们可以认为此时的岩体属于变形体范畴，故通常采用变形体力学的方法研究。当岩体的应力不超过弹性范围时，最适宜用弹性力学方法；否则，采用弹塑性力学或损伤力学方法研究。岩体的应力超过峰值应力，围岩进入应力-应变全过程曲线的峰后段，岩体可能发生刚体滑移或者张裂，变形体力学的方法则往往不适宜。此时可以采用其他方法，如块体力学，或者一些初等力学的方法。

解析方法可以解决的实际工程问题十分有限。但是，通过对解析方法及其结果的分析，往往可以获得一些规律性的认识，这是非常重要和有益的。

7.2.1 地下岩体工程围岩应力重分布

地下硐室围岩应力计算问题可归纳为：① 开挖前岩体天然应力状态（或称一次应力、初始应力和地应力等）的确定；② 开挖后围岩重分布应力（或称二次应力）的计算；③ 支护衬砌后围岩应力状态的改善。本节仅讨论重分布应力计算问题。

地下开挖前，岩体中每个质点均受到天然应力作用而处于相对平衡状态。硐室开挖后，硐壁岩体因失去原有岩体的支撑，原来的受力平衡状态改变，而向硐内空间松胀变形，其结果又改变了相邻质点的相对平衡关系，引起应力、应变和能量的调整，以达到新的平衡，形成新的应力状态。我们把地下开挖后围岩中应力应变调整而引起围岩中原有应力大小、方向和性质改变的作用，称为围岩应力重分布作用，把重分布应力影响范围内的岩体称为围岩。研究表明，围岩内重分布应力状态与岩体的力学属性、天然应力及硐室断面形状等因素密切相关。

7.2.2 弹性条件下地下岩体工程围岩应力分布

7.2.2.1 轴对称圆形巷道围岩的弹性应力状态

（1）基本假设

① 围岩为均质、各向同性、线弹性体，无蠕变性或黏性行为。

② 原岩应力为各向等压（静水压力）状态。

③ 巷道断面为圆形，在无限长的巷道中围岩的性质一致。于是可以采用平面应变问题的方法，取巷道的任一截面作为其代表进行研究。

④ 符合深埋条件，并且埋深 z 大于或等于 20 倍的巷道半径 R_0（或其宽、高），即有

$$z \geqslant 20R_0 \tag{7-1}$$

研究表明，当埋深 $z \geqslant 20R_0$ 时，忽略巷道影响范围（$3R_0 \sim 5R_0$）内的岩石自重（图 7-1），与原问题的误差不超过 10%。于是，水平原岩应力可以简化为均布的。这样，原问题就构成荷载与结构都是轴对称的平面应变圆孔问题（图 7-2）。

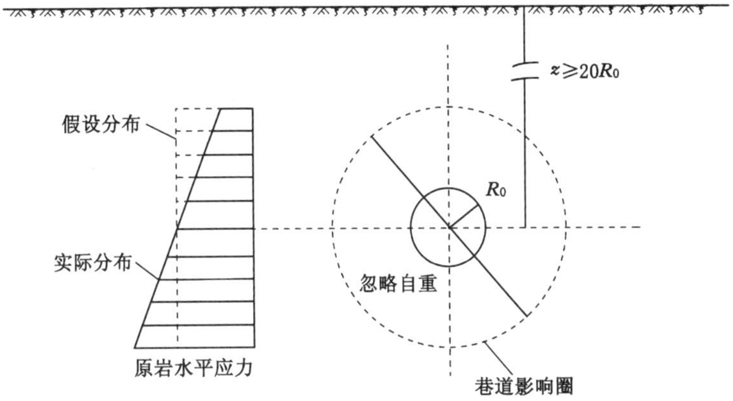

图 7-1　深埋巷道的力学特点

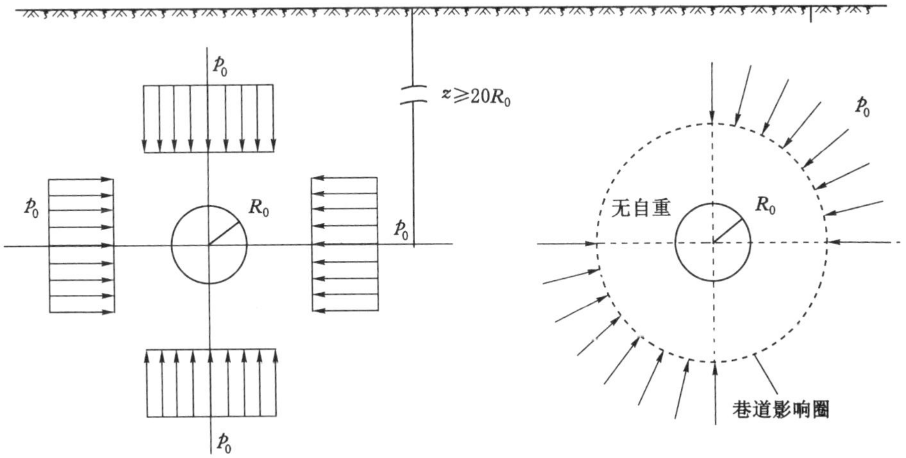

图 7-2　轴对称圆形巷道的条件

(2) 基本方程

根据假设可知，平面应变圆孔问题不仅结构对称，而且荷载也对称，又侧压系数 $\lambda = 1$，因此，根据其受力和位移特征，取一微元环作为计算单元体。其半径为 r、厚度为 dr、宽度为 $rd\theta$，微元体的受力状态如图 7-3 所示。依据这一受力状态，分析岩体经开挖半径为 R_0 的硐室后，其应力、应变以及两者之间的关系，建立解题的基本方程。用弹性力学求解上述问题时，通常先根据计算简图建立单元体的静力平衡方程和位移几何方程，通过物理方程建立应

力与应变之间的关系式，求得用应变（或应力）表示的微分方程；在求得该微分方程的通解后，再利用硐室开挖后的圆形边界条件确定其积分常数，求出最终的位移、应力、应变的表示式。

① 平衡方程。

根据图 7-3 所示的受力状态，建立静力平衡方程，即各应力之间的关系。利用对 r 轴的投影（径向方向投影），获得静力平衡方程

$$\sum F_r = 0$$

$$(\sigma_r + \mathrm{d}\sigma_r)(\mathrm{d}r + r)\mathrm{d}\theta - \sigma_r \mathrm{d}\theta \mathrm{d}r - 2\sigma_\theta \sin\frac{\mathrm{d}\theta}{2}\mathrm{d}r = 0$$

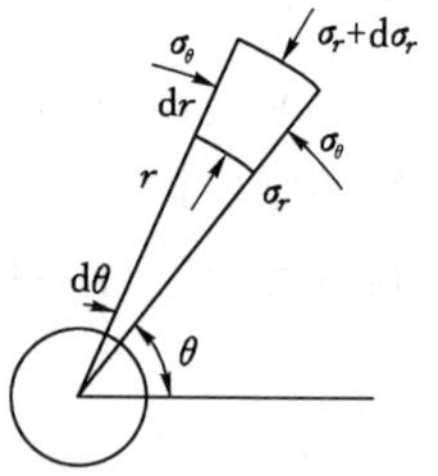

图 7-3 微元体受力状态

上式忽略高阶无穷小量，并令 $\sin\frac{\mathrm{d}\theta}{2} = \frac{\mathrm{d}\theta}{2}$，则简化得

$$\frac{\mathrm{d}\sigma_r}{\mathrm{d}r} + \frac{\sigma_r - \sigma_\theta}{r} = 0 \tag{7-2}$$

② 几何方程。

$$\varepsilon_r = \frac{\mathrm{d}u}{\mathrm{d}r} \tag{7-3}$$

$$\varepsilon_\theta = \frac{u}{r} \tag{7-4}$$

③ 本构方程（平面应变）。

$$\varepsilon_r = \frac{1-\mu^2}{E}\left(\sigma_r - \frac{\mu}{1-\mu}\sigma_\theta\right) \tag{7-5}$$

$$\varepsilon_\theta = \frac{1-\mu^2}{E}\left(\sigma_\theta - \frac{\mu}{1-\mu}\sigma_r\right) \tag{7-6}$$

式(7-2)至式(7-6)5 个方程中有 5 个未知数 σ_r、σ_θ、ε_r、ε_θ、μ，故可解。

(3) 边界条件

$$r = R_0, \sigma_r = 0 \text{（无支护）} \tag{7-7}$$

$$r \to \infty, \sigma_r = p_0 \tag{7-8}$$

式中 p_0——原岩应力。

(4) 结果

联立式(7-2)至式(7-6)可求得方程组的通解

$$\begin{cases} \sigma_\theta = A - \dfrac{B}{r^2} \\ \sigma_r = A + \dfrac{B}{r^2} \end{cases} \tag{7-9}$$

根据边界条件式(7-7)、式(7-8)确定积分常数，得

$$A = p_0, B = -p_0 R_0^2$$

将 A、B 代入式(7-9)，得切向应力和径向应力的解析表达式

$$\begin{cases} \sigma_\theta = p_0\left(1 + \dfrac{R_0^2}{r^2}\right) \\ \sigma_r = p_0\left(1 - \dfrac{R_0^2}{r^2}\right) \end{cases} \tag{7-10}$$

围岩内重分布应力的分布特征如图7-4所示。

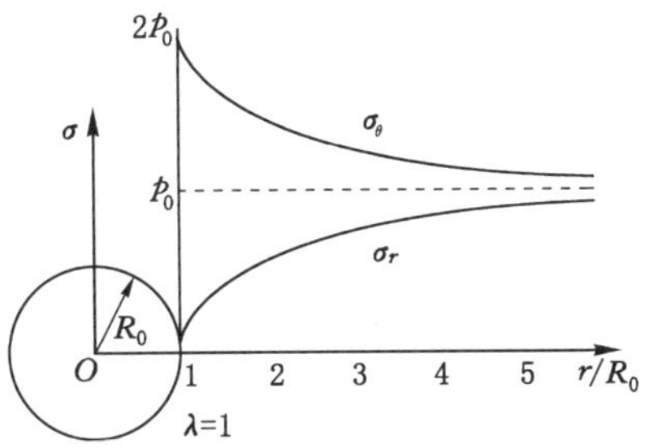

图7-4 圆形硐室二次应力弹性分布

(5) 讨论

① 双向等压应力场中,圆孔周边处于压应力状态。

② σ_θ、σ_r 的分布和角度无关,皆为主应力,即径向应力和切向应力仍为轴对称的,且应力大小与弹性常数 E、μ 无关。

③ 双向等压应力场中,圆孔周边任意点切向应力 σ_θ 与径向应力 σ_r 之和为常数 $2p_0$。

④ 双向等压应力场中,硐室周边 $r=R_0$ 处,$\sigma_r=0$,$\sigma_\theta=2p_0$,圆孔周边最大应力集中系数 $K=2p_0/p_0=2$,与孔径无关;而其他各点应力与孔径有关。这样,当 $2p_0$ 超过围岩的弹性极限时,围岩将进入塑性状态。如把岩体看作弹脆性体(图7-5),则当 $2p_0$ 超过围岩的单轴抗压强度时,围岩将发生破坏。

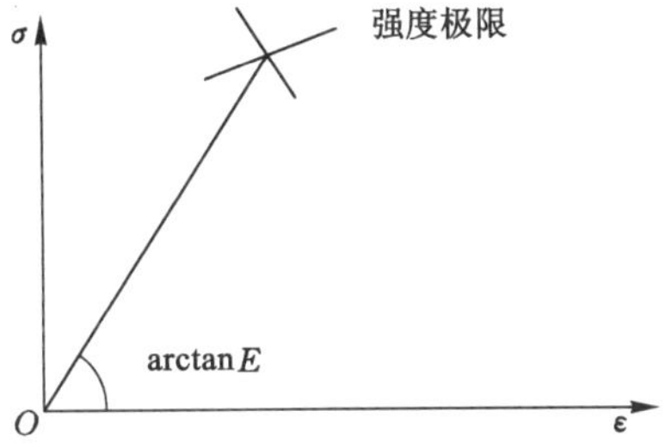

图7-5 弹脆性岩体应力-应变关系

⑤ 若定义以 σ_θ 高于 $1.05p_0$ 或 σ_r 低于 $0.95p_0$ 为巷道影响圈边界,据此并由式(7-10),有 $\sigma_\theta=1.05p_0=p_0(1+R_0^2/r^2)$,从而得 $r\approx5R_0$;工程上有时以10%作为影响圈边界,则同理可得影响半径 $r\approx3R_0$。应力解除试验可以 $3R_0$ 作为影响圈边界,有限元计算常取 $5R_0$ 的范围作为计算域,上述情况就是其粗略的定量依据。

7.2.2.2 一般圆形巷道围岩的弹性应力状态

(1) 应力状态分析

当侧压系数 $\lambda\neq1$ 时,深埋于弹性岩体中的圆形硐室二次应力计算,通常将其计算简图分解成两个较为简单的计算模式,然后将两者叠加而求得。其计算简图如图7-6所示。情况Ⅰ作用着 $p=\frac{1}{2}(1+\lambda)p_0$ 的初始应力,并且垂直应力与水平应力相等。而情况Ⅱ作用着 $q=\frac{1}{2}(1-\lambda)p_0$ 的初始应力,其中垂直应力是压应力,而水平应力是拉应力。若将两种情况作用的外荷载相加，其外荷载垂直应力为 p_0，水平应力为 λp_0。根据弹性力学的解将两者叠加而求得任意一点的应力状态

$$\begin{cases}\sigma_r=\dfrac{p_0}{2}\left[(1+\lambda)\left(1-\dfrac{R_0^2}{r^2}\right)-(1-\lambda)\left(1-4\dfrac{R_0^2}{r^2}+3\dfrac{R_0^4}{r^4}\right)\cos 2\theta\right]\\ \sigma_\theta=\dfrac{p_0}{2}\left[(1+\lambda)\left(1+\dfrac{R_0^2}{r^2}\right)+(1-\lambda)\left(1+3\dfrac{R_0^4}{r^4}\right)\cos 2\theta\right]\\ \tau_{r\theta}=\dfrac{p_0}{2}\left[-(1-\lambda)\left(1+2\dfrac{R_0^2}{r^2}-3\dfrac{R_0^4}{r^4}\right)\sin 2\theta\right]\end{cases} \tag{7-11}$$

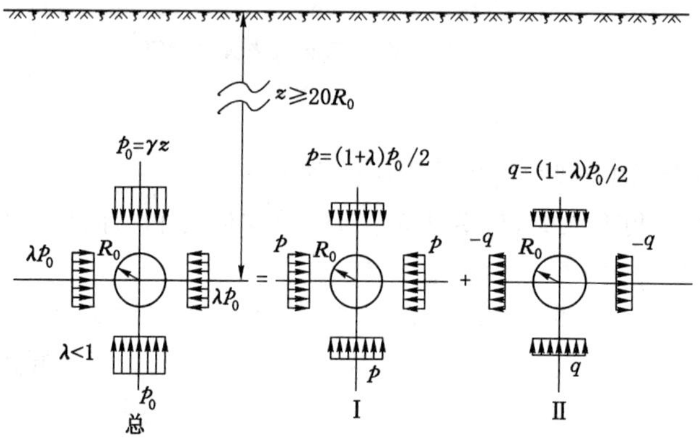

图 7-6　一般圆形巷道二次应力计算简图

(2) 讨论

① 由式(7-11)可知，硐室周边的应力状态不仅与距硐室轴线的距离 r 有关，且与任意点到轴线的垂线与 x 轴的夹角 θ 以及侧压系数 λ 有关。当 $\lambda=1$ 时，式(7-11)变为

$$\begin{cases}\sigma_\theta=p_0\left(1+\dfrac{R_0^2}{r^2}\right)\\ \sigma_r=p_0\left(1-\dfrac{R_0^2}{r^2}\right)\\ \tau_{r\theta}=0\end{cases}$$

该式与式(7-10)相同，说明轴对称情况为一般圆形巷道的特例。

② 周边应力情况。

由于公式复杂，在此仅讨论 $r=R_0$ 时(即硐壁处)的应力和位移特性。

$r=R_0$ 时，硐壁上的重分布应力

$$\begin{cases}\sigma_r=0\\ \sigma_\theta=(1+\lambda)p_0+2(1-\lambda)p_0\cos 2\theta\\ \tau_{r\theta}=0\end{cases} \tag{7-12}$$

由式(7-12)可知，硐壁上 $\sigma_r=\tau_{r\theta}=0$，仅有 σ_θ 作用，为单向应力状态，且其大小仅与天然应力状态及计算点的位置有关，而与硐室尺寸 R_0 无关。

显然，在 $\lambda<1$ 的情况下，巷道横轴位置($\theta=0°$)有最大压应力，而在竖轴位置有最小应力，使竖轴处恰好不出现拉应力的条件为 $\sigma_\theta=0$，即

$$0=(1+\lambda)p_0+2(1-\lambda)p_0\cos 2\theta$$

当 $\lambda=0$ 时

$$\theta=0°,\sigma_\theta=3p_0;\theta=45°,\sigma_\theta=p_0;\theta=90°,\sigma_\theta=-p_0$$

此时硐壁的应力分布为最不利状态，硐顶($\theta=90°$)将承受 $\sigma_\theta=-p_0$ 的拉应力；而在硐壁两侧中点($\theta=0°$)将承受 $\sigma_\theta=3p_0$ 的最大压应力。

当 $\lambda=1/3$ 时

$$\theta=0°,\sigma_\theta=\frac{8}{3}p_0;\theta=45°,\sigma_\theta=\frac{4}{3}p_0;\theta=90°,\sigma_\theta=0$$

由此可见，$\lambda=1/3$ 是硐顶是否出现拉应力的分界值。若 $\lambda>1/3$，硐顶不出现拉应力；$\lambda<1/3$，硐顶将出现拉应力；$\lambda=1/3$，硐顶恰好不出现拉应力。$\lambda>1$ 时，同理可知应力状况，将 θ 角改由铅直轴算起(图 7-7)，则公式与讨论 $\lambda<1$ 时的情况相同，可能出现的拉应力区为硐室两侧中点。

7.2.2.3　椭圆形巷道围岩的弹性应力状态

椭圆形巷道实用不多，但地下工程体中一些工程体空间类似椭圆形孔，所以研究椭圆形孔周边的应力分布对地下工程体的维护有实际意义。

(1) 公式

在一般原岩应力状态(图 7-8)下，深埋椭圆形巷道周边切向应力计算公式为

$$\sigma_\theta=p_0\frac{m^2\sin^2\theta+2m\sin^2\theta-\cos^2\theta}{\cos^2\theta+m^2\sin^2\theta}+\lambda p_0\frac{\cos^2\theta+2m\cos^2\theta-m^2\sin^2\theta}{\cos^2\theta+m^2\sin^2\theta} \tag{7-13}$$

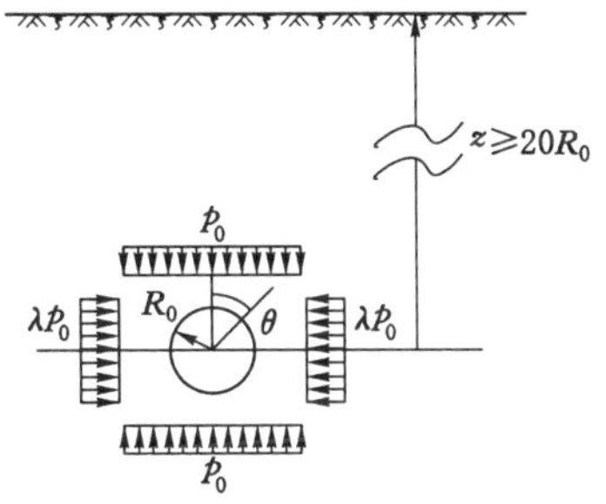

图 7-7　$\lambda>1$ 时的一般圆形巷道情况

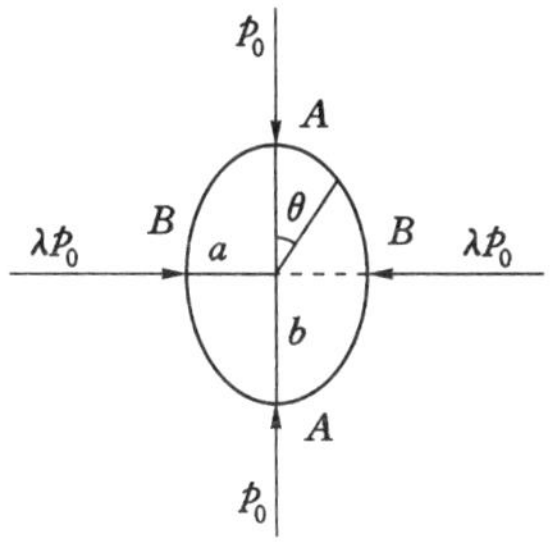

图 7-8　深埋椭圆形巷道

(2) 讨论

① 当 $m=1$ 时，式(7-13)同圆形硐室公式。

② 等应力轴比[理查兹(R. Richards)，1978]。

等应力轴比，是指使巷道周边应力均匀分布时的椭圆长短轴之比。此时最有利于巷道工程体的稳定，故又称最佳(优)轴比，该轴比可通过对式(7-13)求极值而得到。

由 $\frac{d\sigma_\theta}{d\theta}=0$ 得

$$m=\frac{1}{\lambda}=\frac{b}{a}$$

将 m 值代入式(7-13)得

$$\sigma_\theta=p_0+\lambda p_0=\text{const} \tag{7-14}$$

在式(7-14)中，σ_θ 与 θ 无关，即周边应力处处相等。

由以上分析可知，等应力轴比与原岩应力的绝对值无关，只和 λ 有关，由 λ 即可确定最

佳轴比。

例如：

$\lambda=1$ 时，$m=1$，$a=b$，最佳断面为圆形（即圆是椭圆的特例）；

$\lambda=1/2$ 时，$m=2$，$b=2a$，最佳断面为 $b=2a$ 的竖椭圆；

$\lambda=2$ 时，$m=1/2$，$2b=a$，最佳断面为 $a=2b$ 的横（卧）椭圆。

总之，椭圆长轴总是顺着原岩应力的最大主应力的方向，且轴比满足 $m=1/\lambda$ 时为最佳。

实际设计与生产中，椭圆形巷道长短轴之比应尽量靠近等应力轴比。

③ 零应力（无拉力）轴比。

当不能满足最佳轴比时，可以退而求其次。由于岩体抗拉强度最弱，若能找出满足不出现拉应力的轴比，即零应力（无拉力）轴比，也是很不错的。

周边各点对应的零应力轴比各不相同，通常应先满足顶点和两帮中点这两要害处实现零应力轴比。

Ⅰ. 对于顶点 A，有 $\theta=0°$，$\sin\theta=0$，$\cos\theta=1$，将其代入式（7-13）得

$$\sigma_\theta=-p_0+\lambda p_0(1+2m) \tag{7-15}$$

当 $\lambda>1$ 时，$\lambda p_0(1+2m)>p_0$，不会出现拉应力；

当 $\lambda<1$ 时，无拉应力出现的条件为 $\sigma_\theta\geqslant 0$，即 $\lambda p_0(1+2m)\geqslant p_0$，整理得无拉应力轴比

$$m\geqslant\frac{1-\lambda}{2\lambda}\ (\lambda<1) \tag{7-16}$$

式（7-16）取等号时，即零应力轴比。

Ⅱ. 对于两帮中点，有 $\theta=90°$，$\sin\theta=1$，$\cos\theta=0$，代入式（7-13）得

$$\sigma_\theta=p_0\left(1+\frac{2}{m}\right)-\lambda p_0 \tag{7-17}$$

当 $\lambda<1$ 时，$p_0\left(1+\frac{2}{m}\right)>\lambda p_0$，故不会出现拉应力；

当 $\lambda>1$ 时，无拉应力出现的条件为 $\sigma_\theta\geqslant 0$，即 $p_0\left(1+\frac{2}{m}\right)\geqslant\lambda p_0$，整理得无拉应力轴比

$$m\leqslant\frac{2}{\lambda-1}\ (\lambda>1) \tag{7-18}$$

式（7-18）取等号时，即零应力轴比。

可见，A、B 两点不矛盾，当 $\lambda<1$ 时，应照顾顶、底点；反之，应照顾两帮中点。

④ 当 $m=0$ 时，椭圆蜕化为 $x=\pm a$ 的水平封闭裂隙，此时 $\sigma_\theta=p_0(\lambda-1)$。可见，若 $\lambda>1$，沿水平裂隙产生压应力；若 $\lambda<1$，沿水平裂隙产生拉应力。

同理，当 $m\to\infty$ 时，椭圆蜕化为 $y=\pm b$ 的垂直封闭裂隙，此时 $\sigma_\theta=p_0(1-\lambda)$。若 $\lambda<1$，沿垂直裂隙产生压应力；若 $\lambda>1$，沿垂直裂隙产生拉应力。

⑤ 应力大小不取决于断面大小，而取决于断面形状，即这种情况下取决于椭圆的轴比。

相比圆形硐室，椭圆形硐室两侧切向应力的分布随着向岩体内部深入，应力衰减较快，影响范围较小。

7.2.2.4 矩形和其他形状巷道周边弹性应力分布

地下工程中经常遇到一些非圆形巷道，因此掌握巷道形状对围岩应力状态影响是非常

重要的，常见的非圆形巷道主要有梯形、拱顶直墙、椭圆、拱顶直墙反拱巷道等。

(1) 基本解题方法

原则上，地下工程比较常用的单孔非圆形巷道围岩的平面问题弹性应力分布都可用弹性力学的复变函数方法求解。

(2) 一般结论

和其他形状巷道一样，在弹性应力条件下，巷道断面围岩中最大的应力是周边的切向应力，且周边切向应力大小与 E、μ 等弹性参数和断面的绝对尺寸无关，而与原岩应力场分布(大小)、巷道的形状(竖向与横向轴比)有很大关系。另外，断面在有拐角的地方往往有较大的应力集中，而在直长边则容易出现拉应力。表 7-1 列出了矩形隧(巷)道周边切向应力的计算结果。

表 7-1　矩形巷道周边切向应力部分计算结果

$\theta/(°)$	$a:b=5$		$a:b=3.2$		$a:b=1.8$		$a:b=1$		附　图
	λp_0	p_0	λp_0	p_0	λp_0	p_0	λp_0	p_0	
0	1.192	−0.940	1.342	−0.98	1.200	−0.801	1.472	−0.808	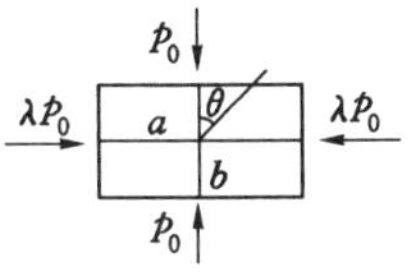
45					3.352	0.821	3.000	3.000	
50	1.158	−0.644	2.392	−0.193	2.763	2.747	0.980	3.860	
65	2.692	7.030		6.201	−0.599	5.260			
90	−0.768	2.420	−0.770	2.152	−0.334	2.030	−0.808	1.472	

注：表内数字分别表示在 λp_0 和 p_0 作用下该点的应力集中系数。

7.2.3　弹塑性条件下地下岩体工程围岩应力分布

大多数岩体往往受结构面切割而丧失整体性，强度降低，在重分布应力作用下，很容易发生塑性变形而改变原有的物性状态。由弹性围岩重分布应力特点可知，地下硐室开挖后硐壁的应力集中程度最大。当硐壁重分布应力超过围岩屈服极限时，硐壁围岩就由弹性状态转化为塑性状态，并在围岩中形成一个塑性圈。但是，该塑性圈不会无限扩大。这是由于随着距硐壁距离增大，径向应力由零逐渐增大，应力状态由硐壁的单向应力状态逐渐转化为双向应力状态，莫尔应力圆出与强度包络线相切的状态逐渐内移，变为与强度包络线不相切，围岩的强度条件得到改善，围岩也就由塑性状态逐渐转化为弹性状态。这样，围岩中将出现塑性圈(塑性区)和弹性圈(弹性区)。

塑性圈岩体的基本特点是裂隙增多，内聚力、内摩擦角和变形模量降低。而弹性圈围岩仍保持原岩强度，其应力、应变关系仍服从胡克定律。

塑性圈的出现，使圈内一定范围内的应力因释放而明显降低，而最大应力集中位置由原来的硐壁移至弹、塑性圈交界处，弹性圈的应力明显升高。弹性圈以外则是应力基本未产生变化的天然应力区(或称原岩应力区)。在这种情况下，围岩重分布应力就不能用弹性理论计算了，而应采用弹塑性理论求解。

7.2.3.1　平衡方程

为了求解塑性圈内的重分布应力，假设在均质、各向同性、连续的岩体中开挖一半径为 R_0 的水平圆形硐室，开挖后形成的塑性圈半径为 R_1，岩体中的天然应力为 $\sigma_h=\sigma_v=p_0$，圈内岩体强度服从莫尔直线强度条件，塑性圈以外围岩体仍处于弹性状态。

如图 7-9 所示，在塑性圈内取一微元体 $abdc$，微元体的 bd 面上作用有径向应力 σ_r，而相距 $\mathrm{d}r$ 的 ac 面上的径向应力为 $\sigma_r + \mathrm{d}\sigma_r$，在 ab 和 cd 面上作用有切向应力 σ_θ，由于 $\lambda = 1$，所以单元体各面上的剪应力 $\tau_{r\theta} = 0$。当微元体处于极限平衡状态时，则作用在微元体上的全部力在径向 r 上的投影之和为零，即 $\sum F_r = 0$。取投影后的方向向外为正，则得到等同于式(7-2) 的平衡方程

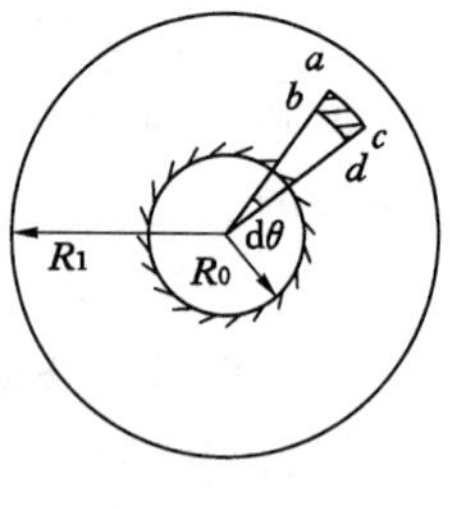

图 7-9　塑性区微元体受力状态

$$\frac{\mathrm{d}\sigma_r}{\mathrm{d}r} + \frac{\sigma_r - \sigma_\theta}{r} = 0$$

7.2.3.2　塑性条件

由于上式中有 σ_r 和 σ_θ 两个未知数，故需寻求另一方程才能解出塑性区的应力 σ_r 和 σ_θ。为此，尚需利用塑性条件。

围岩出现塑性区后，塑性区内的岩体既应满足连续条件和平衡微分方程，也应满足塑性条件。所谓塑性条件，即当岩体中应力满足此条件时，岩体便呈现塑性状态。根据莫尔强度理论，当岩体的强度曲线与由岩体内各点的应力 σ_r 与 σ_θ 作出的莫尔应力圆相切时，岩体就进入塑性状态，故塑性条件就是莫尔强度理论中的强度条件。

$$\sigma_\theta - \sigma_r = 2(C_\mathrm{m} \cot \varphi_\mathrm{m} + \sigma_r) \frac{\sin \varphi_\mathrm{m}}{1 - \sin \varphi_\mathrm{m}} \tag{7-19}$$

式中　C_m、φ_m——塑性圈岩体的内聚力和内摩擦角。

式(7-19)即塑性区岩体应满足的塑性条件，也就是说岩体应力 σ_r 与 σ_θ 满足式(7-19)时，巷道围岩即处于塑性状态。

7.2.3.3　塑性区的次生应力

塑性区的岩体应力既应满足式(7-2)，也应满足式(7-19)，所以，将式(7-19)代入式(7-2)即可得到极限平衡状态下塑性区的应力。

$$2(C_\mathrm{m} \cot \varphi_\mathrm{m} + \sigma_r) \frac{\sin \varphi_\mathrm{m}}{1 - \sin \varphi_\mathrm{m}} \mathrm{d}r = r \mathrm{d}\sigma_r$$

整理后，得

$$2(C_\mathrm{m} \cot \varphi_\mathrm{m} + \sigma_r) \frac{\sin \varphi_\mathrm{m}}{1 - \sin \varphi_\mathrm{m}} \frac{1}{r} - \frac{\mathrm{d}\sigma_r}{\mathrm{d}r} = 0$$

分离变量解微分方程

$$\frac{\mathrm{d}\sigma_r}{C_\mathrm{m} \cot \varphi_\mathrm{m} + \sigma_r} = \frac{2\sin \varphi_\mathrm{m}}{1 - \sin \varphi_\mathrm{m}} \frac{\mathrm{d}r}{r}$$

两边积分得

$$\int \frac{\mathrm{d}\sigma_r}{C_\mathrm{m} \cot \varphi_\mathrm{m} + \sigma_r} = \frac{2\sin \varphi_\mathrm{m}}{1 - \sin \varphi_\mathrm{m}} \int \frac{\mathrm{d}r}{r}$$

$$\ln(C_\mathrm{m} \cot \varphi_\mathrm{m} + \sigma_r) = \frac{2\sin \varphi_\mathrm{m}}{1 - \sin \varphi_\mathrm{m}} \ln r + A \tag{7-20}$$

下面求积分常数 A。

在有支架条件下，当 $r = R_0$（巷道半径）时，$\sigma_r = p_\mathrm{i}$（p_i 为硐壁上的支护反力）。将此边界条件代入式(7-20)可得

$$\ln(C_m\cot\varphi_m+p_i)=\frac{2\sin\varphi_m}{1-\sin\varphi_m}\ln R_0+A$$

$$A=\ln(C_m\cot\varphi_m+p_i)-\frac{2\sin\varphi_m}{1-\sin\varphi_m}\ln R_0$$

将常数 A 代入式(7-20)得

$$\ln(C_m\cot\varphi_m+\sigma_r)=\frac{2\sin\varphi_m}{1-\sin\varphi_m}\ln r+\ln(C_m\cot\varphi_m+p_i)-\frac{2\sin\varphi_m}{1-\sin\varphi_m}\ln R_0$$

整理可得径向应力 σ_r

$$\sigma_r=(p_i+C_m\cot\varphi_m)\cdot\left(\frac{r}{R_0}\right)^{\frac{2\sin\varphi_m}{1-\sin\varphi_m}}-C_m\cot\varphi_m \tag{7-21}$$

将式(7-21)代入式(7-19)，可求得切向应力 σ_θ

$$\sigma_\theta=(p_i+C_m\cot\varphi_m)\cdot\left(\frac{r}{R_0}\right)^{\frac{2\sin\varphi_m}{1-\sin\varphi_m}}\frac{1+\sin\varphi_m}{1-\sin\varphi_m}-C_m\cot\varphi_m$$

联立 σ_r、σ_θ 及 $\tau_{r\theta}$ 的公式，即塑性圈内围岩重分布应力的计算公式

$$\begin{cases}\sigma_r=(p_i+C_m\cot\varphi_m)\cdot\left(\frac{r}{R_0}\right)^{\frac{2\sin\varphi_m}{1-\sin\varphi_m}}-C_m\cot\varphi_m\\ \sigma_\theta=(p_i+C_m\cot\varphi_m)\cdot\left(\frac{r}{R_0}\right)^{\frac{2\sin\varphi_m}{1-\sin\varphi_m}}\frac{1+\sin\varphi_m}{1-\sin\varphi_m}-C_m\cot\varphi_m\\ \tau_{r\theta}=0\end{cases} \tag{7-22}$$

式中　p_i——硐壁的支护反力；

R_0——硐室半径。

由以上分析可知：

① 塑性圈内围岩重分布应力与岩体天然应力(p_0)无关，而取决于支护反力(p_i)和岩体强度(C_m、φ_m)。

② 硐壁上($r=R_0$)的应力。

$$\begin{cases}\sigma_r=p_i\\ \sigma_\theta=p_i\frac{1+\sin\varphi_m}{1-\sin\varphi_m}+\frac{2C_m\cot\varphi_m}{1-\sin\varphi_m}\\ \tau_{r\theta}=0\end{cases} \tag{7-23}$$

若 $p_i=0$，则

$$\begin{cases}\sigma_r=0\\ \sigma_\theta=\frac{2C_m\cot\varphi_m}{1-\sin\varphi_m}\\ \tau_{r\theta}=0\end{cases}$$

③ 塑性圈与弹性圈交界面($r=R_1$)的应力。

利用该面上弹性应力与塑性应力相等的条件得

$$\begin{cases}\sigma_{rpe}=p_0(1-\sin\varphi_m)-C_m\cos\varphi_m\\ \sigma_{\theta pe}=p_0(1+\sin\varphi_m)+C_m\cos\varphi_m\\ \tau_{r\theta pe}=0\end{cases} \tag{7-24}$$

式中　σ_{rpe}、$\sigma_{\theta pe}$、$\tau_{r\theta pe}$——$r=R_1$ 处的径向应力、切向应力和剪应力；

p_0——岩体天然应力。

塑性圈、弹性圈交界面上的重分布应力取决于 p_0 和 C_m、φ_m，而与 p_i 无关。

支护反力不能改变交界面上的应力大小，只能控制塑性圈半径(R_1)的大小。

7.2.3.4 塑性区半径

根据弹性区与塑性区交界处应力相等的条件，即既满足弹性条件，又满足塑性条件，可求出塑性区的半径 R_1。

弹性区应力按弹性理论中厚壁圆筒公式求得，弹性区内的应力分布等于 p_0 引起的应力与 σ_{R_1}(弹塑性区交界面上的径向应力)引起的附加应力之和。如图 7-10 所示，将弹性区看作半径为无穷大的厚壁筒，外界面上作用有原岩应力 p_0，内界面上作用有塑性区岩体对弹性区岩体的支反力 σ_{R_1}。当 $\lambda=1$ 时，其应力公式为

$$\begin{cases}\sigma_r = p_0(1-\dfrac{R_1^2}{r^2})+\sigma_{R_1}\dfrac{R_1^2}{r^2}\\ \sigma_\theta = p_0(1+\dfrac{R_1^2}{r^2})-\sigma_{R_1}\dfrac{R_1^2}{r^2}\end{cases} \tag{7-25}$$

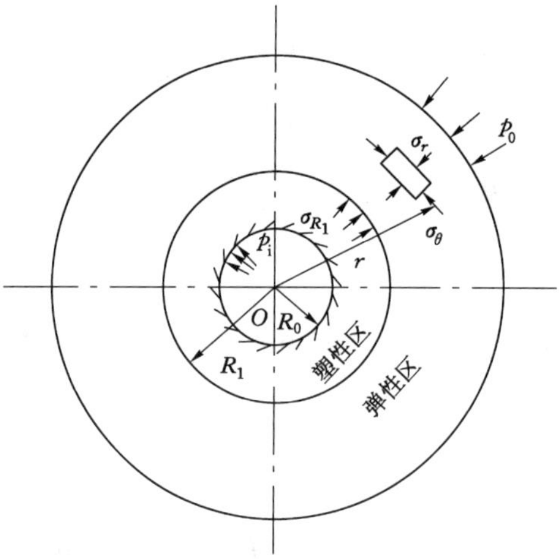

图 7-10 塑性区半径计算简图

式(7-25)为在巷道周边有塑性区产生时，弹塑性区任一点的应力公式，式(7-22)为塑性区内任一点的应力公式，两者在弹塑性区交界处应当等价。

因此，当 $r=R_0$ 时，由式(7-25)中的两式相加，可得

$$\sigma_r+\sigma_\theta = 2p_0$$

而由式(7-22)中的前两式相加，可得

$$\sigma_\theta+\sigma_r = \frac{2(p_i+C_m\cot\varphi_m)}{1-\sin\varphi_m}\cdot(\frac{R_1}{R_0})^{\frac{2\sin\varphi_m}{1-\sin\varphi_m}}-2C_m\cot\varphi_m \tag{7-26}$$

根据弹塑性区交界处应力相等的条件，有

$$\frac{2(p_i+C_m\cot\varphi_m)}{1-\sin\varphi_m}\cdot(\frac{R_1}{R_0})^{\frac{2\sin\varphi_m}{1-\sin\varphi_m}}-2C_m\cot\varphi_m = 2p_0$$

化简后，得

$$R_1 = R_0\left[\frac{p_0 + C_m\cot\varphi_m}{p_i + C_m\cot\varphi_m}(1-\sin\varphi_m)\right]^{\frac{1-\sin\varphi_m}{2\sin\varphi_m}} \tag{7-27}$$

由式(7-27)可以得出以下几点结论：

① 巷道所在处的原岩应力 p_0 越大，巷道埋藏越深，则塑性区的范围越大。

② 支架对围岩的支护反力 p_i 越大，塑性区的范围越小；如果不架设支架，即 $p_i=0$，则巷道围岩中塑性区范围最大。

③ 反映岩体强度指标的 C_m、φ_m 越小，岩体的强度越低，塑性区范围则越大。

④ 巷道半径 R_0 越大，塑性区半径 R_1 也越大，且两者成正比。

7.2.3.5　围岩应力变化规律及围岩变形状态

到此为止，已经得出了巷道弹性区和塑性区内围岩应力的计算公式，根据有关公式即可计算出围岩内任一点的应力。可见，硐室围岩中起着决定性影响的是切向应力 σ_θ（弹性区 σ_θ 的应力集中系数为 2，见图 7-11 中的 σ_θ 虚曲线）。σ_θ 与初始应力 $p_0=\gamma H$ 成比例，而初始应力又随着深度 H 成比例地增大。当硐室很深时，H 很大，则 $p_0=\gamma H$ 也就很大，σ_θ 亦随之增大。而 σ_r 变化不大，在硐壁上为零。这里，σ_θ 为大主应力，σ_r 为小主应力。当应力差 $\sigma_\theta-\sigma_r$ 达到某一极限值时，硐壁岩石就进入塑性平衡状态，产生塑性变形。硐室周边破坏后，该处围岩的应力降低，加之新开裂处岩体在水和空气影响下加速风化，岩体向硐内产生塑性松胀。这种塑性松胀的结果，使原来由硐边附近岩石承受的应力转移一部分给邻近的岩体。因而邻近的岩体也就产生塑性变形。这样，当应力足够大时，塑性变形的范围向围岩深部逐渐扩展。由于这种塑性变形，硐室周围形成了塑性圈。在这个圈内，岩石的变形模量降低，σ_r 和 σ_θ 逐渐调整大小。由于塑性的影响，硐壁上的 σ_θ 大幅减小。理论计算表明，在靠近硐壁处，σ_θ 大大减小，而在岩体深处出现了一个应力增高区。在应力增高区以外，岩石仍处于弹性状态。为了便于分析对比，图 7-11 绘出了从巷道周边沿径向诸点应力的变化规律，其中虚线表示弹性状态下围岩应力的变化规律，实线表示弹塑性状态下围岩应力的变化规律。

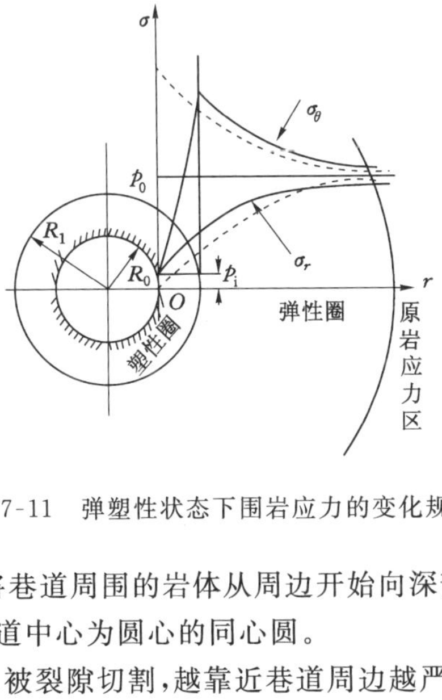

图 7-11　弹塑性状态下围岩应力的变化规律

根据围岩变形状态，可将巷道周围的岩体从周边开始向深部分为四个区。由于轴对称，这四个区的轮廓线都是以巷道中心为圆心的同心圆。

① 松动区。区内岩体已被裂隙切割，越靠近巷道周边越严重，其内聚力 C 趋近零，内摩

擦角 φ 亦有所降低，岩体强度明显削弱。因区内岩体应力低于原岩应力，故也称应力降低区。但岩体尚保持平衡，未发生冒落。

② 塑性强化区。区内岩体呈塑性状态，但具有较高的承载能力，岩体处于塑性强化阶段。区内岩体应力大于原岩应力，最大的应力集中区由围岩周边转移到弹性区与塑性区的交界面上。

③ 弹性变形区。区内岩体在次生应力作用下仍处于弹性变形状态，各点的应力均超过原岩应力，应力解除后能恢复到原岩应力状态。

④ 原岩状态区。未受开挖影响，岩体仍处于原岩状态。

7.2.4 围岩位移计算

7.2.4.1 弹性位移计算

在坚硬完整的岩体中开挖硐室，在原岩应力不大的情况下，围岩常处于弹性状态。此时硐壁围岩的位移可用弹性理论进行计算。对于深埋地下工程，应考虑开挖后的位移是由于开挖后的应力增量所造成的，而原岩应力部分并不引起新的位移；或者说原岩应力所引起的位移部分，已经在过去的地质年代中完成。所以，只能采用其应力增量（即应减去其相应的原岩应力分量）来计算，才能获得正确的结果。

因此，轴对称圆形硐室的弹性位移根据式(7-3)、式(7-4)可写为

$$\begin{cases} \varepsilon_r = \dfrac{\mathrm{d}u}{\mathrm{d}r} = \dfrac{1-\mu^2}{E}\left(\Delta\sigma_r - \dfrac{\mu}{1-\mu}\Delta\sigma_\theta\right) \\ \varepsilon_\theta = \dfrac{u}{r} = \dfrac{1-\mu^2}{E}\left(\Delta\sigma_\theta - \dfrac{\mu}{1-\mu}\Delta\sigma_r\right) \end{cases} \tag{7-28}$$

式中，$\Delta\sigma_r=\sigma_r-p_0$，$\Delta\sigma_\theta=\sigma_\theta-p_0$，$p_0$ 为各向等压原岩应力。

(1) 轴对称硐室径向位移公式

$$u = \frac{1+\mu}{E}p_0\frac{R_0^2}{r} \tag{7-29}$$

式(7-29)中，如果取 $r=R_0$（硐室周边），则位移计算式为

$$u = \frac{1+\mu}{E}p_0R_0$$

如果有支护反力作用在内周边上，则此周边的弹性位移公式为

$$u = \frac{1+\mu}{E}R_0(p_0-p_\mathrm{i}) \tag{7-30}$$

(2) 一般井巷围岩的位移公式

$$\begin{cases} u = \dfrac{1+\mu}{2E}p_0\left[(1+\lambda)\dfrac{R_0^2}{r}+2(1-\lambda)(1-2\mu)\dfrac{R_0^2}{r}\cos 2\theta+(1-\lambda)\dfrac{R_0^4}{r^3}\cos 2\theta\right] \\ v = \dfrac{1+\mu}{2E}p_0\left[2(1-\lambda)(1-2\mu)\dfrac{R_0^2}{r}\sin 2\theta+(1-\lambda)\dfrac{R_0^4}{r^3}\sin 2\theta\right] \end{cases} \tag{7-31}$$

式(7-31)中，u、v 分别表示围岩的径向位移和切向位移。位移状态的表达式要比应力复杂得多。在此仅讨论 $r=R_0$ 时硐壁的位移。式(7-31)经简化后，表示如下

$$\begin{cases} u = \dfrac{1+\mu}{2E}p_0R_0\left[(1+\lambda)+(1-\lambda)(3-4\mu)\cos 2\theta\right] \\ v = \dfrac{1+\mu}{2E}p_0R_0\left[(1-\lambda)(3-4\mu)\sin 2\theta\right] \end{cases} \tag{7-32}$$

其他巷道无通式，需逐点计算。

影响硐壁位移的因素很多，有岩体的弹性常数 E、μ，初始应力状态 p_0，开挖硐室的半径 R_0。由于 $\lambda \neq 1$，位移与径向夹角 θ 也有关系。此外，弹性状态下硐室周边径向位移比切向位移稍大，径向位移对硐室的稳定性仍起着主导作用，但量级小，完成速度快，一般不危及断面使用与巷道稳定。

7.2.4.2　弹塑性位移计算

井巷围岩的弹塑性位移，量级较大，通常以厘米计，是支护主要应解决的问题。

(1) 基本假设

基本假设与前述轴对称弹塑性应力问题相同，符合一般理想塑性材料的体积应变为零的假设，不考虑剪胀效应。

(2) 弹塑性边界位移

弹塑性边界的位移由弹性区的岩体变形引起。弹性区的变形可按外边界趋于无穷、内边界半径为 R_1 的厚壁圆筒处理。根据式(7-25)可写出弹塑性边界的位移式

$$u_1 = \frac{1+\mu}{E} R_1 (p_0 - \sigma_{r(p)}) \tag{7-33}$$

式中，$\sigma_{r(p)}$ 为弹塑性边界上的径向应力，可用式(7-22)计算并令 $r=R_1$。也可以注意到，在弹塑性边界上有：$\sigma_r^e + \sigma_\theta^e = \sigma_r^p + \sigma_\theta^p = 2p_0$，且两个应力满足强度条件，即

$$\sigma_{\theta(p)} = \frac{1-\sin\varphi_m}{1+\sin\varphi_m}\sigma_{r(p)} + 2C_m \frac{\cos\varphi_m}{1-\sin\varphi_m}$$

所以可得

$$\sigma_{r(p)} = (1-\sin\varphi_m)p_0 - C_m\cos\varphi_m \tag{7-34}$$

将式(7-34)代入式(7-33)，可得

$$u_1 = \frac{R_1}{2G}\sin\varphi_m(p_0 + C_m\cot\varphi_m) \tag{7-35}$$

根据塑性区体积不变的假设(图 7-12)，有

$$[R_1^2 - (R_1-u_1)^2] = [R_0^2 - (R_0-u_0)^2] \tag{7-36}$$

于是有

$$u_0 = (R_1/R_0)u_1$$

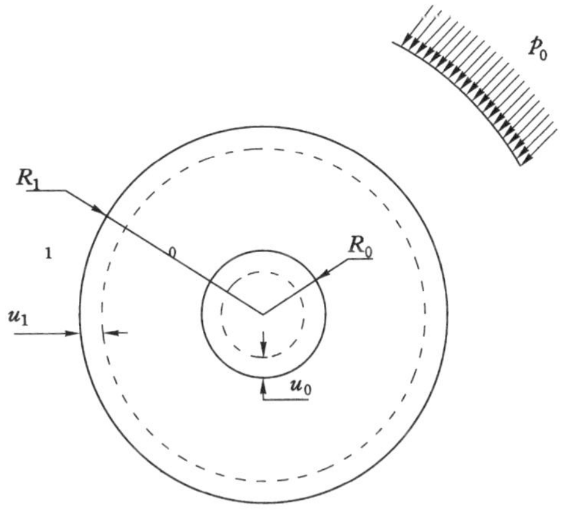

图 7-12　塑性区体积不变假设条件下的轴对称圆形巷道周边位移

最终，可以得到巷道周边的位移公式

$$u_0 = \frac{\sin\varphi_m}{2GR_0}(p_0 + C_m\cot\varphi_m)R_1^2 \tag{7-37}$$

式中

$$G = \frac{E}{2(1+\mu)}$$

巷道围岩弹塑性位移也可通过塑性力学中弹塑性小变形理论获得。因为假设条件是一样的，所以结论也相同。

塑性区的形状和范围是确定加固方案、布置锚杆的主要依据，弹塑性位移是设计巷道断面尺寸、确立变形地压的主要根据，本节的内容显然是非常重要的。但是，目前用解析方法仅能解一般的圆形巷道问题，而对实际工程中更为重要的非圆形巷道，如多孔巷道和三维井巷的弹塑性理论分析问题，至今还无法解决。

如果岩石处在峰值强度以后的区域，则岩石将处在不稳定状态，破裂面两侧的岩块有可能发生滑动，此时，用通常考虑小变形的变形体力学来描述可能就不合适了。目前，进行这方面研究主要采用数值分析方法，或者试验力学方法，虽然这些方法在不断发展，但仍不能说已经成熟。

7.3 地下工程围岩稳定性判别

7.3.1 拉破坏

由围岩二次应力分布特征可知，当岩体侧压系数 $\lambda<1/3$ 时，硐室顶部、底部处于单向拉伸状态，若顶底板的拉应力大于围岩的抗拉强度 σ_t，则围岩发生破坏。其稳定性条件为

$$\sigma_\theta \leqslant \sigma_t \tag{7-38}$$

7.3.2 基于莫尔-库仑强度准则的压剪破坏

当围岩处于单向受压或复杂应力状态时，围岩将会发生剪切破坏，一般可采用莫尔-库仑强度准则作为破坏判据，即

$$\tau = C + \sigma\tan\varphi \tag{7-39}$$

莫尔-库仑强度准则用主应力表示为

$$\sigma_1 = \sigma_3\frac{1+\sin\varphi}{1-\sin\varphi} + \frac{2C\cos\varphi}{1-\sin\varphi} \tag{7-40}$$

当围岩中某点的最大主应力 σ_1 和最小主应力 σ_3 满足上述关系时，该点将发生剪切破坏。通过前述分析可知，破坏的危险点在围岩的内边界上；对于无支护地下工程（或支护前），围岩内边界最大环向应力 $\sigma_{\theta\max}$ 为最大主应力，径向应力 $\sigma_r=0$ 为最小主应力，由式(7-40)得

$$\sigma_{\theta\max} < \frac{2C\cos\varphi}{1-\sin\varphi} = \sigma_c \tag{7-41}$$

式中　$\sigma_{\theta\max}$——围岩内边界最大环向应力，可通过理论计算或实测得到；

σ_c——单轴抗压强度。

式(7-41)的关系得以满足时，围岩不会发生破坏；否则，围岩将在内边界最大环向应力 $\sigma_{\theta\max}$ 的危险点破坏。

7.3.3　基于霍克-布朗强度准则的压剪破坏

霍克和布朗基于大量岩石(岩体)抛物线形破坏包络线的系统研究结果,提出了岩石破坏经验判据,即

$$\sigma_1 = \sigma_3 + \sigma_c\left(m_b \frac{\sigma_3}{\sigma_c} + s\right)^a \tag{7-42}$$

式中　σ_1——破坏时最大有效主应力;

σ_3——破坏时最小有效主应力;

σ_c——岩块单轴抗压强度;

m_b、s、a——表示岩体特性的半经验参数,取值依据详见第 5 章。

当围岩中某点的应力状态满足式(7-42)时,岩石达到临界状态。采用霍克-布朗强度准则对岩体稳定性进行判断,令 $\sigma_3=0$,可得岩体的单轴抗压强度

$$\sigma_{cm} = \sigma_c s^a \tag{7-43}$$

当围岩应力小于岩体的单轴抗压强度时,围岩不会发生破坏。

7.3.4　岩石破坏区的确定

以霍克-布朗强度准则为例,说明岩体稳定性判别的计算方法。假定岩体参数 $m_b=0$、$s=0.11$、$a=0.5$,该岩体的霍克-布朗强度准则可表示为 $\sigma_1-\sigma_3=0.33\sigma_c$,为方便设计,设岩体抗拉强度处处为零。

以图 7-13 所示双向应力场中圆形硐室为例,说明如何预测硐室周边破坏范围。圆形硐室周边环向应力如式(7-44)所示。

$$\sigma_\theta = p(1+2\cos 2\theta) + \lambda p(1-2\cos 2\theta) \tag{7-44}$$

假设初始垂直应力 $p=7.5$ MPa,$\lambda=0.3$,岩体单轴抗压强度约为 50 MPa,岩体起裂应力 $\sigma_{ci}=0.33\times 50$ MPa$=16.5$ MPa。当圆形硐室边界二次应力大于岩体起裂应力时,圆形硐室周边岩石发生压缩破坏

$$1.3p + 1.4p\cos 2\theta \geqslant 16.5\ \text{MPa} \tag{7-45}$$

即岩石发生压缩破坏的条件为$-25°\leqslant\theta\leqslant 25°$或 $155°\leqslant\theta\leqslant 205°$,如图 7-13 所示。

当圆形硐室边界二次应力出现拉应力时,岩石发生拉伸破坏

$$1.3p + 1.4p\cos 2\theta \leqslant 0 \tag{7-46}$$

即岩石发生拉伸破坏的条件为 $79°\leqslant\theta\leqslant 101°$或 $259°\leqslant\theta\leqslant 281°$,如图 7-13 所示。

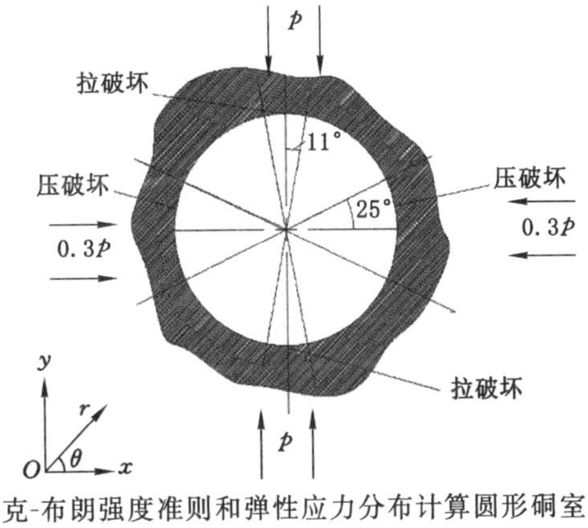

图 7-13　利用霍克-布朗强度准则和弹性应力分布计算圆形硐室边界的破坏范围

7.4 围岩压力与控制

7.4.1 基本概念

围岩压力，是指引起地下开挖空间周围岩体和支护结构变形或破坏的作用力。它包括由地应力引起的围岩应力以及围岩变形受阻而作用在支护结构上的作用力。因此，从广义的角度来理解，围岩压力既包括围岩有支护的情况，也包括围岩无支护的情况；既包括作用在普通的传统支护(如架设的支撑或施加的衬砌)上所显示的力学特性，也包括锚喷和压力灌浆等现代支护所显示的力学特性。从狭义的角度来理解，围岩压力是指围岩作用在支护结构上的压力。在工程中一般研究狭义的围岩压力，围岩压力是支护衬砌设计及施工的重要依据。按围岩压力的形成机理，可将其划分为形变围岩压力、松动围岩压力和冲击围岩压力三种。

形变围岩压力是由于围岩塑性变形如塑性挤入、膨胀内鼓、弯折内鼓等形成的挤压力。地下硐室开挖后围岩的变形包括弹性变形和塑性变形。一般来说，弹性变形在施工过程中就能完成，因此它对支衬结构一般不产生挤压力。而塑性变形则具有随时间延长而增强的特点，如果不及时支护，就会引起围岩失稳破坏，形成较大的围岩压力。产生形变围岩压力的条件有：① 岩体较软弱或破碎，此时围岩应力很容易超过岩体的屈服极限而产生较大的塑性变形；② 深埋硐室，由于围岩受压力过大，易产生塑性流动变形。由围岩塑性变形产生的围岩压力可用弹塑性理论进行分析计算。除此之外，还有一种形变围岩压力，即由膨胀围岩产生的膨胀围岩压力，它主要是由于矿物吸水膨胀产生的对支衬结构的挤压力。因此，膨胀围岩压力的形成必须具备两个基本条件：一是岩体中要有膨胀性黏土矿物(如蒙脱石等)；二是要有地下水的作用。这种围岩压力可采用支护和围岩共同变形的弹塑性理论计算。不同的是，在硐壁位移中应叠加上由开挖引起径向减压所造成的膨胀位移，这种位移可通过岩石膨胀率和开挖前后径向应力差之间的关系曲线来推算。此外，还可用流变理论予以分析。

松动围岩压力是由于围岩拉裂塌落、块体滑移及重力坍塌等破坏引起的压力。它是一种有限范围内脱落岩体重力施加于支护衬砌上的压力，其大小取决于围岩性质、结构面相互组合关系及地下水活动和支护时间等因素。松动围岩压力可采用松散体极限平衡理论或块体极限平衡理论进行分析计算。

冲击围岩压力是由岩爆形成的一种特殊围岩压力。它是强度较高且较完整的弹脆性岩体过度受力后突然发生弹射变形所引起的围岩压力现象。冲击围岩压力的大小与原岩应力状态、围岩力学属性等密切相关，并受到硐室埋深、施工方法及硐形等因素的影响。冲击围岩压力的大小目前无法准确计算，只能对其产生条件和产生可能性进行定性的评价预测。

7.4.2 围岩与支护的共同作用

7.4.2.1 基本思想

支护所受压力及变形，来自围岩在自身平衡过程中的变形或破裂导致的对支护的作用。因此，围岩特性及其变化状况对支护的作用有重要影响。另外，支护以自身的刚度和强度抑制岩体变形和破裂的进一步发展，而这一过程同样也影响支护自身的受力。于是，围岩与支护形成一种共同体，共同体两方面的耦合作用和互为影响的情况称为围岩-支护共同作用。

岩石地下工程的支护可能有两种极端情况：

一种极端情况是，岩体内应力达到峰值前支护已经到位，岩体的进一步变形(包括其剪胀或扩容)破碎受支护阻挡，构成围岩与支护共同体，形成相互间的共同作用。如果支护有足够的刚度和强度，则共同体是稳定的，并且围岩和支护在双方力学特性的共同作用下形成岩体和支护内各自的应力、应变状态。否则，共同体将失稳。

另一种极端情况是，当岩体内应力达到峰值时支护未及时架设，甚至在岩体破裂充分发展后支护仍未起作用，从而导致巷(隧)道顶板或两帮形成冒落带，并出现危险部位的冒落或沿破裂面的滑落，此时的岩石工程将整体失稳。如此时有架设好的支护，则它将承受冒落岩体传递来的压力，而冒落的岩体还将承受其外部围岩传递来的作用力。

处在上述两种极端情况之间的是，岩体应力达到峰值以后，岩体变形发展但未完全破裂前，支护开始作用。此时，也可进入围岩支护共同作用状态。由于支护受到的只是围岩剩余部分的变形作用，因此，此时支护所受到的作用要比第一种极端情况有利。但是，并非支护时间越晚越好，因为可能由于支护作用过晚而转入第二种极端情况，甚至可能由于岩体冒落而失去支护意义。

对于第一种极端情况，可以采用围岩支护共同体共同作用的原理进一步分析。对第二种极端情况，将其归结到古典的和现代的“地压学说”上去；如果岩体在地压与支护作用下，尽管已经发生破裂，但仍互相挤压，且不发生破裂面间的滑动，此时采用第一种极端情况的处理方法仍是可行的。要注意的是，这些破裂围岩的基本力学性质已经与原来的完整岩体有所区别。

可见，充分利用共同作用原理，发挥围岩的自承能力，对维持地下工程稳定和减少支护投入是十分有利的。这也是岩石力学在地下岩石工程稳定问题中的一个基本思想。

7.4.2.2　共同作用原理

下面分析一种最简单情况。由轴对称圆形巷道周边的弹塑性位移计算式(7-37)，并在式(7-37)中代入 R_1 表达式(7-27)，可得到

$$u_0=\frac{\sin\varphi_m}{2G}R_0(p_0+C_m\cot\varphi_m)\left[\frac{(p_0+C_m\cos\varphi_m)(1-\sin\varphi_m)}{p_i+C_m\cos\varphi_m}\right]^{\frac{1-\sin\varphi_m}{\sin\varphi_m}}\tag{7-47}$$

式(7-47)表明，周边位移和支护反力呈反比关系，绘成 p_i-u_0 曲线，如图 7-14 中曲线 a 所示，此即围岩特性曲线。

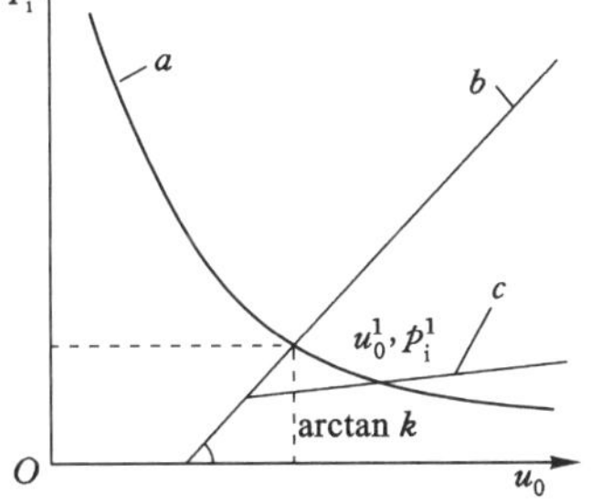

图 7-14　轴对称圆形巷道围岩-支护共同作用曲线

一般的支护都可以根据计算或试验获得它的作用与位移关系曲线。例如，轴对称圆形

巷(隧)道内修建圆形衬砌,可将圆形衬砌视为受均匀外压 p_i 的厚壁圆筒。如圆筒的内、外径和材料弹性常数分别用 a、R_0、E_1、μ_1 表示,则根据厚壁圆筒公式,可得到圆筒外缘的径向位移

$$u_{R_0} = \frac{p_i R_0^3 (1+\mu_1)}{E_1 (R_0^2 - a^2)} \left(1 - 2\mu_1 + \frac{a^2}{R_0^2}\right) \tag{7-48}$$

式(7-48)表明,径向位移 u_{R_0} 和支护反力 p_i 呈正比关系。同样绘在 p_i-u_0 图上,即支护特性曲线(图 7-14 中曲线 b)。

将式(7-47)和式(7-48)联立,可求得具体条件下的支护反力 p_i 和衬砌壁面位移 u_0 的解,也即 p_i-u_0 图上两线交点(工况点)的坐标。围岩特性曲线和支护特性曲线构成了它们的共同作用关系。

由图 7-14 可以看出,如果改变支护的刚度,就可以改变支护的受力状态。例如,支护刚度变小(直线的斜率变小),支护受力也减小,巷道周边径向位移则增加。根据这一原理,在巷道施工中就有柔性支护与刚性支护的区别,以及支护“让压”的说法。支护让压就是允许巷道有一定的变形,从而减小支护的受力,保证支护安全和避免过大的投入。在煤矿中还采用各种可缩性支护,如利用较小的恒阻(图 7-14 中曲线 c)或变阻机构,使支护在一定阻力条件下和围岩同步变形,达到以缩小截面积来换取用较小支护刚度实现巷道稳定的目的。

图 7-14 还反映了岩体力学性质和支护时间对共同作用的影响。岩体性质越软,围岩特性曲线越向外移动,变形也越大;支护时间越迟,支护特性曲线的起点离坐标原点越远,支护工作压力越小。

上述分析反映了围岩稳定与支护相互作用的某些基本原理,为确定支护的内应力及变形位移和选定支护结构、尺寸提供了基本思路。

但是,上述理论还并不完善。由式(7-47)或图 7-14 来看,即使在 $p_i=0$ 时,u_0 也是有限的。实际上,当超过某一极限变形 u_{max} 后岩体是会发生破坏的。这是公式关于理想塑性的假设与岩石实际性能有出入造成的。因此,曲线的有效段受到右边的 u_{max} 限制。另外,在曲线的左边,当 $u_0 \to 0$ 时,要求 $p_i \to \infty$。这在理论上也是不正确的。这是因为式(7-47)的极限情况是 $R_1 = R_0$,此时要求的支护作用力不超过下式求出的值

$$p = \frac{1 - \sin\varphi_m}{2}(2p_0 - \sigma_c)$$

式中　σ_c——岩石单轴抗压强度。

从理论上讲,如果 p_i 超过上式求出的值,围岩的变形即处在弹性范围,应由另外的线弹性直线表示。但是,要求在围岩开挖的同时就有足够的支护作用,是无法实现的。

这些分析表明,共同作用原理只说明了岩石地下工程稳定的一部分基本道理。但是,它更为严重的问题是不能反映岩石在强度峰值以后的普遍情况。因此,要用共同作用原理对实际工程进行支护作用和围岩位移的定量分析还是非常困难的。也正是这些缺陷,使它离实际应用还有相当的距离。

7.4.3　围岩压力计算

岩石地下工程一般埋深较大,穿越的地层复杂,地应力和对地下结构作用的传递情况也很复杂,因此,围岩压力的计算仍是一个没有完全解决的问题。

早期的古典地压理论可以通过非常简单的初等计算给出支护压力的大小,但是无法回

答变形问题。20 世纪五六十年代，由弹塑性力学方法引出的共同作用原理曾一度在岩石力学界占据主导地位；但是实践证明，基于连续介质的小变形弹塑性理论，在解决岩石强度峰值后的特性问题上至今还非常乏力，远达不到能进行支护设计的地步，另外，处在峰前区的岩石具有较好的自稳能力。因此，解决峰后情况的岩石稳定问题，是许多岩石力学工作者所关心的一个重要课题。

有关形变围岩压力计算问题见围岩压力共同作用原理讨论，以下仅对松动围岩压力计算及岩爆的条件和发生机理进行分析探讨。

7.4.3.1　*松动围岩压力计算*

实际上，围岩的变形和松动是围岩变形破坏发展过程中的两个阶段，围岩过度变形超过其抗变形能力，就会引起塌落等松动破坏，此时作用于支护衬砌上的围岩压力等于塌落岩体的自重或其分量。目前，计算松动围岩压力的方法主要有平衡拱理论、太沙基理论和块体极限平衡理论等。

(1) 平衡拱理论

该理论是由著名的俄国学者 M. M. 普罗托季亚科诺夫提出的，又称为普氏理论。该理论认为，硐室开挖以后，如不及时支护，硐顶岩体将不断冒落而形成一个拱，又称塌落拱。最初这个拱是不稳定的，如果硐室侧壁稳定，则拱高随塌落不断增高；如硐室侧壁也不稳定，则拱跨和拱高同时增大。当硐室的埋深较大（埋深 $H>5b_1$，b_1 为拱跨）时，塌落拱不会无限发展，最终将在围岩中形成一个自然平衡拱。此时，作用于支护衬砌上的围岩压力就是平衡拱与衬砌间破碎岩体的重力，与拱外岩体无关。因此，利用该理论计算围岩压力时，先要获取平衡拱的形状和拱高。

如图 7-15 所示，为了获取平衡拱的形状和拱高，取坐标系 xOy，曲线 LOM 为平衡拱，关于 y 轴对称。在半跨 LO 段内任取一点 $A(x,y)$，取 OA 为脱离体，考察它的受力与平衡条件。OA 段的受力状态为：半跨 OM 段对 OA 的水平作用力为 R_x，R_x 对 A 点的力矩为 R_xy；竖直原岩应力 σ_v 在 OA 上的作用力为 $\sigma_v x$，它对 A 点的力矩为 $\sigma_v x^2/2$；LA 段对 OA 段的反力为 W，它对 A 点的力矩为零。由于 A 点处于平衡状态，则由平衡拱极限平衡条件可求得拱的曲线方程

$$y=\frac{\sigma_v}{2R_x}x^2 \tag{7-49}$$

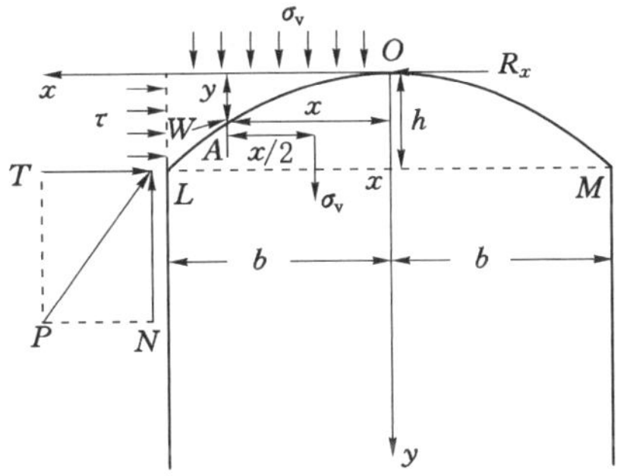

图 7-15　平衡拱及其受力分析示意图

式(7-49)为抛物线方程，因此可知平衡拱为抛物线形状。进一步设平衡拱的拱高为 h，

半跨为 b，则由式(7-49)可得到

$$R_x = \frac{\sigma_v b^2}{2h} \tag{7-50}$$

为了求平衡拱高 h，考虑半拱 LO 的平衡，如图 7-15 所示，LO 除受力 R_x、σ_v 作用外，在拱脚 L 点还有反力 T 和 N。当半拱稳定时，利用极限平衡条件，则有

$$R_x = T = Nf, \sigma_v b = N$$

为使拱有一定的安全储备，设 $R_x = \frac{Nf}{2}$，所以有

$$R_x = \frac{1}{2}Nf = \frac{1}{2}\sigma_v bf$$

代入式(7-50)可得平衡拱高 h

$$h = \frac{b}{f} \tag{7-51}$$

将式(7-50)和式(7-51)代入式(7-49)，即得平衡拱的曲线方程

$$y = \frac{x^2}{fb} \tag{7-52}$$

式(7-51)和式(7-52)中的 f 为岩体的坚固性系数。对于松软岩体，可取

$$f = \tan\varphi_m + C_m/\sigma \tag{7-53}$$

对于坚硬岩体，常取

$$f = \sigma_c/10 \tag{7-54}$$

求得平衡拱曲线方程后，硐室侧壁稳定时硐顶的松动围岩压力即 LOM 以下岩体的重力，即

$$P_1 = \rho g\int_{-b}^{b}(h-y)\mathrm{d}x = \rho g\int_{-b}^{b}\left(h-\frac{x^2}{fb}\right)\mathrm{d}x = \frac{4\rho g b^2}{3f} \tag{7-55}$$

式中　ρ——岩体的密度。

其他符号意义同前。

如果硐室侧壁也不稳定，则硐室的半跨将由 b 扩大至 b_1，如图 7-16 所示。此时侧壁岩体将沿 LE 和 MF 面滑动，滑动面与竖直硐壁的夹角 $\alpha = 45° - \varphi_m/2$，所以有

$$\begin{cases} b_1 = b + l\tan\left(45° - \frac{\varphi_m}{2}\right) \\ h_1 = \frac{b_1}{f} = \frac{b}{f} + \frac{l\tan(45° - \varphi_m/2)}{f} \end{cases} \tag{7-56}$$

此时，为维持矩形硐室的原形，硐顶的松动围岩压力 P_1(kN)为 $AA'B'B$ 块体的重力，即

$$P_1 = \rho g\int_{-b}^{b}(h_1-y)\mathrm{d}x = \rho g\int_{-b}^{b}\left(\frac{b_1}{f}-\frac{x^2}{fb_1}\right)\mathrm{d}x = \frac{2\rho g b}{3fb_1}(3b_1^2 - b^2) \tag{7-57}$$

侧壁围岩压力为滑移块体 $A'EL$ 或 $B'FM$ 的自重在水平方向上的投影。也可按土压力理论计算，如图 7-16 所示，作用于 A 和 E 处的土压力 e_1、e_2 为

$$\begin{cases} e_1 = \rho g h_1 \tan^2\left(45° - \frac{\varphi_m}{2}\right) \\ e_2 = \rho g(h_1 + l)\tan^2\left(45° - \frac{\varphi_m}{2}\right) \end{cases} \tag{7-58}$$

因此，侧壁围岩压力为

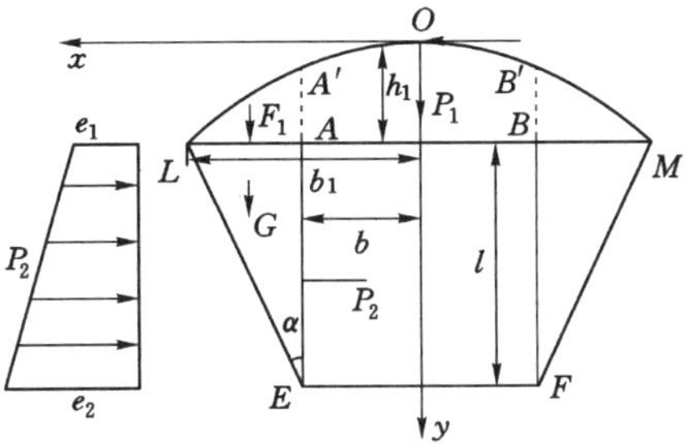

图 7-16　围岩压力的计算图

$$P_2 = \frac{1}{2}(e_1 + e_2)l = \frac{\rho g l}{2}(2h_1 + l)\tan^2(45° - \frac{\varphi_m}{2}) \tag{7-59}$$

大量实践证明，平衡拱理论只适用于散体结构岩体，如强风化、强烈破碎岩体及松动岩体和新近堆积的土体等。另外，硐室上覆岩体需有一定的厚度（埋深 $H>5b_1$），才能形成平衡拱。

(2) 太沙基理论

太沙基(K. Terzaghi)把受节理裂隙切割的岩体视为一种具有一定内聚力的散粒体。假定跨度为 $2b$ 的矩形硐室，开挖在深度为 H 的岩体中，开挖以后侧壁稳定，硐顶不稳定，并可能沿图 7-17 所示的面 AA' 和 BB' 发生滑移。滑动面的剪切强度 τ 为

$$\tau = \sigma_h \tan\varphi_m + C_m \tag{7-60}$$

式中　φ_m、C_m——岩体的内摩擦角和内聚力；

σ_h——水平原岩应力。

设岩体的原岩应力状态为

$$\begin{cases} \sigma_v = \rho g z \\ \sigma_h = \lambda\sigma_v = \lambda\rho g z \end{cases} \tag{7-61}$$

在岩柱 $A'B'BA$ 中 z 深度处取一厚度为 dz 的薄层进行分析。薄层的自重 $dG=2b\rho g dz$，其受力条件如图 7-17 所示。当薄层处于极限平衡状态时，由平衡条件可得

$$2b\rho g\,dz - 2b(\sigma_v + d\sigma_v) + 2b\sigma_v - 2\lambda\sigma_v\tan\varphi_m dz - 2C_m dz = 0$$

整理简化后得

$$d\sigma_v = (\rho g - \frac{\lambda\rho g}{b}z\tan\varphi_m - \frac{C_m}{b})dz \tag{7-62}$$

边界条件：当 $z=0$ 时，$\sigma_v=0$。

解式(7-62)得

$$\sigma_v = \rho g z(1 - \frac{\lambda}{2b}z\tan\varphi_m - \frac{C_m}{b\rho g}) \tag{7-63}$$

当 $z=H$ 时，σ_v 即作用于硐顶单位面积上的围岩压力，用 q 表示为

$$q = \rho g H(1 - \frac{\lambda}{2b}H\tan\varphi_m - \frac{C_m}{b\rho g}) \tag{7-64}$$

若开挖后侧壁亦不稳定，则侧壁围岩将沿与硐壁成夹角 $45°-\varphi_m/2$ 的面滑移，如图 7-18 所示。此时将柱体 $A'ABB'$ 的自重扣除 $A'A$、$B'B$ 面上的摩擦阻力，可求得作用于硐顶单位面积上的围岩压力 q

$$q=\rho gH[1-\frac{HK_a}{2b_2}] \tag{7-65}$$

式中

$$\begin{cases} b_2=b+h\tan(45°-\frac{\varphi_m}{2}) \\ K_a=\tan^2(45°-\frac{\varphi_m}{2})b\cot\varphi_m \end{cases} \tag{7-66}$$

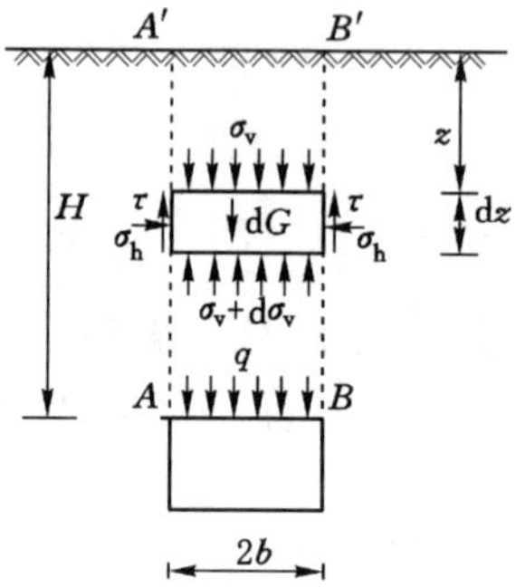

图 7-17 侧壁稳定时的围岩压力计算图

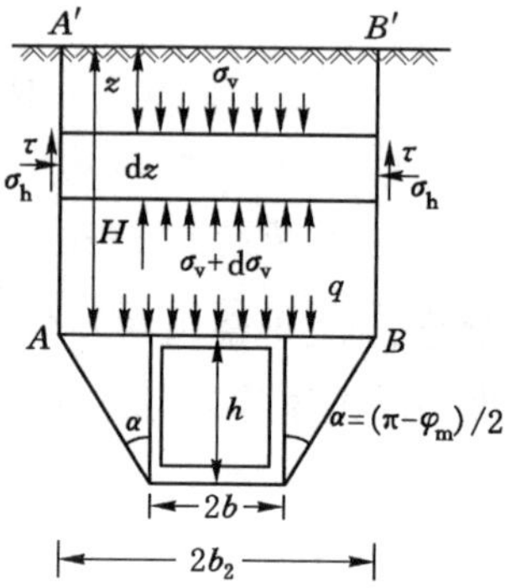

图 7-18 侧壁不稳定时的围岩压力计算图

硐顶围岩压力计算式(7-64)和式(7-65)适用于散体结构岩体中开挖的浅埋硐室。太沙基理论在英国、美国等西方国家流传很广，在我国也有不小影响。该公式和普氏理论的结论基本一致，特别是对于深埋的岩石地下工程；它与普氏理论的根本区别在于，它假设了围岩可能沿两个竖直滑动面 $A'A$ 和 $B'B$ 滑动。

(3) 块体极限平衡理论

整体状结构岩体，常被各种结构面切割成不同形状和大小的结构体。地下硐室开挖后，由于硐周临空，围岩中的某些块体在自重作用下向硐内滑移。那么作用在支护衬砌上的压力就是这些滑体的重力或其分量，可采用块体极限平衡理论进行分析计算。

采用块体极限平衡理论计算松动围岩压力时，首先应从地质构造分析着手，找出结构面的组合形式及其与硐轴线的关系。进而得出围岩中可能不稳定楔形体(或分离体)的位置和形状，并对不稳定楔形体塌落或滑移的运动学特征进行分析，确定其滑动方向、可能滑动面的位置、产状和力学强度参数。然后对楔形体进行稳定性校核。经校核，如果楔形体处于稳定状态，那么其围岩压力为零；如果不稳定，那么就要具体计算其围岩压力。下面以图 7-19 所示为例来说明硐顶和侧壁围岩压力的计算方法。

① 硐顶围岩压力。如图 7-19 所示，经勘查，在硐室顶部存在由两组结构面交切形成的楔形体 ABC，设两组结构面的性质相同，剪切强度参数为 C_j、φ_j，且夹角为 θ，结构面倾角分别为 α、β(在本例中设 $\alpha+\beta=90°$)。所切割的楔形体高为 h，底宽为 S。经分析楔形体受如下力的作用：a. 围岩重分布应力 σ_θ，可分解为法向力 $N_1=\sigma_\theta l\cos(\theta/2)$ 和上推力 $\sigma_\theta l\sin(\theta/2)$；b. 结构面剪切强度产生的抗滑力 $C_j l+\sigma_\theta l\cos(\theta/2)\tan\varphi_j$；c. 楔形体的自重 G_1。在以上力的作用下，楔形体 ABC 的稳定条件为

$$G_1\leqslant 2l(C_j+\sigma_\theta\cos\frac{\theta}{2}\tan\varphi_j+\sigma_\theta\sin\frac{\theta}{2})\cos\frac{\theta}{2} \tag{7-67}$$

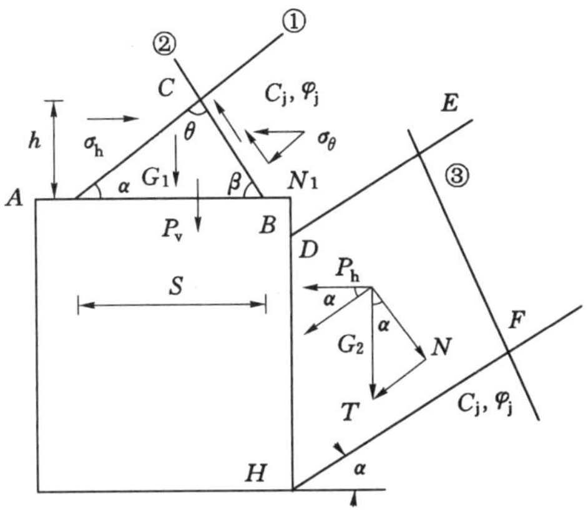

①、②、③—结构面。

图 7-19　楔形体平衡分析及围岩压力计算示意图

式中　l——结构面的长度。

如果经分析，楔形体不稳定，即不满足式(7-67)，则作用于硐顶支衬上的围岩压力 P_v 就等于该楔形体的自重，即

$$P_v = G_1 = \frac{1}{2}Sh\rho g \tag{7-68}$$

进一步由图 7-19 的关系有

$$h = \frac{S}{\cot\alpha + \cot\beta} \tag{7-69}$$

将式(7-69)代入式(7-68)得硐顶围岩压力 P_v(kN)

$$P_v = \frac{S^2\rho g}{2(\cot\alpha + \cot\beta)} \tag{7-70}$$

以上讨论的是两组结构面性质和倾角都相同的简单情况下的围岩压力计算方法。对于结构面性质和倾角不相同或楔形体更为复杂的情况，其围岩压力计算思路与此相同，只是计算公式更为复杂而已。

② 侧壁围岩压力。如图 7-19 所示，除硐顶外，侧壁也存在不稳定楔形体 $DEFH$。它所形成的侧壁围岩压力 P_h 等于楔形体的重力在滑动方向上的分力减去滑动面的摩擦阻力后在水平方向上的分力。由图可知，楔形体在自重 G_2 作用下，在滑动面 FH 上的滑动力 $T = G_2\sin\alpha$，抗滑力为 $G_2\cos\alpha\tan\varphi_j + C_j l_{FH}$。

根据块体极限平衡理论，楔形体的稳定条件为

$$G_2\cos\alpha\tan\varphi_j + C_j l_{FH} - G_2\sin\alpha > 0 \tag{7-71}$$

若楔形体不稳定[即不满足式(7-71)]，则该楔形体产生的侧向围岩压力 P_h(kN)为

$$P_h = (G_2\sin\alpha - G_2\cos\alpha\tan\varphi_j - C_j l_{FH})\cos\alpha \tag{7-72}$$

式中　C_j、φ_j——滑动面 FH 的内聚力和内摩擦角；

α——滑动面 FH 的倾角；

l_{FH}——滑动面 FH 的长度。

(4) 计入深度影响的巷(隧)道地压估算

上述深埋工程的普氏理论和太沙基理论都反映了地压中的拱效应，计算公式都与隧道

所处的深度无关。近年来一些深部矿井巷道(埋深 800～1 000 m)的实践表明，它们的地压大小、破坏范围都要比浅埋巷道更严重。因此，需要有计入深度影响的简便地压估算公式。

公式假设前面计算的圆形巷道塑性圈半径 R_1 就是岩石破裂的范围，其内的岩石会全部滑落而不存在拱效应。这样，支护承受的就是上部破裂区将滑落岩石的全部重力。另外，试验结果表明，面积相同的巷道，断面形状对 R_1 的影响甚小，因此，计算中所用的 R_0 可以采用不同形状巷道的外接圆半径。为简化计算，选定支护反力 $p_i=0$ 时的最大 R_1，即式(7-27)作为计算值。这样，可写出与深度有关的地压公式。

圆形巷道的顶压集度

$$q_d = \gamma(R_1 - R_0) \tag{7-73}$$

矩形巷道的顶压集度

$$q_d = \gamma(R_1 - H/2) \tag{7-74}$$

式中　H——巷道高度。

7.4.3.2　岩爆

在具有高原岩应力的弹脆性岩体中，进行各种有目的的地下开挖工程时，开挖卸荷及特殊的地质构造作用会引起工程体周边岩体中应力高度集中，并积聚较高的弹性应变能。当开挖体围岩中应力超过岩体的容许极限状态时，大量弹性应变能将瞬间释放，使围岩发生急剧变形破坏和碎石抛掷，并发生剧烈声响、震动和气浪冲击，造成顶板冒落、侧墙倒塌、支护折断、设备毁坏，甚至地面震动、房屋倒塌等现象，直接威胁着地下施工人员的生命安全，这种作用或现象称为岩爆，在采矿中称为冲击地压或矿震。因此，它是地下工程中一种危害最大的地质灾害。

广义地说，岩爆是一种地下开挖活动诱发的地震现象。目前测得的采矿诱发矿震的能量范围为 10^{-5}～10^{9} J。但只有突然猛烈释放的能量大于 10^{4} J 的矿震才形成岩爆。

世界上几乎所有国家都不同程度地受到冲击地压的威胁。1738 年英国首先报道了煤矿中所发生的冲击地压现象。之后在苏联、南非、德国、美国、加拿大、印度、英国等几十个国家和地区，冲击地压现象时有发生。我国自 1933 年抚顺煤矿首次发生岩爆以来，相继在水电工程、采矿及铁路隧洞工程中发生了许多次岩爆，造成了人员伤亡和财产损失。近 40 年来，我国冲击地压矿井数量由 1985 年的 32 个增加到 2022 年的 146 个。随着开采深度的不断增加，冲击地压的危害将更加突出。然而，虽然人类认识岩爆灾害已有 270 多年的历史，但真正引起各国关注却是近几十年的事情。目前，这方面的研究也不太多，有许多问题还处在探索阶段。下面仅就岩爆的产生条件、影响因素及形成机理等进行简要的讨论。

(1) 岩爆的产生条件

① 围岩应力条件。判断岩爆发生的应力条件有两种方法：一种方法是用硐壁的最大切向应力 σ_θ 与围岩单轴抗压强度 σ_c 之比作为岩爆产生的应力条件；另一种方法是用原岩应力中的最大主应力 σ_1 与岩块单轴抗压强度 σ_c 之比进行判断。

多尔恰尼诺夫等根据苏联库尔斯克半岛西平矿的岩爆研究，提出了如表 7-2 所列的切向应力 σ_θ 判据。

表 7-2　岩爆的切向应力判据

切向应力 σ_θ 判据	岩爆特征
$\sigma_\theta < 0.3\sigma_c$	硐壁不出现岩爆
$0.3\sigma_c \leqslant \sigma_\theta \leqslant (0.5 \sim 0.8)\sigma_c$	硐壁出现岩射和剥落
$\sigma_\theta > 0.8\sigma_c$	硐壁出现岩爆和猛烈岩射

另外，根据我国已产生岩爆的地下硐室资料统计，有关学者得出当岩体中最大主应力 σ_1 与 σ_c 达到如下关系时，将产生岩爆

$$\sigma_1 \geqslant (0.15 \sim 0.2)\sigma_c \tag{7-75}$$

表 7-3 给出了一些地下工程围岩发生岩爆时的 σ_1/σ_c，可知 σ_1/σ_c 大于 0.165～0.35 的脆性岩体最易发生岩爆。

表 7-3　发生岩爆时的 σ_1/σ_c

地下工程名称	岩　性	单轴抗压强度 σ_c/MPa	最大主应力 σ_1/MPa	σ_1/σ_c
苏联，希宾地块，拉斯乌姆乔尔矿	霓霞-磷霞岩	180.0	57.0	0.317
苏联，希宾地块，基洛夫矿	霓霞-磷霞岩	180.0	37.0	0.206
美国，爱达荷州，CAD 矿 A 矿	石英岩	190.0	66.0	0.347
美国，爱达荷州，CAD 矿 B 矿	石英岩	190.0	52.0	0.274
美国，爱达荷州，加利纳矿	石英岩	189.0	31.5	0.167
瑞典，维塔斯输水硐	石英岩	180.0	40.0	0.222
中国，二滩电站，2# 硐、3# 支硐	正长岩	210.0	26.0	0.124

② 岩性条件。脆性岩体中，弹性变形一般占破坏前总变形量的 50%～80%。所以，这类岩体具有积累高弹性应变能的能力。因此，可以用弹性应变能系数 w 来判断岩爆的岩性条件。w 是指加载到 $0.7\sigma_c$ 后再卸载至 $0.05\sigma_c$ 时，卸载释放的弹性应变能与加载吸收的弹性应变能之比的百分数，即

$$w = \frac{S_{CAB}}{S_{OAB}} \times 100\% \tag{7-76}$$

式中　S_{CAB}——图 7-20 中曲线 ABC 所包围的面积；

S_{OAB}——图 7-20 中曲线 OAB 所包围的面积。

一般来说，当 $w>70\%$时，会产生岩爆，w 越大发生岩爆的可能性越大。

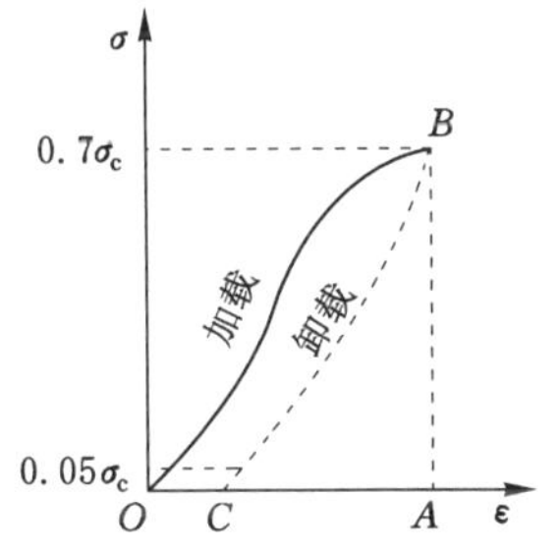

图 7-20　弹性应变能系数 w 概念示意图

此外，还可用岩石单向压缩时达到强度极限前积累于岩石内的弹性应变能与强度极限后消耗于岩石破坏的弹性应变能之比来判断(图 7-21)，即

$$n = \frac{S_{OAB}}{S_{BAC}} \tag{7-77}$$

式中　S_{OAB}——图 7-21 中曲线 OAB 包围的面积；

S_{BAC}——图 7-21 中曲线 BAC 包围的面积。

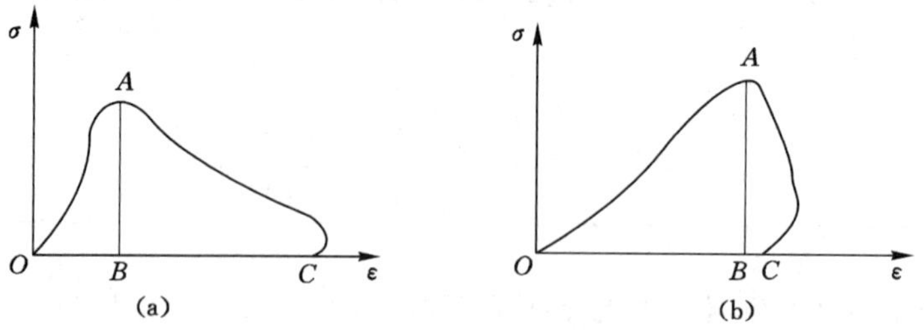

图 7-21 岩石应力-应变全过程曲线

一般来说，$n<1$[图 7-21(a)]时，不会发生岩爆；而 $n>1$[图 7-21(b)]时，在高应力条件下可能发生岩爆。

(2) 岩爆的影响因素

① 地质构造。实践表明，岩爆大都发生在褶皱构造中。如我国南盘江天生桥水电站引水硐，岩爆发生在尼拉背斜地段；唐山煤矿 2151 工作面岩爆发生在向斜轴部。另外，岩爆与断层、节理构造也有密切的关系。调查表明，当工作面与断裂或节理走向平行时，容易触发岩爆。我国龙凤煤矿发生的 50 次岩爆中，发生在断层前的占 72%，发生在断层带中的占 14%，发生在断层后的占 10%。天池煤矿，在采深 200～700 m 处，90%的岩爆发生在断层和地质构造复杂部位。岩体中节理密度和张开度对岩爆也有明显的影响。对南非金矿的观测表明，节理间距小于 40 cm 且张开的岩体中，一般不发生岩爆。工作面岩体中有大量岩脉穿插时，也易发生岩爆。

② 硐室埋深。大量资料表明，随着硐室埋深增加，岩爆次数增多，强度也增大。发生岩爆的临界深度 H 可按式(7-78)估算

$$H>1.73\frac{\sigma_c B}{\rho g C} \tag{7-78}$$

式中，$B=\left[1+\frac{\sigma_3}{\sigma_1}\left(\frac{\sigma_3}{\sigma_1}-2\mu\right)\right]$；$C=\frac{(1-2\mu)(1+\mu)^2}{(1-\mu)^2}$；$\sigma_1$、$\sigma_3$ 为原岩最大、最小主应力。

据统计，我国煤矿中岩爆多发生在埋深大于 200 m 的巷道中。

此外，地下开挖尺寸、开挖方法、爆破震动及天然地震等对岩爆也有明显的影响。

(3) 岩爆的形成机理和围岩破坏区分带

根据岩爆破坏的几何形态、爆裂面力学性质、岩爆弹射动力学特征和围岩破坏的分带特点，可知岩爆的孕育、发生和发展是一个渐进性变形破坏过程，如图 7-22 所示，可分为三个阶段。

① 劈裂成板阶段[图 7-22(a)]。在储存有较高弹性应变能的脆性岩体中，开挖使岩体中原岩应力分异、围岩应力集中，在硐壁平行于原岩最大主应力 σ_1 部位，切向应力梯度增大，硐壁受压，致使垂直于硐壁方向受张应力作用而产生平行于最大切向应力的板状劈裂。劈裂面平直，无明显擦痕。在原岩应力量级相对较小且围岩中弹性应变能不大的情况下，因劈裂消耗了部分弹性应变能，劈裂发展至一定程度后将不再继续扩展，此时仅硐壁表面在张剪应力复合作用下，部分劈裂岩体脱离母岩而剥落，而无岩块弹射出现。这种破坏原则上不属于岩爆，而属静态脆性破坏。若围岩应力很高，储存的弹性应变能很大，则劈裂会进一步

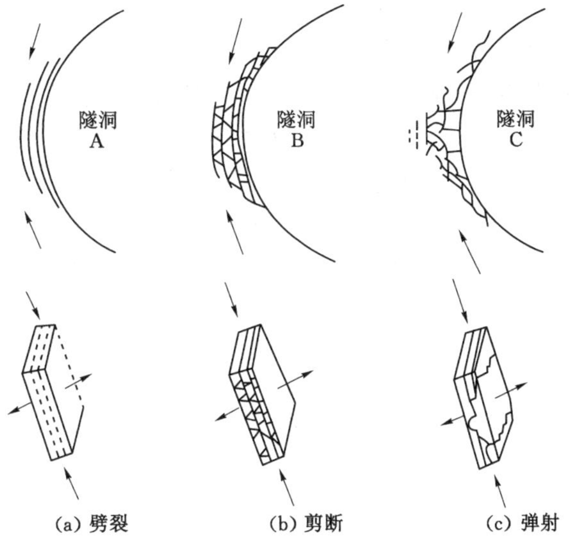

图 7-22　岩爆渐进破坏过程示意图

演化。本阶段属于岩爆孕育阶段。

② 剪切成块阶段[图 7-22(b)]。在平行于劈裂面方向上，切向应力继续作用，在产生切向压缩变形的同时，径向变形增大，劈裂岩板向硐内弯曲，岩板内剪应力增大，发生张剪复合破坏。此时岩板破裂成棱块状、透镜状或薄片状岩块，破裂面上有明显的擦痕，岩板上的微裂隙增多并呈“V”字形或“W”字形。此时硐壁岩体处于爆裂弹射的临界状态。所以本阶段是岩爆的酝酿阶段。

③ 块、片弹射阶段[图 7-22(c)]。在劈裂、剪断岩板的同时，产生响声和震动。在消耗大量弹性应变能之后，围岩中的剩余弹性应变能转化为动能，块、片获得动能而发生弹射，岩爆形成。

上述岩爆三个阶段构成的渐进性破坏过程都是很短促的。各阶段在演化的时序和发展的空间部位方面，都是由硐壁向围岩深部依次重复更迭发生的。因此，岩爆引起的围岩破坏区可以分为弹射带、劈裂-剪切带和劈裂带。

综上所述，岩爆是地下工程中与地壳岩体内动力作用有关的地质灾害，它不仅与岩体原岩应力状态密切相关，而且与岩体的力学属性有关。岩爆的发生还受到地质构造、硐室埋深、形状、施工方法及爆破震动等因素的影响。可根据岩爆显现的各种物理力学现象对岩爆进行预测预报，采取相应的消除和控制措施，以减少其灾害损失。

7.4.4　岩石地下工程稳定与围岩控制

7.4.4.1　维护岩石地下工程稳定的基本原则

当围岩压力大，围岩不能自稳时，就需要借助支护和围岩加固手段以控制围岩，维护岩石地下工程的稳定，实现安全施工，并满足在服务年限里的运行和使用要求。

岩石地下工程稳定所涉及的因素比较多，尤其在一些复杂地质条件下更是一个困难的问题。在采矿工程中，受矿体赋存条件的制约，巷道等岩石地下工程的位置、围岩性质及地质环境条件无法随意选择，从而决定了其维护工作的困难性。但是，即使如此，工程中总还有一些可控制或可调节的因素。因此在岩石地下工程的设计与施工中，就要根据其稳定的基本原则，充分利用有利条件，采取合理措施，保证在经济的原则下，实现工程稳定。

从前面的分析可知，充分发挥围岩的自承能力，是实现岩石地下工程稳定的最经济最可靠的方法。所以岩体应力及岩体强度是决定围岩稳定的首要因素。当岩体应力超过岩体强度而设置支护时，支护应力与支护强度便成了岩石工程稳定的决定性因素。因此，维护岩石地下工程稳定的出发点和基本原则，就是合理解决这两对矛盾。

(1) 合理利用和充分发挥岩体强度

① 地下的地质条件相当复杂，软岩的强度可以在 5 MPa 以下，而硬岩的强度可达 300 MPa 以上。即使在同一个岩层中，岩性也会相差很大，其强度甚至可以相差十余倍。岩石性质的好坏，是影响岩石工程稳定最根本、最重要的因素。因此，应在充分比较施工和维护稳定两方面经济合理性的基础上，尽量将工程位置设计在岩性好的岩层中。

② 避免岩石强度的损坏。工程经验表明，在同一岩层中，机械掘进的巷道寿命往往要比爆破施工的长得多，这是因为爆破施工对岩石强度的损坏程度较大。资料表明，不同爆破方法可以降低岩石基本质量指标 10%～34%，围岩的破裂范围可以达到巷道半径 33%之多。另外，被水软化的岩石强度常常要降低 1/5 以上，有时甚至完全被水崩裂潮解。特别是一些含蒙脱石等成分的泥质岩石，还有遇水膨胀等问题。因此，施工中要特别注意加强防排水工作。采用喷混凝土的方法封闭岩石，防止其软化、风化，也是维护巷道稳定的有效措施。

③ 充分发挥岩体的承载能力。通过围岩与支护共同作用原理的分析已经清楚，围岩在地下岩石工程稳定中起到举足轻重的作用。因此，在围岩承载能力允许的范围内，适当的围岩变形可以减小围岩的内应力，降低支护的强度和刚度要求。这对实现工程稳定及经济性有双利的效果。煤矿支护中还采用有专门收缩变形机构的可缩性支架来实现“让压”。

④ 加固岩体。当岩体质量较差时，可以采用锚固、注浆等方法来加固岩体，提高岩体强度及承载能力。岩体结构面、破碎带等结构破坏的影响往往是岩体强度被削弱的主要原因。因此，采用加固岩体的锚喷支护、注浆等经济的方法，可能会收到意想不到的效果。

(2) 改善围岩的应力条件

① 选择合理的巷道断面形状和尺寸。岩石怕拉耐压，岩石的应力状态也影响岩石的强度。因此，确定巷道的断面形状应尽量使围岩均匀受压。如果不易实现，也应尽量不使围岩出现拉应力，使巷道的高径比和地应力场(侧压力)匹配，这就是前面讨论等应力轴比和零应力轴比的意义。当然，也应注意避免围岩出现过高的应力集中而造成超过强度的破坏。

② 选择合理的位置和方向。岩石工程的位置应选择在避免受构造应力影响的地方；如果无法避免，则应尽量弄清楚构造应力的大小、方向等情况。国外特别强调使巷道轴线方向和最大主应力方向一致，尤其要避免与之正交。支护应特别注意这种地压的不均匀性。

③ 卸压方法。近年来国内外广泛开展卸压支护方法研究，它是在一些应力集中的区域，通过钻孔或爆破，甚至专门开挖卸压硐室，改变围岩应力的不利分布，也可以避免高应力向不利部位(如巷道底角)传递。所以，卸压方法常作为解决煤矿采区巷道底鼓问题的一种有效措施。

(3) 合理支护

合理的支护包括支护形式、支护刚度、支护时间、支护受力情况的合理性以及支护的经济性。支护是巷道稳定的加强性措施。因此，支护参数的选择应着眼于充分改善围岩应力状态，调动围岩的自承能力和考虑支护与岩体相互作用的影响；并在此基础上，注意提高支护的能力和效率。例如，锚杆支护能起到意想不到的效果，就因为它是一种可以在内部加固岩体的支护形式，它有利于岩石强度的充分发挥。另外，当地压可能超过支护构件能力时，使支护具有一定的可缩性，也是利用围岩支护共同作用原理来实现围岩稳定并保证支护不被损坏的经济有效方法。

支护与围岩间的应力传递情况，对发挥支护自身能力及支护稳定围岩的作用有重要的影响。当荷载不均匀地集中作用在支护的个别地方时，支护在未达到其承载能力之前（有时甚至还不到其承载能力 1/10）会出现局部破坏而整体失稳的情况；另外，支护与围岩间总存在间隙（有时可达半米之多），这种间隙不仅使构件受力不均匀，延缓支护对围岩的作用，还会恶化围岩的受力状态。所以，应采取有效措施（如注浆、充填等）实现支护与围岩间的密实接触，从而实现围岩压力均匀传递。

(4) 强调监测和信息反馈

由于巷道地质条件复杂并且难以完全预知，岩体的力学性质具有许多不确定性因素，因此，岩石地下工程施工所引起的岩体效应就不能像“白箱”那样操作而容易获得一个确定性的结果。所以，通过围岩在施工中的反响，来判断其“黑箱”中的有关内容和推测以后可能出现的变化规律，就成为控制巷道稳定最现实的方法。目前，国内外普遍强调监测和信息反馈技术，即通过施工过程和后期的监测，结合数学和力学方法，获得预测的结果或用于指导设计和施工的一些重要结论。例如，国际流行的“新奥法”支护技术的一项重要措施，就是监测与反馈。

解决岩石地下工程稳定问题涉及岩石破坏前与破坏后的基本力学性质及地下环境的影响、围岩与支护之间的相互作用影响以及岩石地下工程的结构和自身受力特点等复杂的内容。为解决岩石地下工程稳定问题，常采用的方法有：

① 经验方法或工程类比方法。这是人们通过对实践的总结，进行归类的方法。

② 解析方法。其结论具有普遍意义和指导作用，但是解决问题的范围相当有限。

③ 由一些简化而建立的简单初等力学计算公式。这些计算公式在一定条件下具有参考意义。

④ 数值计算方法。这是当前发展最快的方法，已经成为解决岩石地下工程稳定问题的重要工具；但是，所涉及的基础理论和方法自身的缺陷尚需要进一步解决。

⑤ 试验方法。包括实验室工作和现场监测与反馈，是直接面对工程问题的有效手段，已越来越受到重视。

所有这些方法，各有优劣。目前，随着现代科学技术的发展和观念的更新，一些先进的科学技术成果和强有力的数学力学工具，正在改造或者形成指导地下岩石工程稳定的新方法。例如，针对连续岩体和不连续岩体的有限元、边界元、离散元、流形元等数值计算方法，具有人工智能的专家系统方法，各种模式识别和系统反演方法，包括灰色系统理论、时间序列分析、概率测度分析、统计分析、神经网络分析以及混沌理论、分形理论等的应用。尽管目前的成果不能完全尽如人意，还存在大量的问题需要进一步研究解决，但是可以相信，依靠现代科学理论与技术的进步，是岩石力学及其工程问题走向现代化和科学化的必由之路，它们将为解决地下岩石工程稳定问题提供有力的手段。

7.4.4.2　支护分类与围岩加固

支护的分类形式有许多。如按支护材料分类，有钢、木、钢筋混凝土、砖石、玻璃钢等；按形状分，有矩形、梯形、直墙拱顶形、圆形、椭圆形、马蹄形等；按施工和制作方式分，有装配式、整体式、预制式、现浇式；等等。根据支护作用的性质，可把支护分为普通支护和锚喷支护两类。普通支护是在围岩的外部设置支撑和围护结构。锚喷支护靠置入岩体内部的锚杆对围岩起到稳定作用。普通支护又可以分为刚性支护和可缩性支护。可缩性支护的结构中一般设有专门可缩机构，当支护承受的荷载达到一定大小时，靠支护的可缩机构降低支护的刚度，支护同时产生较大的位移。

刚性与可缩性不是绝对的。设有专门可缩机构的可缩性支护在可缩能力丧失以后也就成了刚性支护；当底板软，基础会发生陷入下沉时，刚性支护也具有可缩性能力。

围岩加固是另一类维护地下岩石工程稳定的方法，如采用注浆等方法改善围岩物理力学性质及所处的不良状态，能对围岩稳定产生良好的作用。完整或质量好的岩石具有较高的承载能力，当它受到裂隙切割或破坏后整体强度会大幅降低。围岩加固就是针对具体削弱岩体强度的因素，采用一些物理或其他手段来提高岩体的自身承载能力。锚喷也可认为是一种加固性的支护方法。围岩加固方法还可以结合普通支护一起维护地下岩石工程稳定。

7.4.4.3　普通支护

(1) 普通支护的选材选型

常用的普通支护形式有(砌)碹(衬砌)和支架。碹是用混凝土或砖石材料砌筑而成的拱形结构；支架是棚式结构，一般有金属支架和木支架，也有混凝土预制构件或组合类型。

普通支护的选材选型应根据地压和断面大小，结合材料的受力特点，做到物尽其用。

直线形断面的构件承受的弯矩大，因此常常采用型钢材料或预制钢筋混凝土构件，一般用在断面不太大和压力有限的地方。曲线形断面的利用率较直线形状的差，但曲线形断面的支护构件主要是轴心或偏心受压，所以比较适合于应用耐压不受拉的砖石和混凝土材料。通常采用的曲线加直线形的断面有直墙三心拱、半圆拱、圆弧拱、抛物线拱(图 7-23)，通过力学分析可知，从前到后它们承受顶压的能力由小到大。当顶、侧压力均较大，直墙中弯矩过大时，则可采用弯墙拱顶；而底部也有很大压力且底板又软弱时，底板也要砌筑反拱，成为马蹄形或椭圆形支护。椭圆形的轴比则应按前面的分析原则确定。

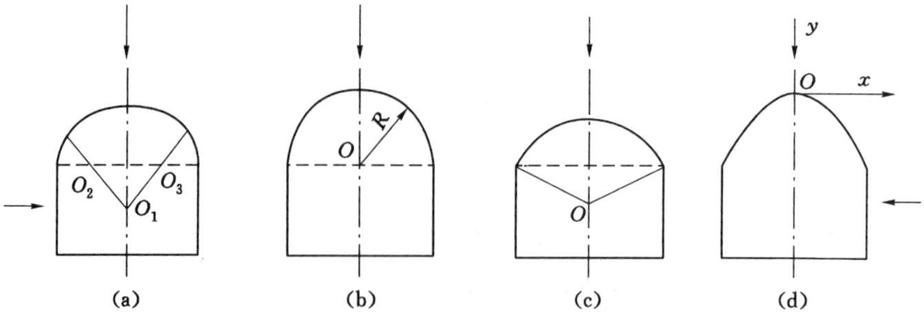

图 7-23　直墙拱顶形支护

底板砌筑反拱必须和墙体形成一个整体，可以形成断面全封闭的支护形式。这对于改变巷道支护中底板薄弱环节状况和提高支护整体承载能力是十分有益的，它也是新奥法支护技术的一个主要思想。但是，反拱的砌筑条件是比较困难的，投入也较大。

(2) 支护设计

只要已知结构的内力，就可以采用一般的结构力学、各种建筑结构学的方法进行支护结构的构件设计。因此，其关键就是要确定结构的外荷载，以便计算结构内力。根据地压确定方法的特点，目前岩石地下工程结构的计算方法主要可分为两种，即现代的视支护-围岩为共同体的计算模型方法和传统的结构力学方法。

现代的计算模型方法——这是一种把支护和围岩视为一体的方法，在具体的工程中常常需采用数值计算(有限元、边界元等)方法。它可以考虑不同围岩和支护力学特性，包括岩体结构面力学特性、各种巷道断面形状、开挖效应、支护时间等复杂情况；能考虑围岩与支护的共同作用特点，并能反映现代支护技术的实际情况。尽管这一方法还存在前面所述的一些基本理论和计算本身的问题，但应该说，它是地下岩石工程结构设计的正确和有效途径。

传统的结构力学方法——它实际上是地面结构力学方法在地下工程中的沿用。外荷载由地压计算结果(主要是古典或现代的地压学说方法)直接获得；除此之外，这种方法要考虑另一种特殊的外荷载，即围岩抗力(或称弹性抗力)。

(3) 可缩性支护

在采矿工程中，地下岩石(煤层)巷道使用期间的移近量(收敛量)随岩性的强弱和巷道的类别而不同。小者 20～50 mm，大的可以达 2 000 mm，甚至更大。像这些变形大的巷道，都应采用与变形量相适应的可缩性支护。

可缩性支护要求只在超过一定大的荷载条件下可缩，而且应始终保持有一定的且不能过低的基本承载能力，不能无止境地退缩，否则，就会失去其支护的基本功能。

针对不同巷道的情况，可缩性支护的可缩量应能人为调节，且这些可缩性支护能实现多次可缩。

实现支护结构的可缩，一般可以采用以下三种方法：

① 当压力 P 达到一定限度(超过构件之间的摩擦阻力)时，支护构件发生滑动，或者启动液压缸中的回油阀而使活塞杆在一定压力下动作。

② 当压力 P 达到一定限度时，支护的局部构件进入塑性或破坏状态，从而引起支护整体产生较大的位移，如金属支架构件或砖块之间设置的木铰或木块被压扁，或者木垛的接触点被压酥，等等。

③ 当压力 P 达到一定限度时，多铰型支架构件绕铰接点转动，支架实现整体可缩。

目前，在煤矿井下采场中广泛采用的金属摩擦支柱、单体液压支柱和综采液压支架等，都是最典型的可缩性支架；而在采区巷道中多用 U 型钢做成的各类可缩性支架。这类支架的相对可缩量($\Delta H/H$)可达 35%甚至到 64%而不失其承载能力。由于它不易损坏而能回收重复使用，所以其初期投资虽然比较高，但总成本仍可能比其他支架少。

对于变形很大、具崩解膨胀性软岩中的其他巷道、隧道、硐库等地下工程，U 型钢可缩性支架也是比较理想的支护形式。

7.4.4.4　锚喷支护

锚喷支护是锚杆与喷射混凝土联合支护的简称。锚杆与喷射混凝土都可独立使用，但两者常联合应用，支护效果更加完善。

(1) 锚杆的工作特点

锚杆支护最突出的特点是,它通过置入岩体内部的锚杆提高围岩的稳定能力,实现其支护作用。锚杆支护迅速及时,而且在一般情况下支护效果良好,用料又省,在同样效果条件下,只有U型钢用钢量的1/15～1/12。所以它已被越来越广泛地应用于各类岩土工程中。

(2) 锚杆的结构类型

所谓锚杆,即一种杆(或索)体,其中置入岩体部分与岩体牢固锚结,部分裸露在岩体外面,挤压住围岩或从里面拉住围岩。

国内外锚杆的结构类型不下数十种,分类的方法也很多。早期主要采用机械式(倒楔式、涨壳式等)金属或木锚杆;后来较多采用黏结式(有水泥砂浆、树脂等黏结剂)钢筋或钢丝绳锚杆、木锚杆、竹锚杆等以及管缝式锚杆(管径略大于孔径的开缝钢管,打入岩孔)。近年来快硬或膨胀水泥砂浆、水泥药卷、树脂药卷等性能良好的黏结材料快速发展,特别是后者,使得锚杆的效能得到了显著提高。

根据杆体锚固的长度,可以分为端头(局部)锚固或全长锚固。各类水泥砂浆锚杆和树脂锚杆,均可实现全长锚固;管缝式锚杆也属于全长锚固。

由于锚杆有意想不到的效果,常常采用与锚杆结合的各种结构支护形式。如锚杆与钢筋网结合成锚网结构,将拉杆的两端锚固在岩石中成为锚拉结构,锚杆与梁、支架等均能结合在一起工作。

(3) 锚杆作用机理和锚杆受力

锚杆对围岩的作用,本质上属于三维应力问题,作用机理比较复杂 可以说至今还不能很好地解释锚杆这种良好的效果。一般认为,锚杆支护的作用机理主要有加固拱作用、悬吊作用、组合梁作用、围岩补强作用和减小跨度作用等;研究还表明,锚杆在抑制节理面间的剪切变形和提高岩体的整体强度方面起有重要的作用,特别是全长锚固锚杆。

锚杆杆体的受力状态也比较复杂,有研究表明,在全长锚固锚杆的中部或偏下部位存在一中心点,中心点内外的杆体表面剪应力指向相反,中心点处有最大轴力。对端头锚固的锚杆测力表明,部分锚杆还处在偏心受压状态。这些情况表明,锚杆的作用和机理都有待进一步探讨。

(4) 锚杆参数的确定方法

目前,锚杆设计的计算方法都要采用一些简化和假设,其结果只能作为一种近似的估算,而更多的是采用经验和工程类比方法。

① 按单根锚杆悬吊作用计算。

Ⅰ. 锚杆长度计算。

$$l = l_1 + l_2 + l_3 \tag{7-79}$$

式中 l_1——外露长度,取决于锚杆类型和构造要求,如钢筋锚杆应考虑岩层外有铁、木垫板与螺母高度及外留长度;

l_2——有效长度,l_2可选为易冒落岩层高度,如采用直接顶高度或普氏免压拱高、荷载高度,或者采用塑性区以下的顶板高度、实测松动圈厚度等;

l_3——锚入坚硬稳定岩层的长度,它的设计原则是锚杆锚固力不能小于锚杆杆体能承受的荷载(锚杆的锚固力由杆体与黏结剂、黏结剂与岩孔壁间的黏结力或锚杆与岩壁间的摩擦阻力等构成),可以根据实际数据计算,经验值一般不小于

300 mm。

Ⅱ. 锚杆杆径计算。锚杆的杆体拉断力应不小于锚固力。目前，还缺乏有效的锚固力确定方法，一般可根据工程条件和经验先确定要求的锚固力，然后计算锚杆杆径。

Ⅲ. 锚杆间、排距的确定。可由经验确定，或者按每根锚杆所能悬吊的岩体重力，并考虑安全系数(通常为1.5～1.8)计算锚杆间、排距。

② 考虑整体作用的锚杆设计。

整体设计锚杆的方法很多，但这方面的理论尚不能说已成熟。

澳大利亚雪山工程管理局亚历山大等对具有多组节理围岩中使用可施加预应力锚杆的拱形或圆形巷道，提出按拱形均匀压缩带原理设计锚杆参数的方法。该理论认为，在锚杆预应力 σ_2 作用下，杆体两端间的围岩形成挤压圆锥体；相应地，沿拱顶分布的锚杆群在围岩中就有相互重叠的压缩锥体并形成一均匀压缩带(图7-24)。

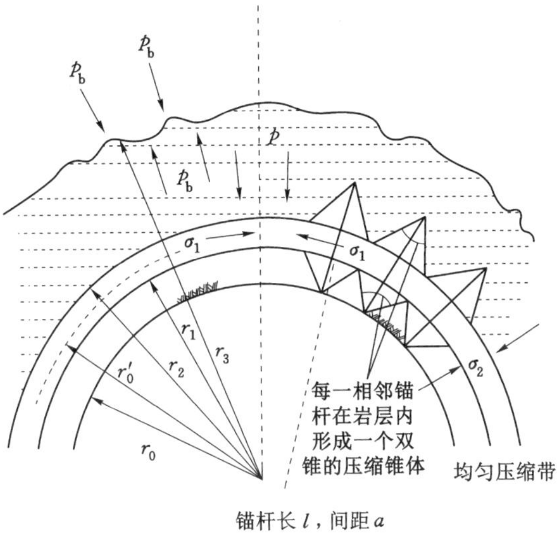

图7-24　均匀压缩带锚杆支护参数设计原理示意图

根据试验结果，锚杆长度 l 与锚杆间距 a(等间距布置)之比分别为3、2和1.33时，均匀压缩带厚度 t 与锚杆长度 l 之比相应为2/3、1/3和1/10。

设外荷载 p 作用引起均匀压缩带内切向主应力 σ_1，并假定沿厚度 t 切向主应力 σ_1 均匀分布，则根据薄壁圆管公式有

$$\sigma_1 = \frac{pr_1}{t} \tag{7-80}$$

均匀压缩带内缘作用有锚杆预应力引起的主应力 σ_2。

$$\sigma_2 = N/a^2 \tag{7-81}$$

一般情况下，$N=(0.5\sim0.8)Q$，Q 为锚固力，由现场拉拔试验或设计确定。

在双轴主应力作用下，均匀压缩带内岩体满足库仑强度准则，即在无黏结力的情况下的安全条件为

$$\sigma_1 \leqslant \sigma_2 \tan^2(45^\circ + \varphi/2) \text{ 或 } p \leqslant \frac{\sigma_2 t}{r_1}\tan^2(45^\circ + \varphi/2) \tag{7-82}$$

当存在黏结力时，则有

$$\sigma_1 \leqslant \sigma_2 \tan^2(45° + \varphi/2) + C \text{ 或 } p \leqslant \frac{\sigma_2 t}{r_1}\tan^2(45° + \varphi/2) + C \tag{7-83}$$

根据上述原理，确定锚杆参数的步骤如下：

首先，预选锚杆长度 l，直径 d，间距 a（间距和排距相等）。

然后，根据 l、d，由上述提供的试验结果，确定均匀压缩带厚度 t，以及 r_0、r_1、r_2 等参数值。

最后，根据式(7-82)或式(7-83)验算均匀压缩带安全条件；如不满足，调整锚杆参数，重新计算直至满足为止。

关于式中 p 的确定，通常采用耶格和库克公式

$$p = p_b(r_2/r_3)^{\frac{2\sin\varphi}{1-\sin\varphi}} \tag{7-84}$$

文献[11]给出了 p_b 的计算式。根据前面的弹塑性分析，把 r_3 圈内视为塑性区，r_3 以外是弹性区，于是可取塑性区径向应力公式(7-21)，并使 $r=R_1$ 且 $R_1=r_3$，代入所得的交界面径向应力 σ_r^p 即 p_b。这样，采用上述方法即可比较完整地进行整体锚杆设计。

目前，采用数值计算方法设计锚杆支护参数已经相当广泛。这种方法已经能够描述端头锚固和全长锚固的不同状态，能够结合共同作用原理，同时它还能分析围岩应力和位移状态。

(5) 锚杆施工

锚杆是一种隐蔽工程，工作现状难以检测，因此锚杆施工质量对工程稳定意义重大。锚杆施工首先要求有足够和可靠的锚固力，这是锚杆发挥功能的根本。密封岩帮，保持岩帮不会冒落，并充分保证锚杆端部紧贴围岩，充分形成对围岩的挤压作用，是发挥锚杆支护功能的必要条件。锚杆是通过岩体自身的能力来实现围岩稳定的，因此，维持岩体有一定的自身强度是提高锚杆维护围岩稳定作用的最好途径。这些问题在锚杆施工中要特别注意。

目前，流行采用高强锚杆(100～200 kN 以上)、高锚固力的支护技术，该技术解决了一些在复杂条件下使用锚杆支护的技术问题和困难巷道的稳定问题，展示了锚杆支护技术的良好前景。

(6) 喷射混凝土的特点和使用

喷射混凝土最突出的支护特点是在施工中岩面一经暴露就可以用混凝土喷射覆盖，除起一定支护作用外，还及时封闭岩面，隔绝水、湿气和风化对岩体的不利作用，防止岩体强度降低。这一点，对于易风化、遇水会膨胀崩解的软岩来说，意义十分重要。另外，喷射混凝土常配合锚杆使用，可以克服锚杆容易因岩面附近活石风化、冒落而失效的弱点，使围岩形成一个整体。正因为这样，喷射混凝土常和锚杆联合使用，成为锚喷支护。

喷射混凝土也可单独使用，但素混凝土是一种脆性材料，其极限变形量只有 0.4%～0.5%，在围岩有较大变形的地方喷层会出现开裂和剥落。因此，单独的素喷混凝土使用在围岩变形量小于 2～5 cm 的地方；而变形量更大时，要采用喷射纤维混凝土的方法，或者采用锚喷联合支护。

单独采用喷射混凝土支护时，一般喷层厚度为 50～150 mm；采用锚杆支护为主、喷射混凝土为辅时，喷层厚度为 20～50 mm。

7.4.4.5　锚索支护

锚索是近年来发展并被广泛应用的支护手段。锚索和锚杆的区别除其规格尺寸和承载能力外，主要在于锚索一般需要施加预应力。正因为这样，锚索常应用在工程规模大而比较重要、地质条件复杂、支护困难的地方。

锚索的结构形式和锚杆类似，根部一端（或整个埋入长度）需要固定在岩土体内；但锚索的外露头部一端靠预应力对岩土体施加压力。锚索的索体材料采用高强的钢绞线束、高强钢丝束或（螺纹）钢筋束等。单根钢丝（或钢绞线）的强度标准值可以达到 1 470 MPa 或更高，预应力较小时采用Ⅱ、Ⅲ级钢筋，其强度标准值也大于 300 MPa。因此，锚索的锚固力可以达到兆牛的量级。

一般的锚索长度大于 5 m，长的可达数十米。根据锚索预应力的传递方式，一般将锚索分为拉力式锚索和压力式锚索。所谓拉力式锚索，是将锚索固定在岩体内后，张拉锚索杆体，然后在锚孔内灌水泥或水泥砂浆，类似于预应力混凝土的先张法；压力式锚索采用无黏结钢筋，锚索经一次灌浆后固定在锚孔内，然后张拉锚索并最终形成对固结浆体和岩体的压力作用。为使预应力能更均匀地作用在固结浆体和周围岩体中，也可采用分段拉力式或分段压力式等多种结构形式。

待锚索在孔内锚固可靠（或灌注的水泥浆、水泥砂浆等固结有一定强度）后，就可以张拉预应力。根据岩性情况和对支护结构的变形要求，一般设计预应力值为其承载力设计值的50％～65％。

目前，国内外已经有不少锚索设计施工规范。和锚杆一样，锚索也是隐蔽工程，因此一般在规范中特别强调施工质量和检测、试验工作。在预应力施加工程中，要逐级加载、分级稳定，同时监测由于锚索锚固强度不够或材料蠕变引起的预应力损失。

锚索的支护效果特别明显，使用的条件也比较简单，有的矿井已经将其列为处理复杂地质条件的一种常用的手段。因此，它在岩石地下工程支护中有很大的应用前景。

7.4.4.6　注浆加固支护

岩土注浆主要有抗渗和加固两个功能。围岩注浆加固的特点是依靠注浆液黏结裂隙岩体，改善围岩的物理力学性质及力学状态，加强围岩的自身承载能力，并使围岩产生成拱作用。因此，对一些裂隙发育的围岩，注浆加固是一种维护巷道稳定的有效手段；同时，注浆与锚杆、支架形成的联合支护，可以大大提高锚杆或支架对围岩的作用，改善支护效果。目前还有一种所谓的注浆锚杆，就是将注浆后的注浆管留在岩体中作为锚杆发挥作用。由于锚杆周围岩体密实，锚杆在注浆孔中又黏结牢靠，因此往往能取得比较理想的效果。

注浆加固方法适合于裂隙岩体或破碎的岩体。影响注浆加固效果的因素很多，包括岩体的裂隙发育和分布情况，注浆孔的布置及浆液的渗透范围，浆液配比及流动、固结性能，注浆压力等一系列因素。而其中包含一些岩石力学基本理论中仍没完全解决的基本问题，如围岩的裂隙结构及其对稳定性的影响、围岩的破裂演化及平衡过程，等等。因此，目前的注浆加固设计实际上仍具有比较大的经验性。

对于加固性注浆，注浆的时机选择对注浆加固效果有很大影响。和支护时间的选择一样，注浆时间选择也应考虑围岩的应力条件和岩性条件。若注浆过迟，难以起到支护的作用；若注浆过早，为适应围岩的应力、裂隙发育等条件，对浆液材料的黏结性能、渗透性、固结强度以及浆液固结体的允许变形量等要求相对较高。

7.5 软岩工程

随着矿山开采深度的增加和铁路隧道等的建设，地下岩石工程遇到了越来越多的软岩，从而吸引了国内外许多岩石力学科研工作者从事软岩方面的研究，且在各方面都取得了长足的进展，特别是在煤矿地下软岩巷道研究方面，逐渐形成了软岩力学理论和软岩工程技术。

7.5.1 软岩的定义

7.5.1.1 地质软岩定义

地质软岩，是单轴抗压强度小于 25 MPa 的松散、破碎、软弱及具有风化膨胀性一类岩体的总称。该类岩石多为泥岩、页岩、粉砂岩和泥质岩石等强度较低的岩石，是天然形成的复杂的地质介质。国际岩石力学与岩石工程学会将软岩定义为单轴抗压强度(σ_c)在 0.5～25 MPa 之间的一类岩石，其分类基本上是依据强度指标。

该软岩定义用于工程实践常会出现矛盾。如巷道所处深度足够小，地应力水平足够低，则单轴抗压强度小于 25 MPa 的岩石也不会产生软岩的特征；相反，单轴抗压强度大于 25 MPa 的岩石，其工程部位足够深，地应力水平足够高，也可能出现软岩的大变形、大地压和难支护的现象。因此，地质软岩的定义不能用于工程实践，故而提出了工程软岩的概念。

7.5.1.2 工程软岩定义

工程软岩，是指在工程力作用下能产生显著塑性变形的工程岩体。此定义揭示了软岩的相对性实质，即取决于工程力与岩体强度的相互关系。当工程力一定时，不同岩体，强度高于工程力水平的大多表现为硬岩的力学特性，强度低于工程力水平的则可能表现为软岩的力学特性。而对同种岩石，在较低工程力的作用下，可能表现为硬岩的变形特性；在较高工程力的作用下，则可能表现为软岩的变形特性。

7.5.2 软岩的工程特性和力学属性

软岩具有可塑性、膨胀性、崩解性、流变性，并具有扰动性和两个基本力学指标（软化临界荷载和软化临界深度）。

① 软化临界荷载。软岩的蠕变试验表明，当所施加的荷载小于某一荷载水平时，岩石处于稳定变形状态，蠕变曲线趋于某一变形值，随时间延长而不再变化；当所施加的荷载大于某一荷载水平时，岩石出现明显的塑性变形加速现象，即产生不稳定变形，这一荷载称为软岩的软化临界荷载，亦即能使岩石产生明显变形的最小荷载。当岩石所受荷载水平低于软化临界荷载时，该岩石属于硬岩范畴；而只有当所受荷载水平高于软化临界荷载时，该岩石才表现出软岩的大变形特性，此时该岩石称为软岩。

② 软化临界深度。与软化临界荷载相对应，软岩存在软化临界深度。对特定矿区，软化临界深度是一个客观量。当巷道的位置大于某一开采深度时，围岩产生明显的塑性大变形、大地压和难支护现象；而当巷道位置较浅，即小于某一深度时，大变形、大地压现象明显消失。这一临界深度，称为岩石软化临界深度。软化临界深度的地应力水平大致相当于软化临界荷载。

软化临界荷载和软化临界深度可以相互推求，在无构造残余应力或其他附加应力的区域，其关系式为

$$\sigma_{cs}=\frac{\sum_{i=1}^{n}\gamma_i h_i}{50H}H_{cs} \tag{7-85}$$

$$H_{cs}=\frac{50H}{\sum_{i=1}^{n}\gamma_i h_i}\sigma_{cs} \tag{7-86}$$

在残余构造应力或其他附加应力均存在的区域，其关系式为

$$\sigma_{cs}=\frac{\sum_{i=1}^{n}\gamma_i h_i H_{cs}}{50H}+\Delta\sigma_{cs} \tag{7-87}$$

$$H_{cs}=\frac{50H}{\sum_{i=1}^{n}\gamma_i h_i}(\sigma_{cs}-\Delta\sigma_{cs}) \tag{7-88}$$

式中　H_{cs}——软化临界深度，m；

σ_{cs}——软化临界荷载，MPa；

$\Delta\sigma_{cs}$——残余应力（包括构造残余应力、膨胀应力、动荷载附加应力等），MPa；

γ_i——上覆岩层第 i 层重度，kN/m^3；

H——上覆岩层总厚度，m；

h_i——上覆岩层第 i 层厚度，m；

n——上覆岩层层数。

7.5.3　软岩的工程分类

7.5.3.1　软岩的工程分类

按照工程软岩的定义，根据产生塑性变形的机理，将软岩分为四类，即膨胀性软岩（或称低强度软岩）、高应力软岩、节理化软岩和复合型软岩。

① 膨胀性软岩（简称 S 型）。膨胀性软岩系指含有黏土高膨胀性矿物在较低应力水平（<25 MPa）条件下即发生显著变形的低强度工程岩体。例如，泥岩、页岩等抗压强度小于 25 MPa 的岩体，均属膨胀性软岩的范畴。

该类软岩产生塑性变形的机理是片架状黏土矿物发生滑移和膨胀。根据膨胀性大小，可将该类软岩分为强膨胀性软岩（自由膨胀率>15%）、膨胀性软岩（自由膨胀率为 10%～15%）和弱膨胀性软岩（自由膨胀率<10%）。

② 高应力软岩（简称 H 型）。高应力软岩是指在较高应力水平（>25 MPa）条件下才发生显著变形的中高强度的工程岩体。这种软岩的强度一般高于 25 MPa，其地质特征是泥质成分较少，但有一定含量，砂质成分较多，如泥质粉砂岩、泥质砂岩等。它们的工程特点是，在深度不大时表现为硬岩的变形特征，当深度达到一定值后则表现为软岩的变形特性。其塑性变形机理是，处于高应力水平时，岩石骨架中的基质（黏土矿物）发生滑移和扩容，此后接着产生缺陷或裂纹的扩容和滑移塑性变形。

③ 节理化软岩（简称 J 型）。节理化软岩系指含泥质成分很少（或几乎不含）的岩体，发育多组节理，其中岩块的强度颇高，呈硬岩力学特性，但整个工程岩体在工程力的作用下会产生显著的变形，呈现软岩的特性。其塑性变形机理是，在工程力作用下，结构面发生滑移和扩容变形。根据节理化程度不同，可将该类软岩细分为镶嵌节理化软岩、碎裂节理化软岩

和散体节理化软岩。

④ 复合型软岩。复合型软岩是指上述三种软岩类型的组合。即高应力-强膨胀复合型软岩，简称 HS 型软岩；高应力-节理化复合型软岩，简称 HJ 型软岩；高应力-节理化-强膨胀复合型软岩，简称 HJS 型软岩。

7.5.3.2 软岩工程分类方法及设计对策

在岩石工程开挖之前，能够科学地判定是否属于软岩工程，对于合理进行工程设计和施工极为重要。根据实践经验和理论研究，人们提出如表 7-4 所列的软岩工程分类、分级方法。

表 7-4 软岩工程分类及分级方法

软岩分类	分类指标			软岩分级	分级指标		
	σ/MPa	泥质含量	结构面				
膨胀性软岩	<25	>25%	少		蒙脱石含量/%	饱和吸水率/%	自由膨胀率/%
				弱膨胀性软岩	<10	<10	<10
				膨胀性软岩	10~30	10~50	10~15
				强膨胀性软岩	>30	>50	>15
高应力软岩	≥25	≤25%	少		工程岩体应力水平/MPa		
				高应力软岩	25~50		
				超高应力软岩	50~75		
				极高应力软岩	>75		
节理化软岩	低至中等	少含	多组		节理密度 J_s/(条/m)	节理间距/m	完整性指数 K_v
				较破碎软岩	0~15	0.2~0.4	0.55~0.35
				破碎软岩	15~30	0.1~0.2	0.35~0.15
				极破碎软岩	>30	<0.1	<0.15
复合型软岩	低至高	含	少至多组	根据具体条件进行分类和分级			

进入软岩状态的开挖体，并不表征所有岩层均进入软岩状态，而是局部某些岩层首先进入软岩状态，其余岩层尚属于硬岩状态，故优选岩层十分重要。进入软岩状态的开挖体，要区分准软岩和软岩两种状态。准软岩状态，是指巷道围岩局部（如曲率变化最大处）进入塑性状态；软岩状态，则是指整个开挖体围岩全部进入塑性或流变状态。

根据软化临界深度，将岩石工程分为三类，即一般工程、准软岩工程和软岩工程。三类软岩工程详细情况见表 7-5。

表 7-5 软岩工程的界定及设计对策

软岩分类	分类指标	工程力学状态	支护设计
一般工程	$H<0.8H_{cs}$	弹性	常规设计
准软岩工程	$0.8H_{cs}\leqslant H\leqslant 1.2H_{cs}$	局部塑性	1. 常规设计和返修 1~2 次； 2. 常规设计和局部塑性区加固处理
软岩工程	$H>1.2H_{cs}$	塑性、流变性	全断面实施软岩支护设计

注：H_{cs}为软化临界深度，m；H 为工程的埋深，m。

各种工程的力学工作状态是不同的，因而其设计对策也有所不同。一般工程围岩处于弹性工作状态，采用常规设计即可奏效。对于准软岩工程，其工作状态是弹塑性（局部塑性）的，其设计对策可采取两种：① 仍采用常规设计，但要经过 1～2 次返修即可达到稳定；② 在常规设计的基础上，对局部塑性区（两底角或底部处理）予以加固，不用返修。对于软岩工程，其围岩基本上均进入塑性和流变性状态，常规设计不能奏效，返修多次也不会稳定，越返修，其稳定状态越不好，必须严格按照软岩工程力学的理论和支护对策进行设计，才能收到事半功倍的效果。

7.5.4　软岩变形力学机制

不同的软岩在其特定的地质力学环境中所表现出的变形机制不同。软岩工程之所以具有大变形、大地压、难支护的特点，是因为软岩工程围岩并非具有单一的变形力学机制，而是同时具有多种变形力学机制的“并发症”和“综合征”——复合型变形力学机制。软岩工程变形力学机制可分为三类十三亚类，如图 7-25 所示。每种变形力学机制有其独有的特征型矿物、力学作用和结构特点，其软岩工程的破坏特征也有所不同，如表 7-6 所列。

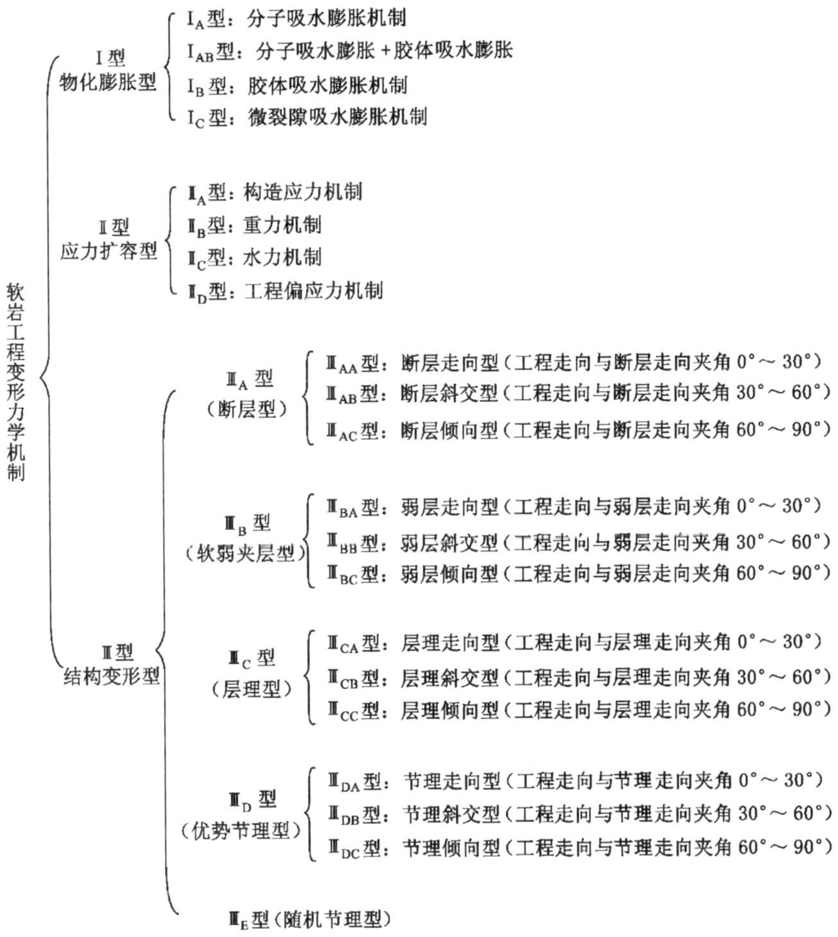

图 7-25　软岩工程变形力学机制

表 7-6 软岩工程变形力学机制及破坏特点

类型	亚类型	控制性因素	特征型	软岩工程破坏特点
Ⅰ型	Ⅰ$_{A}$型	分子吸水膨胀，晶胞之间可吸收无定量水分子，吸水能力强	蒙脱石型	围岩暴露后，容易风化、软化、裂隙化，因而怕风、怕水、怕震动；Ⅰ型工程底鼓、挤帮、难支护，Ⅰ$_{A}$、Ⅰ$_{AB}$、Ⅰ$_{B}$型严重程度依次减弱；Ⅰ$_{C}$型则视裂隙发育程度而异
	Ⅰ$_{AB}$型	Ⅰ$_{A}$和Ⅰ$_{B}$决定混层比	伊、蒙混层型	
	Ⅰ$_{B}$型	胶体吸水膨胀，晶胞之间不允许进入水分子，颗粒表面形成水的吸附层	高岭石型	
	Ⅰ$_{C}$型	微裂隙吸水膨胀	微裂隙型	
Ⅱ型	Ⅱ$_{A}$型	残余构造应力	构造应力型	变形破坏与方向有关，与深度无关
	Ⅱ$_{B}$型	自重应力	重力型	变形破坏与方向无关，与深度有关
	Ⅱ$_{C}$型	地下水	水力型	变形破坏仅与地下水有关
	Ⅱ$_{D}$型	工程开挖扰动	工程偏应力型	变形破坏与设计有关，工程密集，岩柱偏小
Ⅲ型	Ⅲ$_{A}$型	断层、断裂带	断层型	塌方、冒顶
	Ⅲ$_{B}$型	软弱夹层	软弱夹层型	超挖、平顶
	Ⅲ$_{C}$型	层理	层理型	规则锯齿状
	Ⅲ$_{D}$型	优势节理	优势节理型	不规则锯齿状
	Ⅲ$_{E}$型	随机节理	随机节理型	掉块

7.5.5 软岩开挖工程支护非线性力学设计概念

7.5.5.1 非线性设计的基本思想

非线性大变形力学区别于线性小变形力学的根本点在于其研究的大变形岩土体介质已进入塑性、黏塑性和流变性的阶段，在整个力学过程中，已经不服从叠加原理，而且力学平衡关系与各种荷载特性、加载过程密切相关。因此，其设计思路是首先分析和确认作用于岩土体的各种荷载特性，作力学对策设计；然后进行各种力学对策的施加方式、施加过程研究，进行过程优化设计；最后对应最佳过程进行最优参数设计。如表 7-7 所列。其基本原则有“对症下药原则”“过程原则”“塑性圈原则”和“优化原则”。

表 7-7 大变形软岩工程设计与常规设计特点比较

设计方法	理论依据	介质特性	叠加原理	加载过程	荷载特性	工程设计内容
常规方法	经验类比、刚体力学、线性力学	刚体、弹性体	服从	无关	无关	参数设计
大变形软岩工程设计方法	非线性大变形力学	塑性、黏塑性、流变性	不服从	密切相关	密切相关	力学对策设计，过程优化设计，最优参数设计

7.5.5.2 大变形岩石工程的支护设计对策

大变形岩石工程的失稳是一个渐进过程，总是从一个或几个部位首先发生变形破坏，进而逐渐扩展乃至整个岩石工程失稳。首先破坏的部位称为关键部位，是发生大变形过程中局部应力、应变和能量不协调所造成的。关键部位所引起的岩石工程失稳机制及支护对策如图 7-26 所示。

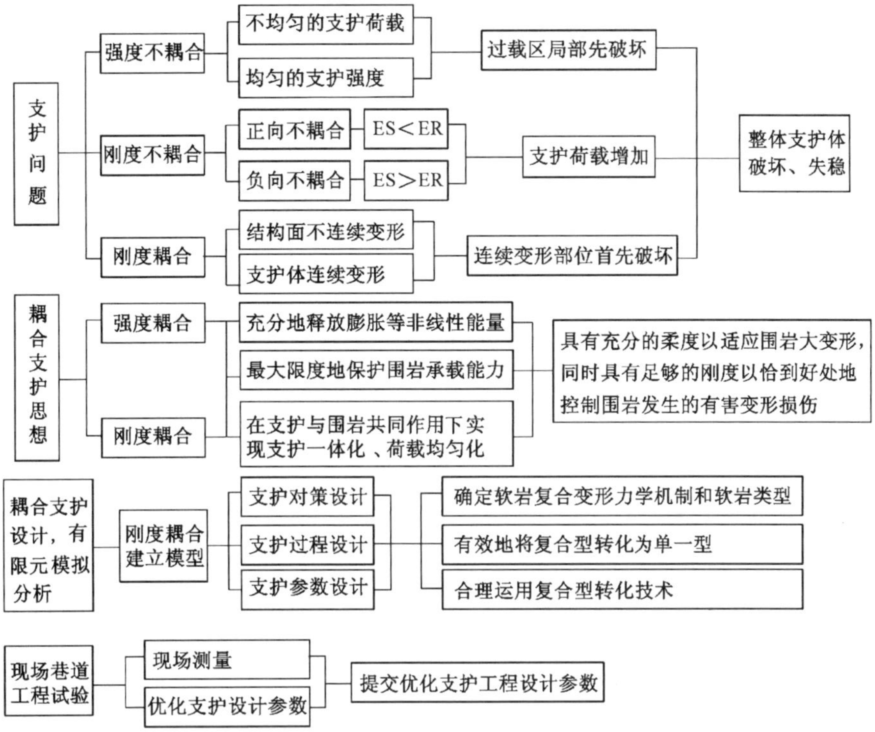

图 7-26 大变形岩石工程失稳机制与支护对策

软岩工程难以支护的一个重要原因是软岩并非只具有单一变形力学机制，而是具有复合变形力学机制；其支护成功的一个关键因素是合理运用各种复合型转化技术，将复合变形力学机制转化为单一变形力学机制。

7.5.6 软岩工程力学理论

关于软岩及软岩工程的研究，无论是理论上还是实践上都已经取得了非常丰富的成果，形成了软岩工程力学，如软岩成分的物化分析方法、软岩的地质化学力学特征、软岩的软化路径及状态方程、软岩的非线性大变形计算和分析理论、大变形岩土工程失稳机制与支护对策理论、关键部位支护理论及软岩地下工程最低支护荷载的计算方法、软岩工程的复合变形力学机制向单一变形力学机制的各种转化技术，等等。

思考题与习题

1. 试述弹性状态下水平圆形硐室围岩重分布应力的特征。

2. 拟在地表以下 1 000 m 处开挖一水平圆形硐室，已知岩体的单轴抗压强度 $\sigma_c=100$ MPa，岩体密度 $\rho=2.75$ g/cm^3，侧压系数 $\lambda=1$，试评价该地下硐室开挖后的稳定性。

3. 在某石灰岩岩层中开挖一圆形硐室，半径 $R_0=1.5$ m，埋深 $H=800$ m，石灰岩的单轴抗压强度 $\sigma_c=40$ MPa，内摩擦角 $\varphi_m=32°$，岩石密度 $\rho=2.8$ g/cm^3，试计算塑性区半径 R_1。

4. 某地下硐室，高 10 m，宽 8 m，埋深 120 m，$\gamma=25\ kN/m^3$，$\varphi_m=30°$，$C_m=0.045\ MPa$，岩石单轴抗压强度 $\sigma_c=50\ MPa$，试求：

① 用普氏理论求该硐室硐顶压力；

② 求硐室侧壁压力的大小。

5. 简述岩爆产生的条件。

6. 简述维护岩石地下工程稳定的基本原则。

7. 试述软岩工程分类方法。

第 8 章　岩体力学在边坡工程中的应用

8.1　概　　述

按成因，可将边坡分为自然边坡和人工边坡。天然的山坡和谷坡是自然边坡，此类边坡是在地壳隆起或下陷过程中逐渐形成的。通常发生较大规模破坏的是自然边坡。人工边坡是由于人类活动所形成的边坡（如露天采矿边坡、铁路公路路堑和路堤边坡等），其中挖方形成的边坡称为开方边坡，填方形成的边坡称为构筑边坡，后者有时也称为坝坡。人工边坡的几何参数可以人为控制。

按组成物质，可将边坡分为岩质边坡（简称岩坡）和土质边坡（简称土坡）。岩坡失稳与土坡失稳的主要区别在于土坡中可能滑动面的位置并不明显，而岩坡中的滑动面则往往较为明确，不需要像土坡那样通过大量试算才能确定。岩坡中结构面的规模、性质及组合方式在很大程度上决定着岩坡失稳时的破坏形式，结构面的产状或性质稍有改变，岩坡的稳定性将会受到显著影响。因此，要正确处理岩坡稳定性问题，首先需要搞清结构面的性质、作用、组合情况及发育情况等，在此基础上不仅要对破坏方式作出判断，而且对其破坏机制也必须进行分析，这是保证岩坡稳定性分析结果正确的关键。

典型的边坡如图 8-1 所示。边坡与坡顶面相交的部位称为坡肩，与坡底面相交的部位称为坡趾或坡脚；坡面与水平面的夹角称为坡面角或坡角；坡肩与坡脚间的高差称为坡高。

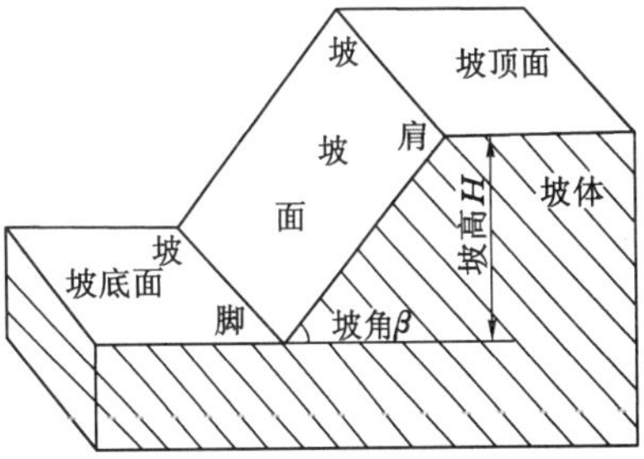

图 8-1　边坡示意图

边坡稳定问题是工程建设中经常遇到的问题，如水库的岸坡、渠道边坡、隧洞进出口边坡、拱坝坝肩边坡以及公路或铁路的路堑边坡、露天采矿边坡等，都涉及稳定性问题。

例如：2008 年 8 月 1 日，山西省娄烦县尖山铁矿发生排土场连同山体垮塌事故，遇难和失踪人员共计 45 人；2010 年 3 月 10 日凌晨，陕西省子洲县双湖峪镇双湖峪村山体滑坡，44 人被压埋，其中 27 人遇难；2010 年 3 月 15 日凌晨，湖北省五峰县采花乡发生大规模山体滑坡，约 50 万 m^3 山体整体下滑约 50 m；2010 年 6 月 28 日，贵州省安顺市山体滑坡，62 人遇难，38 户 107 人被掩埋。

边坡失稳，特别是自然大型斜坡失稳的危害巨大，轻则影响工程质量与施工进度，重则造成人员伤亡与国民经济的重大损失，因此世界各国都非常重视，我国政府有关部门已将其列入重大地质灾害之一，进行重点研究。

8.2 边坡岩体中的应力分布特征

在岩体中进行开挖形成人工边坡后，由于开挖卸荷，在近边坡面一定范围内的岩体中发生应力重分布作用，从而使边坡岩体处于重分布应力状态下；边坡岩体为适应这种重分布应力状态，将发生变形和破坏。因此，研究边坡岩体重分布应力特征是研究边坡岩体工程稳定性的基础。

8.2.1 应力分布特征

在均质连续的岩体中开挖时，人工边坡内的应力分布可用有限元法和光弹性试验求解。图 8-2 和图 8-3 为用弹性有限元法计算得出的典型斜坡主应力和最大剪应力迹线图。由图可知边坡内的应力分布有如下特征：

① 无论在什么样的天然应力场下，边坡面附近的主应力迹线均明显偏转，表现为最大主应力与坡面近于平行，最小主应力与坡面近于正交，向坡体内逐渐恢复初始应力状态(图 8-2)。

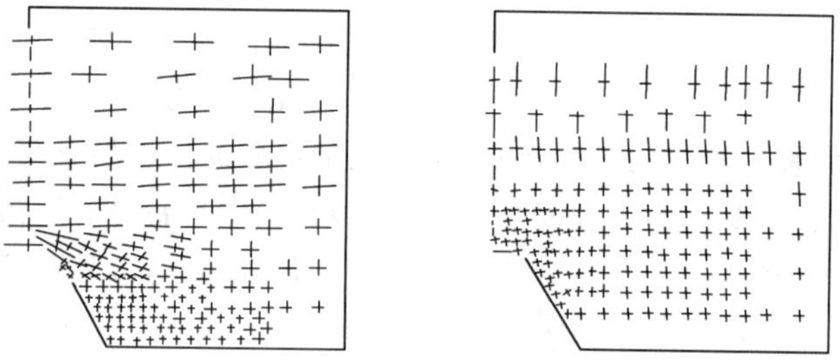

(a) 重力场条件　　(b) 以水平应力为主的构造应力场条件

图 8-2　用弹性有限元法解出的典型斜坡主应力迹线图

② 由于应力的重分布，在坡面附近产生应力集中带，不同部位其应力状态是不同的。在坡脚附近，平行于坡面的切向应力显著升高，而垂直于坡面的径向应力显著降低；由于应力差大，于是形成最大剪应力增高带，该区域最易发生剪切破坏。在坡肩附近，一定条件下坡面径向应力和坡顶切向应力可转化为拉应力，形成拉应力带，边坡越陡，则此带范围越大，因此坡肩附近最易拉裂破坏。

③ 坡面上各处的径向应力为零，因此坡面岩体仅处于双向应力状态，向坡内逐渐转为三向应力状态。

④ 由于主应力偏转，坡体内的最大剪应力迹线亦发生变化，由原来的直线变为凹向坡面的弧线(图 8-3)。

8.2.2 影响边坡应力分布的因素

8.2.2.1 原岩应力

原岩应力对边坡应力分布的影响表现在水平原岩应力使坡体应力重分布作用加剧，即随水平原岩应力增加，坡内拉应力范围加大(图 8-4)。

8.2.2.2 坡形、坡高、坡角和坡底宽度等

坡高虽不改变坡体中应力等值线的形状，但随坡高增大，主应力量值亦增大。

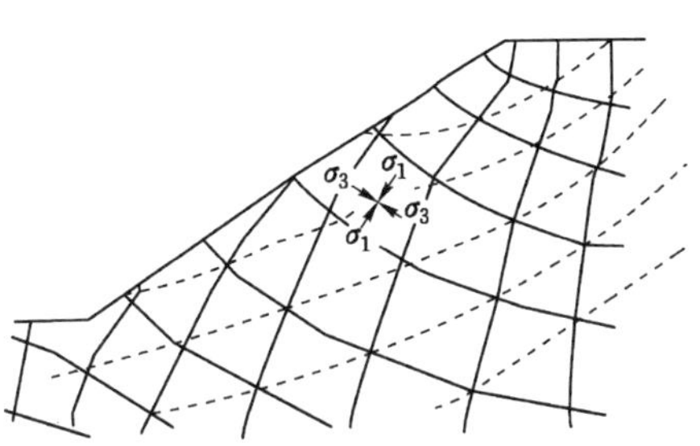

图 8-3　斜坡中最大剪应力迹线与主应力迹线关系示意图
（图中实线代表主应力迹线，虚线代表最大剪应力迹线）

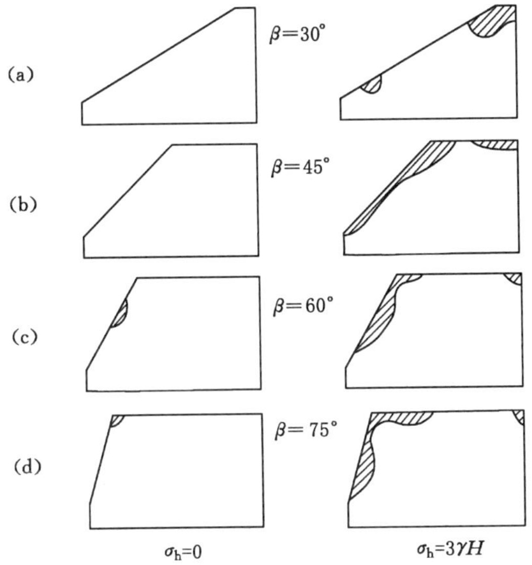

图 8-4　斜坡拉力带分布状况及与水平构造应力（σ_h）、坡角（β）关系示意图
（图中阴影部分表示拉应力带）

坡角直接影响边坡岩体应力分布状况，随坡角增大，边坡岩体中拉应力带范围增大（图 8-4），坡脚剪应力也增高。

坡底宽度对坡脚岩体应力也有较大的影响。计算表明，当坡底宽度小于 0.6 倍坡高（$0.6H$）时，坡脚处最大剪应力随坡底宽度减小而急剧增高；当坡底宽度大于 $0.8H$ 时，则最大剪应力保持为常量。

另外，坡形对重分布应力也有明显的影响。研究表明，凹形坡的应力集中程度减缓，如圆形和椭圆形矿坑边坡，坡脚处的最大剪应力仅为一般边坡的 1/2 左右。

8.2.2.3　岩体性质和结构特征

研究表明，岩体的变形模量对边坡应力影响不大；而泊松比对边坡应力有明显影响（图 8-5），这是由于泊松比的变化可以使水平应力发生改变。结构面对边坡应力也有明显的影响，这是因为结构面的存在使坡体中应力发生不连续分布，并在结构面周边或端部形成应力集中带或阻滞应力的传递，这种情况在坚硬岩体边坡中尤为明显。

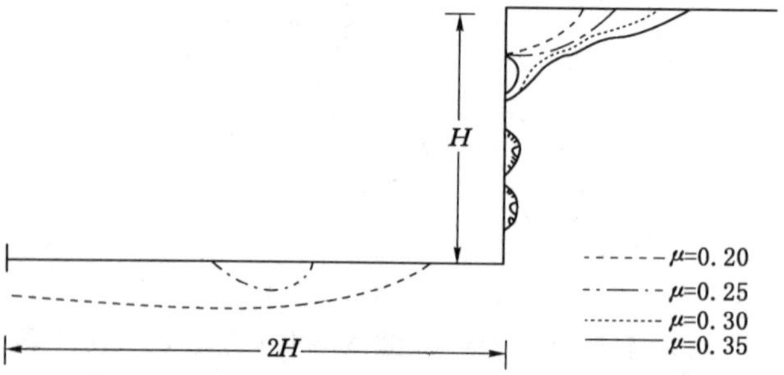

图 8-5 泊松比对斜坡张应力分布区的影响示意图

8.3 边坡岩体的变形与破坏

边坡岩体的变形与破坏是边坡发展演化过程中两个不同的阶段，变形属量变阶段，而破坏则属质变阶段，它们形成一个累进性变形破坏过程。这一过程对天然边坡来说时间往往较长，而对人工边坡来说则可能较短暂。通过边坡岩体变形迹象的研究，分析边坡演化发展阶段，是边坡稳定性分析的基础。

8.3.1 边坡岩体变形与破坏的基本类型

8.3.1.1 边坡岩体变形的基本类型

根据形成机理，可将边坡岩体变形分为卸荷回弹和蠕变变形等类型。

(1) 卸荷回弹

成坡前边坡岩体在原岩应力作用下早已固结；在成坡过程中，由于荷载不断减小，边坡岩体在减荷方向(临空面)必然产生伸长变形，即卸荷回弹。原岩应力越大，则向临空方向的回弹变形量也越大。如果这种变形超过了岩体的抗变形能力，将会产生一系列的张性结构面。如坡顶近于竖直的拉裂面[图 8-6(a)]，坡体内与坡面近于平行的压致拉裂面[图 8-6(b)]，坡底近于水平的缓倾角拉裂面[图 8-6(c)]等。另外，由层状岩体组成的边坡，由于各层岩石性质存在差异，变形的程度不同，因而会出现差异回弹破裂(差异变形引起的剪破裂)[图 8-6(d)]等。这些变形多为局部变形，一般不会引起边坡岩体的整体失稳。

(2) 蠕变变形

边坡岩体中的应力对于人类工程活动的有限时间来说，可以认为是保持不变的。在这种近似不变的应力作用下，边坡岩体的变形也将会随时间延长而不断增加，这种变形称为蠕变变形。当边坡内的应力未超过岩体的长期强度时，则这种变形所引起的破坏是局部的；反之，这种变形将导致边坡岩体的整体失稳。当然，这种破裂失稳是经过局部破裂逐渐累积产生的，几乎所有的边坡岩体失稳都要经历这种逐渐变形破坏过程。如甘肃省洒勒山滑坡，在滑动前 4 年，后缘张裂隙的位移经历了如图 8-7 所示的发展过程，1981 年春季前，大致保持等速蠕变，此后位移速度逐渐增大，直至 1983 年 3 月 7 日发生滑坡。

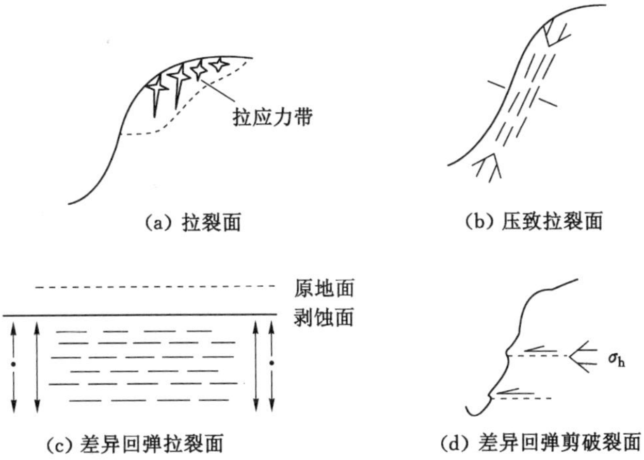

图 8-6　与卸荷回弹有关的次生结构面示意图

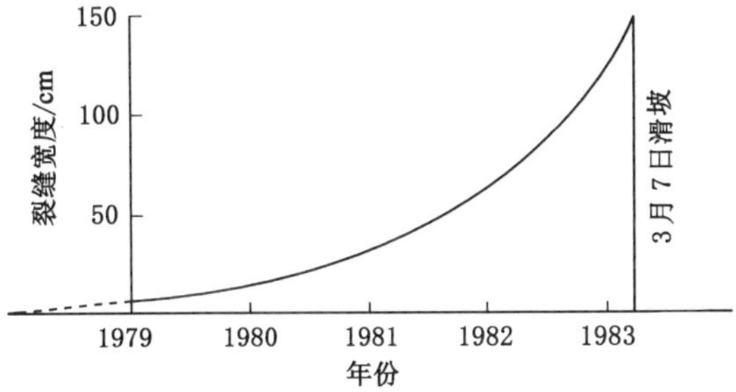

图 8-7　洒勒山滑坡前位移变化示意图

研究表明，边坡蠕变变形的影响范围是很大的，某些地区可达数百米深，数千米长。

8.3.1.2　边坡岩体破坏的基本类型

对于边坡岩体的破坏类型，不同的研究者从各自的观点出发进行了不同的划分。从岩体力学的观点来看，边坡岩体的破坏不外乎剪切（即滑动破坏）和拉断两种类型。大量的野外调查资料及理论研究表明，除少数情况外，绝大部分边坡岩体的破坏均为滑动破坏。岩体的破坏类型从形态上可分为崩塌和滑坡。

所谓崩塌，是指块状岩体与岩坡分离，向前翻滚而下。其特点是，在崩塌过程中，岩体中无明显滑动面。崩塌一般发生在既高又陡的岩坡前缘地段，此时大块的岩体与岩坡分离而向前倾倒，如图 8-8(a)所示；或者坡顶岩体由于某种原因脱落翻滚而在坡脚堆积，如图 8-8(b)和图 8-8(c)所示。崩塌经常发生在坡顶裂隙发育的地方，其起因是风化等作用导致节理面的内聚力减小，或是雨水进入裂隙产生水压力所致，也可能是气温变化、冻融松动岩石的结果，或者是植物根系生长造成膨胀压力以及地震、雷击等引起的。自然界的巨型山崩，总是与强烈地震或特大暴雨相伴生。

所谓滑坡，是指岩体在重力作用下，沿坡内软弱结构面产生的整体滑动。与崩塌相比，滑坡通常以深层破坏形式出现。其滑动面往往深入坡体内部，甚至延伸到坡脚以下。其滑

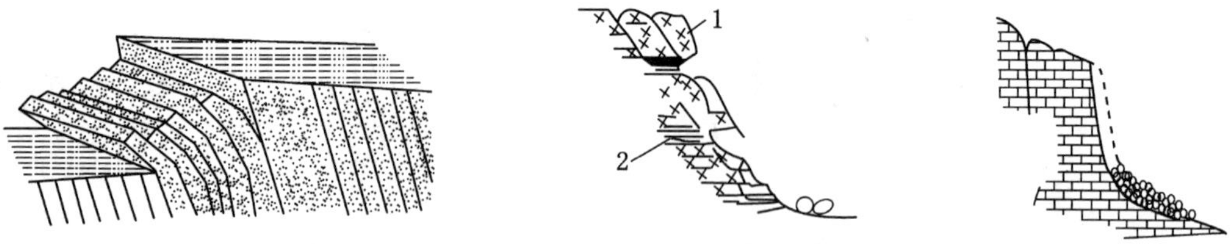

(a) 倾倒破坏　(b) 软硬岩互成坡体的局部崩塌和坠落　(c) 崩塌破坏

1—砂岩;2—页岩。

图 8-8　崩塌类型

动速度虽比崩塌缓慢,但不同的滑坡其滑动速度可以相差很大,这主要取决于滑动面本身的物理力学性质。当滑动面通过塑性较强的岩土体时,其滑动速度一般比较缓慢;相反,当滑动面通过脆性岩石时,如果滑动面本身具有一定的抗剪强度,在构成滑动面之前可承受较高的下滑力,那么,一旦形成滑动面即将下滑时,抗剪强度急剧下降,滑动往往是突发而迅速的。

研究滑动破坏问题的关键在于研究滑动面的形态、性质及受力平衡关系。滑坡的滑动形式可分为平面滑动、楔形体滑动和圆弧形滑动。

平面滑动是一部分岩体在重力作用下沿着某一软弱面(层面、断层、裂隙)的滑动,如图 8-9(a)所示。滑动面的倾角必须大于滑动面的摩擦角,否则无论坡角和坡高的大小如何,边坡都不会滑动。平面滑动不仅要求滑体克服滑动面底部的阻力,而且还要克服滑动面两侧的阻力。在软岩(如页岩)中,如果滑动面倾角远大于摩擦角,则岩石本身的破坏即可解除侧边约束,从而产生平面滑动。而在硬岩中,如果结构面横切到坡顶,则只有解除两侧约束才可能发生平面滑动。当两个软弱面相交,切割岩体形成四面体时,则可能出现楔形体滑动,如图 8-9(b)所示。如果两个结构面的交线因开挖而处于出露状态,不需要地形上或结构上的解除约束即可能产生滑动。法国马尔帕塞拱坝的崩溃就是岩基楔形体滑动的结果。圆弧形滑动的滑动面通常呈弧形,如图 8-9(c)所示。这种滑动一般产生于非成层的均质岩体中。

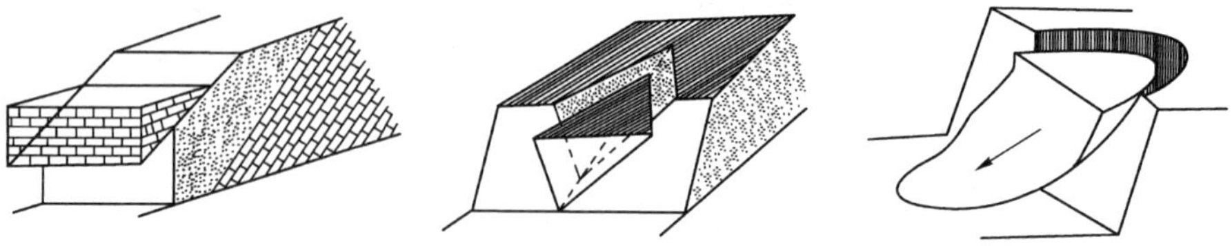

(a) 平面滑动　(b) 楔形体滑动　(c) 圆弧形滑动

图 8-9　滑坡滑动类型

边坡实际的破坏形式是很复杂的,除上述两种主要破坏形式外,还有介于崩塌与滑坡之间的滑塌以及倾倒、剥落、流动等破坏方式;有时也可能出现以某种破坏方式为主,兼有其他若干破坏形式的综合破坏。边坡岩体破坏类型如表 8-1 所列。

表 8-1　边坡岩体破坏类型

<table>
<tr><th>类型</th><th>亚类</th><th>示　意　图</th><th colspan="2">主　要　特　征</th></tr>
<tr><td rowspan="4">平面滑动</td><td rowspan="2">单平面滑动</td><td>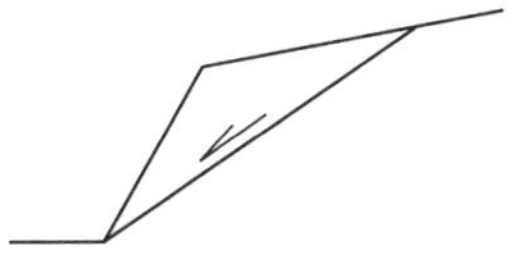</td><td rowspan="4">滑动面倾向与边坡面基本一致，并存在走向与边坡垂直或近垂直的切割面，滑动面的倾角小于坡角且大于其摩擦角</td><td>一个滑动面，常见于倾斜层状边坡岩体中</td></tr>
<tr><td>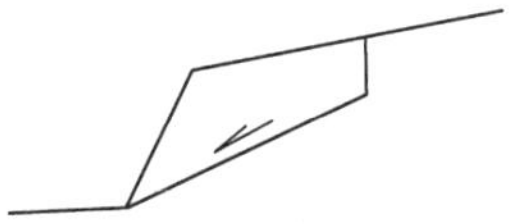</td><td>一个滑动面和一个近竖直的张裂缝，常见于倾斜层状边坡岩体中</td></tr>
<tr><td>同向双平面滑动</td><td>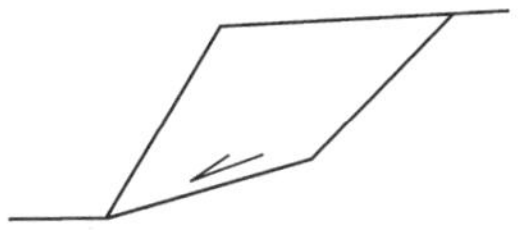</td><td>两个倾向相同的滑动面，下面一个为主滑动面</td></tr>
<tr><td>多平面滑动</td><td>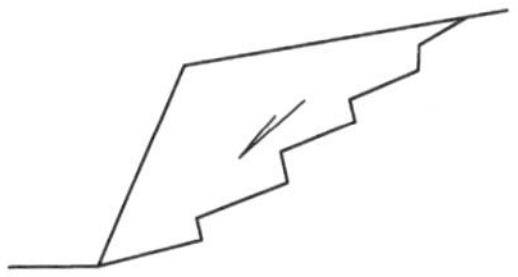</td><td>三个或三个以上滑动面，常可分为两组，其中一组为主滑动面</td></tr>
<tr><td>楔形体滑动</td><td></td><td>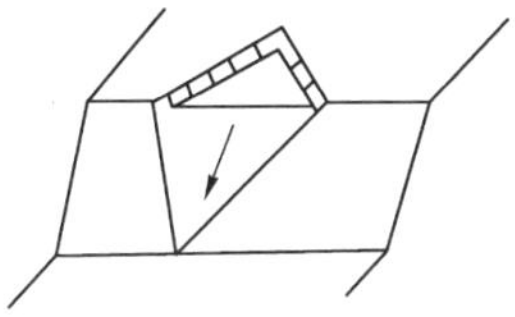</td><td colspan="2">两个倾向相反的滑动面，其交线倾向与坡向相同，倾角小于坡角且大于滑动面的摩擦角，常见于坚硬块状边坡岩体中</td></tr>
<tr><td>圆弧形滑动</td><td></td><td></td><td colspan="2">滑动面近似圆弧形，常见于强烈破碎、剧烈风化岩体或软弱边坡岩体中</td></tr>
<tr><td>倾倒破坏</td><td></td><td></td><td colspan="2">岩体被结构面切割成一系列倾向与坡向相反的陡立柱状或板状体。当为软岩时，岩柱向坡面产生弯曲；当为硬岩时，岩柱被横向结构面切割成岩块，并向坡面翻倒</td></tr>
</table>

岩坡的滑动过程有长有短、有快有慢，一般可分为三个阶段。第一阶段是蠕动变形阶段，这一阶段坡面和坡顶出现张裂缝并逐渐加长和加宽，滑坡前缘有时出现挤出现象，地下水位发生变化，有时会发出响声。第二阶段是滑动破坏阶段，此时滑坡后缘迅速下陷，岩体以极大的速度向下滑动。这一阶段往往造成巨大的危害。第三阶段是逐渐稳定阶段，这一阶段疏松的滑体逐渐压密，滑体上的草木逐渐生长，渗出的地下水由浑变清。

8.3.2　影响边坡岩体变形破坏的因素

影响边坡岩体变形破坏的因素主要有岩性、岩体结构及结构面发育特征、水的作用、风化作用、地形地貌、地震、原岩应力和人为因素等。

(1) 岩性

岩性是决定边坡岩体稳定性的物质基础。一般来说，构成边坡的岩体越坚硬，且不存在产生块体滑移的几何边界条件时，边坡不易破坏；反之，边坡容易破坏而稳定性差。

(2) 岩体结构及结构面发育特征

岩体结构及结构面发育特征是边坡岩体破坏的控制因素。首先，岩体结构控制边坡的破坏形式及稳定程度，如坚硬块状岩体，不仅稳定性好，而且其破坏形式往往是沿某些特定的结构面产生的块体滑移，又如散体状结构岩体(如剧烈风化和强烈破碎岩体)常产生圆弧形破坏，且其边坡稳定性往往较差。其次，结构面发育特征往往是边坡块体滑移破坏的几何边界条件，如前述的平面滑动和楔形体滑动都是被结构面切割的岩块沿某个或某几个结构面产生滑动的形式。

(3) 水的作用

水的渗入使岩土的质量增大，进而使滑动面的滑动力增大；同时，在水的作用下，岩土被软化，其抗剪强度降低；另外，地下水的渗流对岩体产生动水压力和静水压力。这些都会对边坡岩体的稳定性产生不利影响。

(4) 风化作用

风化作用使岩体内裂隙增多、扩大，进而使岩体透水性增强、抗剪强度降低。

(5) 地形地貌

边坡的坡形、坡高和坡度直接影响边坡内的应力分布特征，进而影响边坡的变形破坏形式和边坡的稳定性。

(6) 地震

因地震波的传播而产生的地震惯性力直接作用于边坡岩体，会加速边坡破坏。

(7) 原岩应力

边坡岩体中的原岩应力特别是水平原岩应力，直接影响边坡拉应力和剪应力的分布范围与大小。在水平原岩应力大的地区开挖边坡时，拉应力和剪应力的作用，常直接引起边坡变形破坏。

(8) 人为因素

边坡的不合理设计、爆破、开挖或加载，以及大量生产生活用水的渗入等都能造成边坡变形破坏，甚至整体失稳。

8.4 边坡岩体稳定性分析的步骤

边坡岩体稳定性预测，应采用定性与定量相结合的方法进行综合研究。定性分析是在工程地质勘察工作的基础上，对边坡岩体变形破坏的可能性及破坏形式进行初步判断；而定量分析即在定性分析的基础上，应用一定的计算方法对边坡岩体进行稳定性计算及定量评价。然而，整个预测工作应在对岩体进行详细的工程地质勘察，收集到与岩体稳定性有关的工程地质资料的基础上进行。所进行工作的详细程度和精度，应与设计阶段及工程的重要性相适应。

近年来，有限元法等数值计算方法的出现，为岩体稳定性定量计算开辟了新的途径；但就边坡岩体稳定性计算而言，人们普遍认为块体极限平衡法是比较简便而且效果较好的一种方法。

块体极限平衡法是边坡岩体稳定性分析中最常用的方法。这种方法的滑动面是事先假定的。另外，还需要假定滑动体为刚体，即忽略滑动体的变形对稳定性的影响。在以上假定条件下分析滑动面抗滑力和滑动力的平衡关系，如果滑动力大于或等于抗滑力，即认为满足莫尔-库仑判据，滑动体可能发生滑动而失稳。

这一方法的具体做法可概括如下：首先，确定滑动面的位置和形状。由于滑动面是假定的，故任何形状的面都可以充当，当然实际的滑动面取决于结构面的分布、组合关系及剪切强度。大量的实践证明，均质土坡的破坏面都接近圆弧形；岩体中存在软弱结构面时，边坡岩体常沿某个软弱结构面或某几个软弱结构面的组合面滑动。因此，根据具体情况假定的滑动面与实际情况是很接近的。其次，确定极限抗滑力和滑动力，并计算稳定性系数。所谓稳定性系数，即指可能滑动面上可供利用的抗滑力与滑动力的比值。由于滑动面是预先假定的，因此就可能不止一个，这样就要分别试算出每个可能滑动面所对应的稳定性系数，取其中最小者作为最危险滑动面。在多数情况下，计算的稳定性系数都有一定误差，因此，为保险起见，引入安全系数的概念。最后，以安全系数为标准评价边坡岩体的稳定性。

由于利用块体极限平衡法设计边坡工程时是以安全系数为标准的，因此正确理解稳定性系数和安全系数的概念和两者的区别是很重要的。所谓安全系数，简单地说就是允许的稳定性系数，是根据各种影响因素人为规定的。而稳定性系数则反映滑动面上抗滑力与滑动力的比例关系，用以说明边坡岩体的稳定程度。安全系数的选取，直接影响工程的安全和造价。安全系数必须大于 1 才能保证边坡安全，但比 1 大多少是很有讲究的。它受一系列因素的影响，概括起来主要有以下几方面：① 岩体工程地质特征研究的详细程度；② 各种计算参数，特别是可能滑动面剪切强度参数确定中可能产生的误差大小；③ 计算稳定性系数时是否考虑岩体实际承受和可能承受的全部作用力；④ 计算过程中各种中间结果的误差大小；⑤ 工程的设计年限、重要性以及边坡破坏后的后果如何。一般来说，当岩体工程地质条件研究比较详细、确定的最危险滑动面比较可靠、计算参数确定比较符合实际、计算中考虑的作用力全面、工程规模等级较低时，安全系数可以规定得小一些；否则，应规定得大一些。通常，安全系数宜在 1.05～1.5 之间选取。

块体极限平衡法的优点是方便简单，适用于研究具有多变的水压力及不连续的裂隙岩体。其主要缺点是不能反映岩体内部真实的应力应变关系，所求稳定性系数是滑动面上的平均值，带有一定的假定性，因此难以分析岩体从变形到破坏的发生发展全过程，也难以考虑累进性破坏对岩体稳定性的影响。

应用块体极限平衡法计算边坡岩体稳定性时，常需遵循如下步骤：① 可能滑动岩体几何边界条件分析；② 受力条件分析；③ 计算参数确定；④ 稳定性系数计算和稳定性评价。

8.4.1　几何边界条件分析

所谓几何边界条件，是指构成可能滑动岩体的各种边界面及其组合关系。几何边界条件中的各种界面由于其性质及所处的位置不同，在稳定性分析中的作用也是不同的，通常包括滑动面、切割面和临空面三种。滑动面一般是指起滑动(即失稳岩体沿其滑动)作用的面，包括潜在破坏面。切割面是指起切割岩体作用的面，由于失稳岩体不沿该面滑动，因而切割面不起抗滑作用，如平面滑动的侧向切割面。因此在计算稳定性系数时，常忽略切割面的抗滑能力，以简化计算。滑动面与切割面的划分有时也不是绝对的，如楔形体滑动的滑动面，就兼有滑动面和切割面的双重作用，具体各种面的作用应结合实际情况作具体分析。临空面指临空的自由面，它的存在为滑动岩体提供活动空间。临空面常由地面或开挖面组成。以上三种面是边坡岩体滑动破坏必备的几何边界条件。

几何边界条件分析的目的是确定边坡中可能滑动岩体的位置、规模及形态，定性地判断边坡岩体的破坏类型及主滑方向。为了分析几何边界条件，就要对边坡岩体中结构面的组数、产状、规模及组合关系以及这种组合关系与坡面的关系进行分析研究，初步确定作为滑动面和切割面的结构面的形态与位置及可能滑动方向。

几何边界条件的分析可通过赤平投影、实体比例投影等图解法或三角几何分析法进行。

通过分析，如果不存在岩体滑动的几何边界条件，而且也没有倾倒破坏的可能性，则边坡是稳定的；如果存在岩体滑动的几何边界条件，则说明边坡有可能发生滑动破坏。

8.4.2 受力条件分析

在工程使用期间，可能滑动岩体或其边界面承受的力的类型及大小、方向和合力的作用点统称为受力条件。边坡岩体承受的常见的力有岩体重力、静水压力、动水压力、建筑物作用力和震动力等。岩体重力和静水压力的确定将在下节详细讨论，建筑物作用力和震动力可按设计意图参照有关规范及标准计算。

8.4.3 计算参数确定

计算参数主要指滑动面的剪切强度参数，它是稳定性系数计算的关键指标之一。滑动面的剪切强度参数通常依据三种数据来确定，即试验数据、极限状态下的反算数据和经验数据。

根据剪切试验中剪切强度随剪切位移而变化以及岩体滑动破坏为一渐进性破坏过程的事实，可以认为滑动面可供利用的剪切强度必定介于峰值强度与残余强度之间。这样认识问题，就为确定计算数据提供了一个上限值和一个下限值，即计算参数最大不能大于峰值强度，最小不能小于残余强度。至于在上限和下限之间如何具体取值，则应根据作为滑动面的结构面的具体情况而定。从偏安全的角度出发，一般选用的计算参数应接近残余强度。研究表明，残余强度与峰值强度的比值大多变化在0.6～0.9之间，因此，在没有获得残余强度的条件下，建议摩擦系数计算值在峰值摩擦系数的60%～90%之间选取，内聚力计算值在峰值内聚力的10%～30%之间选取。

在有条件的工程中，应采用多种方法获得各种数据进行对比研究，并结合具体情况综合选取计算参数。

8.4.4 稳定性系数计算和稳定性评价

稳定性系数的计算是边坡岩体稳定性分析的核心，将在后面单独讨论。

稳定性评价的关键是规定合理的安全系数，根据计算，如果求得的最小稳定性系数等于或大于安全系数，则所研究的边坡稳定，相反，则所研究的边坡不稳定，需要采取防治措施。对于设计开挖的人工边坡来说，最好是使计算的稳定性系数与安全系数基本相等，此时设计的边坡比较合理、正确。如果计算的稳定性系数过分小于或大于安全系数，则说明所设计的边坡不安全或不经济，需要改进设计。

8.5 边坡岩体稳定性计算

本节仅讨论平面滑动和楔形体滑动在不同情况下稳定性系数的计算方法。

8.5.1 平面滑动

由于平面滑动可简化为平面问题，因此，可选取代表性剖面进行稳定性计算，计算时假定滑动面的强度服从莫尔-库仑判据。

8.5.1.1　单平面滑动

图 8-10 所示为一垂直于边坡走向的剖面，设坡角为 α，坡顶面为一水平面，坡高为 H，ABC 为可能滑动体，AC 为可能滑动面，倾角为 β。

当仅考虑重力作用下的稳定性时，设滑动体的重力为 G，则它相对滑动面的垂直分量为 $G\cos\beta$，平行分量为 $G\sin\beta$。因此，可得滑动面上的抗滑力 F_s 和滑动力 F_r

$$F_s = G\cos\beta\tan\varphi_j + C_j L \tag{8-1}$$

$$F_r = G\sin\beta \tag{8-2}$$

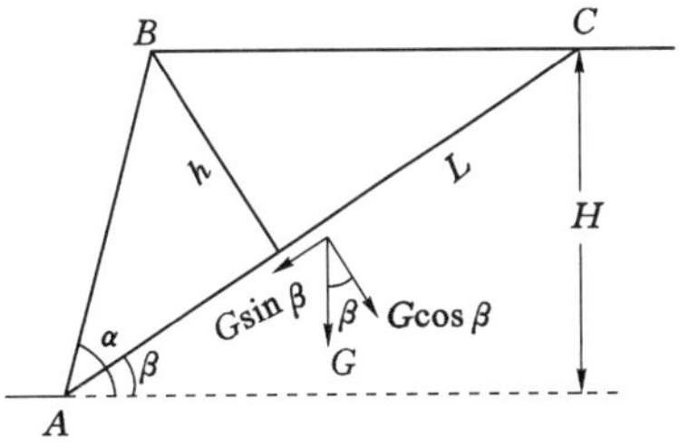

图 8-10　单平面滑动稳定性计算图

根据稳定性系数的概念，则单平面滑动时边坡岩体的稳定性系数 η 为

$$\eta = \frac{F_s}{F_r} = \frac{G\cos\beta\tan\varphi_j + C_j L}{G\sin\beta} \tag{8-3}$$

式中　C_j、φ_j——AC 面的内聚力和摩擦角；

L——AC 面的长度。

由图 8-10 的三角关系可得

$$h = \frac{H}{\sin\alpha}\sin(\alpha-\beta) \tag{8-4}$$

$$L = \frac{H}{\sin\beta} \tag{8-5}$$

$$G = \frac{1}{2}\rho g h L = \frac{\rho g H^2\sin(\alpha-\beta)}{2\sin\alpha\sin\beta} \tag{8-6}$$

将式(8-5)和式(8-6)代入式(8-3)，整理得

$$\eta = \frac{\tan\varphi_j}{\tan\beta} + \frac{2C_j\sin\alpha}{\rho g H\sin\beta\sin(\alpha-\beta)} \tag{8-7}$$

式中　ρ——岩体的平均密度，g/cm^3；

g——重力加速度。

其余符号意义同前。

式(8-7)为不计侧向切割面阻力以及仅有重力作用时单平面滑动稳定性系数的计算公式。由式(8-7)，令 $\eta=1$，可得滑动体极限高度 H_{cr}

$$H_{cr} = \frac{2C_j\sin\alpha\cos\varphi_j}{\rho g\sin(\alpha-\beta)\sin(\beta-\varphi_j)} \tag{8-8}$$

当忽略滑动面上内聚力，即 $C_j=0$ 时，由式(8-7)可得

$$\eta = \frac{\tan\varphi_j}{\tan\beta} \tag{8-9}$$

由式(8-8)和式(8-9)可知，当 $C_j=0$，$\varphi_j<\beta$ 时，$\eta<1$，$H_{cr}=0$。由于各种沉积岩层面和各种泥化面的 C_j 均很小，或者等于零，因此在这些软弱面与边坡面倾向一致，且倾角小于坡角而大于 φ_j 的条件下，即使人工边坡高度仅有几米，也会引起岩体发生相当规模的平面滑动，这是须注意的。

当边坡后缘存在张裂隙时，地表水就可能从张裂隙渗入后仅沿滑动面渗流并在坡脚 A 点出露，此时地下水将对滑动体产生如图 8-11 所示的静水压力。

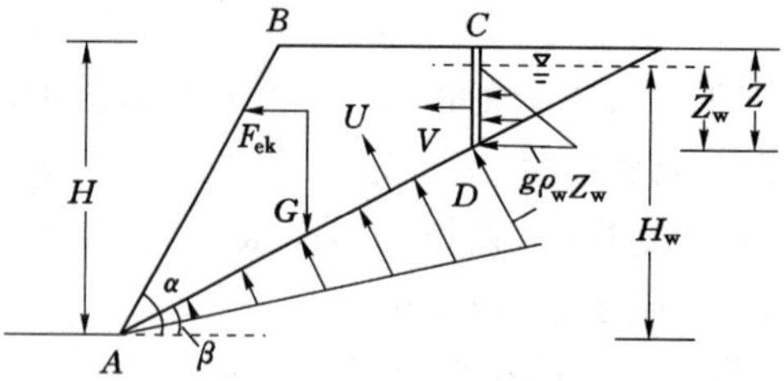

图 8-11　有地下渗流时边坡稳定性计算图

若张裂隙中的水柱高为 Z_w，它将对滑动体产生一个静水压力 V，其值为

$$V=\frac{1}{2}\rho_w g Z_w^2 \tag{8-10}$$

地下水沿滑动面 AD 渗流时将对 AD 面产生一个垂直向上的水压力，其值在 A 点为零，在 D 点为 $\rho_w g Z_w$，分布如图 8-11 所示，则作用于 AD 面上的静水压力 U 为

$$U=\frac{1}{2}\rho_w g Z_w \frac{H_w-Z_w}{\sin\beta} \tag{8-11}$$

式中　ρ_w——水的密度，g/cm^3；

g——重力加速度。

当考虑静水压力 V、U 对边坡稳定性的影响时，则边坡稳定性系数计算式(8-3)变为

$$\eta=\frac{(G\cos\beta-U-V\sin\beta)\tan\varphi_j+C_j\overline{AD}}{G\sin\beta+V\cos\beta} \tag{8-12}$$

式中　G——滑动体 $ABCD$ 的重力；

$\overline{AD}$——滑动面 AD 的长度。

由图 8-11 有

$$G=\frac{\rho g[H^2\sin(\alpha-\beta)-Z^2\sin\alpha\cos\beta]}{2\sin\alpha\sin\beta} \tag{8-13}$$

$$\overline{AD}=\frac{H_w-Z_w}{\sin\beta} \tag{8-14}$$

式中　Z——张裂隙深度。

除水压力外，当需要考虑地震作用对边坡稳定性的影响时，设地震所产生的总水平地震作用标准值为 F_{ek}，则考虑水平地震作用时边坡的稳定性系数为

$$\eta=\frac{(G\cos\beta-U-V\sin\beta-F_{ek}\sin\beta)\tan\varphi_j+C_j\overline{AD}}{G\sin\beta+V\cos\beta+F_{ek}\cos\beta} \tag{8-15}$$

式中，F_{ek} 由式(8-16)确定

$$F_{ek}=\alpha_1 G \tag{8-16}$$

式中　α_1——水平地震影响系数，按地震烈度查表 8-2 确定；

G——滑动体重力。

表 8-2　按地震烈度确定的水平地震影响系数

地震烈度	6	7	8	9
α_1	0.064	0.127	0.255	0.510

8.5.1.2　同向双平面滑动

同向双平面滑动的稳定性计算分两种情况：第一种情况为滑动体内不存在结构面，视滑动体为刚体，采用力平衡图解法计算稳定性系数；第二种情况为滑动体内存在结构面且结构面将滑动体切割成若干块体，此时需要分块计算边坡的稳定性系数。

(1) 滑动体为刚体的情况

由于滑动体内不存在结构面，因此可将可能滑动体视为刚体，如图 8-12(a)所示，$ABCD$为可能滑动体，AB、BC 为两个同倾向的滑动面，设 AB 的长为 L_1、倾角为 β_1，BC 的长为 L_2、倾角为 β_2，C_1、φ_1、C_2、φ_2 分别为 AB 面和 BC 面的内聚力和摩擦角。为了便于计算，根据滑动面产状的变化将可能滑动体分为Ⅰ、Ⅱ两个块体，重力分别为 G_1、G_2。设 $F_{\text{Ⅰ}}$ 为块体Ⅱ对块体Ⅰ的作用力，$F_{\text{Ⅱ}}$ 为块体Ⅰ对块体Ⅱ的作用力，$F_{\text{Ⅰ}}$ 和 $F_{\text{Ⅱ}}$ 大小相等、方向相反，且其作用方向的倾角为 θ(θ 的大小可通过模拟试验或经验方法确定)。另外，滑动面 AB 以下岩体对块体Ⅰ的反力 R_1(摩阻力)可用式(8-17)表达

$$R_1 = G_1\cos\beta_1\sqrt{1+\tan^2\varphi_1} \tag{8-17}$$

式中，φ_1 为 R_1 作用方向与 AB 面法线的夹角。

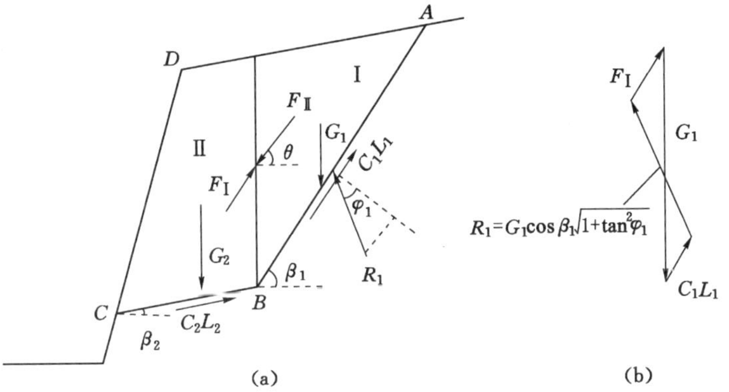

图 8-12　同向双平面滑动稳定性的力平衡分析图

根据 G_1、C_1、L_1 及 R_1 的大小与方向可作块体Ⅰ的力平衡多边形，如图 8-12(b)所示。由该力平衡多边形可求得 $F_{\text{Ⅱ}}$ 的大小和方向。一般情况下，$F_{\text{Ⅰ}}$ 是指向边坡斜上方的，根据作用力与反作用力原理可求得 $F_{\text{Ⅱ}}=F_{\text{Ⅰ}}$，方向与 $F_{\text{Ⅰ}}$ 相反。如可能滑动体仅受岩体重力作用，则块体Ⅱ的稳定性系数 η_2 为

$$\eta_2 = \frac{G_2\cos\beta_2\tan\varphi_2 + F_{\text{Ⅱ}}\sin(\theta-\beta_2)\tan\varphi_2 + C_2L_2}{G_2\sin\beta_2 + F_{\text{Ⅱ}}\cos(\theta-\beta_2)} \tag{8-18}$$

式(8-18)是在块体Ⅰ处于极限平衡(即块体Ⅰ的稳定性系数 $\eta=1$)的条件下求得的。此时，如按式(8-18)求得 η_2 等于 1，则可能滑动体 $ABCD$ 的稳定性系数 η 也等于 1。如果 η_2 不等于 1，则 η 不是大于 1，就是小于 1。事实上，由于可能滑动体作为一个整体，其稳定性系数应有 $\eta=\eta_1=\eta_2$，所以为了求得 η，可先假定一系列 η_{11}，η_{12}，η_{13}，…，η_{1i}，然后将滑动面 AB 上的剪切强度参数除以 η_{1i}，得到 $\tan\varphi_1/\eta_{11}=\tan\varphi_{11}$，$\tan\varphi_1/\eta_{12}=\tan\varphi_{12}$，…，$\tan\varphi_1/\eta_{1i}=\tan\varphi_{1i}$ 和 $C_1/\eta_{11}=C_{11}$，$C_1/\eta_{12}=C_{12}$，…，$C_1/\eta_{1i}=C_{1i}$，再将 $\tan\varphi_{1i}$ 代入式(8-17)求得相应的 R_{1i}，据 R_{1i}、G_1 及 $C_{1i}L_1$ 作力平衡多边形，可得相应的 $F_{\text{Ⅱ}1}$，$F_{\text{Ⅱ}2}$，…，$F_{\text{Ⅱ}i}$，以及 η_{21}，η_{22}，…，η_{2i}，最后，绘出

η_1和η_2的关系曲线，如图8-13所示。在该曲线上找出$\eta_1=\eta_2$的点（该点位于坐标直角等分线上），即可求得边坡的稳定性系数η。一般情况下，计算3～5个点，就能较准确地求得η。

（2）滑动体内存在结构面的情况

当滑动体内存在结构面时，就不能将滑动体视为完整的刚体。这是因为在滑动过程中，滑动体除沿滑动面滑动外，被结构面分割开的块体之间还要产生相互错动，显然这种错动在稳定性分析中应予以考虑。对于这种情况，可采用分块极限平衡法和不平衡推力传递法进行稳定性计算。这里仅介绍分块极限平衡法，关于不平衡推力传递法可参考有关文献。

图8-14所示为上述情况的模型及各分块的受力状态。除有两个滑动面AB和BC外，滑动体内还有一个可作为切割面的结构面BD，将滑动体$ABCD$分割成Ⅰ、Ⅱ两部分。设面AB、BC和BD的内聚力、摩擦角及倾角分别为C_1、C_2、C_3，φ_1、φ_2、φ_3及β_1、β_2和α。另外，滑动体的受力如图8-14所示。其中，W_1、W_2分别为作用于块体Ⅰ和Ⅱ上的铅直力（包括岩体自重、工程作用力等）；S_1、S_2和N_1、N_2分别为不动岩体作用于滑动面AB和BC上的切向和法向反力；S和Q为两块体之间互相作用的切向力和法向力。

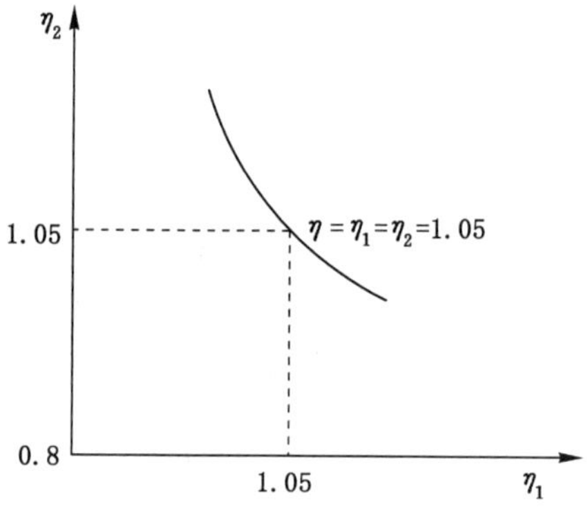

图8-13　η_1-η_2关系曲线

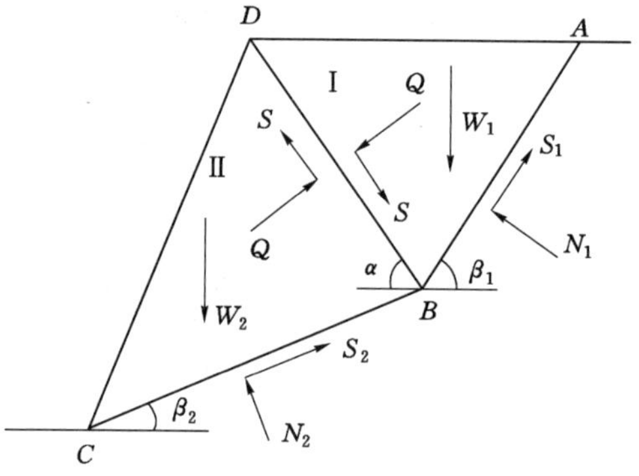

图8-14　滑动体内存在结构面的稳定性计算图

在分块极限平衡法分析中，除认为各块体分别沿相应滑动面处于即将滑动的临界状态（极限平衡状态）外，还假定块体之间沿切割面BD也处于临界错动状态。当AB、BC和BD处于临界滑动状态时，各自应满足如下条件。

AB面

$$S_1=\frac{C_1\,\overline{AB}+N_1\tan\varphi_1}{\eta}\tag{8-19}$$

BC面

$$S_2=\frac{C_2\,\overline{BC}+N_2\tan\varphi_2}{\eta}\tag{8-20}$$

BD面

$$S=\frac{C_3\,\overline{BD}+Q\tan\varphi_3}{\eta}\tag{8-21}$$

为了建立平衡方程，分别考察块体Ⅰ、Ⅱ的受力情况。

块体Ⅰ受到S_1、N_1、Q、S和W_1的作用（图8-14），将这些力分别投影到AB及其法线方向上，可得到如下平衡方程

$$\begin{cases} S_1 + Q\sin(\beta_1 + \alpha) - S\cos(\beta_1 + \alpha) - W_1 \sin \beta_1 = 0 \\ N_1 + Q\cos(\beta_1 + \alpha) + S\sin(\beta_1 + \alpha) - W_1 \cos \beta_1 = 0 \end{cases} \tag{8-22}$$

将式(8-19)和式(8-21)代入式(8-22)可得

$$\begin{cases} \dfrac{C_1\ \overline{AB} + N_1 \tan \varphi_1}{\eta} + Q\sin(\beta_1 + \alpha) - \dfrac{C_3\ \overline{BD} + Q\tan \varphi_3}{\eta}\cos(\beta_1 + \alpha) - W_1 \sin \beta_1 = 0 \\ N_1 - Q\cos(\beta_1 + \alpha) + \dfrac{C_3\ \overline{BD} + Q\tan \varphi_3}{\eta}\sin(\beta_1 + \alpha) - W_1 \cos \beta_1 = 0 \end{cases} \tag{8-23}$$

联立式(8-23)，消去 N_1 后，可解得 BD 面上的法向力 Q

$$Q = \frac{\eta^2 W_1 \sin \beta_1 + [C_3\ \overline{BD}\cos(\beta_1 + \alpha) - C_1\ \overline{AB} - W_1 \tan \varphi_1 \cos \beta_1]\eta + \tan \varphi_1 C_3\ \overline{BD}\sin(\beta_1 + \alpha)}{(\eta^2 - \tan \varphi_1 \tan \varphi_3)\sin(\beta_1 + \alpha) - (\tan \varphi_1 + \tan \varphi_3)\cos(\beta_1 + \alpha)\eta} \tag{8-24}$$

同理，对块体Ⅱ，将力 S_2、N_2、S、Q 及 W_2 分别投影到 BC 面及其法线方向上，可得平衡方程

$$\begin{cases} S_2 + S\cos(\beta_2 + \alpha) - W_2 \sin \beta_2 - Q\sin(\beta_1 + \alpha) = 0 \\ N_2 - W_2 \cos \beta_2 - S\sin(\beta_1 + \alpha) - Q\cos(\beta_2 + \alpha) = 0 \end{cases} \tag{8-25}$$

将式(8-20)和式(8-21)代入式(8-25)可得

$$\begin{cases} \dfrac{C_2\ \overline{BC} + N_2 \tan \varphi_2}{\eta} + \dfrac{C_3\ \overline{BD} + Q\tan \varphi_3}{\eta}\sin(\beta_2 + \alpha) - W_2 \sin \beta_2 - Q\sin(\beta_2 + \alpha) = 0 \\ N_2 - W_2 \cos \beta_2 - \dfrac{C_3\ \overline{BD} + Q\tan \varphi_3}{\eta}\sin(\beta_2 + \alpha) - Q\cos(\beta_2 + \alpha) = 0 \end{cases} \tag{8-26}$$

联立式(8-26)，同样可解得 BD 面上的法向力 Q

$$Q = \frac{-\eta^2 W_2 \sin \beta_2 + [C_3\ \overline{BD}\cos(\beta_2 + \alpha) - C_2\ \overline{BC} - W_2 \tan \varphi_2 \cos \beta_2]\eta + \tan \varphi_2 C_3\ \overline{BD}\sin(\beta_2 + \alpha)}{(\eta^2 - \tan \varphi_2 \tan \varphi_3)\sin(\beta_2 + \alpha) - (\tan \varphi_2 + \tan \varphi_3)\cos(\beta_2 + \alpha)\eta} \tag{8-27}$$

由式(8-24)和式(8-27)可知，切割面 BD 上的法向力 Q 是边坡稳定性系数 η 的函数。因此，由式(8-24)和式(8-27)可分别绘制出 Q-η 曲线，如图 8-15 所示。显然，图 8-15 中两条曲线的交点所对应的 Q 值即作用于切割面 BD 的实际法向应力，交点相对应的 η 值即所研究边坡的稳定性系数。

8.5.1.3　多平面滑动

边坡岩体的多平面滑动，可以细分为一般多平面滑动和阶梯状滑动两个亚类。一般多平面滑动的各个滑动面的倾角都小于 90°，且都起滑动作用。这种滑动的稳定性，可采用力平衡图解法、分块极限平衡法及不平衡推力传递法等进行计算，其方法原理与同向双平面滑动稳定性计算方法相类似。这里主要介绍阶梯状滑动的稳定性计算问题。

如图 8-16 所示，ABC 为一可能滑动体，破坏面由多个实际滑动面和受拉面组成，呈阶梯状，设实际滑动面的倾角为 β，平均滑动面(虚线)的倾角为 β'，长为 L，坡角为 α，可能滑动体的高为 H。这种情况下边坡稳定性的计算思路与单平面滑动相同，即将滑动体的自重 G(仅考虑重力作用时)分解为垂直于滑动面的分量 $G\cos \beta$ 和平行于滑动面的分量 $G\sin \beta$，则可得破坏面上的抗滑力 F_s 和滑动力 F_r

$$F_s = G\cos \beta\tan \varphi_j + C_j L\cos(\beta' - \beta) + \sigma_t L\sin(\beta' - \beta) \tag{8-28}$$

$$F_r = G\sin \beta \tag{8-29}$$

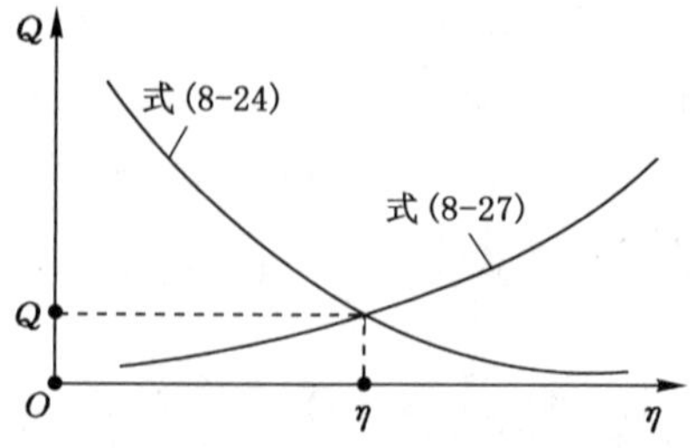

图 8-15　Q-η 曲线

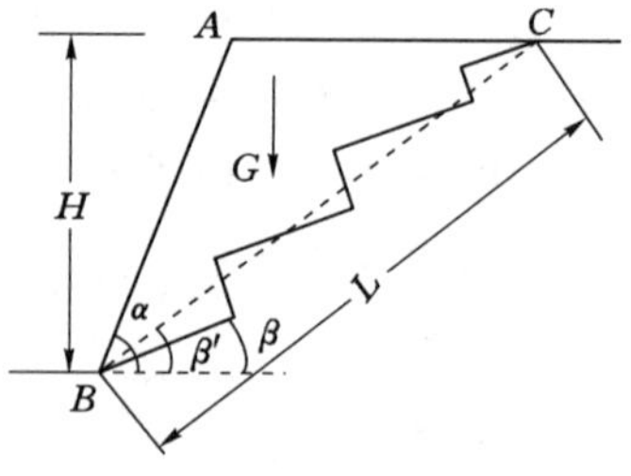

图 8-16　多平面滑动稳定性计算图

所以边坡的稳定性系数 η 为

$$\eta=\frac{F_s}{F_r}=\frac{G\cos\beta\tan\varphi_j+C_jL\cos(\beta'-\beta)+\sigma_tL\sin(\beta'-\beta)}{G\sin\beta}$$

$$=\frac{\tan\varphi_j}{\tan\beta}+\frac{C_jL\cos(\beta'-\beta)+\sigma_tL\sin(\beta'-\beta)}{G\sin\beta} \tag{8-30}$$

式中　C_j、φ_j——滑动面的内聚力和摩擦角；

σ_t——受拉面的抗拉强度。

当 $\sigma_t=0$ 时，得

$$\eta=\frac{\tan\varphi_j}{\tan\beta}+\frac{C_jL\cos(\beta'-\beta)}{G\sin\beta} \tag{8-31}$$

由图 8-16 所示的三角关系得

$$G=\frac{\rho gH\sin(\alpha-\beta')L}{2\sin\alpha} \tag{8-32}$$

将式(8-32)代入式(8-30)得

$$\eta=\frac{\tan\varphi_j}{\tan\beta}+\frac{[2C_j\cos(\beta'-\beta)+2\sigma_t(\beta'-\beta)]\sin\alpha}{\rho gH\sin(\alpha-\beta')} \tag{8-33}$$

当 $\sigma_t=0$ 时，得

$$\eta=\frac{\tan\varphi_j}{\tan\beta}+\frac{2C_j\cos(\beta'-\beta)\sin\alpha}{\rho gH\sin(\alpha-\beta')} \tag{8-34}$$

式中　ρ——岩体的平均密度，g/cm^3；

g——重力加速度。

式(8-33)和式(8-34)是在边坡仅承受岩体重力条件下获得的。如果所研究的实际边坡还受到静水压力、动水压力以及其他外力作用时，则在计算中应计入这些力的作用。此外，如果受拉面为没有完全分离的破裂面，或是未来可能滑动过程中将产生岩块拉断破坏的破裂面，边坡稳定性系数应用式(8-33)计算；如果受拉面为先前存在的完全脱开的结构面，则边坡稳定性系数应按式(8-34)计算。

8.5.2　楔形体滑动

楔形体滑动是常见的边坡破坏类型之一，这类滑动的滑动面由两个倾向相反，且其交线倾向与坡面倾向相同，倾角小于坡角的软弱结构面组成。由于这是一个空间课题，所以，其稳定性计算是一个比较复杂的问题。

如图 8-17 所示，可能滑动体 $ABCD$ 实际上是一个以△ABC 为底面的倒置三棱锥体。假定坡顶面为一水平面，△ABD 和△BCD 为两个可能滑动面，倾向相反，倾角分别为 β_1 和

β_2，它们的交线 BD 的倾角为 β，坡角为 α，坡高为 H。

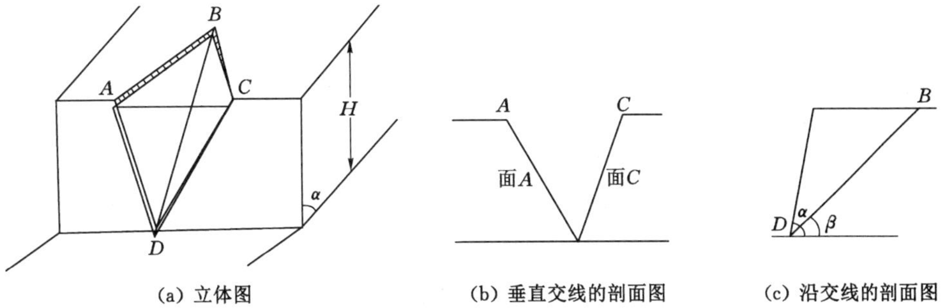

图 8-17　楔形体滑动模型及稳定性计算图

假设可能滑动体将沿交线 BD 滑动，滑出点为 D。在仅考虑滑动岩体自重 G 的作用时，边坡稳定性系数 η 计算的基本思路为：首先将滑体自重 G 分解为垂直于交线 BD 的分量 N 和平行于交线 BD 的分量(即滑动力 $G\sin\beta$)，然后将垂直分量 N 投影到两个滑动面的法线方向，求得作用于滑动面上的法向力 N_1 和 N_2，最后求得抗滑力及稳定性系数。

根据以上基本思路，则可能滑动体的滑动力为 $G\sin\beta$，垂直于交线的分量 $N=G\cos\beta$［图 8-18(a)］。将 $G\cos\beta$ 投影到△ABD 和△BCD 面的法线方向上，得作用于两滑动面上的法向力［图 8-18(b)］

$$\begin{cases} N_1 = \dfrac{N\sin\theta_2}{\sin(\theta_1+\theta_2)} = \dfrac{G\cos\beta\sin\theta_2}{\sin(\theta_1+\theta_2)} \\ N_2 = \dfrac{N\sin\theta_1}{\sin(\theta_1+\theta_2)} = \dfrac{G\cos\beta\sin\theta_1}{\sin(\theta_1+\theta_2)} \end{cases} \tag{8-35}$$

式中　θ_1、θ_2——N 作用方向与滑动面△ABD 和△BCD 法线的夹角。

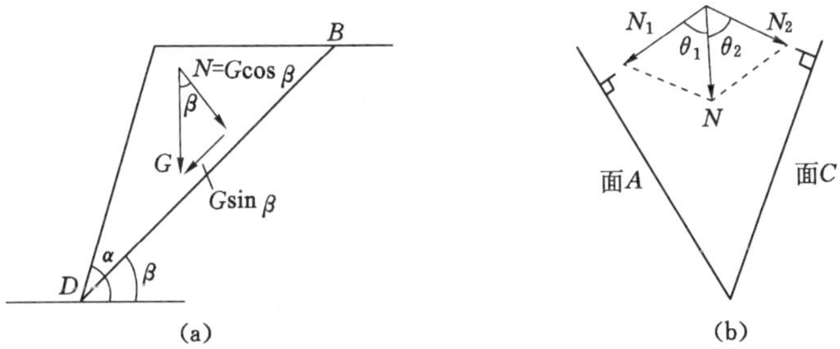

图 8-18　楔形体滑动力分析图

设 C_1、C_2 及 φ_1、φ_2 分别为滑动面△ABD 和△BCD 的内聚力和摩擦角，则两滑动面的抗滑力 F_s 为

$$F_s = N_1\tan\varphi_1 + N_2\tan\varphi_2 + C_1 S_{\triangle ABD} + C_2 S_{\triangle BCD} \tag{8-36}$$

则边坡的稳定性系数 η 为

$$\eta = \frac{N_1\tan\varphi_1 + N_2\tan\varphi_2 + C_1 S_{\triangle ABD} + C_2 S_{\triangle BCD}}{G\sin\beta}$$

$$G = \frac{1}{3}\rho g H S_{\triangle ABC} \tag{8-37}$$

式中 $S_{\triangle ABD}$、$S_{\triangle BCD}$——滑动面$\triangle ABD$和$\triangle BCD$的面积。

将式(8-35)中的N_1和N_2代入式(8-37)即可求得边坡的稳定性系数。在以上计算中，如何求得滑动面的交线倾角β及滑动面法线与N作用方向的夹角θ_1和θ_2等参数是很关键的。而这几个参数通常可通过赤平投影及实体比例投影等图解法或三角几何方法求得，读者可参考有关文献。

此外，式(8-37)是在边坡仅承受岩体重力条件下获得的，如果所研究的边坡还承受如静水压力、工程建筑物作用力及地震力等外力时，应在计算中加入这些力的作用。

8.6 滑坡的监测和治理

我国是一个崩塌、滑坡、泥石流等地质灾害发生十分频繁和灾害损失极为严重的国家，尤其是西部地区，每年由此造成的直接经济损失数额巨大。而且直接由工程建设诱发的崩滑灾害事件也屡见不鲜。滑坡之所以会造成严重损害，是因为难以事先准确预报其发生的地点、时间和强度。滑坡灾害预防，重在监测。人类与滑坡的斗争由来已久，20世纪前消极被动居多，或有研究也是零星的，第二次世界大战后，人们才开始对滑坡进行专门、系统的研究。最初的研究主要是在对可能失稳边坡进行长期观察的基础上，开展滑坡加固方法与措施的研究。随着经济发展和科技进步，滑坡监测技术也得到了较大的发展，新技术、新方法成效显著。

8.6.1 滑坡的监测

滑坡监测需要将室外现场观测、实验室试验和理论分析有机地结合在一起进行。近些年，我国鉴于自身地质灾害的现状和国民经济发展要求有稳定的地质环境的迫切需要，调查和监测技术有了长足的发展。

8.6.1.1 滑坡监测方法

在理论分析和实验室研究工作中，国内外已应用了多种方法，如三重蠕变曲线的图形分析方法、半对数曲线法和变形速度倒数法进行滑坡时间预测，测量地表破坏声响反射方法检测地表、地下水运动。在实地监测工作中，滑坡监测方法可以分为简易观测法、设站观测法、仪表观测法和远程监测法等。

(1) 简单观测法

简单观测法，即通过人工直接观测边坡中地表裂缝、鼓胀、沉降、坍塌、建筑物变形及地下水变化、低温变化等现象。此法适合对正在发生病害的边坡进行观测，也可结合仪器监测资料进行综合分析，用以初步判定滑坡体所处的变形阶段及中短期滑动趋势。即使采用先进的仪表观测，该法也是不可缺少的观测方法。

(2) 设站观测法

设站观测法，是指在充分了解现场工程地质背景的基础上，在边坡上设立变形观测点(呈线状、网络状)，在变形区影响范围之外稳定地点设置固定观测站，使用经纬仪、水准仪、测距仪、摄影仪及全站型电子速测仪、GPS接收机等仪器定期测量变形区内网点的三维(X,Y,Z)位移变化的一种监测方法。其优点是远离变形区，且无主观成分，比简单观测法客观、精密；观测、比较的范围大；选点方便。缺点是需要有人值守，仪器贵重，且连续观测能力较差。

(3) 仪表观测法

仪表观测法，是指用精密仪表对变形斜坡进行地表及深部的位移、倾斜(沉降)动态、裂缝相对张闭沉错变化及地声、应力、应变等物理参数与环境影响因素进行监测。仪表观测的类型一般可分为位移监测、地下倾斜监测、地下应力测试和环境监测四大类，是当前和今后一段时期滑坡监测发展的一个方向。其优点是深入滑坡体内部，受地表变化影响小，可提前探测滑坡体变化，测量的精度较高。其缺点是对仪表精度要求高；深入滑坡体内部，探头安装要求高；仪器价格较高。

(4) 远程监测法

随着空间技术和网络技术的飞速发展，各种先进的自动遥控监测系统相继问世，为边坡工程，特别是边坡崩塌和滑坡的自动化力学遥测创造了条件。由于自动化程度高、可全天候连续观测，故远程监测法省时、省力和安全，是当前和今后一段时期滑坡监测发展的另一个方向；但该法仪器昂贵，有些技术还不成熟，维修费用高。

8.6.1.2　用于滑坡监测的技术和仪器

滑坡稳定性的监测涉及一系列特定的参数及其随时间的变化情况，如降水量、土壤湿度、地下水位和移动特征，其中最重要的两个参数是移动特征和地下水位。滑坡的移动特征由滑动面的深度、方向、移动量和移动速度来表征，通过监测这些参数中的一项或多项就能达到监测滑坡的目的。

(1) 倾斜仪和斜度仪

倾斜仪和斜度仪的特点在于能够监测滑坡移动的加速度和方向，两种仪器中都使用了电解泡。电解泡的原理与普通的舷窗水平仪类似(图 8-19)。电解泡中的导电液在三个电节点间流动。一个电节点(C 点)固定于管瓶的底部，另外两个电节点(A 点与 B 点)固定在管瓶顶部，且两点与 C 点的距离相等。当电节点间通上电流后，可测出导电液体的阻抗。若管瓶顺时针倾斜，则 A、C 点间的阻抗增加，B、C 点间的阻抗减小；若管瓶逆时针倾斜，则情况恰好相反。由于阻抗变化正比于倾斜的角度，因此可测出倾角的变化。

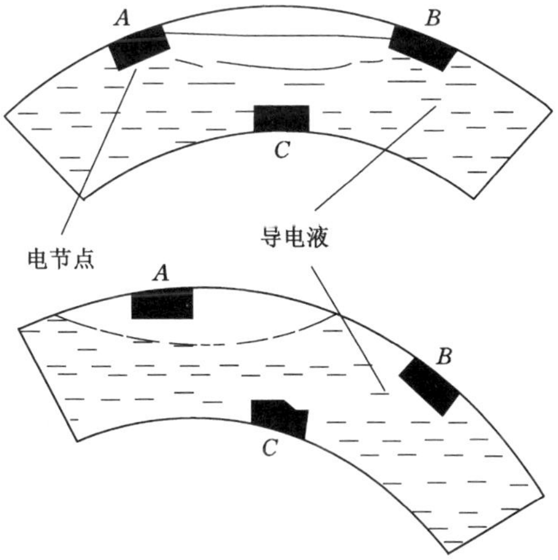

图 8-19　电解泡工作原理

(2) 应变测量计

原始的机械应变测量计的结构十分简单，是一条两端固定的钢丝绳，非常廉价。钢丝绳的一端被固定于滑坡观测点，在滑坡之外安装标有刻度的滑轨，上置重物，并将钢丝绳的另一端连接在重物上。滑坡观测点的位移将牵动重物在滑轨上移动，移动量及移动速率可通过人工观测滑轨标尺得到。如此，有数据采集不及时的问题，会遗漏掉滑坡发展的重要信息。位移还可使用电位计进行自动测量，采用可变电阻器测量移动量。滑动臂在固定电阻条上形成电触点，整个电路的总电阻取决于滑动臂在固定电阻条上的位置。当应变仪被加上一个稳定的直流电流后，地面移动引起滑动臂在固定电阻条上产生位移，由此引起输出电压的相应变化。此外，仪器很容易受破坏行为的影响或被动物损坏，通常将仪器的配线及敏感元件埋藏在地下以防止外力损坏。

(3) 降水量监测仪器

最常用的降水量监测仪器是翻斗式雨量计。当仪器中注入的雨水或融雪达到一定的高度时,雨量计中的小翻斗就会发生倾斜,相连的磁铁使开关闭合。翻斗排空后回到它的初始位置再次接受雨水或融雪注入,此时开关开启。数据记录仪或其他记录设备可统计开关的闭合次数。翻斗倾斜时的积水高度乘以开关的闭合次数就是降水量。

(4) 地下水位监测仪器

为了监测滑坡内的地下水位,一种简便的方法是在滑坡上钻孔并加固,然后将测尺沿钻孔下放,从而确定水面的位置,此方法对于简单的水位监测是适用的。但如果需要对更为复杂的情形进行监测,则必须采用其他方法,这些方法会使用到更为精密复杂的仪器,或者是机械的,或者是电子的。例如,振弦式水压测量仪,其工作原理类似于调节吉他或钢琴上的弦,仪器中钢丝固有频率受水位制约。其问题是,电缆弯曲对长度的影响等因素限制电缆长度的测量精度。因而,水压测量仪通常被用在需要经常测量地下水位的场合。

8.6.2 滑坡的防治

为减少滑坡灾害给国民经济建设和人民生命财产带来的损失,灾害的防治已十分必要,但防治工作必须由以往那种附属的被动应急式的救灾工作转为专门的、主动的、有预见性的防灾减灾工作,为此,宜遵循以下程序和采取合适的方法。

8.6.2.1 崩塌滑坡的工程治理程序

(1) 先勘查确定危险性、危害性及防治必要性和可行性

崩塌滑坡灾害的防治工程不同于一般建筑工程,崩塌滑坡灾害防治工程是对致灾地质作用的调整和崩塌滑坡变形体的改造工程。因此,地质的分析研究必须贯穿其始终。勘查工作必须准确查明崩塌滑坡的险情状况,包括致灾作用的性质、成因、变形机制、边界、规模、活动状况、稳定状况及危险程度;参与计算评价的有关岩土物理力学参数及水文地质条件;成灾危害情况,包括可能遭受危害的人、物、设施的位置、规模、价值及可迁移程度;影响治理工程实施的自然条件(地形、水源、天然建材等)及社会条件(交通、能源供应、劳动力等),从经济效益、社会效益诸方面进行防治的必要性、可行性论证,从而确定下一步工作如何进行。

(2) 做好防治工程设计

崩塌滑坡灾害防治工程设计,必须根据崩塌滑坡活动的成因机制、运动模式、危险程度及防治目标确定,对崩塌滑坡总体及其不同块段应作有区别的综合考虑。

① 根据崩塌滑坡作用的成因确定主要治理途径。若滑坡失稳主要是外因造成的,则消除、减少导致崩塌滑坡活动的破坏动力来源是首要的防治途径;若主要是内因造成的,则防治途径应是设计增强变形体自身稳定性。

消除、减少破坏动力来源,应视动力性质(类型)及作用特征,选用合理措施。如防治降雨型滑坡,最有效方法是做好地表及地下水排水;防治冲蚀型滑坡的措施是改变冲蚀水流的流向、流势,减缓冲蚀强度,或修筑抗冲蚀(护坡)工程;防治堆积加载型滑坡的措施是阻止堆积物添加或清方减载;防治挖掘型崩滑的措施是改善挖掘工艺方法,减少对山(坡)体的破坏扰动或停止挖掘。

增强变形体自身稳定性的基本原则是减小变形作用力,增强阻抗力。针对崩塌滑坡作用机制及运动模式,采取有效的抗衡措施,包括选择适宜的工程结构类型及实施位置与方

向。治理滑坡的具体工程措施有：降低坡高、坡角，在主滑段削方减载，在有效部位施加拦挡工程及排水、防水工程，等等。

② 根据滑坡的危险程度和防治目标（安全标准）确定防治工程的强度和工程量。防治工程的结构强度和工程量的确定，应以能达到防治目标的要求为准。这也与工程位置的选定有关，比较简便可行的办法是绘制不同安全等级（K 值）的滑坡下滑力曲线图，在图上获取最有利位置使滑坡总体下滑量减少为零，其所需的力即防治工程应有的力，可据之确定工程的结构强度和工程量。

③ 施工。滑坡灾害防治工程的合理施工也是十分重要的，这是因为欲加防治的崩滑体自身稳定性都很差，经不起大的工程扰动，而防治工程施工又难以完全避免有扰动，必须将这种扰动限制在变形体能承受的范围之内，不然反而会加剧崩滑变形，甚至失控成灾，落得事与愿违的后果。在滑坡区设挡土墙一般都忌通槽开挖，如 1967 年攀枝花市弄坪火车站滑坡防治中，为设挡墙而通槽开挖基坑，导致原本处于缓变阶段的滑坡急剧下滑，将 5 栋楼房推入金沙江，就是一个惨痛教训。挖孔桩排，也不宜连续成排同时开挖，而应跳隔施工。锚索（杆）施工的孔硐钻掘强度（硐群密度及爆破力），也不能对加固岩土体有大的扰动破坏，至于施工锚固力（预应力）也不宜过大，以防将开裂岩体折断，或使土体产生连续性拉张变形带。对土体的锚固，锚头深度必须超过斜坡土体的天然剪切破裂弧面以外。

8.6.2.2　崩塌滑坡防治的基本方法

整治滑坡的方法，归结起来可以分为三类：一是消除或减轻水对诱导滑坡的影响；二是改变滑坡外形，增加滑坡的抗滑力；三是改变滑动带土石性质，阻滞滑坡体的滑动。所有这些措施，都需要具体情况具体分析，有针对性地使用，才能收到“药到病除”的好效果。例如，对于由地下水作用所引起的滑坡，在事先弄清地下水补给来源、方式、方向、位置和数量的基础上，主要采用截水盲沟、盲硐、仰斜钻孔等工程加以排除；对于因江河冲刷所引起的滑坡，应着重修筑河岸防护工程；对于因挖方修建铁路、公路破坏了山体平衡所引起的滑坡，采用抗滑挡墙、抗滑桩等支撑措施来恢复平衡，效果比较显著；对于因地表渗水或自然沟水补给所引起的滑坡体滑动，则宜采取地面铺砌防渗、地表排水及沟床铺砌等措施；对于因滑动带土质不良而引起的滑动，可考虑采用灌浆、焙烧等改良土质的办法，也可以采用疏干工程来减弱水的作用；对于大滑坡或滑坡体连续分布的区段，如果处理起来在技术上不过关、经济上不合算，可以考虑使工程建筑设施避开滑坡的影响范围；对于中小型滑坡，工程建筑要避开它们正在活动的前部，如果条件允许的话，也可以将小型滑坡全部清除。

防治工程一般有以下几种基本方法。

(1) 排水工程

① 排除地表水。滑坡的发生和发展，与地表水的危害有密切关系。因此，设置排水系统排除地表水，对治理各类滑坡都是适用的，对治理某些浅层滑坡效果尤其显著。常用的地表排水方法，是在滑坡可能发展的边界 5 m 以外，设置一条或数条环形截水沟，用以拦截普遍引自斜坡上部流向斜坡的水流。通常，沟深和沟底宽度都不小于 0.6 m。为了防止水流的下渗，在滑坡体上也应充分利用自然沟谷，布置成树枝状排水系统，使水流得以汇集旁引。如地表条件许可，在滑坡边缘还可修筑明沟，直接向滑坡两侧稳定地段排水。如果滑坡体内有湿地和泉水露头，则需修筑渗沟与明沟相配合的引水工程。在地表水下渗为滑坡主要原因的地段，还可修筑不同的隔渗工程。当地表出现裂缝或滑坡体松散易于地表水下渗时，都

要及时进行平整夯实，以防地表水渗入。另外，在滑坡地区进行绿化，尤其是种植阔叶树木，也是配合地表排水、促使滑坡稳定的一项有效措施。

② 排除地下水。地下水通常是诱发滑坡的主要因素，排除有害的地下水，尤其是滑动带水，成为治理滑坡的一项有效措施。滑坡地下排水系统包括截水盲沟、支撑盲沟、盲硐、仰斜钻孔、渗管、渗井、垂直钻孔以及砂井与平孔相结合、渗井与盲硐相结合等工程设施。其中的深盲沟和盲硐，由于造价较高、施工困难，效果又不太稳定，一般很少采用。

(2) 支挡工程

由于失去支撑而引起的滑坡，或滑床陡、滑动快的滑坡，采用修筑支挡工程的办法，可增加滑坡的重力平衡条件，使滑坡迅速恢复稳定。支挡工程的种类很多，有抗滑片石垛、抗滑挡墙、抗滑桩、锚固、减载和固化等。这里仅介绍几种主要的支挡工程办法。

① 抗滑片石垛。抗滑片石垛是一种用垒砌石块的方法来阻止滑坡体下滑、达到稳定滑坡目的的工程措施。对于滑坡体不大，滑动面位置低于坡脚不深的中、小型滑坡，又有足够的场地和廉价的石料时，就可采用这种工程措施。但是，这种措施不适宜用来治理下滑力较大的大、中型滑坡。对于强地震区的滑坡，由于片石垛本身结构松散，这种措施也同样不宜采用。对于适宜采用抗滑片石垛的中、小型滑坡，片石垛的基础必须埋置于可能形成的滑动面以下 0.5～1.0 m 处，一般都用浆砌片石或混凝土做成厚约 0.5 m 的整体基础。抗滑片石垛的顶宽一般不小于 1 m，垛的高度应高出可能向上产生滑动面的位置，垛的外侧坡度通常为 1∶0.75～1∶1.25。码砌石块时，必须平行于基底分层砌筑，石块间尽可能相互咬紧；为了保证片石垛具有良好的透水性能，在垛后需要置放砂砾滤层。

② 抗滑挡墙。抗滑挡墙是一种阻挡滑坡体滑动的工程措施，适用于治理因河流冲刷或因人为切割支撑部分而产生的中、小型滑坡，但不适宜治理滑床比较松软、滑动面容易向下或向上发展的滑坡。由于滑坡的推力较大，抗滑挡墙比一般的挡土墙要设计得宽大些，具有胸坡缓、外形宽大的特点。为了增加抗滑挡墙的稳定性，在墙后应设 1～2 m 宽的衡重台或卸荷平台，挡墙的胸坡越缓越好，一般为 1∶0.3～1∶0.5，也有 1∶0.75～1∶1 者。抗滑挡墙一般多设置于滑坡的前缘，基础埋入完整稳定的岩层或土层的一定深度。挡墙背后应设置顺墙的渗沟以排除墙后的地下水，同时在墙上还应设置泄水孔，以防止墙后积水泡软基础。

③ 抗滑桩。抗滑桩用来治理滑坡既要保证桩不被剪断、推弯或推倒，也要保证桩间土体不会从桩间滑走或因桩高不够导致土体从桩顶滑出。抗滑桩应设置在滑体中下部，滑动面接近水平，而且也是滑动层较厚的部位。一定要保证桩身有足够的强度和锚固深度，桩高和桩间距离都要适当。抗滑桩的施工方法主要有打入法、钻孔法和挖孔法三种。对于浅层的黏性土和黄土滑坡，可直接用重锤把木桩、钢轨桩、钢管桩、钢筋混凝土管桩等打入，简单易行；对于中厚层的大型滑坡，则多采用钻孔法和挖孔法施工。

④ 锚固。利用穿过软弱结构面、深入完整岩体内一定深度的钻孔，插入钢筋、钢棒、钢索、预应力钢筋及回填混凝土，借以提高岩体的摩擦阻力、整体性与抗剪强度，这种措施统称为锚固。

a. 锚杆喷射混凝土联合支护——简称锚喷结构或锚喷支护，即喷射混凝土与锚杆相结合的一种支护结构，也称喷锚支护。

b. 锚杆——是指钻凿岩孔，然后在岩孔中灌入水泥砂浆并插入一根钢筋，当砂浆凝结硬化后钢筋便锚固在围岩中，借助这种锚固在围岩中钢筋能有效地控制围岩或浅部岩体变形，防止其滑动和坍塌。这种插入岩孔、锚固在围岩中而对围岩或上部岩体起到支护作用的钢筋称为锚杆。

锚杆类型很多，有楔缝式锚杆、倒楔式锚杆、普通砂浆锚杆、钢丝绳砂浆锚杆、树脂锚杆及预应力锚索等。

c. 预应力锚索——由钻孔穿过软弱岩层或滑动面，把一端（锚杆）锚固在坚硬的岩层中（称内锚头），然后在另一个自由端（称外锚头）进行张拉，从而对岩层施加压力、对不稳定岩体进行锚固，这种方法称预应力锚索，简称锚索，国内应用较多，如长江南岸链子崖危岩体治理和会同县中心街滑坡治理中都采用了此种锚索。

锚索结构一般由内锚头、锚索体和外锚头三部分组成。内锚头又称锚固段或锚根，是锚索锚固在岩体内提供预应力的根基，按其结构形式分为机械式和胶结式两大类，胶结式又分为砂浆胶结和树脂胶结两类，砂浆式又分为二次灌浆式和一次灌浆式两种。外锚头又称外锚固段，是锚索借以提供张拉力和锁定的部位，其种类有锚塞式、螺纹式、钢筋混凝土圆柱体锚墩式、墩头锚式和钢构架式等。锚索体是连接内外锚头的构件，也是张拉力的承受者。通过对锚索体的张拉来提供预应力，锚索体由高强度钢筋、钢纹线或螺纹钢筋构成。

⑤ 减载。当滑坡体处于“头重脚轻”的状况下，而在前方又有一个可靠的抗滑地段时，可采取在滑坡体上部减载或脚部加填的办法，使滑坡的外形得以改变、重心得以降低，从而使滑坡的稳定性得到根本的改善。曾经有人计算过，如果将滑动土体积的 4%从坡顶转移到坡脚，那么滑坡的稳定性就可增大 10%。如果滑坡没有一个可靠的抗滑地段，则减载只能减小滑坡的下滑力，不能达到稳定滑坡的目的。因此，用减载的方法治理滑坡时，常常需要与下部的支挡措施相配合。

应当说明的是，用减载的方法治理滑坡并不是对所有滑坡都适用。例如，对于牵引式滑坡或滑土带具有卸载膨胀性的滑坡，该法就不宜使用。减载常用于滑动面不深、具有上陡下缓、滑坡后壁及两侧有岩层外露或土体稳定不可能继续向上发展的滑坡。对于可以采用减载方法治理的滑坡，应该认真确定减载范围，要根据各段滑坡的稳定程度、稳定滑坡和其他建筑物的要求，进行综合考虑。对于一些不向上或向两侧牵引发展的小型滑坡，也可考虑将滑坡体全部清除。

⑥ 固化。固化是指用物理化学方法改善滑坡带十石性质。

a. 焙烧法——焙烧法是利用导硐焙烧滑坡脚部的滑动带土，使之形成地下“挡墙”而稳定滑坡的一种措施。利用焙烧法可以治理一些土质滑坡。用煤焙烧砂黏土时，当烧土达到一定温度后，砂黏土会变成像砖块一样，具有相同高的抗剪强度和防水性，同时地下水也可从被烧的土裂缝中流入坑道而排出。

用焙烧法治理滑坡，导硐须埋入坡脚滑动面以下 0.5～1.0 m 处。为了使焙烧的土体成拱形，导硐的平面最好按曲线或折线布置。导硐焙烧的温度，一般土为 500～800 ℃。通常用煤和木柴做燃料，也可以用气体或液体做燃料。焙烧程度应以塑性消失和在水的作用下不致膨胀和泡软为准。

b. 电渗排水——电渗排水是利用电场作用把地下水排除，达到稳定滑坡的一种方法。这种方法最适用于粒径为 0.005～0.05 mm 的粉质土的排水，这是因为粉质土中所含的黏土颗粒在脱水情况下就会变硬。施工的过程是：首先将阴极和阳极的金属桩成行地交错打入滑坡体中，然后通电和抽水。一般以铁或铜桩为负极，铝桩为正极。通电后水即发生电渗作用，水分从正极移向由一花管组成的负极，待水分集中到负极花管之后，遂用水泵把水抽走。

c. 爆破灌浆法——爆破灌浆法是一种用炸药爆破破坏滑动面，随之把浆液灌入滑动带以置换滑动带水并固结滑动带土，从而使滑坡稳定的一种治理方法。目前，这种方法仅用于小型滑坡防治。施工步骤是：首先用钻孔打穿滑动带，在钻孔中爆破，使滑坡床岩层松动；再将带孔灌浆管打入滑动带下 0.15 m，在一定的压力下将浆液压入，使其在滑动带中将裂缝充满，形成一个稳定土层，借以增大滑动带土的抗滑能力。对于我国黄土区的一些滑坡，曾用石灰、水泥和黏土浆液压注裂缝的方法来加固滑动带土，取得了一定的成效。

思考题与习题

1. 简述岩石边坡破坏的基本类型及其特点。
2. 边坡岩体中的重分布应力有哪些主要特征？与哪些因素有关？
3. 边坡岩体的变形破坏有哪些基本类型？单平面滑动和楔形体滑动的特点是什么？
4. 简述边坡岩体稳定性分析的步骤。
5. 何谓几何边界条件？受力条件？稳定性系数？安全系数？
6. 单平面滑动的稳定性系数如何计算？并推导出它的计算公式。
7. 常用的滑坡监测方法有哪些？
8. 崩塌滑坡防治的基本方法有哪些？

第 9 章　岩体工程模拟

对岩体工程进行深入的研究，必须采用合理的研究方法。涉及岩体工程有关问题的研究，常采用综合分析的方法。具体研究方法有理论分析、实验室模拟和现场测试。其中实验室模拟的方法在岩体工程的理论研究和对具体工程实践的指导上占有越来越重要的地位。

目前，实验室模拟的主要方法有相似材料模拟法、光弹模拟法和数值模拟法。本章仅介绍前两种方法。

9.1　相似材料模拟法

9.1.1　相似模拟试验理论

9.1.1.1　概述

相似模拟试验是以相似理论为基础的模型试验技术，是利用事物或现象间存在的相似和类似等特征来研究自然规律的一种方法，它特别适合于那些难以用理论分析方法获取结果的研究领域，同时也是一种用于对理论研究结果进行分析和比较的有效手段。

矿山相似材料模拟试验方法作为研究矿山岩体运动规律的一种手段，其实质是根据相似原理，将矿山岩层以一定的比例缩小，用相似材料制成模型，然后在模型中模拟煤层开采、巷道开挖与支护等工程施工过程，观测其周围岩体的移动、变形和破坏情况。根据模型中出现的情况，分析、推测实地岩层发生的情况，从而为矿山地下工程设计和施工提供科学依据。

相似材料模型依其相似程度不同分为两种：一种是定性模型，主要目的是通过模型定性判断原型中发生某种现象的本质或机理。这种模型，不严格遵循各种模拟关系，而只需要满足主要的相似常数。另一种是定量模型，在这种模型中，要求主要的物理量都尽量满足相似常数和相似判据。由于这种模型所需的材料多、花费的时间多，因此在制作这种模型前最好先进行定性模拟。

9.1.1.2　相似材料模拟试验理论

(1) 基本概念

① 相似常数。两相似系统(现象)某种对应量之比值为一常数，此常数称为该量的相似常数。如某模型与原型的尺寸之比为 C_L，即

$$\frac{L_{\mathrm{p}}}{L_{\mathrm{m}}} = C_L \tag{9-1}$$

式中　L_{p}、L_{m}——原型与模型的尺寸；

C_L——几何相似常数。

② 相似准则。相似准则是指彼此相似的两个系统中数值不变的组合量，它反映了两个相似系统间的数量关系或特征。相似准则是无量纲的，它等于不变量，而不是等于一个常数，它的数值只是在两个相似系统中某两个对应的点和对应的瞬间是相同的。相似准则的

数目随现象的不同而异,现象越复杂,相似准则的数目越多。

如有两个相似的容器 A 和 B,容器 A 的示性尺寸为 L'、容积为 V',容器 B 的示性尺寸为 L''、容积为 V'',因为比较复杂,要确定 V 与 L 之间的关系,就需要用数学上的微分方法。容器 V 与 L 的关系为

$$V = f(L^3) \tag{9-2}$$

$$V = K_V L^3 \quad 或 \quad K_V = \frac{V}{L^3} \tag{9-3}$$

K_V 为常数,它随容器的几何形状不同而不同;但对于两相似的容器,其 K_V 必然是相同的。这里的 K_V 即相似准则。

③ 单值条件。所谓单值条件,就是一个具体现象与同类现象中其他现象相区别的具体条件,也就是将普遍现象的通解转变为具体现象特解的具体条件。单值条件包括几何条件、物理条件、边界条件、初始条件。几何条件是指参与过程之物体的形状和大小,物理条件是指参与过程之物体的物理性质,边界条件是指物体表面所受的外界约束,初始条件是指研究对象在起始时刻的某些特征。

(2) 相似三定理

物理现象满足什么条件才是相似的,相似现象具有哪些性质,相似模拟试验的结果如何才能推广到原型中去,这些都是相似三定理要回答的问题。相似三定理是相似模型模拟的理论基础,下面对其作一简单介绍。

① 相似第一定理(相似正定理)。该定理阐述相似现象具有的性质,即相似现象的相似准则相等,相似指标等于 1,且单值条件相似。

② 相似第二定理(π 定理)。该定理表述为:如果现象相似,描述此现象的各种参量之间的关系可转换成相似准则之间的函数关系,且相似现象的相似准则函数关系式相同。相似第二定理给相似模拟试验结果的推广提供了理论依据。若两现象相似,根据相似第二定理,就可从模型试验结果中整理出相似准则关系,推广到原型中去,从而使原型得到圆满的解释。

③ 相似第三定理(相似逆定理)。该定理主要回答现象相似条件的问题:若两个现象能被相同文字的关系式所描述,且单值条件相似,同时由此单值条件所组成的相似准则相等,则此两现象相似。在工程实践中,要使模型和原型完全满足相似第三定理的要求是相当困难的,甚至不可能。此时可根据研究对象的特征,合理选取那些对现象影响重大的因素,抓住现象的主要因素,略去次要因素,使得模拟研究得以实现。

(3) 相似准则的推导

在进行相似模拟研究的试验设计、试验结果整理及推广时,均需要求得所研究现象的相似准则。推导相似准则的方法很多,如相似转移法、因次分析法和矩阵法等。在岩土工程中应用较多的是因次分析法,下面进行详细介绍。

① 因次分析的概念。因次也称量纲,是代表物理量性质的符号。在物理学中,通用的力学单位是从长度、时间和质量的单位导出的。例如,用米、千克、秒制时,速度的单位是米/秒。如果不用这种人为确定的单位,而直接将[长度]、[时间]与[质量]的普遍单位用[L]、[T]和[M]来表达,则这种度量单位称为因次(量纲)。由于各个物理量是互相联系的,因此可以将其他物理量由这几个基本量纲推导出来,也就是说,可以用[L]、[T]、[M]这几

个基本单位的组合来表示其他物理量的单位。本身可以表达某物理量的因次叫基本因次，由基本因次通过数学表达式导出的因次叫导出因次。

工程中常用的基本因次系统有 MLT 系统和 FLT 系统，前者将质量[M]作为基本因次，后者将力[F]作为基本因次。

② 因次分析的原理。用因次分析法求相似准则的理论依据是相似第二定理，此时该定理可表达为：若描述某一现象的变量需 n 个(其中 k 个变量的因次是基本因次)，且这些变量构成一个因次齐次的方程式，则此方程可化为 $n-k$ 个无因次乘积所组成的方程式。

根据上述定理，即可用因次分析法求得现象的相似准则，尽管不知道描述此现象的各因素之间确切的函数关系。

在使用因次分析法推导相似准则时，关键是要合理确定哪些因素与所研究的对象有关。要努力避免两种情况发生：一是将那些与研究对象无关的因素也考虑进来，这不仅会使分析过程复杂化，而且在最终求出的由无因次乘积组成的表达式中会出现多余的项；二是漏掉某些对所研究现象有影响的因素，从而导致不完整甚至错误的研究结果。

③ 因次分析的步骤。用因次分析法推导相似准则的步骤如下：

第一步，找出与现象有关的参数和因次，得出现象的函数表达式。如，某一物理现象的方程式为

$$f(X_1, X_2, \cdots, X_n) = 0$$

第二步，写出相似准则的一般表达式

$$\pi = X_1^{b_1} X_2^{b_2} \cdots X_n^{b_n} \tag{9-4}$$

第三步，将各参数的因次代入相似准则的一般表达式，得这个一般的因次式

$$\begin{aligned}[\pi] &= [\mathrm{M}^{p_1} \mathrm{L}^{q_1} \mathrm{T}^{r_1}]^{b_1} \cdots [\mathrm{M}^{p_n} \mathrm{L}^{q_n} \mathrm{T}^{r_n}]^{b_n} \\ &= \mathrm{M}^{p_1 b_1 + p_2 b_2 + \cdots + p_n b_n} \cdot \mathrm{L}^{q_1 b_1 + q_2 b_2 + \cdots + q_n b_n} \cdot \mathrm{T}^{r_1 b_1 + r_2 b_2 + \cdots + r_n b_n} \\ &= [\mathrm{M}^0 \mathrm{L}^0 \mathrm{T}^0]\end{aligned} \tag{9-5}$$

第四步，根据量纲齐次原则，确定参数指数间的关系

$$\begin{cases} p_1 b_1 + p_2 b_2 + \cdots + p_n b_n = 0 \\ q_1 b_1 + q_2 b_2 + \cdots + q_n b_n = 0 \\ r_1 b_1 + r_2 b_2 + \cdots + r_n b_n = 0 \end{cases} \tag{9-6}$$

第五步，求各影响因素的指数。在式(9-6)中，方程组的数目为 m 个，而其中未知数有 $b_1, b_2, \cdots, b_n$ 等 n 个，因此只有 m 个未知数受式(9-6)约束并可能求出，而其余 $n-m$ 个未知数可任意取值，它们是互不相干的。将解出的 m 个根代入 $X_1^{b_1} X_2^{b_2} \cdots X_n^{b_n}$ 式中，则该式组成 $n-m$ 个独立的无因次量的乘积，称为无因次完全组。

由以上步骤可以看出，如果在所研究的现象中找不到描述它的方程，但对该现象有决定意义的物理量是清楚的，则可通过因次分析法运用相似第二定理来确定相似准则，从而为建立模型与原型间的相似关系提供依据。

(4) 单值条件的确定

① 几何相似。几何相似条件是相似材料模拟试验中原型和模型所应满足的最基本条件。模型与原型各部分的尺寸应按同样比例尺缩小或放大，即满足下列关系

$$\frac{L_\mathrm{p}}{L_\mathrm{m}} = C_L \tag{9-7}$$

$$\frac{L_{\mathrm{p}}^{2}}{L_{\mathrm{m}}^{2}} = C_{L}^{2} = C_{A} \tag{9-8}$$

$$\frac{L_{\mathrm{p}}^{3}}{L_{\mathrm{m}}^{3}} = C_{L}^{3} = C_{V} \tag{9-9}$$

式中　C_L、C_A、C_V——分别为长度、面积、体积相似常数。

对于采矿类问题，定性模型的几何相似常数 C_L 通常取在 100～200 之间；而定量模型则做得较大，其 C_L 一般取在 20～50 之间。

另外，在构造小模型时，某些构件如果按整个模型的几何比例缩小制作，往往在工艺上或材料上发生困难，此时可以考虑采用非几何相似的方法来模拟这一局部问题。例如，模型支架的结构可以与实物根本不同，尺寸上也不存在比例关系，但其支架特征曲线却与实物相似，即可用同一方程来描述，对整个模型的研究来讲，这样做是不会有什么影响的。

② 物理相似。在相似材料模型中，起控制作用的物理相似常数往往因模型中所要解决的问题不同而异，下面介绍各类问题中对选择相似材料有控制作用的物理相似常数。

a. 研究弹性范围内围岩的应力与变形。不考虑自重时，主要的物理相似常数为

$$C_{\sigma} = \frac{\sigma_{\mathrm{p}}}{\sigma_{\mathrm{m}}}, C_{\mathrm{e}} = \frac{E_{\mathrm{p}}}{E_{\mathrm{m}}} \tag{9-10}$$

式中　C_σ——应力相似常数；

C_{e}——弹性相似常数；

σ_{p}、E_{p}——原型的应力与弹性模量；

σ_{m}、E_{m}——模型的应力与弹性模量。

主要的相似指标为

$$C_{\mathrm{e}} = C_{\sigma} \tag{9-11}$$

考虑自重时，主要的物理相似常数为

$$C_{\gamma} = \frac{\gamma_{\mathrm{p}}}{\gamma_{\mathrm{m}}}, C_{\sigma} = \frac{\sigma_{\mathrm{p}}}{\sigma_{\mathrm{m}}}, C_{\mathrm{e}} = \frac{E_{\mathrm{p}}}{E_{\mathrm{m}}}, C_{\varepsilon} = \frac{\varepsilon_{\mathrm{p}}}{\varepsilon_{\mathrm{m}}} \tag{9-12}$$

式中　C_γ——重度相似常数；

C_ε——应变相似常数。

主要的相似指标为

$$\frac{C_{\sigma}}{C_{L}C_{\gamma}} = 1, \frac{C_{\mathrm{e}}}{C_{\sigma}} = 1 \tag{9-13}$$

b. 研究围岩的破坏过程。主要的物理相似常数为

$$C_{\sigma_{\mathrm{c}}} = \frac{(\sigma_{\mathrm{c}})_{\mathrm{p}}}{(\sigma_{\mathrm{c}})_{\mathrm{m}}}, C_{\sigma_{\mathrm{t}}} = \frac{(\sigma_{\mathrm{t}})_{\mathrm{p}}}{(\sigma_{\mathrm{t}})_{\mathrm{m}}}, C_{C} = \frac{C_{\mathrm{p}}}{C_{\mathrm{m}}}, C_{\varphi} = \frac{\varphi_{\mathrm{p}}}{\varphi_{\mathrm{m}}} \tag{9-14}$$

式中　$C_{\sigma_{\mathrm{c}}}$——抗压强度相似常数；

$C_{\sigma_{\mathrm{t}}}$——抗拉强度相似常数；

C_C——内聚力相似常数；

C_φ——内摩擦角相似常数。

主要的相似指标为

$$[\sigma_{\mathrm{c}}]_{\mathrm{m}} = \frac{L_{\mathrm{m}}}{L_{\mathrm{p}}}\frac{\gamma_{\mathrm{m}}}{\gamma_{\mathrm{p}}}[\sigma_{\mathrm{c}}]_{\mathrm{p}}, [\sigma_{\mathrm{t}}]_{\mathrm{m}} = \frac{L_{\mathrm{m}}}{L_{\mathrm{p}}}\frac{\gamma_{\mathrm{m}}}{\gamma_{\mathrm{p}}}[\sigma_{\mathrm{t}}]_{\mathrm{p}}, [C]_{\mathrm{m}} = \frac{L_{\mathrm{m}}}{L_{\mathrm{p}}}\frac{\gamma_{\mathrm{m}}}{\gamma_{\mathrm{p}}}[C]_{\mathrm{p}}, \varphi_{\mathrm{m}} = \varphi_{\mathrm{p}} \tag{9-15}$$

根据以上的相似指标可以确定模型的强度、内聚力及内摩擦角等量。

c. 研究围岩在长期开采条件下的破坏过程。在这种情况下，多了一个时间物理量，应选择一个时间相似常数。

确定时间相似常数是一个非常困难的问题，这是因为要使原型与模型材料的蠕变过程完全相似几乎是不可能的。研究者曾经试图采用各种方法解决这个问题，如意大利学者 E. Fumagalli 建议对岩块进行长时间的压缩试验来近似解决这一难题；苏联学者建议采用试验对比法来代替理论计算，即分别对原型材料和模型材料的试件做蠕变试验，寻找两种材料在蠕变特征上的区别，以确定时间相似常数，这里不再详细介绍。

③ 初始状态相似。所谓初始状态，是指原型的自然状态。对于岩体来讲，最重要的初始状态是其结构状态，如岩体的结构特征、结构面的分布特征和结构面的力学性质等。在具体实施时，应分析哪些结构面对于所研究的问题具有决定作用，哪些结构面是可以忽略的，从而达到既能简化模型，又能满足实际要求的目的。

从理论上讲，结构体的形状与大小应保持与整体模型相同的几何模拟关系。但是，从变形角度来考察，不论模型块体如何接触紧密，其间隙总是大于按原型缩制的要求，这就有可能导致整个体系的变形过大。为了保持原型与模型在总体上的变形相似，常常不得不适当地减少模型中的不连续面，按总体变形模量的要求调整模型。

不连续面 C、φ 值的相似常数应当取得与岩石一样，其换算公式为

$$C_{\mathrm{m}} = C_{\mathrm{p}} \cdot p\frac{\gamma_{\mathrm{m}}}{\gamma_{\mathrm{p}}} \cdot \frac{L_{\mathrm{m}}}{L_{\mathrm{p}}} \tag{9-16}$$

$$\varphi_{\mathrm{m}} = \varphi_{\mathrm{p}} \tag{9-17}$$

此外，原型与模型各岩层的主要力学性质之间应该保持同样的相似关系，即

$$\frac{(\gamma_1)_{\mathrm{p}}}{(\gamma_1)_{\mathrm{m}}} = \frac{(\gamma_2)_{\mathrm{p}}}{(\gamma_2)_{\mathrm{m}}} = \cdots = \frac{(\gamma_n)_{\mathrm{p}}}{(\gamma_n)_{\mathrm{m}}} = C_\gamma \tag{9-18}$$

$$\frac{(E_1)_{\mathrm{p}}}{(E_1)_{\mathrm{m}}} = \frac{(E_2)_{\mathrm{p}}}{(E_2)_{\mathrm{m}}} = \cdots = \frac{(E_n)_{\mathrm{p}}}{(E_n)_{\mathrm{m}}} = C_{\mathrm{e}} \tag{9-19}$$

式中，下标 1，2，…，n 代表岩层的各分层编号。

④ 边界条件相似。在使用平面模型时，如果应用平面应变模型，应采用各种措施保持前后表面不产生变形；如果采用平面应力模型代替平面应变模型，由于在前后面上没有满足原边界条件，模型中岩石具有的刚度将低于原型，为了弥补刚度不足的缺陷，通常在设计中用$\left(\frac{E}{1-\mu^2}\right)_{\mathrm{m}}$来代替原来的 E_{m}。

模拟深部岩层时，一般用外加载的方法代替自重应力，模拟的范围不应小于工程开挖的影响范围。

9.1.2　相似材料模拟试验方法

9.1.2.1　相似材料的选择

相似材料是用来模拟各种原型的，相似材料的用料和配比因原型不同而不同；为了配制各种各样的相似材料，需使用不同性能和种类的相似原料。相似材料通常由充填材料和胶结材料组成；为了改变相似材料的某些性质或便于相似材料的配制，有时要加入添加剂；当胶结材料的固化需要水时，水就成了配制相似材料必备的原料之一。

(1) 相似材料选择的原则

在选择相似材料时,应结合具体情况,同时遵循以下原则:

① 模型主要力学性质与模拟的岩石或结构相似;

② 试验过程中材料的力学性能稳定,不易受外界条件的影响;

③ 改变材料的配比,可调整材料的某些性质以适应相似条件的要求;

④ 制作方便,凝固时间短;

⑤ 成本低,来源丰富。

总之,在相似材料中,胶结材料是决定相似材料性质的主要原料;在选择胶结材料时,应根据欲配制的相似材料及相似材料模型的物理力学性质,如抗压强度和抗拉强度比值、力学特性等。充填材料是影响相似材料性质的另一个重要因素,它对相似材料的密度、晶体颗粒组成等起决定性的作用。另外,在配制相似材料时,往往要选择两种或两种以上材料,这就是不同材料间的配比与相互作用问题,后面将专门讨论这个问题。

(2) 相似材料的分类

组成相似材料的原材料主要有两类:

① 充填材料。主要有砂、尾砂、黏土、岩粉、铝粉、云母粉、粉煤灰、软木屑、聚苯乙烯颗粒、硅藻土等。

② 胶结材料。主要有石膏、水泥、石灰、水玻璃、碳酸钙、石蜡、树脂等。

此外,有时还会用到添加剂,添加剂根据其作用不同可分为增密剂、减密剂、缓凝剂等。

(3) 模拟岩石及构造的相似材料

模拟岩石材料应用最广的是用石膏、水泥作为胶结材料,用砂等作为骨料,采用不同的配比。这种模拟方法的优点是,制作工艺简单,取材方便,材料的脆性与岩石比较接近。其他的配方,如用石膏铅丹砂浆、环氧树脂作为胶结材料也在一定范围内得到应用。

地质构造的模拟是一个极为复杂的问题,比较常用的方法有:① 各种涂料,如用油脂类涂料模拟黏土夹层的黏滞滑动;② 各种纸质互层,可模拟原型中的软弱结构面,如节理面与夹泥层等;③ 各种干粉料,如用石灰粉、云母粉、滑石粉模拟岩石的分层面;④ 各种粒径的砂子,用来模拟粗糙的断裂面。

9.1.2.2 相似材料配比

相似材料配比,是指组成相似材料原料间的比例关系。相似材料配比的调整是改变相似材料物理力学性质的最主要措施之一,但由于影响因素的多样性和复杂性,要确定出合适的配比并制作出符合要求的相似材料模型并非易事,需要根据已有的研究成果,结合欲解决问题的特殊性,经过大量的试验才能最终配出满意的相似材料并制作出所需的相似模型。

(1) 配比试验

制作模型的原料选定后,便可进行大量系统的相似材料配比工作。配比试验是相似材料模拟的基础,需要经常进行。制作模型选定配方时,也应做相应的配比试验,这是因为来源不同的原料,其性质可能有所差异。如果由于选用材料存在差异,配制的相似材料与配比表中的数值稍有出入,此时就需调整材料组成比例,并重复试验,以达到力学相似的要求。

相似材料的试件可以根据需要做成圆柱体、立方体等,试件做成以后,必须晾干后才能测定其力学性质,试件的干燥时间根据习惯而定,有 3 d、7 d、10 d 等。试件干燥后,就可对其进行强度和变形性质的测定,一般要进行抗压强度和抗拉强度的测定,具体测定方法不再详述。

(2) 绘制相似材料配比图表

在大量系统的配比试验基础上，通过综合整理制成配比图表。相似材料配比图表主要有两种：一种是配比表；另一种是三角形配比图。

表 9-1 为原阜新矿业学院制作的相似材料配比表，根据该表的数据即可制作相似材料；另外，其他科研单位也制作出了一系列相似材料配比表，此处不一一列举。

表 9-1　相似材料配比表

配比号	σ_c/($\times 10^4$ Pa)	σ_t/($\times 10^4$ Pa)	σ_t/σ_c	重度 γ/(kN/m^3)	备　注
337	36.8	4.4	1/8.4	15	试件干燥 3 d 进行强度试验；缓凝剂采用 2% 动物胶的水溶液，水量为材料质量的 1/10；石膏为乙级建筑石膏；砂为河砂，级配为： ≥1.2 mm　2.0% 0.6～<1.2 mm　27.2% 0.3～<0.6 mm　36.8% 0.15～<0.3 mm　21.9% <0.15 mm　12.1%
335	25.1	2.3	1/10.9		
373	14.0	1.9	1/7.4		
437	29.8	2.7	1/11.0		
455	20.8	2.5	1/8.3		
473	13.4	1.8	1/7.4		
537	14.4	2.4	1/6.0		
555	10.7	1.4	1/7.6		
573	9.4	1.2	1/7.8		
637	12.4	1.5	1/8.3		
655	10.4	1.3	1/8.0		
673	6.6	0.9	1/7.3		

注：表中配比号的意义，第一位数字代表砂胶比，第二、三位数字代表两种胶结物在总量中所占的比例。如 337，表示砂胶比为 3∶1，一份胶结物中石灰、石膏质量之比为 3∶7。

三角形配比图是利用等边三角形内任一点到三边垂线长之和等于三角形全高的几何关系制成的。作一等边三角形 ABC(图 9-1)，将其高算作 100%，由三角形内任一点 P 向各边作垂线，以三垂线长 PD、PE、PF 表示三种配料的百分数，则不同质量或体积配比的材料在三角形中就表现为不同位置的点。例如，图 9-1 中 P 点表示试验时原料的配比为：砂 50%，石膏 35%，石灰 15%。将具有相同力学件质的点连接起来，即可得到若干组力学性质等值

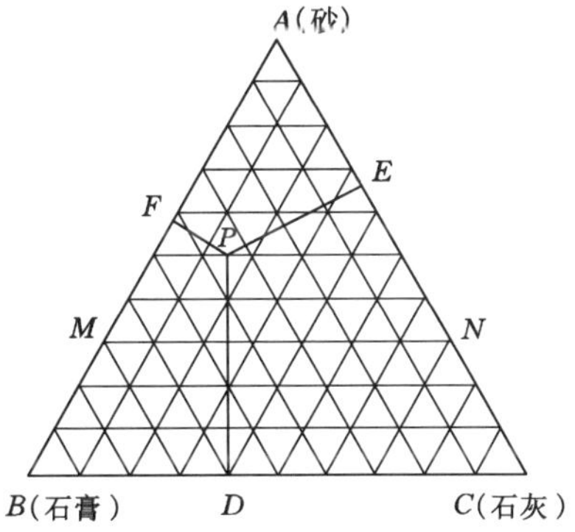

图 9-1　三角形配比图制作原理

线。图 9-2(a)和图 9-2(b)是东北大学岩石力学实验室制作的抗压强度、抗拉强度三角形配比图。

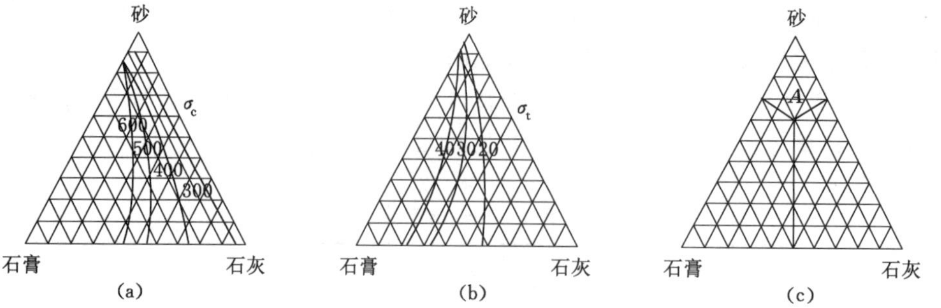

图 9-2　等强度曲线图

在具体的模拟实施中,还应注意以下两个问题:一是在模拟煤层时,除了砂、云母粉、煤粉、石膏、碳酸钙外,还可用一些轻质材料,如锯末、珍珠岩粉、炉渣粉等,以降低相似材料的重度,达到力学相似的要求;二是在模拟松散层时,除加水外,再加适量的机油(润滑油),能起到使松散层疏松的作用。

9.1.2.3　相似材料模型的制作工艺

相似材料模型制作工艺主要包括从相似材料原料的拌和、装模、成形到将其置于设计养护条件下进行养护的全过程。图 9-3 为制作好的相似材料模型。

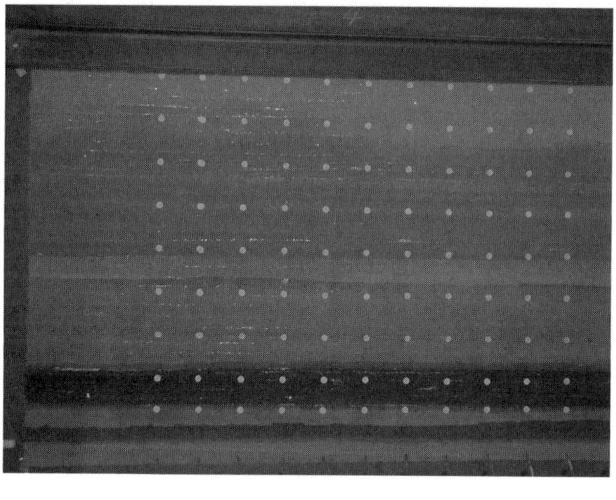

图 9-3　相似材料模型

(1) 原材料的拌和

当拌和由单一胶结材料加水组成的混合料时,应先放水,后加胶结材料;当拌和由胶结材料、充填材料及水组成的相似材料时,应先将固体原料充分拌匀,然后再将水加入;当拌和充填材料和胶结材料时,应先放充填材料,然后再放胶结材料;当使用缓凝剂时,应先根据设计比例将其溶于水中,然后再将其倒入拌匀了的混合料中。

(2) 混合料的密实方法

在制作相似材料试件和模型时,需对拌匀了的混合料进行密实。密实相似材料混合料的方法多种多样，可将其分为两大类，即振动密实和加压密实。密实方法不同对相似材料的用水量影响很大。同时，采用的密实方法不同，可得到不同密度的相似材料，而相似材料的密度又是影响其物理力学性质的主要因素之一，也就是说，密实方法对相似材料的物理力学性质影响很大。常用的密实方法有振动台密实、振捣器密实、压力机密实和人工捣密等。要根据具体情况，选择合适的方法，以制得物理力学性质符合要求的相似材料。

9.1.2.4　相似材料模型的加载

在模型的制作过程中如何施加荷载是一个非常重要的问题。对于矿山地下工程，最主要的荷载是自重应力和构造应力。

(1) 自重的模拟

① 利用材料本身的重力来模拟自重。要求材料的重度相似常数 C_γ 等于应力相似常数 C_σ 除以几何相似常数 C_L，即

$$C_\gamma = \frac{C_\sigma}{C_L} \tag{9-20}$$

由此可推知模型材料的重度

$$\gamma_{\mathrm{m}} = \frac{\sigma_{\mathrm{m}}}{\sigma_{\mathrm{p}}} \frac{L_{\mathrm{p}}}{L_{\mathrm{m}}} \gamma_{\mathrm{p}} \tag{9-21}$$

② 施加面力模拟围岩自重。这种方法适用于模拟的地层很深，而研究的问题仅涉及硐室附近的一部分围岩的情况。在平面模型中，当面力施加的范围不大时，最简单的办法是用一台液压千斤顶通过几级分配块直接施加面力，也可以用杠杆加重锤的办法施加面力。当施加荷载的范围很大时，可用几个千斤顶或液压囊来扩大加压范围。

③ 分块加载模拟自重。在立体模型和大的平面模型中，利用加载钢丝将荷载悬挂在模型下部，为此常将模型划分为许多立方体单元体，并将荷载分散施加在每个立方块的重心处。这种均匀分布于结构内部的垂直力系与自重力系最接近，因而适宜于研究应力应变特征的模型。

④ 用离心力模拟自重。将模型放在离心机上，利用回转产生的离心力来模拟重力，由此可获得均匀分布的自重应力场。

⑤ 用底摩擦力模拟自重。将模型放在粗糙的砂纸带上，挡住模型，使砂纸带不断向下移动，于是在模型背面产生向下的摩擦力，这种摩擦力可用来模拟重力。

(2) 构造应力的模拟

大量实测资料表明，岩体中除自重应力外，还有构造应力，构造应力以水平应力为主。对于构造应力明显的岩体，在设计模型时，应采用两向或三向加载系统来模拟构造应力。目前，普遍采用以面力代替体积力的办法进行试验。

9.1.2.5　相似材料模型的观测

在矿山地下工程的研究中，制作相似材料模型的根本目的是分析岩体与结构各部分的应变与破坏状况，以全面地认识其规律。相似材料模型的观测主要包括以下两个方面：模型位移的测量和模型内应力的测量。

(1) 模型位移的测量

模型位移测量的方法很多，如电阻丝应变计测量法、千分表测量法、位移传感器测量法、照相法、透镜法等，各种方法都有优缺点和一定的使用条件，这里仅介绍在覆岩移动变形监

测中广泛使用的透镜法。

使用透镜法进行模型观测的具体做法是：在模型的背面或上表面插设测点，测点由小灯泡和带有一尖角的特制灯座组成，在模型背面一侧架设角钢以安设透镜架，一个测点（小灯泡）对应一个透镜，离模型背面一定间距（如 1.5～2.0 m）的屏幕与模型背面基本平行。观测点就是屏幕上灯丝的影像展点。

由图 9-4 可知，模型上的点 m 是测点移动前的位置，它在幕上的影像为 M；点 n 为测点移动后的位置，它在幕上的影像为 N。设 $mn=a$ 为模型上测点的位移；$MN=A$ 为幕上影像的位移；l 为灯丝至透镜主平面的距离，即物距；L 为透镜主平面至幕的距离，即像距；D 为模型背面至幕的距离；d 为透镜主平面至模型背面的距离。根据光学原理和相似三角形定理，就可计算出模型上测点的位移 a。

$$a=\frac{FA}{L-F} \tag{9-22}$$

式中　F——透镜的焦距。

若令

$$\frac{L-F}{F}=\beta \tag{9-23}$$

则

$$a=\frac{A}{\beta} \tag{9-24}$$

式中　β——透镜的放大倍数。

为了计算方便和精确，常用式(9-25)计算 β 值

$$\beta=\frac{D-d-F}{F} \tag{9-25}$$

在幕的方格纸上读出位移，即可计算出模型测点的位移。实践证明，这种方法设备简单，操作方便，而且精度较高，在一般情况下均可使用。

(2) 模型内应力的测量

在弹性范围内，应力与应变存在线性关系。因此，凡是在模型内部的任何应变计都可同时用来测量围岩应力。但是，若要了解模型岩体超出弹性极限后的应力，就要用应力计。应力计用比量测对象硬得多的材料制成，应力的绝大部分由应力计来承担。通常，小型的压力传感器被埋设在模型中作为应力计使用，图 9-5 为一个压力传感器的构造图。压力传感器的种类很多，应根据测量的应力范围选用合适的型号。

作为矿山岩层运动规律研究的方法之一，相似材料模拟法具有成本低、周期短、直观形象等优点，特别是它能对影响因素进行重复研究，这是实地观测所无法做到的。但是，由于岩石物理力学性质较复杂、影响因素很多，而且矿山地质采矿条件又多变，相似材料问题特别是松散岩层的相似材料问题还没有很好地解决，平面模型的边界条件不能得到满足，外界环境条件对模型的物理力学性质会产生影响等，这些原因使得模型有时不能很精确地对原型进行模拟，这是相似材料模拟法的主要缺点。尽管如此，相似材料模拟法在定性研究方面仍能起到积极的启发和辅助作用。因此，它是一种可以利用的室内研究手段，在配合实地观测和理论研究方法解决矿山岩体力学问题中应发挥它的重要作用。

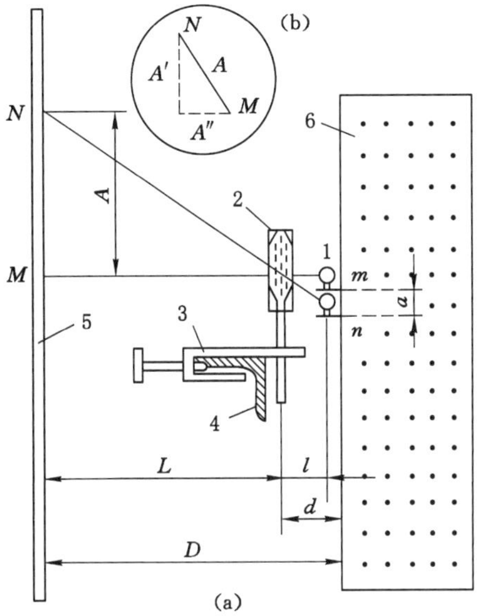

1—小灯泡(测点);2—透镜;3—透镜架;
4—角钢;5—幕;6—模型。

图 9-4　透镜法测量位移示意图

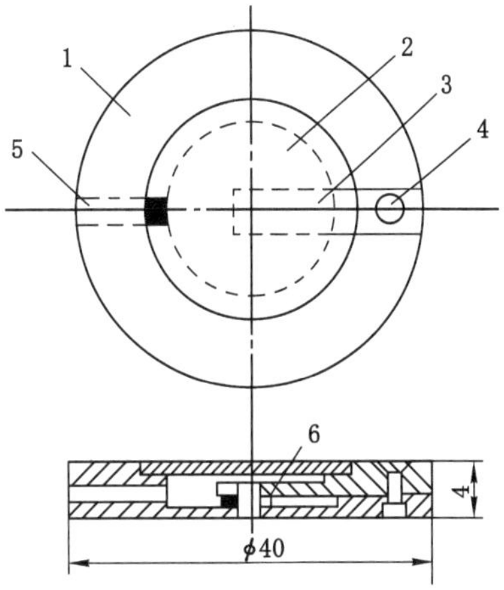

1—底座;2—盖;3—弹性梁;
4—螺栓;5—出线孔;6—垫圈。

图 9-5　压力传感器构造

9.2　光弹模拟法

9.2.1　光弹性模型

用某些光学材料制成模型,由于这种模型受力后,不同的应力值能以不同的光学效应表现出来,因此人们就能很直观地看到模型上的应力场,并求出模型上各点在弹性范围内的主应力值和主应力方向。

用这种方法研究地压可解决以下问题:

① 研究任意形状巷道与采场周边岩体内的应力分布,探讨合理的断面形状与各种参数。

② 研究支架与各种工程措施对工程应力分布的影响,为设计与选择合理支架类型提供资料。

③ 制作成应变计或应力计,用在现场直接测量地应力变化。

9.2.2　光测弹性仪

9.2.2.1　平面偏振光仪

由光源、起偏镜和检偏镜所组成的光学系统,称为平面偏振光仪(图 9-6)。

(1) 光源

光源分为白光和单色光两种。常用的单色光为钠光和汞光;此外,激光光源已应用到光弹性试验中,如氦氖激光。

(2) 偏振镜

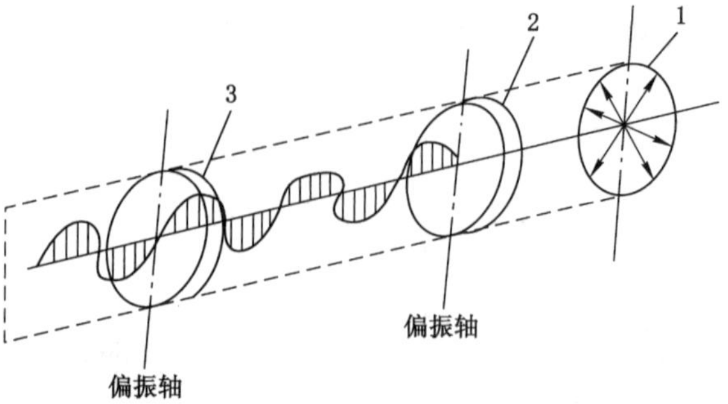

1—光源；2—起偏镜；3—检偏镜。

图 9-6　平面偏振光仪

起偏镜和检偏镜实际上都是偏振镜，仅因其在偏振光仪中的作用不同而有不同的名称。靠近光源的偏振片叫起偏镜，其作用是使振动方向随机的自然光变为振动方向恒定的平面偏振光。远离光源的偏振片叫检偏镜，其作用是检查光波的偏振程度。

目前，用在偏振光仪上的偏振镜是人造偏振片。它们由彼此平行取向的二色性晶体组成，可在拉长的聚乙烯醇薄膜上用涂碘和碘化钾溶液的办法获得。当非偏振光入射于偏振片时，非偏振光分解为相互垂直的两束平面偏振光。由于这种偏振片的二色性，即它在不同方向有不同的吸光能力，因而与偏振轴平行的光大部分被保存下来，而与偏振轴垂直的光则几乎完全被吸收(图 9-7)。

这样，只要将偏振轴转到所需的方向上，就可以获得任意取向的平面偏振光。

(3) 平面偏振镜的透射强度

如果两个偏振片 P_A 和 P_B 以任意方式取向，并设起偏镜的偏振轴为 OA，检偏镜的偏振轴为 OB，其夹角为 α。

当光线通过 P_A 镜时，成为沿 A-A 方向振动的平面偏振光(图 9-8)。这一平面偏振光到了 P_B 镜后，沿 B-B 及其正交方向分解为两个互相垂直的分量 OA_1 与 OA_2。其中 OA_1 透过检偏镜 P_B，而 OA_2 则被挡住。

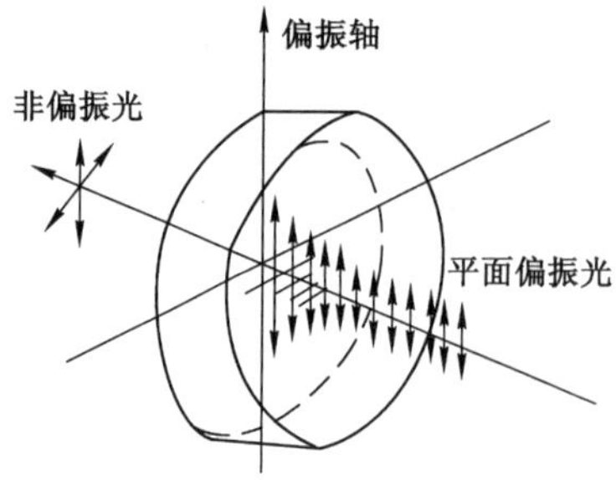

图 9-7　人造偏振片产生平面偏振光的原理

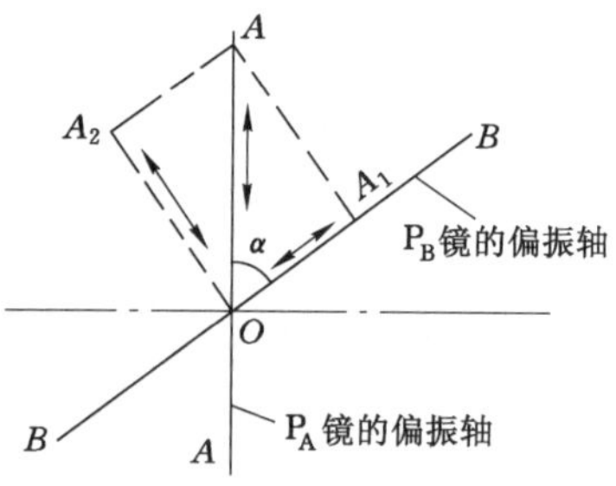

图 9-8　两个平面偏振镜的叠加

该振动 OA 表示为

$$E_A = a\cos\omega t$$

其光强为

$$I_0 = 2a^2$$

则分解成的两束光为

$$(E_A)_1 = a\cos\omega t\cos\alpha$$

$$(E_A)_2 = a\cos\omega t\sin\alpha$$

令

$$A = a\cos\alpha$$

则

$$(E_A)_1 = A\cos\omega t$$

式中 A——透过两个偏振片的光的振幅。

透射光的强度为

$$I = 2A^2 = 2a^2\cos^2\alpha = I_0\cos^2\alpha \tag{9-26}$$

式(9-26)即马吕斯定律。它说明，当 $\alpha=\pi/2$ 时，即两个偏振片的光轴正交时，透过两个偏振片的光强 $I=0$；当 $\alpha=0°$时，即两个偏振片的光轴平行时，透射强度最大，$I=I_0=I_{max}$。

9.2.2.2 圆偏振光仪

在平面偏振光仪的两个正交偏振镜之间，加入两个相互正交的1/4波片，同时使1/4波片的光轴(注意：沿波片光轴方向的振动快，因此光轴平面为快平面，而垂直于光轴的平面为慢平面)和起偏镜、检偏镜的光轴各成45°角，这种光学系统称为圆偏振光仪(图9-9)。

在图9-9中，由起偏镜出来的平面偏振光 I 是垂直取向的。由于 I 与1/4波片的光轴成45°夹角，I 必沿着1/4波片光轴方向以及与它正交的方向分解为振幅相等的两束相干光 I_x 和 I_y。这两束光走出1/4波片时，沿光轴振动的 I_x 比与它正交的 I_y 要快 $\pi/2$ 相角，即超前1/4波长。光学中早已证明：两束正交且相差1/4波长或其整数倍的平面偏振光将合成为圆偏振光，因此在两个1/4波片之间的光场属于圆偏振场。

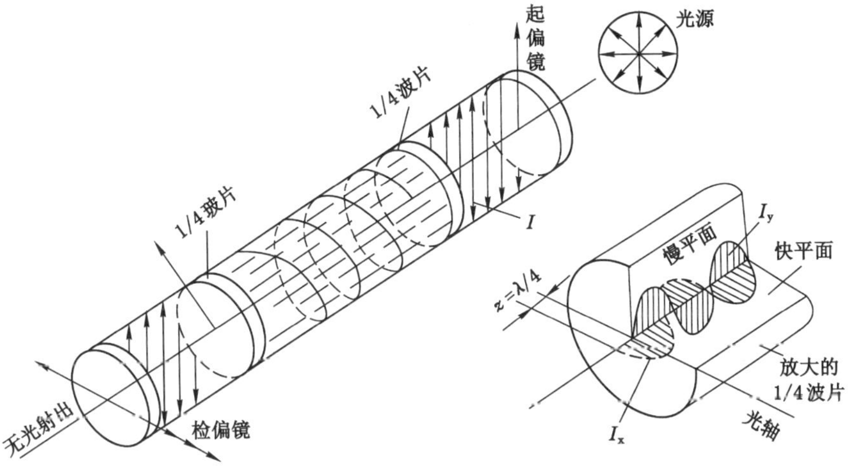

图9-9 正交圆偏振光仪

第二个1/4波片的光轴与第一个1/4波片的垂直。如果光同时通过这两个1/4波片，其效应相互抵消，因此，从第二个1/4波片中透出的光又还原为沿垂直方向振动的平面偏振光。

如果此时检偏镜光轴垂直于起偏镜光轴，则根据马吕斯定律，有 $I=I_0\cos^2\pi/2=0$，表示无光线透出，因而这种光学系统能产生暗背景。在这种光学系统中，起偏轴与检偏轴正交，两个1/4波片的光轴也正交，因此取名为正交圆偏振光仪。

如果在图 9-9 所示的圆偏振光仪中，转动检偏镜光轴，使检偏轴平行于起偏轴，则透过的光最强，形成亮背景。这种系统因其起偏轴与检偏轴平行而且两个 1/4 波片正交，故取名为混合的圆偏振光仪(图 9-10)。

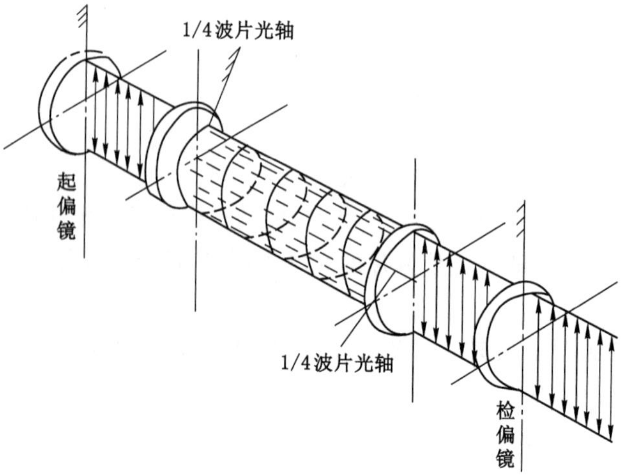

图 9-10　混合的圆偏振光仪

9.2.3　光弹性试验的基本原理

9.2.3.1　暂时性光学各向异性体

有些透明材料，如玻璃、赛璐璐、环氧树脂板等，本来是光学的各向同性体；但是，当这种材料受力而产生应力和应变时，却会产生双折射现象。这种双折射现象是随应力伴生的，应力消失，它也随之消失，因此称之为暂时性双折射现象。能够产生暂时性双折射现象的物体称为暂时性光学各向异性体。只有这种材料能够用来制作光弹性模型。

9.2.3.2　应力-光学定律

试验证明，暂时性双折射现象与应力之间存在以下关系。

① 光线产生双折射的方向与该点两个主应力的方向一致。即一束光射入材料后，必沿着两个主应力方向分解为两束光。

② 每一束分光的折射率与该点主应力的大小呈函数关系。麦克斯韦和诺伊曼通过试验证明主应力与折射率之间的关系为

$$(n_1 - n_0) = a\sigma_1 + b\sigma_2 \tag{9-27}$$

$$(n_2 - n_0) = a\sigma_2 + b\sigma_1 \tag{9-28}$$

式中　n_0——未受载模型材料的折射率；

n_1——沿光弹模型某点最大主应力 σ_1 方向的折射率；

n_2——沿光弹模型某点最小主应力 σ_2 方向的折射率；

a、b——与材料有关的常数。

式(9-27)与式(9-28)相减后，得

$$(n_1 - n_2) = (a - b)(\sigma_1 - \sigma_2)$$

令 $(a-b)=C$ 与 $R_t=(n_1-n_2)h$，有

$$R_t = Ch(\sigma_1 - \sigma_2) \tag{9-29}$$

式中　R_t——光程差；

h——平面应力模型的厚度；

σ_1、σ_2——模型内某点的最大主应力、最小主应力；

C——和材料性质有关的应力-光学常数，其单位名称为 Brewster。

式(9-29)称为应力-光学定律。

以波长 λ 的 n 倍表示光程差，则

$$R_t = n\lambda$$

于是式(9-29)可改写为

$$n = \frac{Ch}{\lambda}(\sigma_1 - \sigma_2)$$

令

$$f = \frac{\lambda}{2C}$$

则

$$n = \frac{h}{2f}(\sigma_1 - \sigma_2) = \frac{h}{f}\tau_{max} \tag{9-30}$$

式中，f 为材料条纹值，单位为 Pa·cm/条。

f 越小，材料越敏感，因而这个值反映了最大剪应力 τ_{max} 与条纹级数 n 之间的函数关系。

9.2.3.3　模型在平面偏振场中的应力-光学效应

将一模型 M 放在起偏镜 P 与检偏镜 A 之间(图 9-11)，考察光源通过该光学系统时的效应。

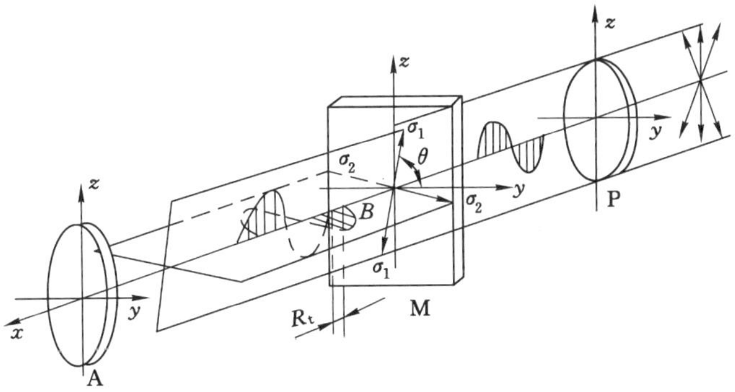

图 9-11　模型的应力-光学效应

① 非偏振光经起偏镜后，成为与 z 轴方向相平行的平面偏振光，其光学表达式为

$$E = a\cos\omega t$$

式中　a——振幅。

② 到达光弹性模型 M 前表面的某处 B 点时，E 沿着 σ_1 和 σ_2 两个主应力方向分解为 E_1 和 E_2 两个分量(图 9-12)。

$$E_1 = a\sin\theta\cos\omega t$$

$$E_2 = a\cos\theta\cos\omega t$$

式中　θ——主应力 σ_1 方向与水平轴的夹角。

经过模型时，由于 σ_1 和 σ_2 的差异，两束光线产生了光程差 R_t。假设 OE_1 为“快”轴，则两束光线射出模型时的光学表达式为

$$E_1' = a\sin\theta\cos\omega t$$

$$E_2' = a\cos\theta\cos(\omega t - \frac{2\pi R_t}{\lambda})$$

③ 通过检偏镜时，由于偏振方向与 y 轴平行，因此只允许 E_1' 和 E_2' 在 y 轴方向的分量 E_1'' 和 E_2'' 通过(图 9-13)。

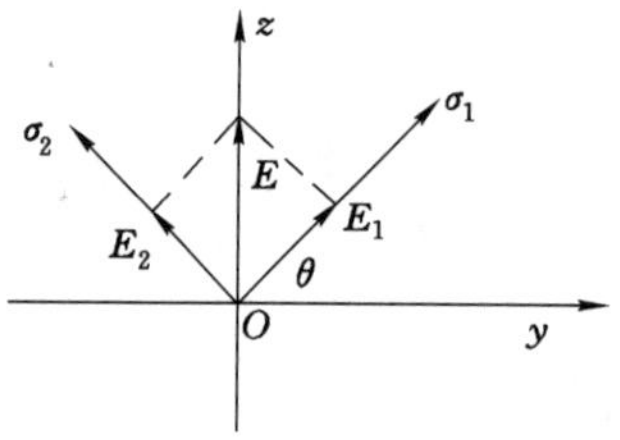

图 9-12　光沿主应力方向分解

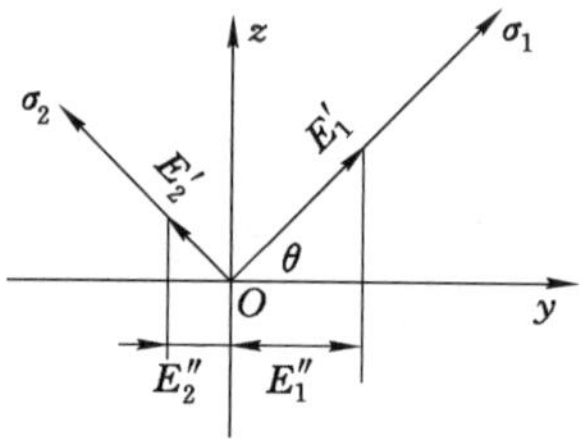

图 9-13　光线通过模型后的分解与合成

$$E_1'' = E_1'\cos\theta = a\sin\theta\cos\theta\cos\omega t$$

$$E_2'' = E_2'\sin\theta = a\sin\theta\cos\theta\cos(\omega t - \frac{2\pi R_t}{\lambda})$$

④ E_1'' 和 E_2'' 合成，有

$$\begin{aligned} E'' &= E_1'' - E_2'' \\ &= a\sin\theta\cos\theta\cos\omega t - a\sin\theta\cos\theta\cos(\omega t - \frac{2\pi R_t}{\lambda}) \\ &= a\sin\theta\cos\theta[\cos\omega t - \cos(\omega t - \frac{2\pi R_t}{\lambda})] \\ &= a\sin 2\theta[-\sin(\omega t - \frac{\pi R_t}{\lambda})\sin\omega t - \frac{\pi R_t}{\lambda}] \\ &= a\sin 2\theta\sin\frac{\pi R_t}{\lambda}\cos(\omega t - \frac{\pi R_t}{\lambda} + \frac{\pi}{2}) \end{aligned}$$

$$I = 2a^2\sin^2 2\theta\sin^2\frac{\pi R_t}{\lambda} \tag{9-31}$$

由式(9-31)可知，在 $\sin 2\theta$ 与 $\sin(\frac{\pi R_t}{\lambda})$ 之中，有一项等于零，光强就为零，也就是在幕布上该点只出现黑色。如果 $\sin 2\theta$ 与 $\sin(\frac{\pi R_t}{\lambda})$ 均等于 1，则亮度最大；其中 $\sin 2\theta$ 项反映了主应力方向对光强的影响，而 $\sin(\frac{\pi R_t}{\lambda})$ 项则反映了主应力差($\sigma_1 - \sigma_2$)对光强的影响。

9.2.3.4　等差线和等倾线

当 $I=0$ 时，将在幕布上出现两种图案。

(1) 等差线

当 $\sin\frac{\pi R_t}{\lambda}=0$ 时，$I=0$，说明 $\frac{\pi R_t}{\lambda}=0,\pi,2\pi,\cdots,n\pi$ 时，幕上呈现黑区。

由式(9-30)知

$$n=\frac{h}{2f}(\sigma_1-\sigma_2)=\frac{h}{f}\tau_{\max}$$

令

$$F=\frac{f}{h}$$

则有

$$n=\frac{\tau_{\max}}{F}$$

或

$$\tau_{\max}=nF \tag{9-32}$$

式中　n——条纹级数；

F——模型条纹值，表示模型中第一级条纹所代表的最大剪应力值。

式(9-32)说明，当模型上某点的最大剪应力 $\tau_{\max}$ 等于模型条纹值的整倍数时，n 为正整数，满足 $\pi R_t/\lambda=n\pi$ 的要求，因而该点是黑色的。具有相同条件的黑点连线成黑色条纹，由于该黑色条纹上的最大剪应力值相等，因而称之为等剪应力线；又因该黑色条纹上的主应力差值相等，因而称之为等差线。根据黑色条纹上 n 值的大小而相应地称为一级条纹、二级条纹、三级条纹……。

当我们使用白色光时，由于条纹是彩色的，等差线也称为等色线。

图 9-14 左半部分表示光弹模型中一个矩形导坑开挖后的等色线条纹。各条纹上所标的数字表示条纹级数 n。由于对称，只给出一半图形。

(2) 等倾线

当 $\sin 2\theta=0$ 时，$\theta=0°$和 $\pi/2$，此时光强 $I=0$，幕上亦呈现黑条纹。这族黑条纹反映了模型内各点的主应力方向，因而称为等倾线。等倾线上各点的主应力方向相同且与两个偏振镜的光轴一致，其度数等于偏振轴与水平轴的夹角 α。当正交偏振轴位于 0°与 90°时，$\alpha=0°$，模型上出现的黑条纹称为 0°等倾线；同步逆时针方向转动两个正交偏振轴到另一角度如 10°，0°等倾线即消失，而代之以 10°等倾线。若从 0°到 90°，依次按 5°或 10°的间隔同步转动偏振轴，则可获得 0°，5°，10°，…，90°等倾线图案。图 9-14 右半部表示光弹模型中矩形导坑开挖后的等倾线条纹。

实际上，在平面偏振场中，上述两组图案总是同时存在的。这是由于光强是 $\sin 2\theta$ 与 $\sin\frac{\pi R_t}{\lambda}$ 的乘积，而其中只要有一项为零，光强就等于零，这个点就呈现黑色。满足第一项为零条件的黑点组成一组图案，满足第二项为零条件的黑点又组成另一组图案，因此，在平面偏振场中，等差线和等倾线总是同时出现在模型上。

9.2.3.5　模型在圆偏振场中的应力-光学效应

在平面偏振场中，等差线和等倾线同时出现。使用白光作为光源时，等差线是彩色的，等倾线是黑色的，等倾线盖住了部分等差线，从而使我们无法正确地描出后者。因此平面偏振镜通常只用来描绘等倾线，而等差线则利用圆偏振镜来绘制。产生等倾线的条件是各点的主应力方向与平面偏振镜的光轴一致。在圆偏振光仪中，1/4 波片已使平面偏振光变成了圆偏振光，而模型是放在圆偏振场中的，根本不存在光轴，因此不论模型上的主应力方向如何变化，都不会满足主应力方向与平面偏振光光轴一致的条件，于是模型放在圆偏振场中，等倾线会自动消失，只留下等差线。

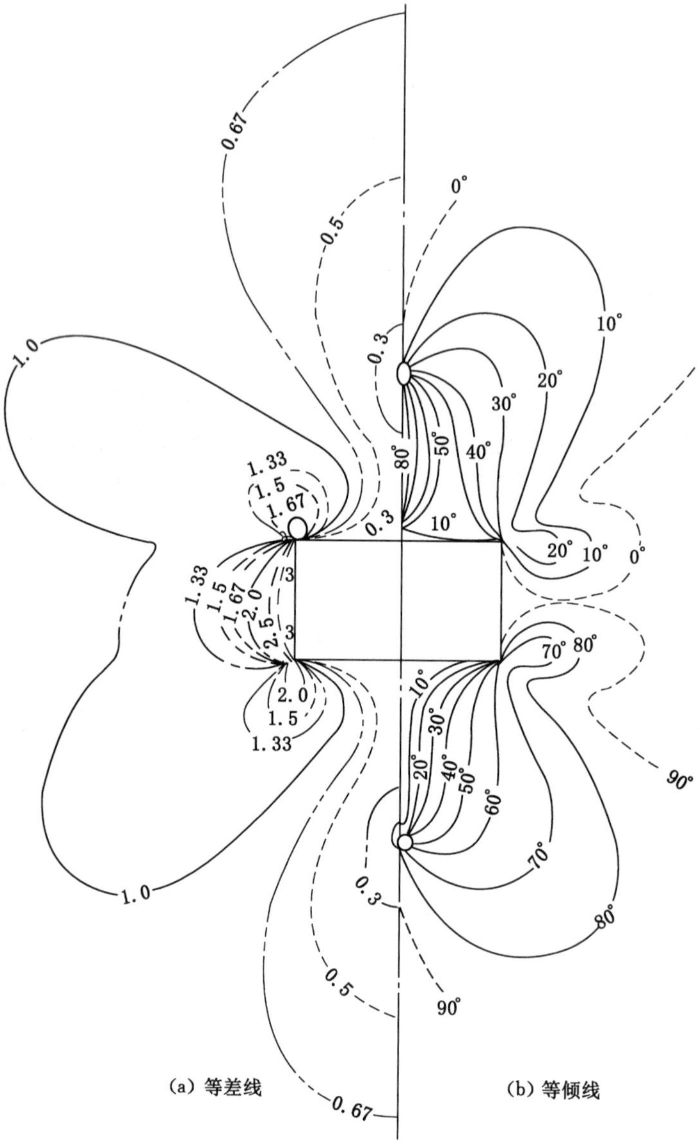

图 9-14　模型中矩形导坑开挖后的应力光图

采用与前述平面偏振场类似的分析方法可以求得从检偏镜出来的光强公式

$$I_{合} = 2a^2 \sin^2 \frac{\varphi}{2} \tag{9-33}$$

由式(9-33)可见，在圆偏振镜中，透射出来的光强仅与模型上每点的位相差 φ 有关，也就是 I 仅与每点的主应力差$(\sigma_1-\sigma_2)$有关，而与主应力方向无关。这同样说明在圆偏振场中只留下了等差线图案。

9.2.4　光弹应力计

光弹应力计是一种应用光弹性原理设计成的现场测试元件，应用它能测定岩体或矿柱中受采动影响应力的相对变化情况。

如图 9-15 所示，光源通过反射式光弹仪的 P_1、Q_1 射到埋在钻孔中的光弹应力计上，反射的条纹图案又通过光弹仪的 Q_2、P_2 映入观测者眼中。

简易单片反射式光弹仪如图 9-16 所示。

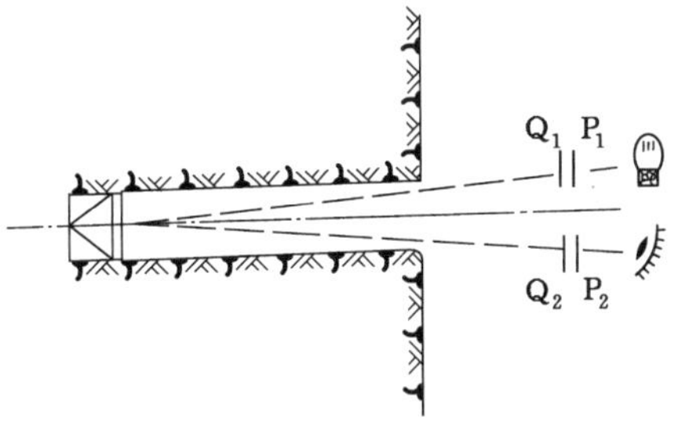

P_1、P_2—偏振片；Q_1、Q_2—1/4 波片。

图 9-15　应用简易反射式光弹仪观测光弹应力计的示意图

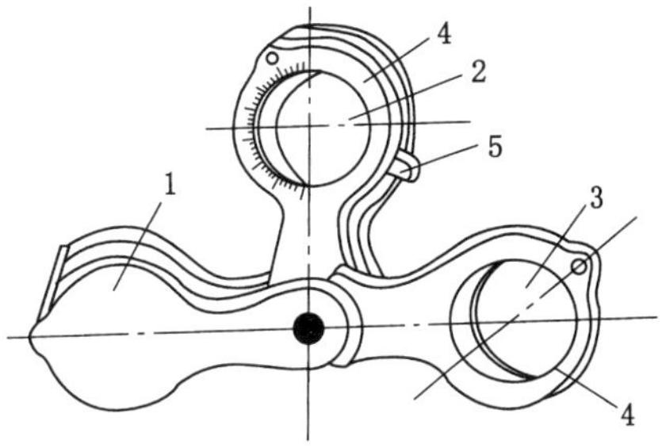

1—外盖；2—偏振片；3—1/4 波片；4—有机玻璃外框；5—转动偏振片手柄。

图 9-16　简易单片反射式光弹仪

下面介绍光弹应力计的有关问题。

9.2.4.1　构造

光弹应力计一般多用玻璃制成，它是一个带中心孔的扁圆柱体。长沙矿山研究院有限责任公司设计的 R50 型光弹应力计，共外径为 5 cm，内径为 1 cm，厚度为 2 cm(图 9-17)，背面镀银作为反射层。为防止反射面腐蚀，外面粘贴一层 2 mm 厚的玻璃片。

目前，各矿使用的光弹应力计，一般是北京光学仪器厂有限公司供应的，其技术指标为

材料条纹值：$f = 4.8$ MPa·cm/条；

弹性模量：$E = 7.8 \times 10^4$ MPa；

泊松比：$\mu = 0.25$。

9.2.4.2　现场安装

(1) 组装光弹应力计。为便于埋设，事先将光弹应力计与木锥组成图 9-18 所示的结构。为防止水分浸入而影响反射效果，在中心孔中滴入石蜡，并以冷凝胶封闭接缝周边的空隙。

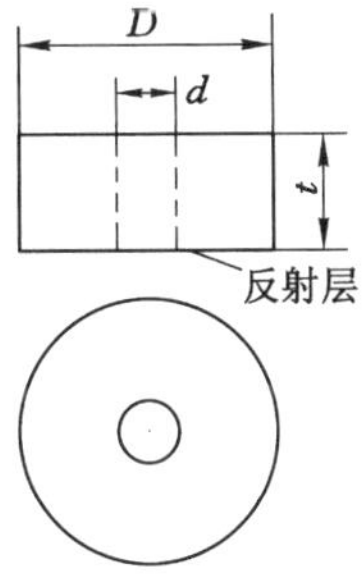

D—外径；d—内径；t—厚度。

图 9-17　光弹应力计

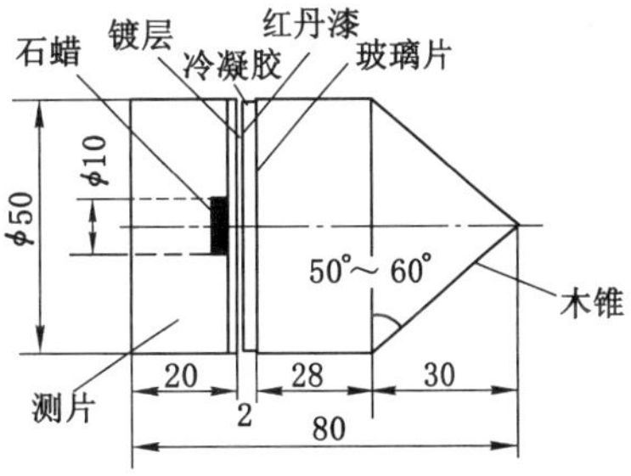

图 9-18　光弹应力计的组装

(2) 在测点处钻孔。长沙矿山研究院有限公司的研究表明，光弹应力计与钻孔之间的黏结剂厚度与光弹应力计上测得的应力有关(图 9-19)。当黏结剂厚度为 0.3～0.5 cm 时，

光弹应力计的灵敏度可保持不变，因此钻孔直径宜取 56～60 mm。此外，宜在整体性较好的岩石处布点。为便于观察，光弹应力计埋设深度宜在 1 m 以内。

(3) 埋设光弹应力计。可按以下步骤进行：

① 清洗钻孔。

② 用木棍向孔底填塞约 10 cm 长的水泥砂浆，其配比为水泥∶砂∶水(质量比)＝1∶1∶0.25。

③ 用安装杆将组装好的光弹应力计缓慢送入孔内，使木锥部分插入水泥砂浆(图 9-20)并尽量保持安装杆与粘贴面正交。基本定位后用手锤轻轻敲打安装杆后端，直到砂浆全部充满光弹应力计周围的间隙。

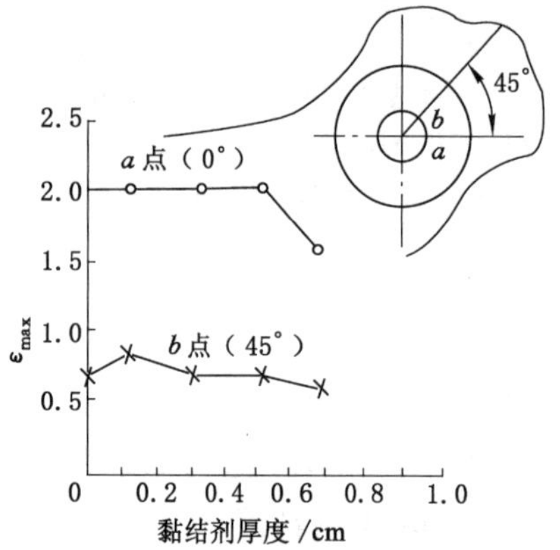

图 9-19　黏结剂厚度变化对光弹应力计上条纹的影响

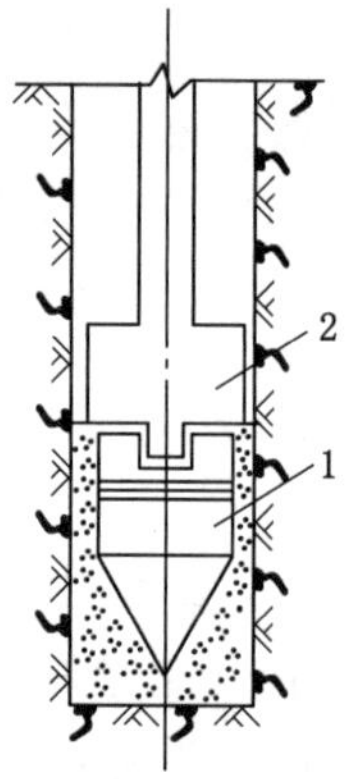

1—光弹应力计组装件；2—安装杆。

图 9-20　光弹应力计的安装

④ 如有浆液玷污光弹应力计表面，则用包有干净软质垫层的木杆轻轻擦洗。

(4) 观测记录光弹应力计的初始应力状态。

9.2.4.3　基本原理

假设水泥砂浆胶结层的厚度可忽略不计，则光弹应力计的应力场可简化为无限大岩石平板中嵌入一个同心圆环的平面应力问题来解(图 9-21)。

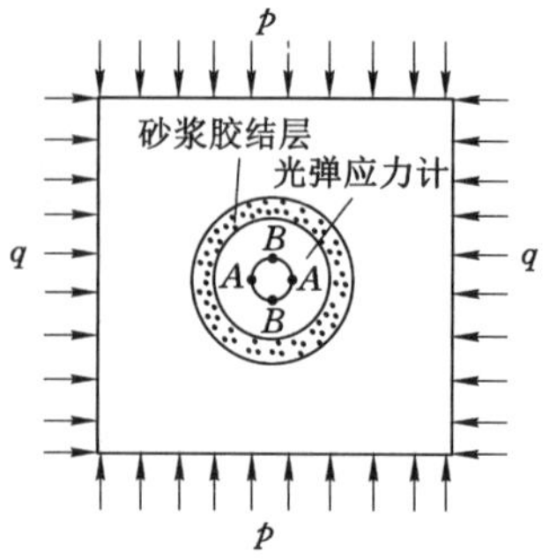

A、B—读 n 值的点。

图 9-21　光弹应力计原理图

为了便于计算，利用弹性力学公式导出光弹应力计上 A、B 两点(图 9-21)处 τ_{max} 与原岩

应力 p、q 的关系式

$$\begin{cases}(\tau_{\max})_A = \dfrac{K_1}{4}(p+q)+\dfrac{K_2}{4}(p-q)\\(\tau_{\max})_B = \dfrac{K_1}{4}(P-q)-\dfrac{K_2}{4}(p+q)\end{cases} \tag{9-34}$$

式中，K_1 和 K_2 为与岩体及光弹应力计条件有关的参数。当岩体 $E=2.7\times10^4$ MPa，玻璃 $E=7\times10^4$ MPa，$\mu_{岩}=\mu_{玻}=0.25$，材料条纹值 $f=4.8\times10^6$ MPa·cm/条时，与这一类型光弹应力计相对应的 K_1 和 K_2 值为 $K_1=2.65$，$K_2=5.06$。

另外，由于光线两次通过光弹应力计，根据应力-光学定律，A、B 两点上的条纹级数 n 与 $\tau_{\max}$ 之间存在以下关系

$$\begin{cases}(\tau_{\max})_A = \dfrac{f}{2h}n_A\\(\tau_{\max})_B = \dfrac{f}{2h}n_B\end{cases} \tag{9-35}$$

将式(9-34)与式(9-35)联解，求得原岩应力的公式

$$\begin{cases}p = \left(\dfrac{n_A+n_B}{K_1}+\dfrac{n_A-n_B}{K_2}\right)\dfrac{f}{2h}\\q = \left(\dfrac{n_A+n_B}{K_1}-\dfrac{n_A-n_B}{K_2}\right)\dfrac{f}{2h}\end{cases} \tag{9-36}$$

因此，读出光弹应力计上两点 A、B 上的条纹级数 n_A 和 n_B，就可由式(9-36)求得原岩应力 p、q。

9.2.4.4　率定与观测

实际应用时均需要事先对嵌有光弹应力计的岩块进行率定。率定时施加不同 p、q 比值的荷载，获得一系列标准应力条纹图。

有了标准应力条纹图后，可按以下步骤观测光弹应力计。

(1) 观测主应力方向

① 应力光图的对称轴即主应力方向。

② 应力光图中两个各向同性点连线方向为最大主应力方向。

(2) 观测主应力比值 $i=\dfrac{q}{p}$

① 对照现场观测到的条纹图与率定的标准应力条纹图，可大致确定比值 i。

② 理论上两个各向同性点间距与光弹应力计直径之比，应当等于比值 i。

③ 观测光弹应力计上 A 与 B 两点上的条纹级数。利用式(9-36)计算出 p、q，并进一步校核 i 值。

④ 单点读数的计算法。如果只能读出光弹应力计上 A 或 B 一个点的条纹级数(图 9-21)，则可将 $\lambda=q/p$ 代入式(9-34)的第一式或第二式，得出利用 n 与侧压系数 λ 求 p 的公式

$$\begin{cases}p = \dfrac{2}{(K_1+K_2)+\lambda(K_1-K_2)}\dfrac{fn_A}{h}\\ \text{或}\\ p = \dfrac{2}{(K_1-K_2)+\lambda(K_1+K_2)}\dfrac{fn_B}{h}\end{cases} \tag{9-37}$$

思考题与习题

1. 岩体工程的主要研究方法有哪些?
2. 相似材料模拟法对工程研究有什么意义?
3. 简述相似模拟试验理论。
4. 相似材料模拟步骤有哪些?
5. 光弹模拟法可解决哪些问题?
6. 简述光弹性试验的基本原理。

第 10 章　矿山压力观测

10.1　概　　述

近年来，随着我国煤矿逐步进入深部开采，煤矿深部工作面及工作面附近巷道矿山压力显现规律产生了巨大的变化，深部岩体表现出来的物理力学性质与浅部有着明显的区别，岩石力学的研究成果与矿山支护的结合显得越来越重要。因此，岩石力学及矿山深部岩体力学行为的研究显得愈加紧迫。而所谓的矿山压力观测（简称矿压观测），就是利用矿压仪表实测工作面及巷道的围岩应力分布特征、围岩变形与位移、顶底板破坏特征、支架受载及压缩特征等一系列矿山压力显现现象，并采用合理的数学方法对各种矿山压力显现观测信息进行分析，总结采煤工作面及巷道矿压显现规律并作出相应的预测预报。矿压观测的实质是观测岩体在矿山生产过程中自身及其对支护结构的力学行为，以及岩体与各种支护体之间的相互影响关系，以便于人们采用合理、有效的支护方式维护工作面及巷道的稳定，达到安全高效生产的目的。本章主要介绍煤矿矿压观测的基本内容。

10.1.1　矿压观测的主要目的和任务

① 掌握工作面上覆岩层运动规律，建立工作面支架与顶板相互关系，进行基本顶来压的观测预报。根据工作面顶板来压的特点提出合理的顶板控制措施，如支护方式、支护强度、特种支护、回采工艺等，为工作面安全高效生产创造条件。

② 划分工作面煤层直接顶的类别和基本顶的级别，为支架选型和确定支架合理技术参数提供依据。

③ 对正在使用的新型支护的适应性进行考察。即从矿山压力控制的角度对在既定条件下使用的支架从形式、特性、参数和使用效果等方面进行适应性评价。研究提出合理的支架结构、架型、工作阻力和支柱可缩量等。

④ 研究分析工作面底板破坏规律。对工作面底板进行分类，并提出松软底板控制技术措施，达到提高支护质量的目的。

⑤ 研究掌握采动影响和支承压力分布规律。包括改进相邻采区或近距离煤层的开采顺序，确定煤柱的合理位置和尺寸，确定回采巷道断面形状、规格及支架参数，确定煤壁前方巷道加强维护范围、沿空留巷和沿空掘巷的支护措施、工作面端头支护技术措施等，以便保证安全生产，提高资源回收率和技术经济效果。

⑥ 掌握巷道围岩活动规律，实现围岩控制的科学化。包括选择巷道开掘的合理位置和时间，确定围岩松动范围，研究巷道围岩变形规律，进行围岩稳定性分类，确定合理的巷道支护形式、支架参数，对巷道、硐室的稳定性进行观测预报。

⑦ 对采用的采掘新工艺、新技术（包括新采煤方法、新支护形式、新工艺组织等）进行资料积累，从矿山压力角度对应用效果提出评定性意见，如研究和评价厚煤层放顶煤开采的顶

煤可放性等。

⑧ 对采掘工作面进行支护质量观测。其任务包括观测日常生产过程中支架工作质量、围岩活动状况、安全隐患情况等与安全生产有关的技术因素，观测和评价支架的井下实际支撑能力，以达到保证采掘工作面支护质量良好、安全生产可靠的目的，在保证采掘工作面顶板安全的前提下充分发挥支架的有效工作阻力。

⑨ 解决矿山压力与围岩运动控制方面的难题。观测分析工作面矿山压力分布和围岩运动规律、巷道大变形特性，从矿山压力与围岩控制原理出发，探讨如工作面坚硬顶板和破碎顶板的控制技术、软岩及深部开采巷道围岩控制技术和动压巷道大变形控制技术等问题。

⑩ 研究冲击地压等矿井动力现象的综合防治技术。包括冲击地压的观测、危险区域的划分、煤层注水和松动爆破措施的制定、开采保护层的设计等。

10.1.2 现场矿压观测的步骤

10.1.2.1 准备工作

观测准备工作一般包括：收集观测工作面内的地质、生产技术资料；根据观测目的和任务确定观测内容；选定观测方案和测区布置系统；编制矿压观测计划；培训观测人员；准备矿压观测仪器和工具及井下观测所必需的数据记录和整理表格。

收集观测范围内的地质及生产技术资料，对观测预报过程中数据分析整理有指导作用。

地质资料一般包括：围岩性质及柱状，分层厚度及力学特性；围岩地质构造；煤层赋存情况及其对开采的影响程度；围岩节理、裂隙发育情况。

生产技术资料一般包括：工作面或巷道技术参数；开采方式、支护形式及参数；支架形式及性能；邻面开采情况；生产作业方式。具体内容应根据观测目的和分析需要确定。

矿压观测计划是现场矿压观测研究工作的准则，编制矿压观测计划是现场矿压观测研究的主要工作之一。矿压观测计划包括以下内容：观测区域的地质及生产技术条件；矿压观测的目的及任务；测区布置、观测内容及方法；观测效果预计；观测工作制度；观测记录表格及资料整理表格设计。采煤工作面矿压观测主要指标如图 10-1 所示。

可见，工作面矿压观测指标广泛，应根据观测目的和任务适当选取。

10.1.2.2 日常观测预报

现场矿压观测工作要确保数据的可靠性、准确性、连续性和及时性，观测工作人员必须做到以下几点。

① 了解矿压观测工作的目的、意义和任务，掌握基本的矿压观测方法，具有较强的责任心，诚实细心地测读每一个测量数据。

② 正确使用矿压观测仪器仪表。仪器仪表安装、测读必须符合要求，保持观测资料的连续性和准确性。

③ 明确所观测数据的用途，测取最有代表性的观测数据，即最能为观测目的和任务服务的数据。

④ 必须在井下及时记录观测数据；对于特殊情况或变更的问题，应在备注栏内记录清楚；针对典型矿山压力现象，应附有现场实际素描草图。

⑤ 连续观测时，要严格执行井下交接班制度。本班记录交给下一班，以便连续记录。升井后将记录及时上交资料整理人员，并说明观测情况。

⑥ 如果在井下观测中发现观测仪器工作不正常或顶板异常，应及时向负责同志汇报，

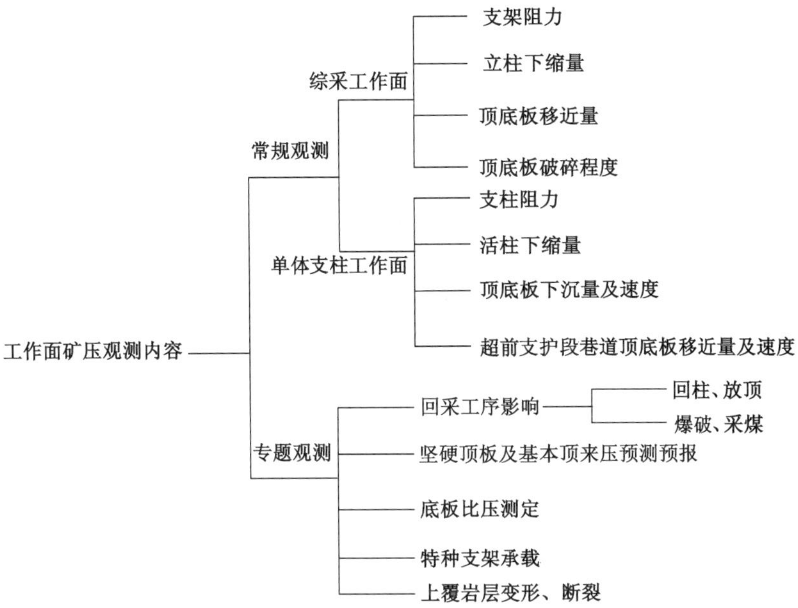

图 10-1　采煤工作面矿压观测主要指标

以便及早处理。

正常的矿压观测阶段，要及时初步整理观测资料，以便检查观测中所存在或出现的问题，发现资料缺少时应及时进行补测。同时，可以及时掌握观测过程中的矿压显现和岩层运动规律，预报矿压显现情况。必要时，可以发出矿压观测简报，指导生产。特别是进行基本顶来压观测预报时，应及时分析顶板活动状态及支承压力分布情况，来压前夕发出简报，及时为生产服务。

整理资料时要实事求是，不许对原始资料进行随意涂改，以保证井下原始资料的真实性。日常资料整理一般应及时绘制各种矿压观测曲线图。

10.1.2.3　*矿压观测的技术总结*

现场矿压观测完成一个阶段后（如完成一个工作面的观测工作或一条巷道的观测工作以及某一专项观测工作），要对观测资料进行系统的整理、分析。在平时资料整理的基础上，按数理统计等方法分析规律，对观测内容按不同地质条件和生产技术条件进行对比，从中找出各矿压参数之间以及矿压参数与地质、生产技术因素之间的关系。从局部到整体，从现象到本质，阐述所观测工作面或巷道的矿压规律。对所观测工作面或巷道从工艺、支护、矿压规律、围岩适应性等方面给予评价和建议，并依此提出围岩控制技术方案，汇编成矿压观测报告。

10.2　矿压观测仪器

矿压观测仪器，伴随矿山压力研究的广泛开展，逐步从无到有，由功能单一到多项功能组合，由简陋到精美，且可实现遥控观测。

目前，矿压观测仪器种类较多。按观测内容分为采煤工作面和巷道支柱（架）工作阻力观测仪器、顶底板相对移近量和巷道围岩表面位移观测仪器、岩体内部原岩应力和附加应力观测仪器、围岩深部位移观测仪器、矿山动力现象观测仪器等。按工作原理分为机械式、液压式、振弦式、电阻应变式、声波法、光学法及其他物理方法(如电磁波、同位素 γ 射线等)矿压观测仪器。机械式和液压式矿压观测仪器,结构简单、工作可靠、造价较低,是矿压观测常用仪器。其他工作原理的矿压观测仪器,可通称为电测仪器,这些仪器将矿山压力显现的被测参数如应力(应变)或位移等转换成电量,然后进行测量。一般来说,电测仪器具有灵敏度高、响应速度快、测量范围宽、能够实现连续观测、测量信号可以远距离传输和用电子计算机进行数据处理与分析等特点,是矿压观测仪器的发展方向。

矿压观测仪器虽种类繁多、工作原理各有差异,但其组成部分大致相同。通常,把能将非电量的压力(应力)或位移转换成电量的装置(元件)称为一次测量仪表,亦称为传感器;把能将传感器输出的信号进行放大、滤波、波形变换与分析、积分或微分运算、计数、显示等变换和处理的装置称为二次测量仪表。

10.2.1 机械式矿压观测仪器

机械式矿压观测仪器,由于结构简单、工作可靠、使用方便、易于维护与检修,比较适合地下工程的矿压测量,因此矿压观测最初使用的仪器多数为此类。随着科学技术的进步,特别是电子技术的发展,以及对矿压观测数据精度要求的不断提高,此类观测仪器将逐渐被淘汰。

10.2.1.1 机械式支柱测力计

ADJ-45 型和 ADJ-50 型支柱测力计,常用来测量采掘工作面单体支柱和巷道支架承受的荷载及工作特性等。

该类仪器的结构如图 10-2 所示。测力计的上盖受力后,工作膜 5 承受压力并发生弹性变形,这一微小变形通过传动杠杆 13 放大;用百分表制成的压力指示器(图 10-3)插入测孔 17,测量传动杠杆自由端的位移,即压力指示器中的百分表读数,然后在其标定曲线上查得测力计所承受的荷载。

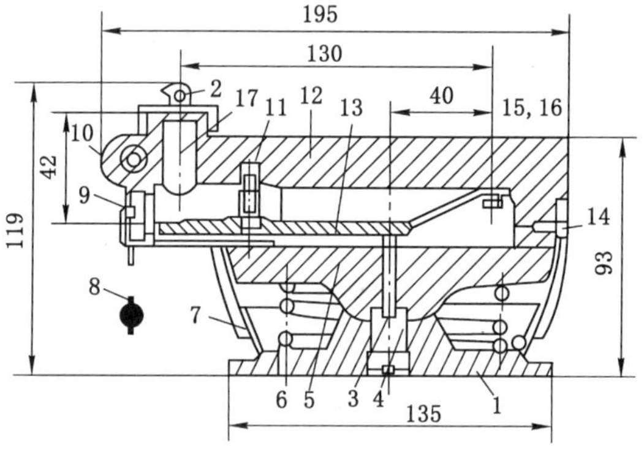

1—底座;2—保护盖;3—调整螺钉;4—螺母;5—工作膜;6—平衡弹簧;
7—外套;8—保护盖链子;9—螺钉;10—小轴;11—弹簧;12—上盖;
13—传动杠杆;14—固定螺钉;15、16—螺钉和垫圈;17—测孔。

图 10-2 ADJ 型测力计结构图

ADJ 型测力计的标定曲线,是在材料试验机上对测力计进行标定后获取的(图 10-4)。在材料试验机上,首先对测力计进行加载,荷载由零均匀加至最大值(为额定工作荷载的 1.2 倍),同时用压力指示器测量某一荷载下的自由端位移;然后卸载,同样测量某一荷载下

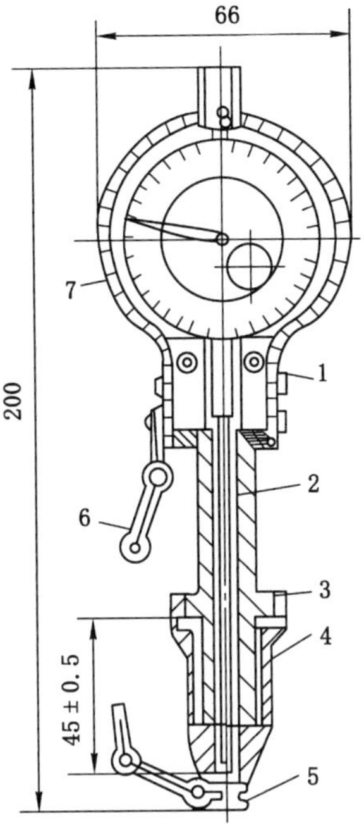

1—保护环；2—外壳；3—保护盖；
4—接长杆；5—套圈；6—链子；7—百分表。

图 10-3　NN-ZY 型压力指示器结构图

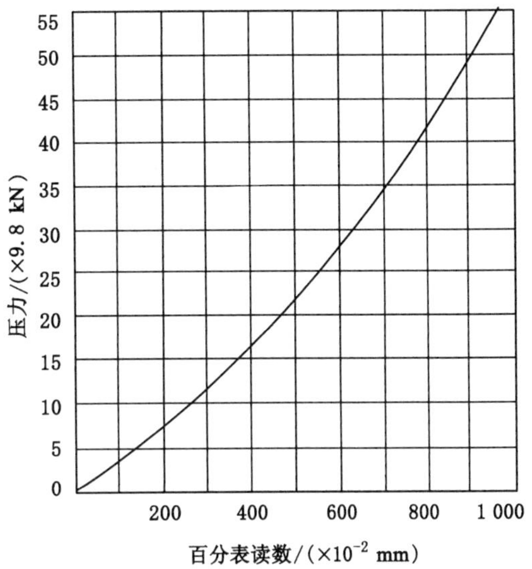

图 10-4　ADJ 型测力计标定曲线

的自由端位移。如此重复三次，取平均值，即可作出测力计的标定曲线。支柱测力计的标定曲线由生产厂家提供；使用过程中因工作环境的变化，测力计工作特性有可能发生变化，因此，有条件时每次观测前都应重新标定一次。

ADJ 型测力计主要技术指标如表 10-1 所列。

表 10-1　ADJ 型测力计主要技术指标

主要技术指标	ADJ-45 型测力计	ADJ-50 型测力计
设计工作压力/kN	450	500
过载安全系数	1.2	1.2
工作膜直径/mm	135	180
杠杆传动装置传动比	1∶3.25	1∶3
最大压力时杠杆端部位移/mm	3～4	6～7
测力计支承面积/cm^2	135	254
测量精度/kN	10	5
允许相对误差/%	±2	±1
允许偏心角/(°)	7	7
外壳直径/mm	145	188
长度/mm	195	250
高度/mm	113	118
质量/kg	5.2	9.5

10.2.1.2 围岩移动量和移动速度观测仪器

(1) DDJ 型测杆

DDJ 型测杆是测量顶底板相对移近量、巷道围岩表面及支架两点间位移的常用仪器(图 10-5),主要由活杆、套管、标尺组成。活杆 1 可在套管 5 内滑动,活杆上设有固定标尺 2,套管上端的矩形观察窗 3 刻有读数基准线,拧紧夹紧螺钉 4,可使卡环抱紧活杆 1,并借助弹簧 6 的弹力使测杆稳固地支撑在两测量基点之间。读数基准线所对准的标尺刻度即观测值。

DDJ 型测杆配合自动记录器(图 10-6) 可实现自动连续观测。使用时,将测杆从自动记录器测杆孔口 9 穿过,固定好自动记录器,将测杆支设在两测量基点间,然后拧紧测杆的夹紧螺钉,利用自动记录器上的夹紧装置,使测杆的活杆移动时带动杠杆 5,并驱动记录笔笔尖在自记钟 1 柱形表面记录纸上绘出顶板下沉曲线。观测期间每天更换一次记录纸,上紧自记钟的发条,若记录笔使用墨水还应及时灌注墨水。

(2) BHS-10 型测枪

BHS-10 型测枪(图 10-7)适于测量巷道围岩表面位移,亦可用于地面工程测量。该测枪测量范围大,读数精确,使用方便。

测量时,将测枪接头组 1 挂在预安设的观测基点的金属钩上,下压卡簧片 18,松开扳机 10,移动测枪放出测尺 11,待测枪顶尖 16 接近对应测点时,扳机压至一挡,将测尺压紧,当顶尖触及测钉端面时,扳机压至二挡,锁死测尺,从放大镜 4 处观看尺标 3,即测取的读数值。配合接长杆使用,测枪最大测量范围可达 11 m。

(3) KY-82 型顶板动态仪

KY-82 型顶板动态仪(图 10-8)是一种普及型、机械式、灵敏度高、量程大的位移计,主要用于测量采煤工作面和巷道顶底板移近量及移近速度。使用时,动态仪安设在顶底板测量基点间,依靠压力弹簧 5 固定。粗读数或较大读数由粗读数游标 13 指示,从刻度套管 10 上读出,每一小格 2 mm;微读数由指针 9 指示,从微读数刻度盘 8 上读出,刻度盘上每一小格为 0.01 mm,共 200 小格,对应 2 mm。例如,图 10-8 画面上读数为 2+1.30=3.30 (mm)。顶底板相对移近时,作用力通过压杆 3 压缩压力弹簧 5 并推动齿条 7,齿条再推动齿轮带动指针 9 顺时针方向转动,于是读数增大。前后两次读数的差值为此段时间内的顶底板移近量,差值与此段时间间隔的比值即顶底板移近速度。

KY-82 型顶板动态仪分辨率为 0.01 mm;最大量程为 200 mm,与接长杆配合使用,测量高度可达 3 m。图 10-8(b) 为接长杆结构示意图,它是顶板动态仪的组成部分之一;当

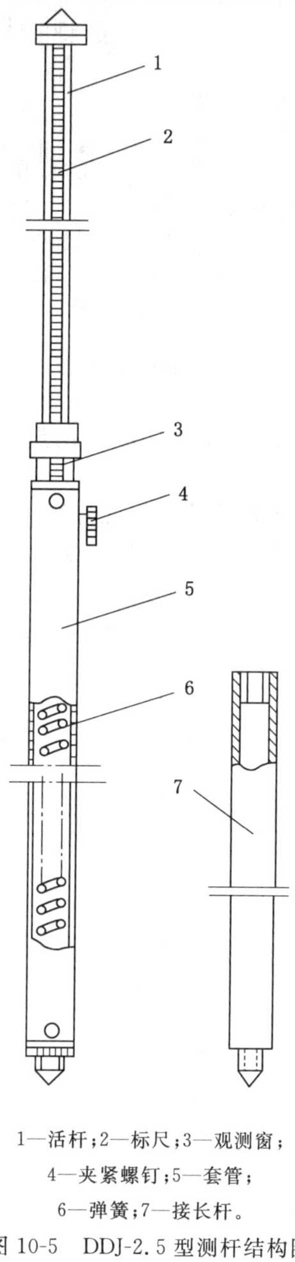

1—活杆;2—标尺;3—观测窗;4—夹紧螺钉;5—套管;6—弹簧;7—接长杆。

图 10-5 DDJ-2.5 型测杆结构图

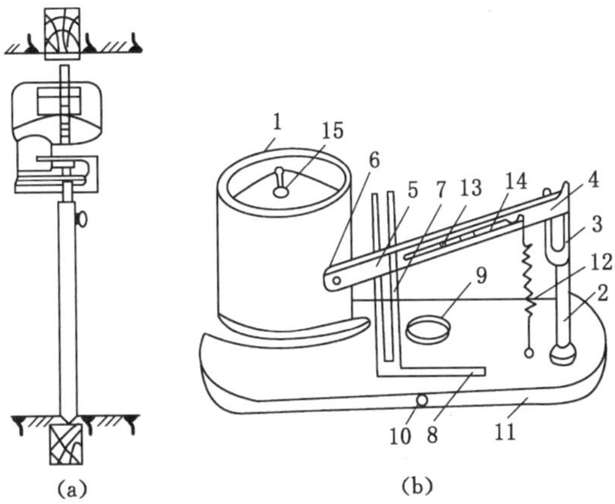

1—自记钟；2—立柱；3—导槽；4—轴；5—杠杆；6—笔尖；7—导轨；8—调节板；9—测杆孔口；10—固定螺钉；11—底座；12—弹簧；13—放大旋钮；14—放大刻度；15—自记钟轴。

图 10-6　C-Ⅱ型自动记录器结构图

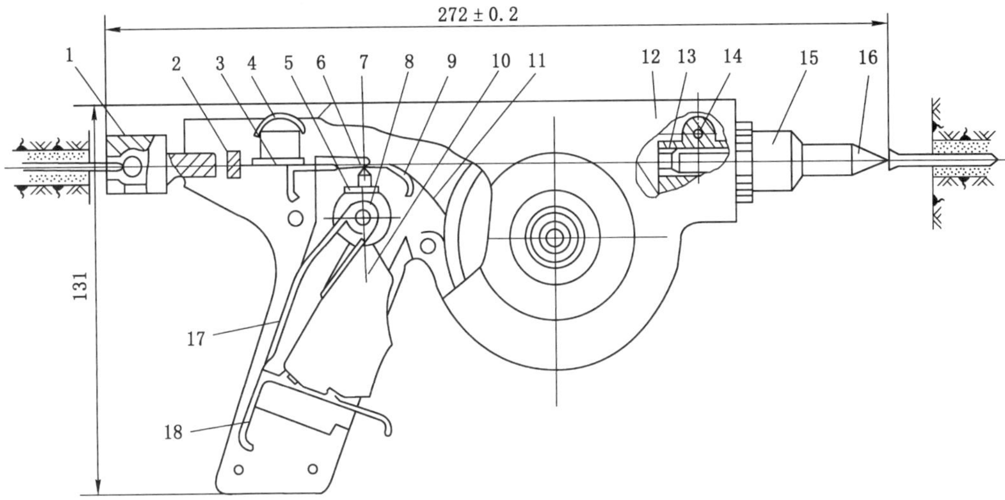

1—接头组；2—毡垫；3—尺标；4—放大镜；5—调整螺母；6—压钉；7—橡胶板；8—扳机轴；9—弹簧片；10—扳机；11—测尺；12—枪壳；13—枪嘴；14—螺钉；15—保护帽；16—顶尖；17—扳机弹簧；18—卡簧片。

图 10-7　BHS-10 型测枪结构图

测量高度较大时，可将接长杆与动态仪用连接螺母 14 连成一体。

(4) D-Ⅲ型顶板动态仪

D-Ⅲ型顶板动态仪结构如图 10-9 所示，它是在 KY-82 型顶板动态仪基础上加以改造制成的。将 KY-82 型顶板动态仪的微读数刻度盘换成开有均布 100 个小孔的黑色圆盘 8，圆盘后面装有一只发光二极管。当活杆(也称伸缩杆)3 移动时，齿条杆 9 带动圆盘旋转，圆盘上小孔转动到发光二极管处时，小孔将透出一束光线，每透光一次即表示顶底板相对移动 0.02 mm，在圆盘的另一侧装有光电三极管，小孔透出的光直射光电三极管，光电三极管将导通而发出脉冲信号;小孔转过发光二极管而未转至下一个小孔时,光电三极管因无光束照射将截止。再采用一种接收仪记录光电三极管导通-截止的次数,即可获取此段时间内的顶底板相对移近量。

D-Ⅲ型顶板动态仪与其他相应仪器配合使用,可实现遥测。其使用高度为 1～3 m,最大量程为 300 mm,分辨率为 0.02 mm。

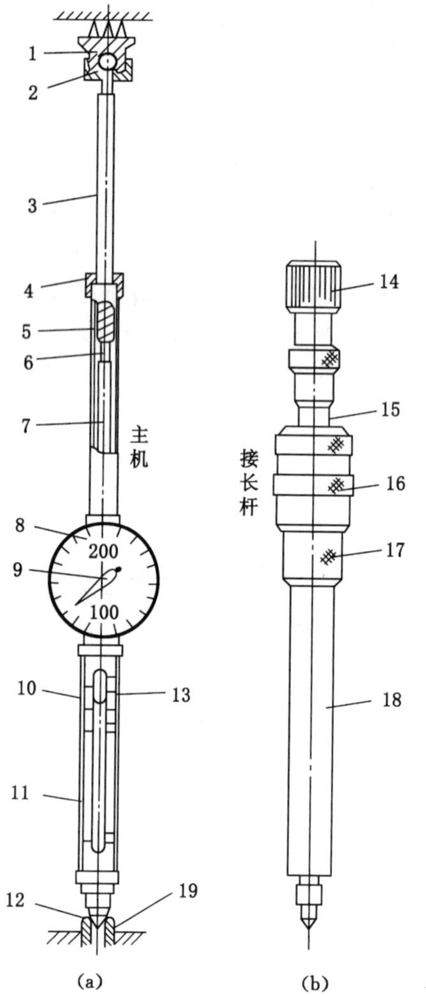

1—顶盖;2—万向接头;3—压杆;4—密封盖;
5—压力弹簧;6—万向接头;7—齿条;
8—微读数刻度盘;9—指针;10—刻度套管;
11—有机玻璃罩管;12—底锥;
13—粗读数游标;14—连接螺母;15—内管;
16—卡夹套;17—卡夹;18—外管;
19—带孔铁钎。

图 10-8　KY-82 型顶板动态仪结构示意图

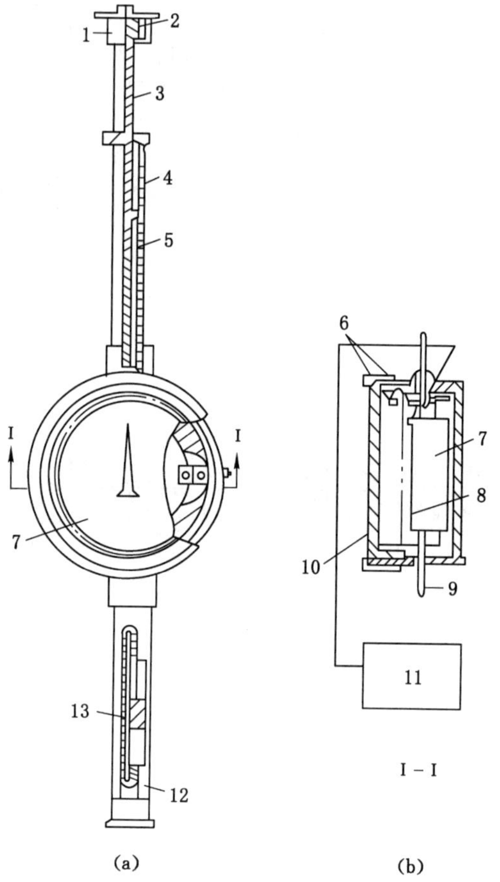

1—活动顶帽;2—球形连接;3—伸缩杆;
4—套筒;5—复位弹簧;6—光电转换器;
7—百分表;8—带孔小圆盘;9—齿条杆;
10—有机玻璃;11—集成电路数字式接收仪器;
12—带刻度套筒;13—指针。

图 10-9　D-Ⅲ型顶板动态仪结构图

10.2.2　液压式矿压观测仪器

液压式矿压观测仪器是根据液体不可压缩原理,将支柱荷载或煤体应力转换成液压腔或液压囊的液压值。其测量元件有弹性管、波纹管、波登管和柱塞螺旋弹簧等。目前,用于矿压测量的液压式仪器有压力表、液压测力计和液压自动记录仪。

10.2.2.1　压力表

压力表结构简单，测量范围宽，使用维修简便。在各类压力表中，以弹簧管压力表为主，其中又以单圈弹簧管压力表应用最广。它的品种和规格都较齐全，外径尺寸大部分为 60～250 mm，精度一般为 1%～2.5%。

随着国民经济发展的需要，近年来出现了精密压力表、超高压压力表、微压计、耐高温压力表及特殊用途压力表。

10.2.2.2　液压测力计

(1) HC 型液压测力计

HC 型液压测力计(图 10-10)主要用于测定采掘工作面的支柱工作阻力。它有两种规格：HC-45 型，适用于单体金属支柱和液压支柱；HC-25 型，适用于木支柱和各种巷道支架。

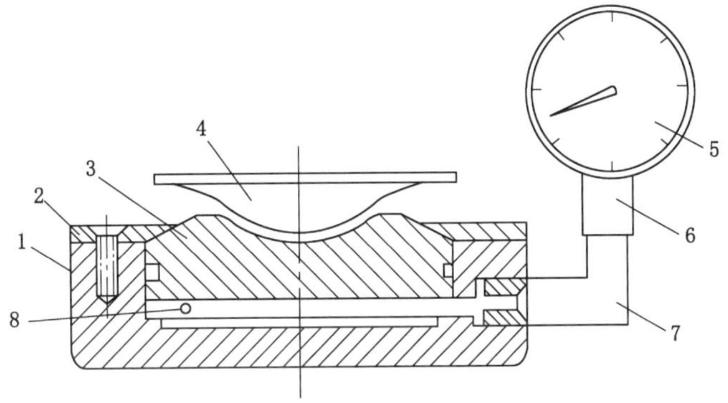

1—液压缸；2—压盖；3—活塞；4—调心盖；5—压力表；6—阻尼螺钉；7—管接头；8—排气孔。

图 10-10　HC 型液压测力计结构图

根据液体不可压缩和各向同性的原理，当测力计的调心盖 4 承压时，活塞 3 向下压迫油体产生与支柱工作阻力相应的油压，压力油经管接头 7 传至压力表，表的读数即支柱工作阻力或作用在支柱上的荷载。阻尼螺钉 6 的作用是防止突然卸载而损坏压力表，排气孔 8 是为注油时排放液压缸及管路中的气体而设置的。HC 型液压测力计主要技术指标如表 10-2 所列。

表 10-2　HC 型液压测力计主要技术指标

主要技术指标	HC-25 型液压测力计	HC-45 型液压测力计
额定承载能力/kN	250	450
最大承载油压/MPa	31.8	57.3
液压缸直径/mm	100	100
外径/mm	146	146
最大偏心角/(°)	6	6
1 kN 荷载的压力表读数	1.27	1.27
质量/kg	9	20

(2) ZHC 型钻孔油枕应力计

ZHC 型钻孔油枕应力计(图 10-11)是测量煤(岩)体附加应力的仪器，目前主要用于测定采煤工作面超前支承压力、煤柱的稳定性、巷道围岩中支承压力作用的范围等。

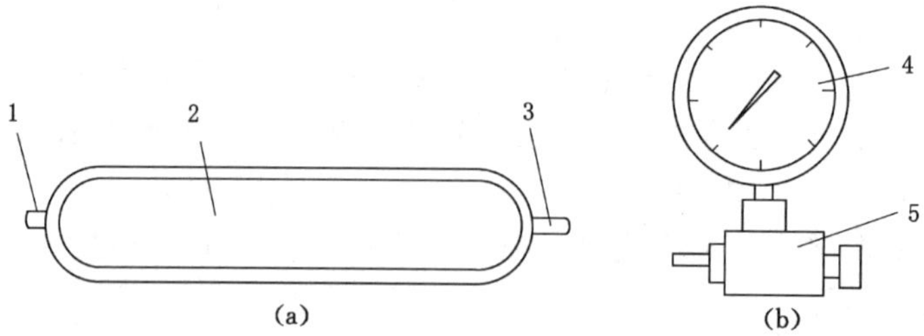

1—排气阀；2—油枕；3—管路；4—压力表；5—注油阀。

图 10-11　ZHC 型钻孔油枕应力计结构图

油枕由两片枕壳对焊而成，在每片枕壳上用专用模具压出 $R=3.5$ mm 的椭圆形沟槽。选用精度等级为 1～1.5 级、量程为 0～25 MPa 的普通压力表；油枕与压力表的连接管路采用紫铜管和无缝钢管两种，前者用于浅孔，后者用于深孔。注油阀的结构如图 10-12 所示，用它将应力计与泵站接通，当高压油进入阀体 1 并达到一定压力后，旋转锥阀 3，切断泵与测量系统的油路，油枕受煤岩体的挤压油压发生变化，从压力表中即可读出煤岩体中的应力值。

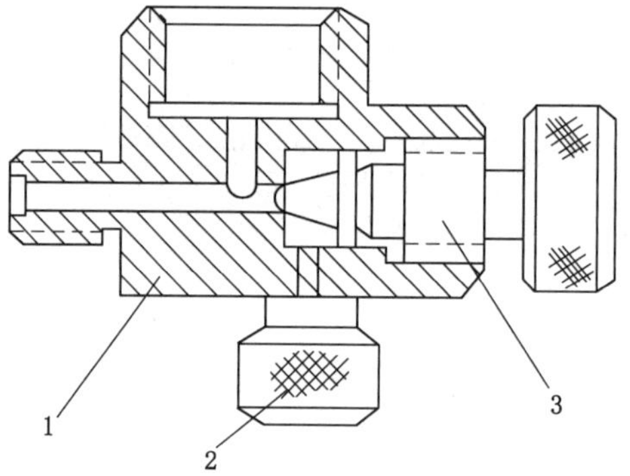

1—阀体；2—注油接头；3—锥阀。

图 10-12　注油阀结构示意图

油枕在钻孔中的安装方式有充填式、预包式和双楔式三种。安装时，先在安装仪器的地方，用电钻或风钻按设计深度钻孔，再用压风或压力水冲洗。使用充填式油枕时，将搅拌好的砂浆加适量水玻璃或速凝剂（三乙醇胺 0.5%，食盐 0.5%），用送灰器送入孔内，然后插入油枕，待砂浆达到凝固强度后即可加初压。使用预包式油枕时，一般要求孔径比包体外径只能大 2 mm。使用双楔式油枕时，钻孔直径为 36～54 mm。ZHC 型钻孔油枕应力计的主要技术指标如表 10-3 所列。

表 10-3　ZHC 型钻孔油枕应力计主要技术指标

主要技术指标	数　值	主要技术指标	数　值
油枕长度/mm	250	枕壳厚度/mm	1.0
油枕宽度/mm	43	压力表量程/MPa	0～25
油枕厚度/mm	9.8	精度等级	1～1.5
额定内压/MPa	20	质量/kg	0.6

(3) 锚杆拉力计

锚杆拉力计是测量锚杆锚固力的仪器(图 10-13)。使用时,将拉力计安装在锚杆上,开启千斤顶推动活塞伸出,锚杆将间接地承受拉力。当锚杆的锚固力小于活塞的拉力时,锚杆被拉出,此时压力表的读数不再上升,其值为千斤顶高压腔的压强。锚杆锚固力可用式(10-1)计算

$$T = Sp \tag{10-1}$$

式中　T——锚杆的锚固力,kN;

S——千斤顶活塞的面积,mm^2;

p——压力表读数,MPa。

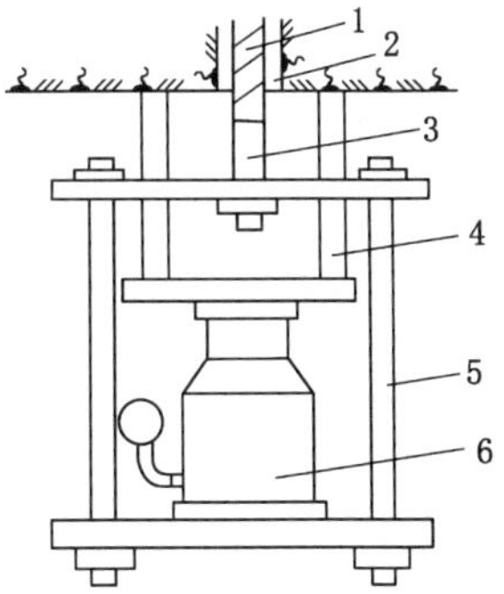

1—锚杆;2—钻孔;
3—丝杠;4—拉力架支承体;
5—拉力架;6—千斤顶。

图 10-13　锚杆拉力计工作示意图

10.2.2.3　*液压自动记录仪*

液压自动记录仪是测量并记录液压支架、单体液压支柱及各种液压设备工作阻力变化的仪器。它能够自动记录液体压力的变化过程,故得到了广泛应用。

(1) YTL-610 型圆图压力记录仪

该仪器主要用来测量和记录液压支架和各种千斤顶的压力变化。它可在圆盘形记录纸上绘出支架 p-t 特性曲线,即支护阻力 p 在采煤循环过程中与时间 t 的关系曲线。

① 结构与原理。如图 10-14 所示,该仪器由测量和记录两大部分组成。被测高压液体 9 进入测量机构的弹簧管 8 后,弹簧管自由端产生弹性位移,经传动杠杆放大后带动记录笔 10 沿圆盘形记录纸 3 半径方向摆动,从而指示出压力值,并把它记录在记录纸上。记录纸固定在托纸盘上,由钟表机构驱动,每 24 h 旋转一周,因此,记录纸上记录的信息能够反映压力 p 与时间 t 的关系。

② 主要技术指标。如表 10-4 所列。

表 10-4　YTL-610 型圆图压力记录仪主要技术指标

主要技术指标	数　值
精度等级	1.5 或 2.5
测量范围/MPa	0～100
连续记录时间/h	24
记录纸旋转速度/(r/d)	1
外形尺寸/mm	ϕ272×125
质量/kg	6

③ 仪器的使用与维护。该仪器是悬挂式仪表,具体操作步骤如下。

第一步,按动表门右侧按钮,打开表门。

第二步,安装记录墨水。用两个孔的瓶塞塞住墨水瓶,一个孔中插入带有毛细管的不锈钢管,并在记录纸上垫一纸片。先用手堵住瓶塞上的通气孔,再挤压墨水瓶,重复数次,直到记录笔尖出现墨水,并排除塑料管中的气体。移动垫在记录纸上的纸片,纸片应画有清晰线条。调整墨水瓶的位置,根据瓶中墨水多少而定,当墨水较多时,墨水瓶应往下调,反之则往

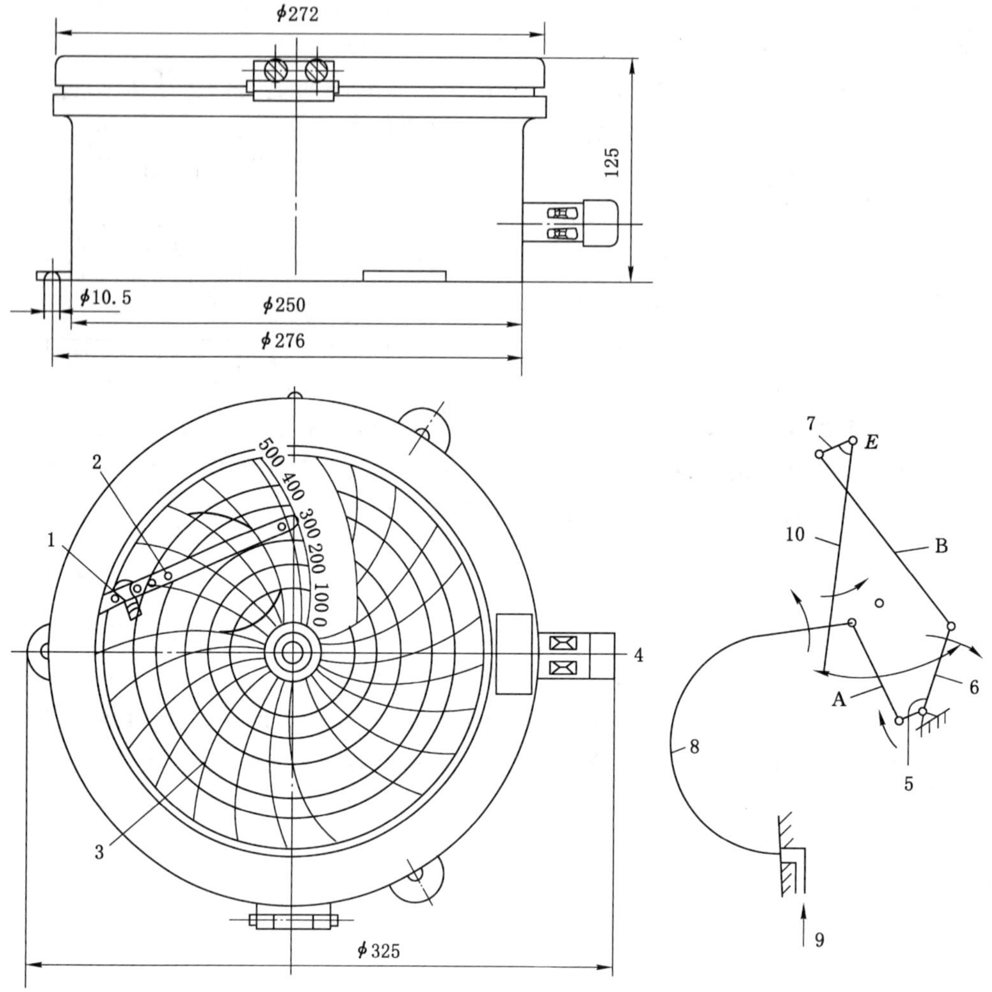

(a) 外形图　　(b) 测量机构简图

1—调零螺丝；2—滚花螺母；3—圆盘形记录纸；4—高压管接头；5、6、7—杠杆；

8—弹簧管；9—高压液体；10—记录笔；A、B—拉杆。

图 10-14　YTL-610 型圆图压力记录仪

上调，以免产生漏水和断水现象。采用新型记录纸和记录笔的仪器（记录笔不使用墨水），此步可略去。

第三步，按顺时针方向上紧发条，旋出记录纸，压紧旋钮（左螺纹），将记录纸插入托纸盘的三个导纸槽内，铺放平整后略拧紧旋钮，逆时针方向转动记录纸，使记录笔对准时间刻度，随后旋紧记录纸的压紧旋钮，按下抬笔架。

第四步，调节记录笔上的调整螺母，使笔尖对准零位。

第五步，通过记录笔上的滚花螺母调节记录笔对记录纸的压力。此压力不宜过大，以记录笔在全刻度内画出清晰线条为准。

仪器应定期清洗和维修。维修过的仪器须经调整和校验才能继续使用。校验是在压力泵上进行的，采用标准表对比读数法，所用标准表的误差应小于被检表基本误差的三分之一。

该仪器测量机构原理如图10-14(b)所示。杠杆5、7和拉杆A用于粗调，杠杆6和拉杆B用于微调。当杠杆5、7长度减小、杠杆6长度增加时，示值将均匀增加；反之，示值则减小。当拉杆A、B加长时，示值将先增大后减小；反之，则示值先减小后增大。

(2) YSZ-1型液压支架压力下缩自记仪

YSZ-1型液压支架压力下缩自记仪(图10-15)是测量支柱工作阻力和活柱下缩量的联合记录仪器，用以分析支架的刚度变化，即在顶板压力作用下，支架阻力变化与活柱下缩量的关系。它适用于各种架型的液压支架，可在有瓦斯、煤尘爆炸危险的矿井和相对湿度为95%的条件下使用。

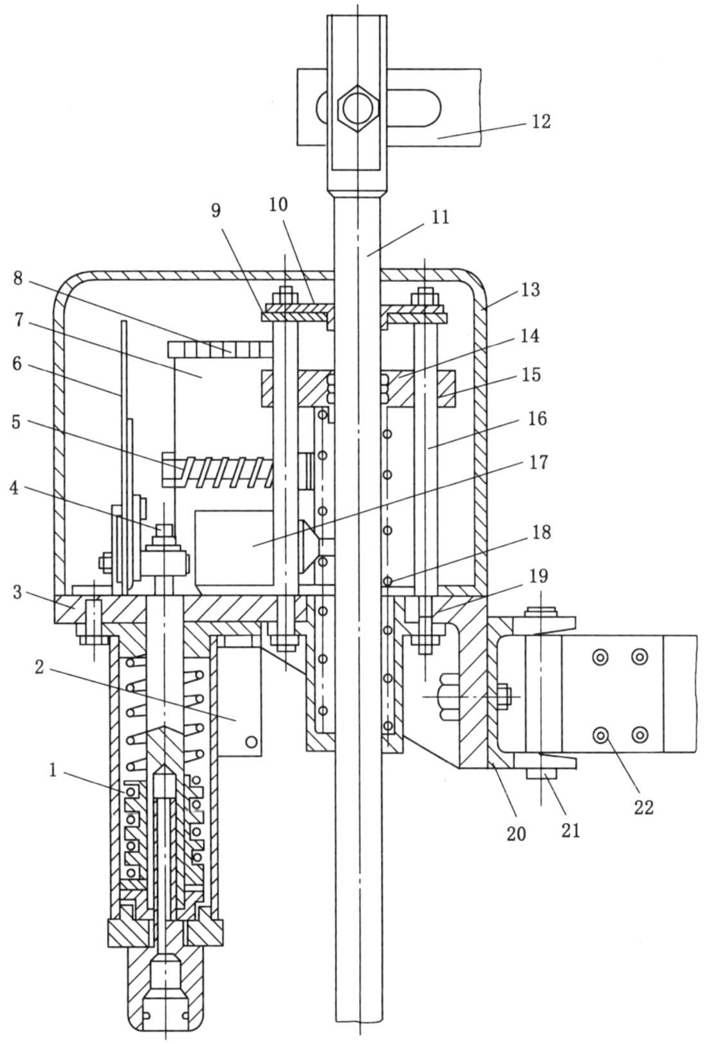

1—压力传感器；2—快速接头；3—底盘；4—调节螺钉；5—制动弹簧；6—四连杆放大机构；7—自记钟；8—防尘盖；9—顶盘；10—上轴套；11—活杆组；12—上夹板；13—静机壳；14—制动闸带；15—滑动块；16—导向杆；17—松闸液压缸；18—复位弹簧；19—下轴套；20—槽钢；21—柱销；22—钢带。

图10-15　YSZ-1型液压支架压力下缩自记仪结构原理图

下缩量记录部分：测量时，活杆与液压支架活柱连成一体，活柱在压力作用下下缩时，带动活杆向下移动。由于制动弹簧的作用,制动闸带与活杆间有足够大的摩擦力;随着活杆的移动,制动器带动记录笔在记录纸上记下活柱下缩量。

当液压支架降柱时,松闸液压缸在高压液体作用下,克服制动弹簧的张力推动制动门轴,使制动闸带与活柱分离,制动闸带在复位弹簧作用下复位。等移架结束后,仪器又处于正常记录状态,开始记录下一循环的压力和下缩量。压力传感器原理图如图 10-16 所示。

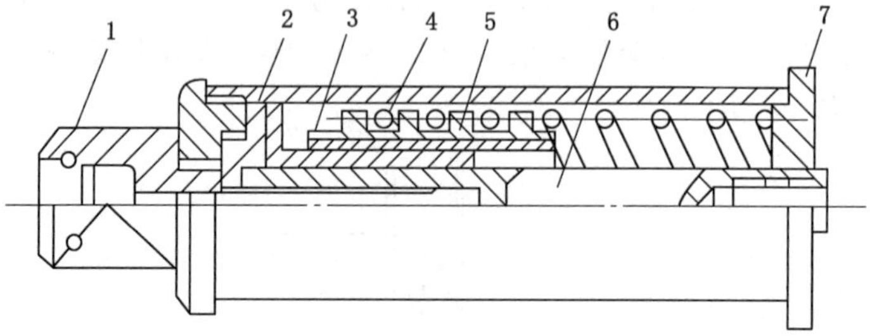

1—接头;2—外套;3—调节螺栓;4—弹簧;5—弹簧螺头;6—标杆;7—底座。

图 10-16　压力传感器原理图

仪器的安装:仪器通过附设的钢带安装在被测立柱上。活杆与支架活柱相连接,压力传感器与立柱控制阀的高压腔接通。仪器还附有标准快速三通接头,国产液压支架可以直接使用。对于进口的液压支架,可以根据接头尺寸,自行制造过渡接头。YSZ-1 型液压支架压力下缩自记仪的安装如图 10-17 所示。

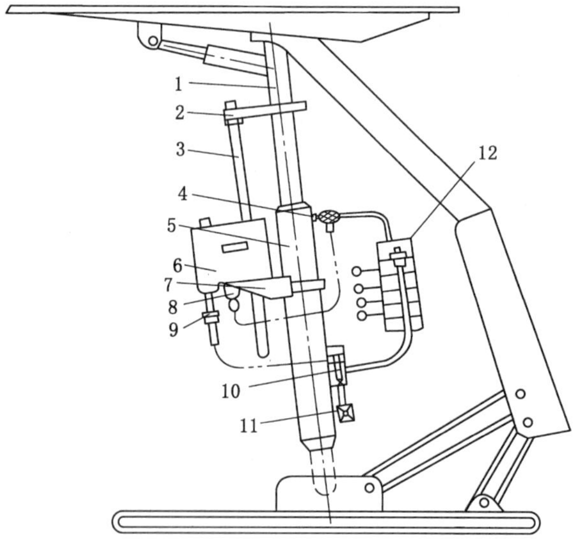

1—活柱;2—悬臂梁;3—活杆;4—降柱进油孔;5—柱体;6—机体;7—钢带;
8—松闸液压缸;9—压力传感器;10—控制阀;11—升柱进油孔;12—操纵阀。

图 10-17　YSZ-1 型液压支架压力下缩自记仪安装示意图

该仪器主要技术指标如表 10-5 所列。

表 10-5　YSZ-1 型液压支架压力下缩自记仪主要技术指标

主要技术指标		误差
压力量程/MPa	0～60	<5%
下缩量程/mm	0～80	<0.5%
连续记录时间/h	24	<0.5 h

(3) ZYDC-1 综采支架压力计算机观测系统

① 用途。它是一种适用于煤矿安全高效工作面综采支架压力参数远距离观测的分布式在线观测系统。

② 系统结构。系统组成结构见图 10-18。系统分井下、井上两大部分。井下部分包括工作面支架压力分机、通信分机、本安电源、通信电缆等,工作面内可连接 1～46 台支架压力分机,分机之间有专用电缆串联至通信分机,通信分机的输出数据信号通过电话线发送至井上。井上部分包括接收机、计算机、打印机等。接收机内置数据收发单元,完成数据存储和与计算机的数据通信,接收机输出信号与计算机的 RS232 接口连接。

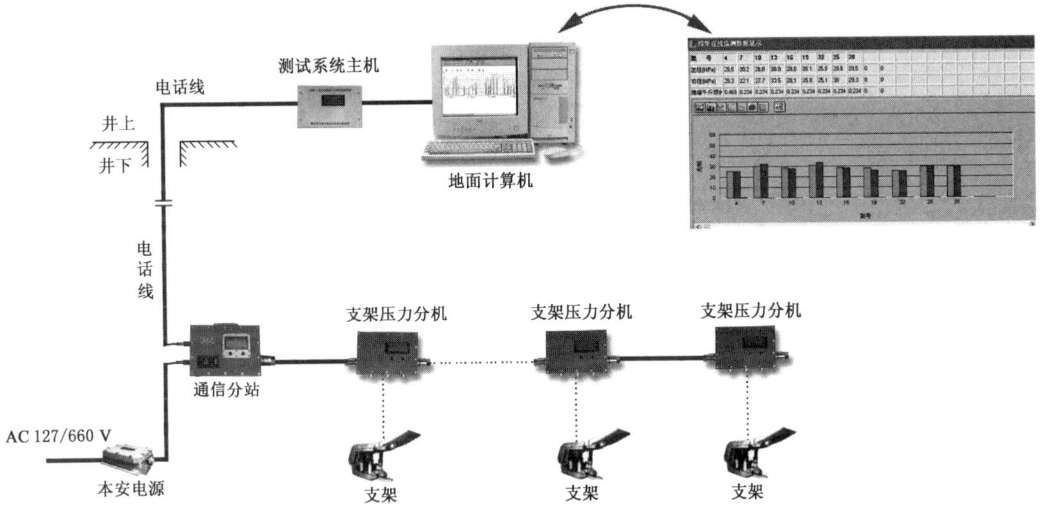

图 10 18　ZYDC-1 综采支架压力计算机观测系统

③ 技术指标。

巡测周期:≤5 s;

通信方式:异步串行通信,1 200 bit/s;

系统分机容量:1～32 台(0～128 个测点);

通信距离:<10 km;

巡测精度:2.5%;

传感器量程:0～60 MPa。

10.2.3　振弦式矿压观测仪器

振弦式矿压观测仪器是根据钢弦在不同张力作用下具有不同的固定频率这一原理研制的。钢弦在张力 T 作用下,其固有频率为

$$f = \frac{1}{2L}\sqrt{\frac{T}{\rho}} \tag{10-2}$$

式中 f——钢弦固有频率；

L——钢弦的长度；

T——作用在钢弦上的张力；

ρ——钢弦的线密度。

振弦式矿压观测仪器由钢弦压力盒和钢弦频率接收仪两部分组成。钢弦压力盒是将外载转换为钢弦频率的传感器，钢弦频率接收仪是收集显示钢弦频率的数字式频率计。

10.2.3.1 钢弦压力盒的工作原理

目前使用的钢弦压力盒有煤炭科学研究总院北京开采所研制的 YLH 系列和山东科技大学设计的 GH 系列（由湘潭无线电有限责任公司制造）。这两个系列的钢弦压力盒都是双线圈自激型，其工作原理基本相同。下面以 GH-50 型钢弦压力盒为例介绍其工作原理（图 10-19）。

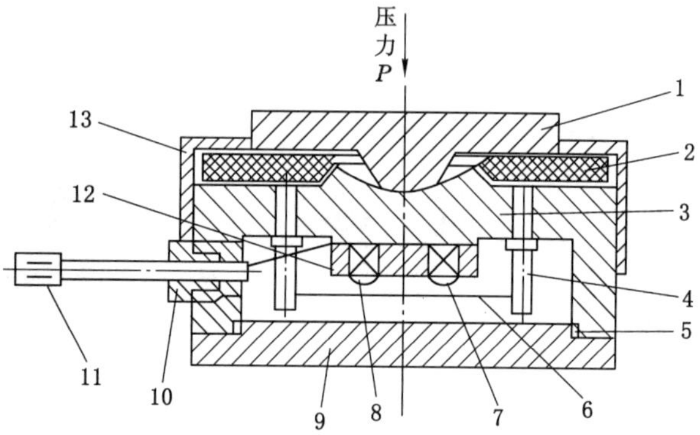

1—导向球面盖；2—橡胶垫；3—工作膜；4—钢弦柱；5—O 形密封圈；6—钢弦；7—激发磁头；8—感应磁头；9—后盖；10—电缆接头；11—电缆插头；12—铝座；13—护罩。

图 10-19 GH-50 型钢弦压力盒结构示意图

当压力 P 通过导向球面盖 1 作用在工作膜 3 上时，工作膜产生微小挠曲，使两钢弦柱 4 外张产生微小的角位移而张紧钢弦 6，钢弦的固有频率 f 升高。P 越大，f 越高。此时测出钢弦的振动频率 f，便可以从钢弦压力盒率定曲线（P-f 曲线）或率定表中查得作用在压力盒上的荷载 P。液压钢弦压力盒与此原理相同，只不过是将液体通过接头引入加压腔对工作膜加载。例如，应用在自移式液压支架上的压力盒，通过快速接头与液压支架立柱高压腔连通；应用在单体液压支柱上的压力盒，则通过它本身的特殊接头与外注式单体液压支柱三用阀相连。

使用压力盒进行压力观测时，查其率定表或率定曲线的方法虽简单，但并不快，况且当温度等因素发生变化时，其零频也发生相应变化，对零频漂移的修正比较困难（因 P-f 曲线为二次抛物线形）。采用含有零频漂移修正的式(10-3)进行计算，可解决上述问题。

$$P = A(f^2 - f_0^2) - B(f - f_0) \tag{10-3}$$

$$A = \frac{P_2(f_1 - f_0) - P_1(f_2 - f_0)}{(f_2 - f_1)(f_2 - f_0)(f_1 - f_0)} \tag{10-4a}$$

$$B = A(f_1 + f_0) - P_1/(f_1 - f_0) \tag{10-4b}$$

式中　f_0——压力盒零频，Hz；

A、B——与压力盒自身特性有关的常数；

f_1、f_2——压力盒率定曲线或率定表中的实测频率，Hz；

P_1、P_2——与 f_1、f_2 相对应的作用在压力盒上的荷载，kN。

在计算选点时，应使零频荷载在接近满量程范围内均匀分布。例如，GH-50 型钢弦压力盒量程为 490 kN，金属摩擦支柱最大工作阻力为 350～400 kN，故取 $P_2=400$ kN，$P_1=P_2/2=200$ kN。

对钢弦压力盒，除要求设计合理、热处理良好外，正确率定对于保证其精度具有重要意义。试验表明，经过良好热处理、具有较高性能的合金钢，即使在应力远低于弹性极限的情况下仍会产生塑性变形。为消除钢弦压力盒在使用中产生的塑性变形，对其反复多次加载到满量程（甚至适量超量程）进行老化是有效的，老化到稳定以后的数据方可使用；质量合格的压力盒，放置越久、加载次数越多，其性能越稳定，故应以最后数据为准。

10.2.3.2　钢弦频率接收仪

钢弦频率接收仪也称为频率计，与钢弦压力盒配套使用，称为矿压仪或测压仪，可用于有瓦斯和煤尘爆炸危险的矿井，是目前矿用测压仪中精度和灵敏度最高的一类产品。钢弦频率接收仪实质上是一台简易的数字频率计，下面介绍 GSJ-1 型钢弦频率接收仪与 GH 系列钢弦压力盒配合使用测量支柱荷载的工作原理。

GSJ-1 型钢弦频率接收仪读数窗口为红色发光二极管四位数字显示器，压力盒插头接频率接收仪的五芯插座，中间三芯插座为仪器内镍镉蓄电池充电插座。另外还有两个按钮，最外侧的为关断按钮，靠里侧的为启动按钮。其工作原理如图 10-20 所示，主要技术特征见表 10-6。

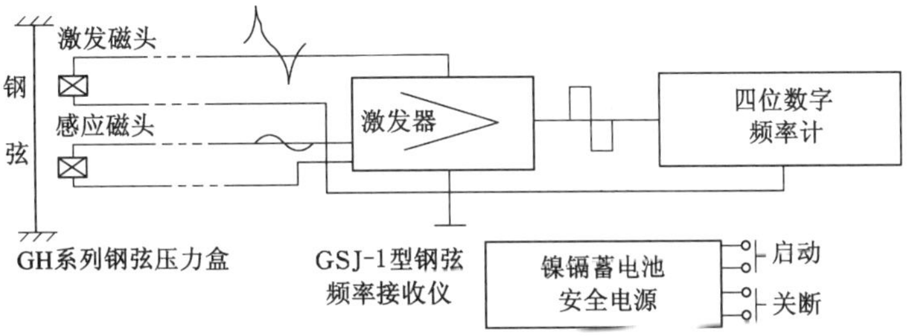

图 10-20　GSJ-1 型钢弦频率接收仪工作原理框图

按启动按钮接通电源后，各电路开始工作。压力盒中钢弦的微小振动在感应磁头线圈中产生一正弦感应电动势，其输出电压经激发器放大上万倍并微分后形成双尖脉冲输给激发磁头线圈而改变其吸力。当接线相位正确时，钢弦移近则吸力加强，而当钢弦弹开时则吸力减弱，如同同步拨弦一样使弦的振动加强。由于每秒内钢弦振动 700 次以上，于是每秒内钢弦振动被加强 1 400 次以上，故钢弦迅速起振，同时输出同频率的电信号给四位数字频率计。检测显示频率计按以下程序工作：先清零 1.0 s，再计算 1.0 s，所记数字即钢弦振动的频率，显示 2 s 后开始下轮工作。

表 10-6　GSJ-1 型钢弦频率接收仪技术特征

技术特征	参　　数
适用钢弦类型	ϕ0.25 mm,长 40 mm 以下各种钢弦(含不锈钢弦)
频率范围	500～3 000 Hz
频率误差	±1 Hz(1 000 Hz 以下,每 100 m 低 1～2 Hz;1 000 Hz 以上基本无误差)
激发距离	0～300 m 双绞线或小于 100 m 的任何四芯线
激发时间	<2 s(含辅助激发 1 s)
电源	6 V,400 mA,由 6 节 GNYG0.45 蓄电池串联供电,充电一次可连续供电 4 h 以上
仪器质量	1 kg
尺寸	190 mm×103 mm×45 mm
防爆类型	安全火花型(即本质安全型)

10.2.4　其他矿压观测仪器简介

10.2.4.1　电阻应变式检测仪

电阻应变式检测仪利用电阻应变片及电阻应变式传感器对煤岩体及支护设备、构件等进行应力应变分析,以提供有关的矿压显现数据。

电阻应变法测量是将作为敏感元件的电阻应变片粘贴在被测试的物件或专用传感器弹性元件表面,根据所测参数种类、特点和大小确定粘贴应变片的规格、数量、位置和方向。随着构件或弹性元件受力变形,应变片的敏感栅也产生相应的变形,其阻值发生变化且电阻的变化与构件表面的应变成定比例。电阻应变片阻值发生变化,则测量电桥输出的信号也随之变化。测量电桥输出的信号输入应变仪的前置放大器放大后,再经过适当变换如相敏整流或 A/D 转换等,最终可显示测量结果,即构件或弹性元件的应变值。图 10-21 为电阻应变式检测仪测量原理框图。

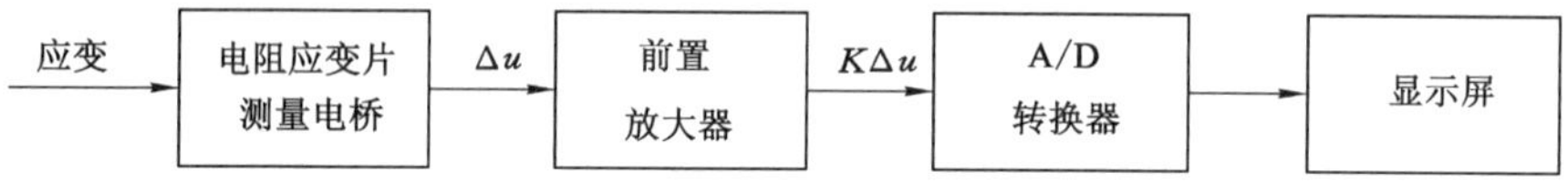

图 10-21　电阻应变式检测仪测量原理框图

电阻应变式检测仪测量机构关键元件是电阻应变片,电阻应变片(图 10-22)的结构因

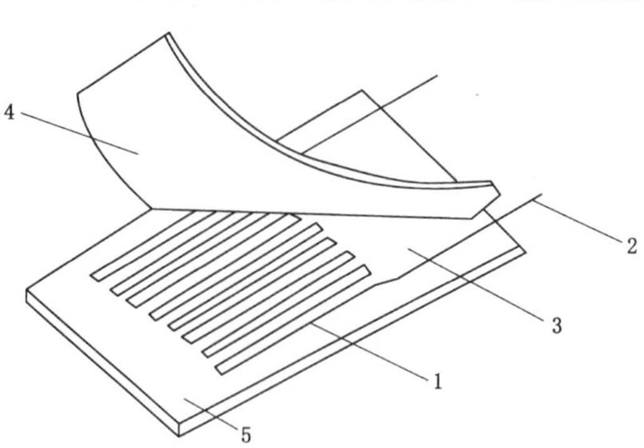

1—敏感栅;2—引线;3—黏结剂;4—盖层;5—基底。

图 10-22　电阻应变片结构

用途不同也不完全相同。敏感栅是电阻应变片中把应变量变换成电阻变化量的关键部件，是用金属或半导体材料制成的单丝或栅状体。电阻应变片的规格(指同一种结构)有 60 Ω、120 Ω、300 Ω、500 Ω 及 1 000 Ω，其中 120 Ω 为常用应变片。

典型的四臂测量电桥如图 10-23 所示。E 为所加的电源电动势，R_1、R_2、R_3 和 R_4 为四个桥臂电阻。若 $R_1=R_2=R_3=R_4$，则称为等臂电桥，此时电桥平衡，B、D 两点电位相等，$\Delta u=0$。若电阻 R_1 变为 $R_1+\Delta R_1$，其他 3 个桥臂电阻不变，此时电桥失去平衡。适当调整 R_2、R_3 和 R_4，可使电桥再一次达到平衡，若测量出 R_2、R_3 和 R_4 的变化量，根据比例关系，即可算出 R_1 的变化量。如果 R_1 为电阻应变片，并把它粘在测试构件或弹性元件的表面，则由应变-电阻效应可知，当构件或弹性元件受力变形时 电阻应变片的阻值也会发生相应变化，并通过测量电桥以电信号的形式反映出来。只有一个桥臂为电阻应变片的电桥称为四分之一桥，所有桥臂全为电阻应变片时称为全桥。如果设计不同形式和结构的弹性元件，在弹性元件上粘贴应变片使其产生的应变电信号与某一物理量相对应，这样就可制成各种各样的应变式传感器，如荷重传感器、压力传感器等。

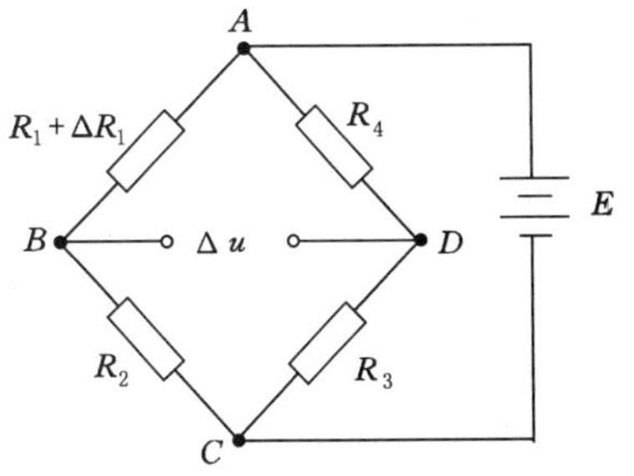

图 10-23　典型的四臂测量电桥

测量电桥输出的电信号是微弱的，使用普通的仪表不能检测。因此，在电阻应变式检测仪中应装有高质量的数据放大器，电信号经过放大器放大后，再经过模数(A/D)转换器才能在显示屏上显示出来。

10.2.4.2　*超声检测仪*

目前，国内外用超声对岩体、混凝土等非金属体进行各种参数测定的仪器种类很多，并各具特色。但从仪器的检测原理来讲，基本上可分为两类：一是直接测量纵波速度变化的直读式超声检测仪；二是监视波形，分析横、纵波并读出其波速的超声检测仪。前者体积小，质量轻，便于携带，使用方便。后者因具有波形显示及人工读数等功能，测量数据比前者更可靠，除能测得波速以外，还能进行横、纵波的振幅、频率及相位等分析，但这类仪器使用起来比较复杂，需具有一定的专业知识的操作者才能熟练地掌握。

岩体和混凝土的测试大多利用仪器人为地激发(超)声波，使岩体(或混凝土)中产生弹性波，然后在岩体(或混凝土)的某些部位接收，将该弹性波放大显示，并对其各参量进行分析研究。该类仪器首先需要有一种能够将电能量转换为机械振动能量和将机械振动能量再转化为电信号的器件，即换能器。该类设备(即超声检测仪)利用发射换能器向岩体或混凝土提供机械振动信号，即超声波，再利用接收换能器将接收到的声信号转化成电信号又提供给该设备。这样，检测仪通过发射换能器与岩体或混凝土耦合，信号经岩体或混凝土后又经接收换能器传回到仪器，构成了一个完整的封闭系统(图 10-24)。

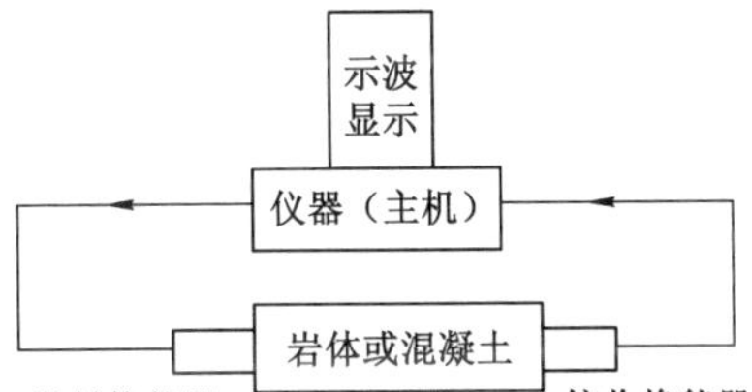

图 10-24　超声检测系统示意图

超声检测仪中换能器是整个设备中至关重要的元件，它的性能直接影响测试工作的质量。一般来讲，能够完成电-机转换或机-电转换的方式很多，如动圈式换能器、磁致伸缩式换能器和压电式换能器。目前在岩体及混凝土声学测试技术中，一般采用压电式换能器。根据发射换能器和接收换能器的个数，超声检测仪分为：一发单收型，即 FS 型；一发双收型，即 FSS 型。国内使用超声测试的检测仪有围岩裂隙探测仪、SYC-2 型超声波岩石参数测定仪和 MB-1 型超声波钻孔检测仪。这些检测仪均采用一发双收(FSS)型换能器。

10.2.4.3 *岩体内钻孔位移观测仪器*

(1) 用途

为了深入研究支架与围岩的相互作用，合理选择维护措施，不仅要了解围岩表面位移和变形规律，而且还必须在较大范围内了解围岩内部的活动情况，测定围岩深部各个位置的径向位移和应变及其随时间的变化过程，即开展岩体内部位移和应变观测。为此，必须在围岩内打观测钻孔，在孔内布设(固定)若干测点，利用测试仪器和机具在孔内测定不同深度测点的位移情况。由于必须依靠钻孔才能测量岩体内部位移，所以岩体内部位移亦称钻孔位移。测量钻孔位移的仪表及测点构造和测点布置等统称为钻孔位移计，常用于观测巷道深部围岩移动状况、工作面上覆岩层和底板活动规律等。

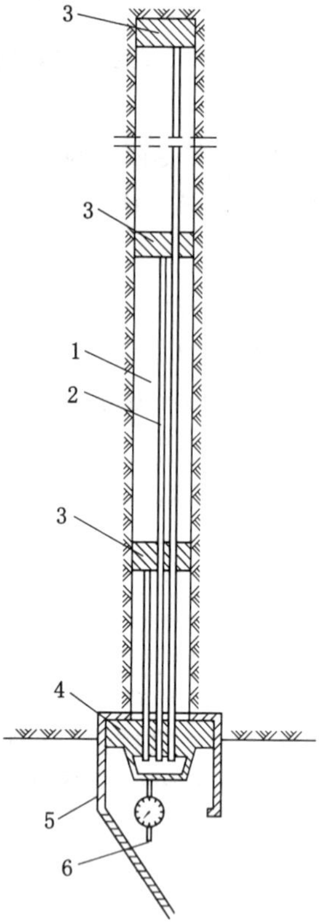

1—钻孔；2—连接件；
3—测点锚固器；
4—测量头；5—保护盖；
6—测量计。

图 10-25 钻孔位移计结构

(2) 基本原理

在进行钻孔位移观测时，一般都以钻孔底的最深测点为基准点，而测定其他各测点(包括孔口表面点)与孔底基准点的相对位移。如果钻孔有相当的深度，孔底基准点处于采动圈以外，则可认为它是不动点，相对此不动点所测得位移就是绝对位移。若钻孔深度不够，所测得的位移是相对位移。测量时，通常量测各测点对应于钻孔口附近固定点间的径向相对位移，经过计算，获得各测点的位移。

(3) 钻孔位移计的结构

在钻孔内安装一个测点称单点位移计，安设两个或多个测点称为两点或多点位移计。钻孔位移计的结构如图 10-25 所示，主要由连接件、测点锚固器、测量头、测量计等组成。

① 连接件。连接件为岩体位移的传递元件，将位移正确地传递到孔口测量头处，以便进行测量。连接件主要有两种形式：

a. 钢丝连接件(也称导丝)。用钢丝作为连接件的钻孔位移计也称为钢丝钻孔位移计。常用的有铟钢丝和镍铬合金钢丝，丝径为 0.5～1 mm。

b. 杆式连接件(也称导杆)。用杆作为连接件的钻孔位移计也称为杆式钻孔位移计。一般用直径为 8～12 mm 的圆钢或小钢管制作。

② 测点锚固器。钻孔位移观测中常用的锚固器有下列几种类型：

a. 木锚固器。常用的是压缩木式锚固器。

b. 注浆式锚固器。注入水泥砂浆或混凝土以固定测点。

c. 机械式锚固器。如弹簧式、楔胀式和支撑式锚固器等。

d. 混合式锚固器。由木锚固器与机械式锚固器合理组合而成。

③ 测量头。测量头是在孔口用于观测钻孔内各个测点位移的装置。测得各点的位移量是钻孔口至各测点的相对位移，是以孔口固定板为基准的，所以测量头必须牢固可靠地固定在孔口处。位移的测量是在测量头安装相应的测量计来实现的。测出各测点对于孔口的相对位移后，可换算出各点对于孔底固定点的相对位移或绝对位移。

④ 测量计与钻孔位移计结构。可分为机械式位移计和机电测试位移计。

10.3　采煤工作面"三量"观测

10.3.1　概述

采煤工作面矿压观测就是利用各种观测仪器或工具，对工作面及四周围岩的应力、顶底板变形与破坏、支柱压缩与荷载、煤壁片帮、支架变形与折损等宏观矿压显现量进行测量与记录，通过整理分析，掌握采煤工作面矿压显现规律，并以此指导生产。

采煤工作面矿压观测包括顶底板移近量观测、活柱下缩量观测、支柱荷载量观测、顶板状况统计观测、上覆岩层移动状况观测、围岩支承压力分布观测等。前三个观测项目一般称为"三量"观测，是采煤工作面矿压观测的核心。

10.3.1.1　采煤工作面矿压观测的目的和任务

原煤炭工业部颁发的《煤炭工业技术政策》有关"矿山压力测定"中规定："各矿区对采煤工作面和井巷进行矿压观测，根据岩层性质、顶板压力、顶板下沉量和下沉速度、放顶步距、周期来压等数据，逐步摸清本矿区的矿压规律，制定本矿区的顶板分类标准。作为采区设计、巷道布置、设备选型、支护设计、顶板控制的依据。"这就在原则上阐明了采煤工作面矿压观测的目的和任务。具体说来，采煤工作面矿压观测的主要目的和任务如下：

① 掌握采煤工作面上覆岩层运动规律、围岩与支架的相互作用关系，并进行顶板来压的预测预报。

② 对采煤工作面直接顶进行分类、基本顶进行分级和底板进行分类，为工作面架型选择和合理支护参数的确定提供可靠依据。

③ 对采煤工作面所使用的支护设备及采煤机械的可靠性和适应性进行评定，以便生产厂家改进、更新、设计更加可靠的支护设备和采煤机械。

④ 确定采动影响范围及支承压力分布变化规律。例如，煤柱尺寸的确定，巷道断面形状、规格及支护参数的确定，工作面超前支护距离的选择等，都需要该方面的观测结果。

《煤矿生产技术管理基础工作若干规定》第三章"现场管理"第十四条四款规定："每个采、掘工作面，都应根据本煤层和邻近采区的地质和矿压观测等资料，确定采、掘工作面的顶板管理方法、支护方式，作为编制采、掘工作面作业规程的依据和内容。凡没有矿压观测资料和支护设计的作业规程，不得审批。"这就充分说明了矿压观测的重要性及在煤矿生产中的地位。

10.3.1.2　矿压观测的进程安排

(1) 测前准备

① 制订观测计划。根据观测工作面的地质状况和生产技术条件，分析推断观测过程中可能遇到的问题，制订详细的观测计划，包括观测的目的、内容以及观测要求、测区布置、观测仪器与工具、人员配备与分工组织等。

② 培训人员。矿压观测组一般应由 1～2 名采煤技术员具体负责组织工作，测工以7～8名为宜。应对测工进行考核，择优录用。其条件是：具有初中以上文化程度，不少于 2 年以上采煤工作实践经验，责任心强，身体素质较好。观测前，参加观测的人员应进行统一培训，学习有关的矿压理论和矿压观测方法，明确观测的目的、任务及观测要求，熟悉观测仪器结构、工作原理、性能及操作方法。

③ 检修与调试仪器设备。根据观测要求和现有的设备状况，确定观测所使用仪器的型号和数量，并逐一进行检修与调试，确保井下安装使用正常。

④ 印制各种观测记录表和日常观测数据整理表及图纸。

(2) 现场观测和日常资料整理

根据观测的内容和目的，采煤工作面矿压观测一般有两种方式，即综合观测和专项观测。

综合观测是从开切眼起，分班连续观测采煤工作面矿压显现参数，直至第三次周期来压为止。有时也可分 2～3 个以上阶段观测，每个阶段应包括 1～2 次周期来压。来压不明显时，也不应少于 100 个正规循环。

专项观测是为查明影响矿压显现的因素或研究单项矿压课题，如推进度、落煤、放顶对顶底板移近量的影响等，可从某一时刻开始进行矿压观测，当达到预期目的时即可结束。这项工作多根据具体情况，与综合观测穿插进行。

矿压观测的第一手资料来自测工，观测工作的成功与否主要取决于观测资料的准确性。因此，必须要求测工做到以下几点：

① 明确所观测数据的用途。测量最有代表性的数据，即最能为观测目的服务的数据。

② 观测的数据要准确，尽量保证数据的精度。所测数据必须是客观事实的反映，是科学的、可信的。观测数据要“宁缺毋滥”。

③ 观测数据必须在井下及时记录，字迹要清晰，严格按规定的表格填写。

④ 连续观测时，要严格执行井下交接班制度，要及时向负责同志汇报发现的问题，如仪器工作不正常、顶底板情况异常等，以便及时处理与解决。

(3) 工作总结

现场完成一个阶段或完成一个工作面的观测后，要及时进行整理、分析和总结。要在平时资料整理的基础上，对所观测数据进行细致的整理，按数理统计方法进行分析，对各项内容按不同地质和生产技术条件进行对比，找出各矿压参数之间及矿压参数与地质及生产技术因素之间的关系，阐述所观测工作面的矿压显现规律，并以此提出改善顶板控制或改进支架的措施，汇总成矿压观测报告。

10.3.2 顶底板移近量和活柱下缩量观测

10.3.2.1 观测区和观测线的布置

采煤工作面“三量”观测的测线、测区的布置应统一安排，一般根据观测项目、目的而定。为降低观测费用，便于集中管理，应尽量做到以最少的测区、测线完成预定的观测任务。

对于顶底板状况变化较大、采高变化也较大的采煤工作面，一般可设上、中、下三个测区。中部测区设 2～5 条观测线，观测项目要全。因中部测区受两端煤柱及开采情况影响较小，其矿压显现具有代表性，故为重点测区。上、下两测区可分别设置 1～2 条观测线。上、下测区距区段平巷护巷煤柱的距离应大于 15 m，观测项目可酌情而定。如采煤工作面顶底板状况和采高没有显著变化，也可只设中部测区，适当增加观测线数目即可。采煤工作面"三量"观测测区、测线及测点布置可参照图 10-26。

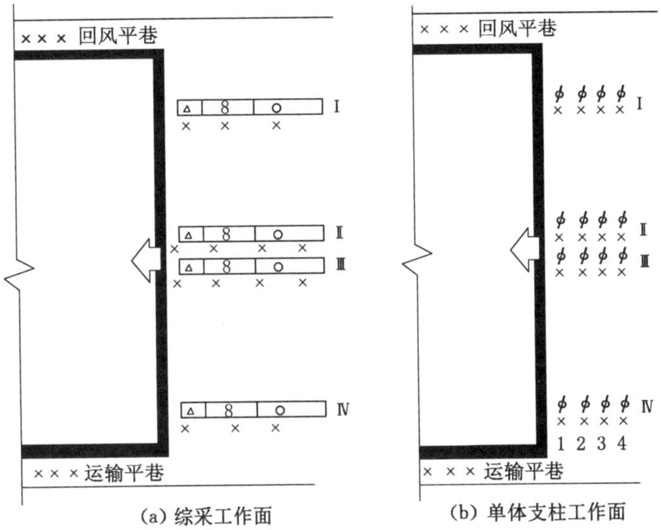

(a) 综采工作面　　(b) 单体支柱工作面

O—平衡千斤顶自记仪；ϕ—活柱下缩量、支柱荷载基点；8—压力自记仪及标点；×—顶底板移近量基点；Δ—架号。

图 10-26　采煤工作面"三量"观测测区、测线布置图

10.3.2.2　基点的设置与仪器的安装

观测顶底板移近量和移近速度使用的仪器有 DDJ-2.5 型测杆、KY-82 型顶板动态仪、C-2 型自记仪。测量顶底板移近量和移近速度时，必须在顶底板中安设牢固的基点，这是观测成败的关键。基点的安设方法：先用电钻在顶底板打眼，眼深 200～300 mm(注意：顶底板上每一对基点的连线应与顶底板垂直)，在孔眼内楔入事先准备好的长 150～200 mm 的木桩，外露端钉入一个铁钉，钉尾即观测基点[图 10-27(a)]。基点最好设置在煤壁处，特别是综采工作面，基点必须设在煤壁处，且位于两支架之间的缝隙中。如果顶板破碎，应先将浮矸挑掉，再打眼设点，并适当加大眼深和木桩长度。若采高较大，可用铁锤将 400～600 mm 长的六棱钎打入顶板作为基点[图 10-27(b)]。当顶板坚硬稳定时，顶板基点也可用油漆或水玻璃等标明，而底板基点仍按上述方法安设。

观测期间，当顶底板移近量基点被破坏、丢失或被支架遮盖时，必须及时补设。

基点安设完毕后，应将观测仪器及时安装在顶底板基点上。仪器安装、使用及回撤时应注意以下事项：

① 根据采高，先将选配好接长杆的测杆或顶板动态仪底部尖端对准底板基点，然后手握活杆压缩弹簧竖直并缓慢松开活杆，将仪器安装在顶、底板基点之间。

② 若采高大于 2 m，应用铁丝将仪器绑固在两根支柱之间，以防碰倒摔坏。

③ 拆卸仪器时，应手握活杆下压，取下测杆或顶板动态仪后缓慢松开活杆。切勿突然

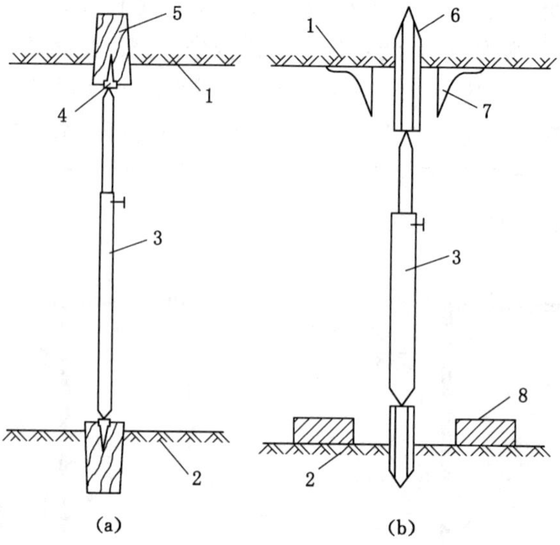

1—顶板；2—底板；3—测杆或顶板动态仪；4—铁钉；5—木桩；6—钢钎；7—侧护板；8—底座。

图 10-27　顶底板移近量观测基点安设示意图

松手，以防弹力将指针、齿轮、齿条损坏。

④ 仪器本身具有一定的防锈能力，但井下淋水往往具有一定的腐蚀性，故使用一段时间后，视其情况拿到地面用机油清洗，并涂适量黄油进行保养，确保各部件运转灵活，以延长其使用寿命。

10.3.2.3　观测方法与记录

(1) 顶底板移近量的观测与记录

仪器安设好后，首先读取初读数，以后要按时观测，一般每隔 1～2 h 观测一次。综采工作面在移架前、后必须各观测一次。从测杆或顶板动态仪安设时起，观测到测点靠近采空区报废为止，各次观测的读数记录在表 10-7 中。使用掩护式液压支架的工作面，最好将测线两边支架的侧护板收回，以保护基点免遭破坏。遇到特殊情况不能连续观测时，只能观测顶底板循环移近量，一般在移架后、下一循环移架前和再移架后各观测一次。单体支柱工作面测点的间距与支柱的排距相对应，观测顶底板移近量时，要同时观测和记录活柱下缩量、柱帽压缩量(或顶梁钻入顶板量)、支柱压入底板量和支柱荷载，测量结果一并记入表 10-8。

表 10-7a　支撑式液压支架工作面矿压“三量”观测记录表

工作面：　　　　　　　　　　　　　　月　　日　　班　　观测人：

架号	工序	采高/m	至煤壁距离/m	顶底板移近量读数/mm		左前柱		右前柱		左后柱		右后柱		前梁短柱		备注
				1# 测点	2# 测点	下缩量/mm	压力/MPa	下缩量/mm	压力/MPa	下缩量/mm	压力/MPa	下缩量/mm	压力/MPa	压力/MPa	倾角/(°)	

表 10-7b　掩护式液压支架工作面矿压“三量”观测记录表

工作面：　　　　　　　　　　　　　　　　　　　　　月　　日　　班　　观测人：

架号	工序	采高/m	至煤壁距离/m	顶底板移近量读数/mm		左柱			右柱			平衡千斤顶				备注
				$1^{\#}$测点	$2^{\#}$测点	压力/MPa	下缩量/mm	倾角/(°)	压力/MPa	下缩量/mm	倾角/(°)	压力/MPa		伸出量/mm	倾角/(°)	
												上腔	下腔			

表 10-8　单体支柱工作面矿压“三量”观测记录表

工作面：　　　　　　　　　　　　　　　　　　　　　月　　日　　班　　观测人：

测点编号	观测时间（时、分、秒）	测点位置		顶底板移近量读数/mm	柱帽压缩量/mm	支柱压入底板量/mm	活柱下缩量/mm	支柱荷载/kN	测力计号	备注（生产工序等）
		距煤壁距离/m	距采空区距离/m							

（2）活柱下缩量的观测

活柱下缩量的观测一般与顶底板移近量观测同时进行。

读数时要注意前后两次读数是否正常。若出现异常，要查明原因，重新测读，或用邻近测点的读数校正。井下交班时，要将本班最后一次的读数留给下一班，以便观测时核对。

（3）顶底板移近速度的观测与记录

使用 KY-82 型顶板动态仪或带测速指示器的测杆观测顶底板移近速度时，要用秒表或手表计时，无工序影响时，观测时间间隔为 3～10 min。

观测顶底板移近量与工序的关系时，一般由 2～3 人共同完成。1 人计时和记录顶板动态仪读数，1～2 人记录割煤、移架或回柱放顶位置至测点距离。观测工序对顶底板移近速度的影响时，应从这些工序距测点较远处，即影响不明显的地方开始，观测到影响消失时为止。观测范围一般取割煤或移架（回柱放顶）距测点左、右各 30 m。观测读数的时间间隔应随工序的逼近而缩短，一般可取 3～1 min，直至 30 s。将采煤工作面顶底板移近速度观测数据记入表 10-9，将割煤（或爆破）、移架（或回柱放顶）的进度（每隔 1～2 架或 1～2 节刮板或 1～2 m）和时间计入表 10-10。

表 10-9　采煤工作面顶底板移近速度观测记录表

工作面：　　　　测区：　　　　测线：　　　月　　　日　　　班　　观测人：

观测时间（时、分、秒）	测点编号	测点至煤壁距离/m	顶底板移近量读数/mm	顶底板移近量/mm	顶底板移近速度/(mm/h)	测点至工序进行处的距离/m	备注（正在进行的工序，如割煤、放顶）

表 10-10 采煤工作面工序进程记录表

观测日期（月、日）	观测时间（时、分、秒）	割煤（爆破）位置		移架（放顶）位置		备注（如工序过程情况）
		架号或输送机刮板节号	距测点距离/m	架号或输送机刮板节号	距测点距离/m	

单体支柱工作面，均采用标点法观测活柱下缩量。支柱支设完毕后，立即用扁铲、钢锯条或其他方法在活柱上刻出明显的"＋"记号，用钢直尺或钢卷尺量取初读数。然后与顶底板移近量观测同时进行[图 10-28(a)]，观测读数记入表 10-8 相应栏目内。

手工测量液压支架活柱下缩量时，可采用与单体支柱观测基本相同的标点法。用直尺量取固定柱上台至活柱上顶油管螺母最下一个棱的距离[图 10-28(b)和图 10-28(c)]。为观测循环内的下缩量，应在每次移架前、后各观测一次，测量结果记入表 10-7。下缩量的观测要与立柱压力的观测同时进行，并要特别注意安全阀的开启状况，以便区分安全阀开启前、后的活柱下缩量。安全阀开启前活柱下缩量主要是柱腔内的液体弹性压缩及一些微渗漏造成的，数值很小，大都在 10 mm 以内，其值主要取决于柱腔内乳化液的容量。

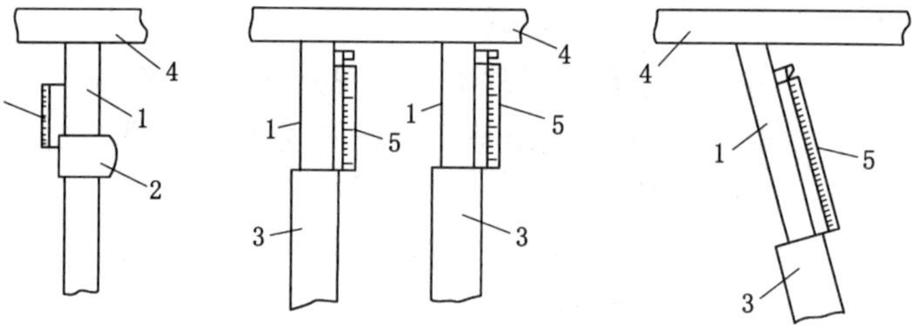

(a) 单体支柱　(b) 支撑式液压支架　(c) 掩护式液压支架

1—活柱；2—柱锁；3—固定柱；4—顶梁；5—直尺。

图 10-28 活柱下缩量观测标点法示意图

在遇有安全阀开启时，要及时测读一次，并在记录表中注明。当发现液压系统故障，如漏液等现象造成活柱不正常下缩时，也应及时记录发生的时间及现象。

10.3.2.4 观测数据的整理与分析

(1) 单体支柱工作面观测数据的整理与分析

首先将表 10-8 记录的数据，从测点设置时起至靠近采空区撤除为止，经过简单计算按测线、测点整理，填入表 10-11，然后再做进一步的整理。

由于单体支柱工作面观测排与控顶排对应设置，因此，有时也将观测排称为控顶排，其编号可从煤壁处算起，也可从采空侧算起。一般将离煤壁最近的观测排或控顶排称为第 1 观测排或控顶排，其他观测排号依此类推。每一观测排与煤壁的距离基本上是不变的，它与工作面采用的顶梁长度和支架的布置形式有关，如第 2 观测排可能距煤壁 0.6 m，也可能为 1.2 m。但应注意，每一条观测线上同一测点所处的观测排号是随工作面的向前推进随时变化的，测点刚设置时为第 1 观测排，采煤工作面向前推进后，再设一个测点，刚刚设置的测点处于第 1 观测排，而原来处在第 1 观测排的测点就变为第 2 观测排，随着工作面继续向前推进，原来处于第 2 观测排的测点将变为第 3 观测排、第 4 观测排……。

表 10-11　单体支柱工作面“三量”观测数据整理表

采煤工作面：		测线编号：				观测日期：　　年　　月　　日　至　　年　　月　　日													
内　容		顶底板累计移近量 /mm						活柱累计下缩量 /mm						支柱荷载 /kN						备注
距煤壁距离/m		0.6	1.2	1.8	2.4	3.0	…	0.6	1.2	1.8	2.4	3.0	…	0.6	1.2	1.8	2.4	3.0	…	
测点编号	1																			
	2																			
	…																			
最小值																				
最大值																				
平均值																				

填写表格时应注意，顶底板累计移近量和活柱累计下缩量的计算是这样的：至煤壁某一距离处的最大读数与初读数之差即此距离处的累计值；支柱荷载的计算利用某一距离处的测力计或压力盒的读数查表或借助计算公式进行。

① 顶底板累计移近量 S_l 的整理。顶底板累计移近量系指测点从煤壁处设置到某一时刻顶底板移近量的累加值，单位为 mm，可分以下两步进行。

第一步，计算每一条观测线各观测排处顶底板累计移近量平均值 S_{ml}

$$S_{ml} = \frac{S_{ml1} + S_{ml2} + \cdots + S_{mln}}{n} \tag{10-5}$$

式中　m——测区观测线编号，$m=1,2,3,\cdots$；

l——观测排或控顶排编号，以煤壁为准设，分别为 1，2，3，…；

n——第 m 条观测线第 l 观测排所测得的顶底板累计移近量数据的总数；

$S_{ml1}, S_{ml2}, \cdots, S_{mln}$——第 m 条观测线第 l 观测排第 1，2，3，…个测点顶底板累计移近量观测值，mm。

例如，S_{212}代表第 2 条观测线第 1 观测排第 2 个测点顶底板累计移近量观测值。S_{23}代表第 2 条观测线第 3 观测排顶底板累计移近量平均值。将计算结果填入表 10-11 相应栏目内。

第二步，计算所有观测线各观测排顶底板累计移近量平均值 S_l

$$S_l = \frac{S_{1l} + S_{2l} + \cdots + S_{ml}}{m} \tag{10-6}$$

式中　$S_{1l}, S_{2l}, \cdots, S_{ml}$——第 1，2，3，…，$m$ 条观测线第 l 观测排顶底板累计移近量平均值，由式(10-5)计算，mm；

m——测区观测线总数。

例如，S_2代表所有观测线第 2 观测排顶底板累计移近量平均值。整理时，应将采煤工作面周期来压和非周期来压期间的观测数据分别整理，以便掌握周期来压期间矿压显现规律。

② 顶底板移近速度 v 的整理。顶底板移近速度是指单位时间的顶底板移近量，可用式(10-7)计算

$$v = \frac{S_2 - S_1}{t_2 - t_1} \tag{10-7}$$

式中 S_1、S_2——t_1、t_2 时刻顶底板累计移近量；

t_1、t_2——顶底板移近量观测期间两个不同时刻。

顶底板移近速度的观测与整理过程与移近量整理一样，可按测线、测区分别整理。

③ 顶底板循环移近量的整理。顶底板循环移近量系指一个采煤循环进度内的顶底板移近量。引用上述整理结果计算

$$S_{cl} = S_l - S_{l-1} \tag{10-8}$$

式中 S_l、S_{l-1}——第 l、$l-1$ 观测排顶底板累计移近量，mm；

S_{cl}——顶底板循环移近量，mm。

顶底板循环移近量的整理也可按测线分观测排整理，再按测区整理。

④ 单位顶底板移近量的整理。单位顶底板移近量也称标准移近量，系指单位采高单位控顶距的顶底板移近量。一般按最大控顶距即最后一个观测排处的顶底板累计移近量计算

$$S_b = \frac{S_m}{ML_m} \tag{10-9}$$

式中 S_b——标准移近量，mm/(m·m)；

S_m——最大观测排处顶底板累计移近量，mm；

M——采高，m；

L_m——最大观测排与煤壁的距离，m。

整理时，先将各条观测线各个测点的标准移近量计算出来，再进行算术平均，即整个测区(或观测工作面)的标准移近量。标准移近量可比较不同工作面顶底板移动的剧烈程度。

⑤ 曲线的绘制。按以上整理结果可绘制如下曲线：

a. 平时和周期来压时各观测排顶底板累计移近量(或循环移近量)和移近速度(纵坐标)与至煤壁距离(横坐标)的变化曲线(图 10-29)。

b. 测区顶底板平均移近量或最大移近量(累计值)随采煤工作面推进距离(至开切眼)的变化曲线(图 10-30)。

⑥ 活柱下缩量的整理与分析。活柱下缩量的整理原则上与顶底板移近量的整理相同。整理表格可参照表 10-11，整理过程可参照上述式(10-5)至式(10-9)。可据式(10-10)研究顶底板移近量。计算结果列入表 10-12。

$$S_l = S_{zl} + S_{1l} + S_{2l} + S_0 \tag{10-10}$$

式中 S_l——测区第 l 观测排顶底板移近量($l=1,2,\cdots$)，mm；

S_{1l}——顶梁背板或柱帽在该排的压缩量，mm；

S_{2l}——支柱底座压缩及压入底板量，mm；

S_0——第一排支柱支设时的早期顶板下沉量，mm；

S_{zl}——活柱在该排的下缩量，mm。

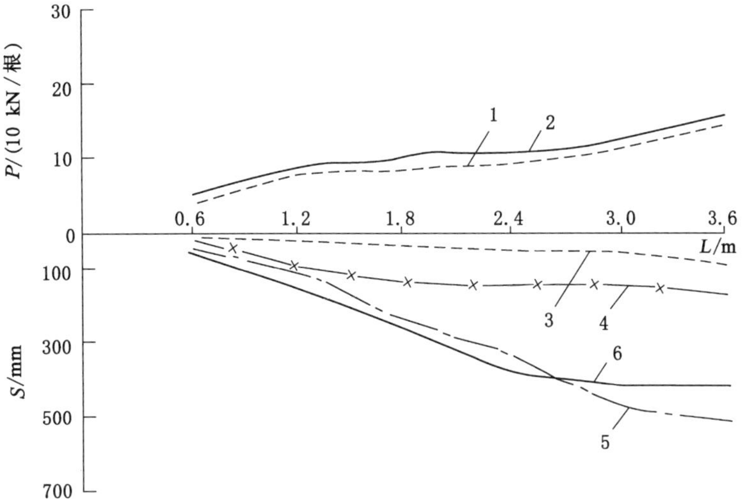

P—支柱荷载；S—位移；L—至煤壁距离；

1—支柱荷载全部读数平均值；2—支柱荷载最大读数平均值；3—活柱下缩量；4—压入底板深度；

5—放顶至观测点时顶底板移近量；6—采煤至观测点时顶底板移近量。

图 10-29　沿采煤工作面推进方向矿压显现分布

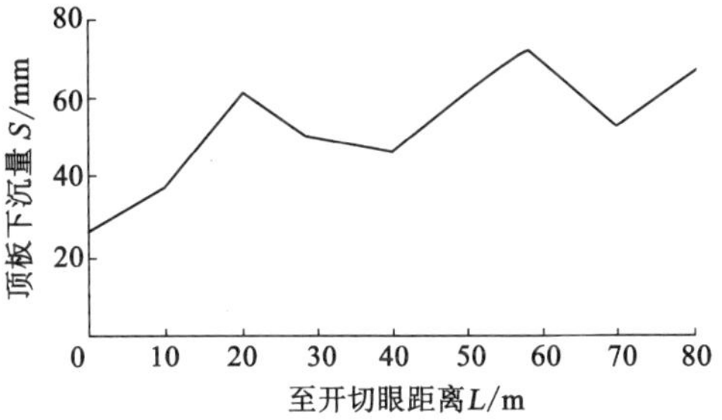

图 10-30　顶板下沉量与至开切眼距离的关系

表 10-12　顶底板移近量的组成

项　目	距煤壁				S_0/mm
	1 排(x_1)	2 排(x_2)	3 排(x_3)	4 排(x_4)	
S_l/mm					
S_{zl}/mm					
S_{1l}/mm					
S_{2l}/mm					
S_{zl}/S_l					
$(S_{1l}+S_{2l})/S_l$					

根据计算结果可判断造成顶板下沉的主要因素，以此制定减小顶板下沉的措施。例如，有些底板松软的工作面，S_{2l} 占 S_l 的 50%～60%，因此，该工作面应着重解决支柱底座面积问

题。有些工作面的 S_{1l} 和 S_{2l} 较小而 S_l 很大，说明该工作面支柱工作阻力偏低，应采取相应措施，如增加初撑力，检测支柱工作特性直至更换支柱类型或品种。

(2) 综采工作面观测数据的整理与分析

将表 10-7 中的观测数据计算后按观测循环填入表 10-13。

表 10-13a　支撑式和支撑掩护式支架观测日常数据整理表

工作面编号：__________　支架编号：__________

循环编号	循环时间/min	采高 M/m	至煤壁距离 L/m	累计顶底板移近量 S/mm				单位顶底板移近量 S_b/[mm/(m·m)]	支护阻力 Δp 与活柱下缩量 S_z							
									左前柱		右前柱		左后柱		右后柱	
				移前	移后	移前	累计		Δp/MPa	S_z/mm	Δp/MPa	S_z/mm	Δp/MPa	S_z/mm	Δp/MPa	S_z/mm

表 10-13b　掩护式支架观测日常数据整理表

工作面编号：__________　支架编号：__________

循环编号	循环时间/min	采高 M/m	至煤壁距离 L/m	累计顶底板移近量 S/mm				单位顶底板移近量 S_b/[mm/(m·m)]	支护阻力 Δp 与活柱下缩量 S_z					
									左柱		右柱		平均	
				移后	移前	移后	累计		Δp/MPa	S_z/mm	Δp/MPa	S_z/mm	Δp/MPa	S_z/mm

根据表 10-13 的整理结果可绘制至煤壁不同距离的顶底板移近量与时间的关系曲线，也可作出其他关系曲线。

在整理活柱下缩量时，对于单体液压支柱和液压支架立柱的整理，应对安全阀开启前、后的数据分别统计分析，整理计算结果填入表 10-14。

表 10-14　活柱下缩量数据整理表

循环编号	至开切眼距离/m	循环时间/min	初读数/mm	末读数/mm	循环下缩量/mm	循环下缩速度/(mm/h)	安全阀开启时间/min	安全阀开启前下缩量/mm	安全阀开启后下缩量/mm	安全阀开启后下缩速度/(mm/h)

10.3.3　支架荷载的观测

10.3.3.1　观测仪器的设置

① 设在支柱的上端或底座下。一般情况将观测仪器压在支柱底座下，安设时首先将底板铲平，露出真底，不要放在浮煤上，然后将支柱架设在顶梁与仪器之间。安设时要求底座与仪器对中，避免因支柱歪斜等造成局部应力集中而使观测数据出现偏差。当煤层底板松软或浮煤较多时，也可将仪器设于顶板与立柱上端之间。

② 直接安设在液压支柱(外注式)的三通阀处或液压支架立柱的高压腔管路上。前者可使用 DZ-C 型液压支柱测力计,后者可使用 YTL-610 型圆图压力记录仪或 YSZ-1 型液压支架压力下缩自记仪。YTL-610 型圆图压力记录仪用一个三通与立柱的高压腔接通,然后将仪器悬挂在该立柱附近的顶梁上或绑在立柱上,并用胶皮护帘或铁盒子等物加以保护。

10.3.3.2　观测方法与数据记录

对于非自动记录类仪器,每次安设前先读取零读数(液压观测仪器除外),连同仪器编号一起记入记录表格相应栏目内(表 10-8)。安设完毕后,立即读取初读数。此后与顶底板移近量观测等同时进行,每 1～2 h 观测一次。采煤工作面回柱放顶时,将仪器收回,重新安设后可继续使用。

使用自动记录类仪器时,安设前首先上紧发条,换好记录纸,调整好记录笔,并在记录纸上注明架号、柱别、换纸日期及换纸人等;然后将仪器与观测立柱高压腔连通,即可进入自动记录状态。观测期间,每天更换一次记录纸,更换时检查自动记录仪的工作情况;如发现因仪器本身故障造成记录不完整或不准确,应简要注明原因,并及时进行维修或更换。

10.3.3.3　观测数据的日常整理与分析

(1) 综采支架立柱荷载的整理

圆图压力记录仪或液压支架压力下缩自记仪记录的 p-t 曲线(图 10-31)包含很丰富的内容,但直接使用记录曲线很不直观,必须加以整理和分析。一般先将圆图纸上的 p-t 曲线在直角坐标系下展开,横轴代表时间,纵轴代表立柱高压腔压强(图 10-32),然后利用展开图整理分析。

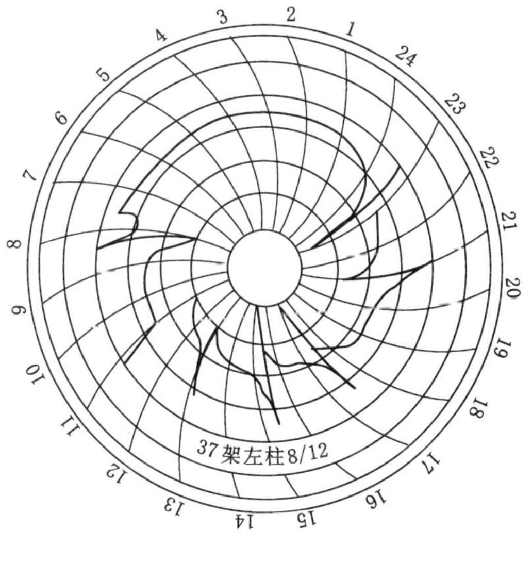

图 10-31　立柱循环压力记录图

① 按观测循环计算支架的初撑力(p_0)、循环末阻力(p_m)、时间加权平均阻力(p_t)和相应的支护强度(q),计算结果填入表 10-15a 或表 10-15b。

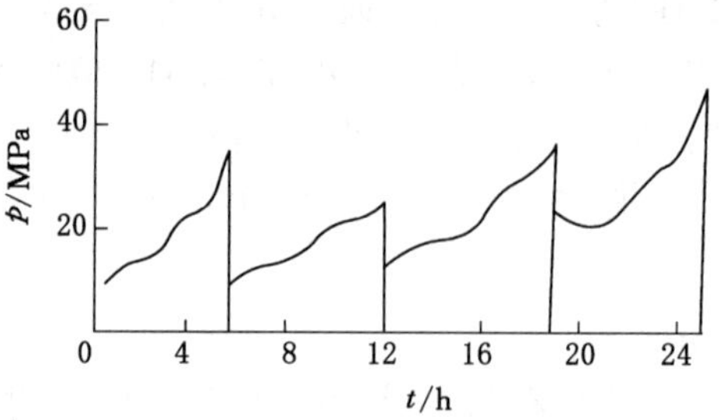

图 10-32 立柱循环压力整理图

表 10-15a 支撑式或支撑掩护式支架观测日常数据整理表

工作面编号：__________ 支架编号：__________

循环编号	观测日期（月、日）	循环时间 /min	至开切眼距离 /m	支架工作特性								初撑力 p_0				
				初撑		一增		二增		多增		左 /MPa	右 /MPa	左 /(kN/柱)	右 /(kN/柱)	整架 /(kN/架)
				左	右	左	右	左	右	左	右					

循环编号	循环末阻力 p_m					时间加权平均阻力 p_t					支护面积 F /m²	支护强度		
	左 /MPa	右 /MPa	左 /(kN/柱)	右 /(kN/柱)	整架 /(kN/架)	左 /MPa	右 /MPa	左 /(kN/柱)	右 /(kN/柱)	整架 /(kN/架)		q_0 /(kN/m²)	q_m /(kN/m²)	q_t /(kN/m²)

注：支架工作特性中，“初撑”——初撑增阻型；“一增”—— 一次增阻型；“二增”——二次增阻型；“多增”——多次增阻型。

表 10-15b 掩护式支架观测日常数据整理表

工作面编号：__________ 支架编号：__________

循环编号	观测日期（月、日）	循环时间 /min	至开切眼距离 /m	支架工作特性								初撑力 p_0				
				初撑		一增		二增		多增		左 /MPa	右 /MPa	左 /(kN/柱)	右 /(kN/柱)	整架 /(kN/架)
				左	右	左	右	左	右	左	右					

循环编号	循环末阻力 p_m					时间加权平均阻力 p_t					支护面积 F /m²	支护强度		
	左 /MPa	右 /MPa	左 /(kN/柱)	右 /(kN/柱)	整架 /(kN/架)	左 /MPa	右 /MPa	左 /(kN/柱)	右 /(kN/柱)	整架 /(kN/架)		q_0 /(kN/m²)	q_m /(kN/m²)	q_t /(kN/m²)

初撑力（p_0），系指支架移架后的初始工作阻力。它的大小与乳化液泵站的工作压力有关，且受管路损失和操作质量等因素的影响。支架整架初撑力可由式（10-11）计算

$$p_0 = \frac{\pi D^2 \sum_{i=1}^{z} Q_{0i}}{4 \times 10^4} \tag{10-11}$$

式中　Q_{0i}——支架初撑时立柱液压缸高压侧的压力，MPa；

D——立柱液压缸内径，cm；

z——支架立柱数目。

循环末阻力(p_m)，系指循环末支架移架前的工作阻力。正常情况下，循环末阻力为循环内的最大工作阻力，支架循环末总阻力可由式(10-12)计算

$$p_m = \frac{\pi D^2 \sum_{i=1}^{z} Q_{mi}}{4 \times 10^4} \tag{10-12}$$

式中　Q_{mi}——循环末立柱液压缸高压侧的压力，MPa。

由于支架工作阻力随时间变化而不断发生变化，所以循环末阻力还不足以反映支架的全面受力情况。例如，同一支架两个不同循环立柱的末阻力可能相近或相等，但在循环内支架立柱的受力状态差别可能很大(图 10-33)。时间加权平均阻力(p_t)则可以反映这一差别。

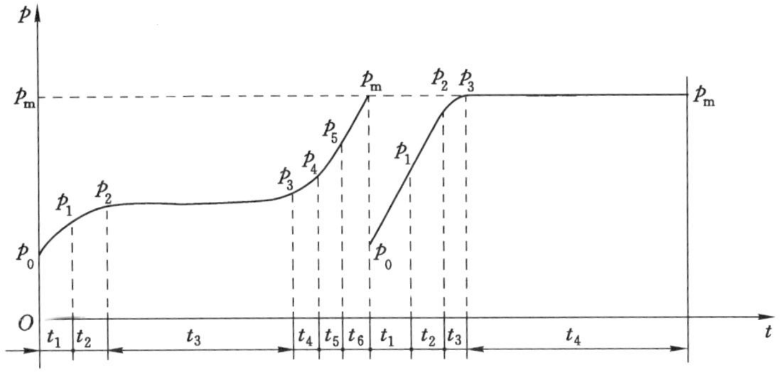

图 10-33　两个不同循环的 p-t 曲线

时间加权平均阻力(p_t)，系指一个采煤循环内以时间为加权计算的平均工作阻力。根据工作阻力与时间的关系曲线(p-t)可计算 p_t，其值为曲线下所包围的面积除以受力的总时间(图 10-33)。为简化计算过程，将曲线所包围的面积分割成数个曲边梯形，这样可按式(10-13)近似地求得 p_t

$$p_t = \frac{\frac{1}{2}(p_0 + p_1)t_1 + \frac{1}{2}(p_1 + p_2)t_2 + \cdots + \frac{1}{2}(p_{n-1} + p_n)t_n}{t_1 + t_2 + \cdots + t_n} \tag{10-13}$$

式中　$t_1, t_2, \cdots, t_n$——每一曲边梯形所对应的时间，min；

$p_1, p_2, \cdots, p_n$—— 不同时刻立柱工作阻力，kN。

一般情况下，应尽量在曲线的拐点处取分割点，分割点越多，计算结果越精确。为简化计算过程，取 5 个左右分割点即可。曲线变化幅度不大时，分割点再少些也可以。

支护强度(q)，系指支架对顶板的支护阻力与其支护面积(F)的比值。对于支撑式支架，立柱与顶板近似垂直，q 可用 p/F 求得；对于掩护式支架，由于立柱与顶板有一定的夹角，则需要再乘以支护效率。

② 统计支架的工作特性曲线，即统计阻力与时间关系曲线的类型(图 10-34)。统计不同时期(周期来压和非周期来压期间)各种类型关系曲线所占的百分比，以此分析顶板作用力的大小及支架对顶板的适应性。统计时 p-t 曲线属于图 10-34 中的哪种类型，则在表 10-15 中相应栏内标记“√”。

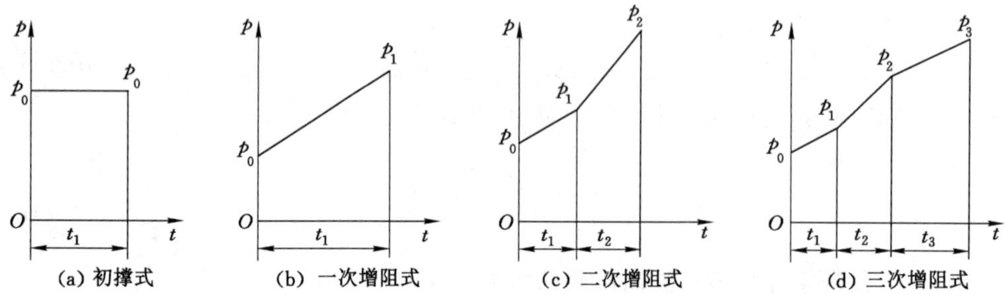

图 10-34 液压支架 p-t 关系曲线类型

③ 根据阻力-时间(p-t)曲线，整理立柱安全阀开启数据，整理结果填入表 10-16。

表 10-16 液压支架立柱安全阀开启日常资料整理表

循环编号	至开切眼距离/m	循环时间/min	安全阀开启时间/min				安全阀开启压力/MPa			
			左前	右前	左后	右后	左前	右前	左后	右后

液压支架立柱安全阀的开启情况，主要根据自记仪记录的曲线来取得。当立柱工作阻力达到额定值(即安全阀的开启压力)时，安全阀开启。开启后立柱高压腔压力不再上升，压力曲线出现小锯齿形(图 10-35)。

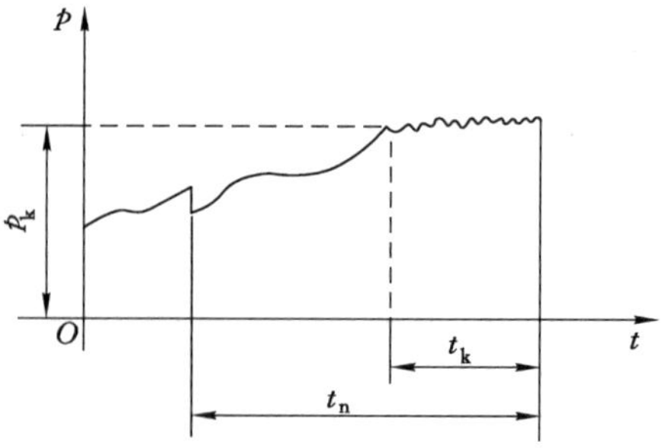

t_k—开启时间；t_n—循环时间；p_k—开启压力。

图 10-35 安全阀开启循环 p-t 曲线

安全阀的开启情况可用两个计算指标来衡量。

a. 安全阀开启时间比率平均值 η_t。

$$\eta_t = \frac{\sum_{i=1}^{z} \frac{t_{ki}}{t_{ni}}}{z} \tag{10-14}$$

式中　z——安全阀开启的立柱总数；

t_{ki}——第 i 循环立柱安全阀开启时间；

t_{ni}——第 i 循环时间。

b. 安全阀循环开启率平均值 η_k。

$$\eta_k = \frac{\sum_{i=1}^{n} \frac{k_i}{z_i}}{n} \tag{10-15}$$

式中　k_i——某一观测循环支架立柱安全阀开启数；

z_i——某一观测循环测区支架立柱总数；

n——测区观测总循环数。

安全阀开启时间比率平均值 η_t 在一定程度上可反映基本顶来压的强度，安全阀循环开启率平均值 η_k 则反映基本顶周期来压的频率。

④ 根据表 10-15 的整理结果，将测区各条观测线诸项再进行平均，利用这些数据绘制观测总图。总图上支架阻力的变化是判定综采工作面基本顶来压步距和强度的重要依据。

(2) 单体支柱荷载观测的日常整理与分析

① 将表 10-8 中记录的有关荷载数据按测点及至煤壁距离填入表 10-11。支柱荷载可查表或特性曲线(如率定表、率定曲线)，也可利用公式计算。

② 参照顶底板移近量整理步骤，按观测线、测区依次整理各观测排支柱荷载的算术平均值、最大值和最小值。

③ 以至煤壁的距离为横坐标，以支柱荷载、顶底板移近量和活柱下缩量为纵坐标，可绘制如图 10-29 所示的“三量”综合分布图。

10.3.4　采场底板比压测定

实践表明，只注意顶板支护而忽视底板支护往往会给生产管理带来很大困难。特别是一些煤矿单体支柱工作面经常发生冒顶事故，还有综采工作面两柱掩护式支架在松软顶底板条件下使用发生的移架、控顶困难，其重要原因之一就是底板容许比压过小，底板遭到支护的破坏，支架(或支柱)压入底板。另外，这种支架(或支柱)压入底板的趋势越严重，即压入量越大，不但会造成顶板下沉量增大，顶板破碎度增大，而且会降低支架(或支柱)的有效支撑力，从而导致生产管理的恶性循环。因此，测定煤层底板岩层的抗压入强度、底板容许比压等底板岩层力学参数对采场底板控制设计、生产管理和支架的优化设计有重要意义。

测定底板比压的主要仪器有静压比压仪(内注式和外注式比压仪)和冲击式比压仪。仪器的结构原理和观测要求参考相关文献。在测定底板比压的基础上，可进行采场底板比压分类，表 10-17 为我国缓倾斜煤层的底板分类方案。

表 10-17　我国缓倾斜煤层的底板分类方案

底板类别		基本指标		辅助指标	参考指标	一般岩性
名称	代号	容许比压 q_c/MPa	容许刚度 K_c /(MPa/mm)	容许穿透度 $\hat{a}_c$/mm^{-1}	容许单轴抗压强度 σ_c/MPa	
极软	Ⅰ	<3.0	<0.035	<0.20	<7.22	充填砂、泥岩、软煤
松软	Ⅱ	3.0～6.0	0.035～0.32	0.20～0.40	7.22～10.80	泥页岩、煤
较软	Ⅲ$_a$	6.0～9.7	0.32～0.67	0.40～0.65	10.80～15.21	中硬煤、薄层状页岩
较软	Ⅲ$_b$	9.7～16.1	0.67～1.27	0.65～1.08	15.21～22.84	硬煤、致密页岩
中硬	Ⅳ	16.1～32	1.27～2.76	1.08～2.16	22.84～41.79	致密页岩、砂质页岩
坚硬	Ⅴ	>32	>2.76	>2.16	>41.79	厚层砂质页岩、粉砂岩、砂岩

说明：

1. 本表主要适用于缓倾斜及倾斜煤层，急倾斜煤层开采或放顶煤开采可参考试用；
2. 基本指标 q_c与 K_c有紧密的相关关系，底板分类时可选任一指标或互相参照；
3. 基本指标 q_c的数值是按公式 $q_c=0.75q_m$计算的，q_m为底板第一极限比压，是同一煤层底板各测站底板第一极限比压测定值的统计平均值；
4. 基本指标 K_c的数值是按回归公式 $K_m=0.094q_m-0.247$，以及公式 $K_c=0.75K_m$计算的，K_m为底板表层第一极限刚度；
5. 辅助指标 $\hat{a}_c$ 的数值是按回归公式 $q_m=14.85\hat{a}_m^{0.995}$，以及公式 $\hat{a}_c=0.75\hat{a}_m$ 计算的，$\hat{a}_m$ 为底板穿透度；
6. 参考指标 σ_c的数值暂时按回归公式 $q_m=0.83\sigma_m-3.06$，以及公式 $\sigma_c=0.75\sigma_m$计算的，σ_m为底板岩石单轴抗压强度，此回归公式需通过进一步试验予以确定；
7. 处在各类分界处的数据按四舍五入的方式，并考虑生产实践经验判断归入就近一类；
8. 长期浸水工作面底板的极限比压约降为无水条件下的 1/3，可按公式 $q_{mw}=0.3q_{mt}$调整类级，q_{mw}、q_{mt}分别为长期浸水与无水条件下的底板极限比压；
9. 相同条件下的机采工作面底板极限比压 q_{mj} 比炮采工作面底板极限比压 q_{mp} 约高 25%，可按公式 $q_{mj}=1.25q_{mp}$调整类级

10.4　采场附近巷道矿压观测方法

10.4.1　影响采区巷道变形与破坏的因素

10.4.1.1　自然因素

① 岩石性质和构造特征。在巷道掘进遇到强度较低的软弱岩层时很容易发生冒顶，但一般情况下规模及强度比较小，如泥质胶结的页岩等。对于坚硬岩层，其受力后不易变形和破坏，巷道掘进过程中也不易发生冒落，然而一旦发生冒落，规模及强度可能较大，如砂岩等。岩石的构造特征对巷道变形破坏性质和规模也有影响，如巷道顶板中有弱面(煤线、弱层理面等)，就容易引起顶板岩层的离层甚至冒顶。

② 开采深度。随着开采深度的增加，巷道上覆岩层重力增大，形成的支承应力较大，从而会增大巷道的变形及破坏的可能性。此外，地下岩石的温度也随开采深度的增加而增高，温度升高会使围岩由脆性向塑性转化，容易使巷道产生塑性变形。

③ 煤层倾角。煤层倾角不同也会使巷道的破坏形式有差异，如水平或倾斜煤层巷道多出现顶板弯曲下沉、冒落，急倾斜煤层巷道多出现鼓帮、底板滑落及顶板抽条冒落等形式的

破坏。

④ 地质构造因素。地质破坏带内的岩层通常由松散的岩块组成，在地质破坏带内开掘巷道时很容易产生巷道冒顶事故，而且冒顶规模一般较大。

⑤ 矿井水。矿井水容易使破碎岩块之间的摩擦系数减小，造成个别岩块滑动和冒落，也会使岩石强度降低，或促使岩层软化、膨胀，从而造成巷道围岩产生很大的变形。

⑥ 时间因素。各种岩石的强度都有一定的时间效应，特别是矿井巷道的围岩，由于所处的自然环境较差，在时间和其他因素的作用下，岩石的强度会因风化、地下水等作用而降低。

10.4.1.2　开采技术因素

① 巷道与开采工作的关系。诸如巷道是受一侧采动影响还是受两侧采动影响，是初次受采动影响还是受多次采动影响。

② 巷旁支护的方法。如是留煤柱护巷还是在巷旁浇筑刚性充填带护巷。

③ 巷内支护。巷内采用的支架类型和支护方式。

④ 巷道掘进方式。如在前进式开采中，工作面的上、下区段平巷可以采用与工作面平行掘进、滞后掘进和超前掘进等不同方式，采用滞后掘进可以使巷道躲开采煤工作面的剧烈采动影响，避免巷道产生剧烈变形与破坏。

10.4.1.3　采区巷道变形与破坏的基本形式

(1) 巷道顶板变形与破坏

① 顶板规则冒落。如图 10-36(a)所示，其特点是顶板冒落后冒落面比较圆滑、规整。这类事故一般发生在泥岩、砂质页岩或含有泥质夹层的松软岩层中。

② 顶板不规则冒落。如图 10-36(b)所示，其特点是冒落形状很不规则。这类事故多发生在断层等地质构造破碎带。

③ 顶板弯曲下沉。如图 10-36(c)所示，其特点是在上覆岩层重力的作用下，顶板岩层弯曲下沉，岩层下部受拉而出现裂缝或断裂。这种事故多发生在近水平或缓斜煤层的层状顶板岩层结构中以及巷道跨度较小的情况下。

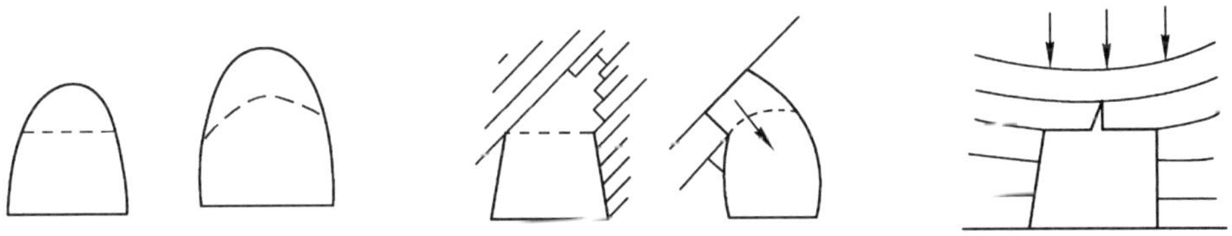

(a)　　(b)　　(c)

图 10-36　巷道顶板冒落形式

(2) 巷道底板变形与破坏

① 底板塑性膨胀。如图 10-37(a)所示，这种情况多发生在巷道底板为强度较低的黏土质岩层中。其变形特点是巷道底板呈塑性鼓起。

② 底板鼓裂。如图 10-37(b)所示，这种情况发生在层状结构的中硬黏土质岩层中。其变形特点是巷道底板产生明显的裂隙及鼓起。

(3) 巷道两帮变形与破坏

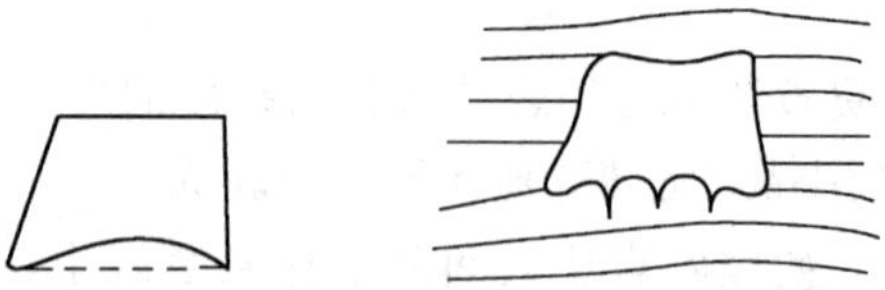

(a) 底板塑性膨胀　　(b) 底板鼓裂

图 10-37　巷道底板的变形与破坏

① 巷道鼓帮。如图 10-38(a)所示，这种情况在整体结构或层状结构的岩层或煤层中均可能发生。其变形特点是巷道两帮出现比较规则的鼓出。

② 巷帮开裂或破坏。如图 10-38(b)所示，这种情况发生在整体结构的厚岩层或块状岩体中。其变形特点是巷道两帮出现开裂破坏。

③ 巷帮危岩滑落或片帮。如图 10-38(c)所示，这种情况发生在巷帮有局部危岩或受岩层倾向的影响条件下。其变形特点是巷道局部危岩滑落或巷道一侧易于出现片帮。

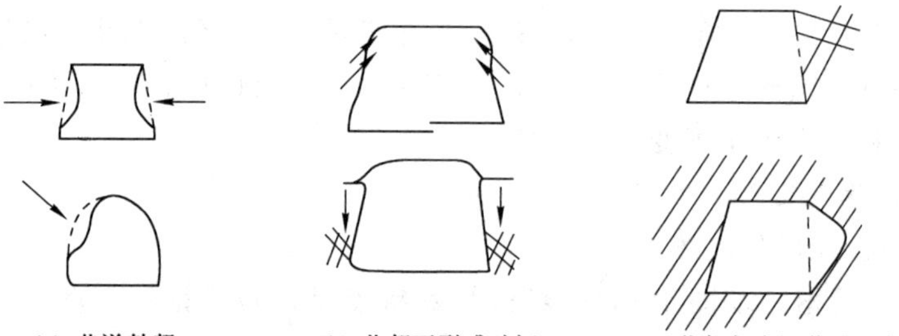

(a) 巷道鼓帮　　(b) 巷帮开裂或破坏　　(c) 巷帮危岩滑落或片帮

图 10-38　巷道两帮变形与破坏

10.4.2　巷道围岩稳定性观测

巷道围岩的稳定状况指标包括围岩的位移、破坏范围及岩体内应力场变化等。这些指标直接影响巷道维护的完好程度和工作空间的安全性，因此，观测巷道围岩的稳定性可以为判断巷道支护质量和改善巷道支护提供科学的依据。

10.4.2.1　掌握地质资料与开采条件

进行巷道围岩稳定性观测应掌握的地质资料和开采条件包括：通过地质钻孔、岩层柱状图等多种途径，掌握地质构造及围岩的结构特征、岩体物理力学性质、水文地质等情况，并在地质图上标明地质构造裂隙发育带的位置、产状、层厚；了解采煤方法、煤柱尺寸、开采影响范围等，掌握巷道与采煤工作面相对空间位置与时间的关系；了解巷道掘进断面尺寸、支护方式和支架工作特性；等等。

10.4.2.2　巷道围岩表面位移测量

巷道围岩表面位移是围岩与支护相互作用的结果，是反映多因素影响的一个综合指标。测量巷道围岩表面位移是判定巷道围岩稳定程度最常用的方法。

(1) 测站与测点布置

对一条巷道进行围岩稳定性观测，通常设三个测站，测站间距可取 100～200 m，选择有代表性的围岩条件，或选择特殊条件进行专项观测。一个测站应设三个观测断面，断面间距可取 3～5 m。

测点应安设可靠，以保证测点与围岩同步位移。通常在围岩中打一个深 100～200 mm 的钻孔，如果围岩较破碎，钻孔可更深一些。钻孔直径 40 mm，在孔中打入木楔，木楔上钉有作为测量基准点的基钉，也可用水泥基钉(图 10-39)。在测量过程中要保护好测点，避免测点移动和损坏。

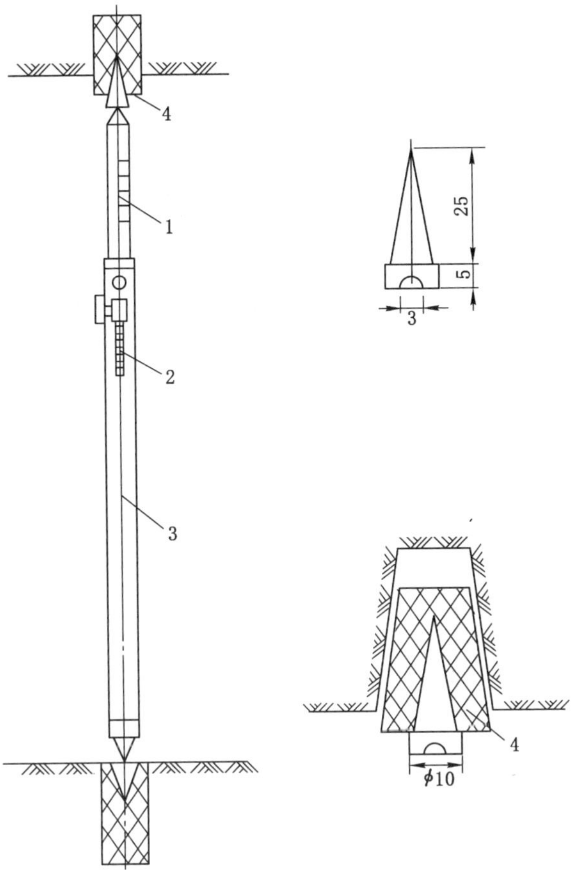

1—测杆；2—弹簧；3—套管；4—基准点。

图 10-39　测杆与基准点

(2) 量测方法

一般情况下量测位移的精度取 1 mm，通常采用测杆和钢卷尺或收敛计进行测量。测杆由活杆和套管组成，活杆上带有读数尺，读数尺最小刻度为 1 mm。测杆上设有游标，其最小刻度为 0.05 mm。测杆上如果装百分表，测量精度可达 0.01 mm。在测杆上装位移传感器，则可实现远距离与计算机连接，实现自动检测与数据处理。收敛计由钢尺、微读装置、连接环、拉紧装置等部分组成。目前，国内已生产的收敛计有 GSL 型钢环收敛计等，其量测范围为 5～10 m，精度已达±0.15 mm 以上。

量测一般采用十字测量法，如图 10-40(a)所示，直接测 AC 和 BD 的相对位移。有时为了量测围岩变形的不对称性，也可加测 BO、AO 或 DO、CO。当顶板较好、侧帮变形较大时，可采用图 10-40(b)所示的方法进行侧帮位移测量。测量断面收缩，则采用图 10-40(c)所示的方法。采用图 10-40(d)所示扇形布置法，则可以测定全断面收缩率。

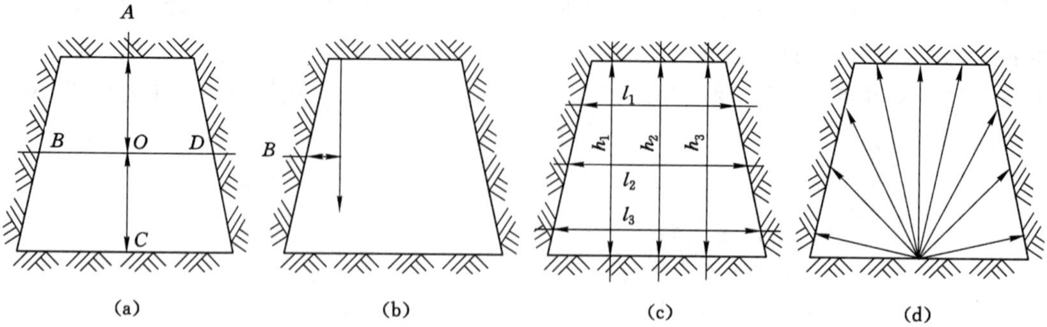

图 10-40　巷道围岩表面位移观测方法

观测巷道断面变形和收缩，还可以采用传感器量测的方法，如图 10-41 所示。该法在巷道周边埋设 8 个测点，测点间用张紧的钢丝串联起来，在每个测点上安设一个测钢丝倾斜的传感器，根据倾角变化，可得到各测点的变形位移量。还可以用传感器，测得全断面周边总位移量，即钢丝的位移量。

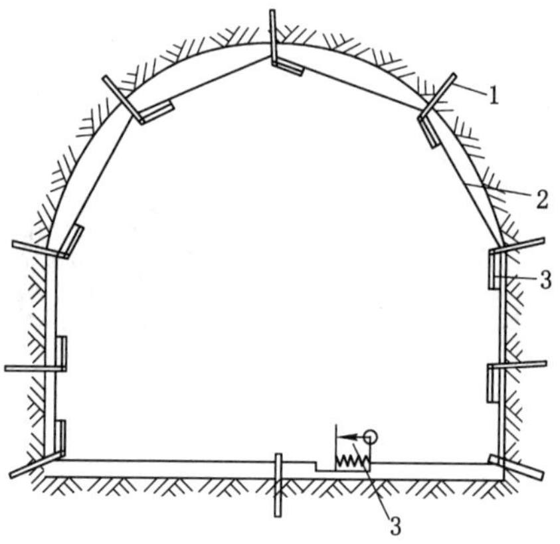

1—测点；2—钢丝；3—传感器。

图 10-41　多角形位移观测

应该指出，巷道围岩表面位移观测的方法和精度，与观测的目的及巷道预计变形量大小有关。预计变形量较大的巷道，观测精度可低些，观测间隔时间短些；预计变形量小的巷道，观测精度则应高一些，观测间隔时间长些。

为进行位移反分析计算而设计的测点要求较严格，除必须采用以上正规测量方法外，还要对观测断面上的测点数量及位置进行科学设计。而一般安全观测及支护设计分析的观测，则可采用简便易行、要求不高的方法。此时，对整体性支护的巷道，如锚喷支护、砌碹支护等，可在巷道表面用彩色标注测点；对架棚支护巷道，则在棚间完整处标注；锚网支护巷道可在紧贴围岩的网上或锚杆盘上进行测点标注。

10.4.2.3　巷道围岩深部位移测量

为了探明巷道围岩深部的稳定状况，进一步研究支架与围岩的相互作用关系，还需要对围岩深部岩体的破坏和位移变化进行观测。进行深部岩体位移观测，通常在围岩内钻孔，并在孔内布设多个测点，以观测不同深度的岩体位移，测得沿钻孔深度的变形位移梯度曲线

A，如图 10-42 所示。

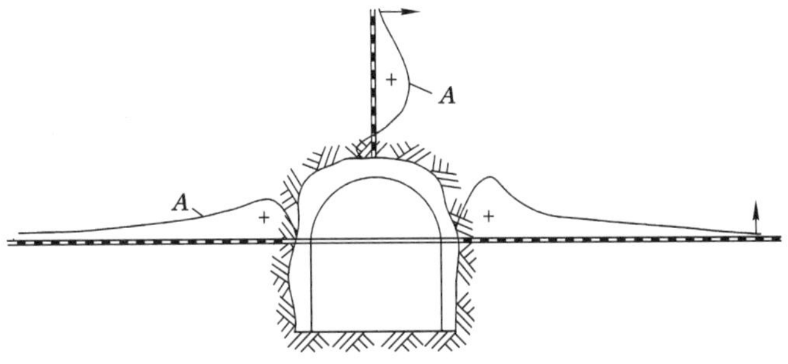

图 10-42　巷道围岩深部位移观测

在钻孔内布设测点进行观测时，通常以孔底的测点作为基准点，测量各测点与基准点的相对位移变化，在钻孔内布设的测点及其测量系统称为钻孔位移计。布设多个测点的系统称多点位移计，其结构形式如图 10-25 所示。

磁性测点钻孔位移计，其结构如图 10-43 所示。磁性测点 3 设在塑料套管 5 上，由卡式弹簧锚固器 4 固定在钻孔内岩壁上形成测点，测点间不用连接件。量测测点变形位移量时，采用磁感应杆 1（带有传感器）沿导向管 2 插入，跟踪磁性测点。磁感应杆 1 上带有毫米刻度，由测量指示仪显示测点定位，即可直接在磁感应杆上读数。磁性测点钻孔位移计，由于不需要连接件，测点数量可不受限制，且测点锚固力较小，测点安装和制作也较简单。

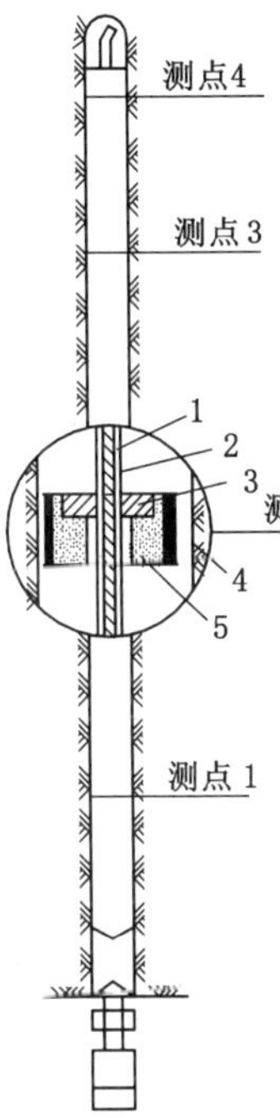

1—磁感应杆；2—导向管；3—磁性测点；4—卡式弹簧锚固器；5—塑料套管。

图 10-43　磁性测点钻孔位移计

10.4.2.4　*巷道围岩破坏圈测定*

测定破坏圈的大小及破坏圈内围岩变形特征，对研究巷道围岩稳定性及确定支护措施具有实际意义。上述钻孔多点位移计，可观测不同深度的围岩位移，如果沿孔深设置较多测点，就可以较正确地判断围岩破坏圈的范围。此外，还常应用以下方法。

（1）声波探测法

声波的实质是弹性介质的机械振动，对钻孔中不同深度的声波振幅及声波速度进行测定，可以判断岩体内部的破坏状况。

① 声波速度测定。测定声波在岩体内传播速度的系统如图 10-44 所示。在岩体的钻孔内设置发射换能器 F，同时在相距 L 的钻孔内或岩体表面设置接收换能器 S。发射换能器 F 向岩体内发射声波，控制器将计算门开启，使振荡器的计时脉冲进入计数显示器，一个数码表示 1 μs 或 0.1 μs。当接收换能器 S 接收到声波信号，同时通过控制器将计算门关闭时，计数显示器停止计数。此时，计数显示数字即声波从发射换能器 F 至接收换能器 S 经过距离 L 所需时间 t，则声波传播速度 $v_p = L/t$，单位为 m/s。

② 声波幅度衰减测定。声波在岩体内传播过程的振幅和频谱的改变,与岩体的结构特征及力学特性的改变密切相关,据此可以获取更多声学参数,提高判释的分辨能力和可靠性。这是一种声波测量新技术,其测量系统如图 10-45 所示。该系统通过 SD 声波仪发射和接收声波信号,由 KC-85 型微处理器程控采集波列,存入磁带机或绘图打印输出,并可进行频谱分析,输出多项声学参数。该系统仪器为便携型,可以在现场测试。其声波衰减系数 α 为

$$\alpha = -\frac{1}{L}\ln\frac{A_L}{A_0} \tag{10-16}$$

式中 A_0——初始发射波振幅;

A_L——通过距离 L 后的振幅。

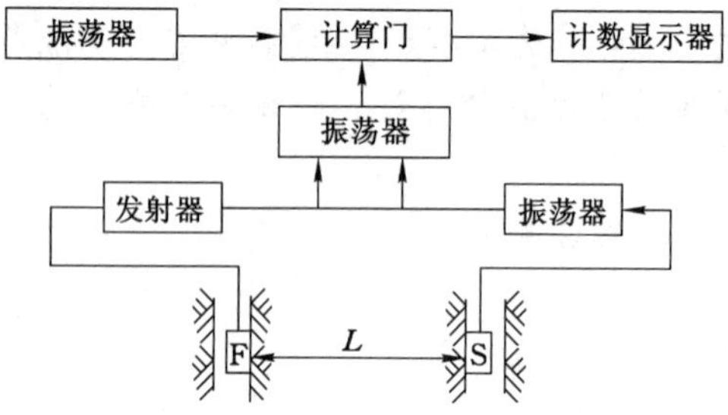

F—发射换能器;S—接收换能器。

图 10-44　声波速度量测原理图

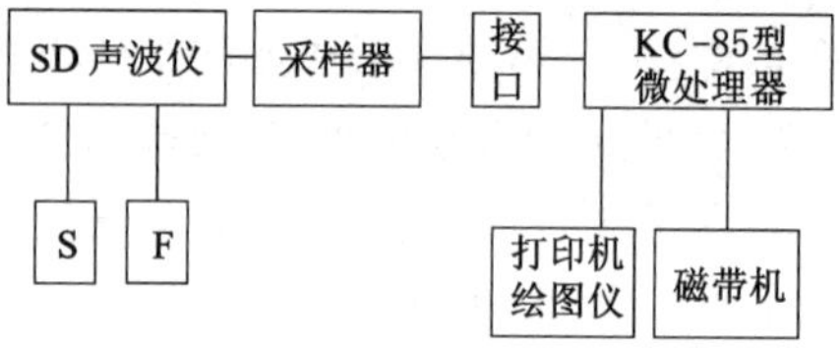

图 10-45　声波采集和处理系统

(2) 雷达探测法

雷达探测法采用探地雷达探测巷道围岩破坏圈。探地雷达又称地质雷达,是当前国际上最先进的地球物理勘探手段之一,由控制面板、发射机、发射天线、接收天线、接收机、光缆和笔记本电脑等组成。其基本原理是发射高频、宽频带电磁波,接收介质界面的反射回波信号;界面两侧介质的物理性质差异越大,越利于探地雷达分辨。

巷道开挖后围岩松动、破碎,电磁波遇到破碎的围岩会产生相对杂乱的反射信号。围岩破碎区同相对完整的弹塑性区交界面将造成雷达波的强反射,电磁波的能量会有很大的消耗,即透过强反射界面的电磁波将很快消失殆尽,因此可以将探地雷达用于确定巷道围岩破坏圈范围。

此外,还可应用钻孔电视方法、岩体电阻率探测法、岩体无线电磁波透视法、放射性探测法、渗液或渗气探测法和剪切带量测法等来测定巷道围岩破坏圈。

10.4.2.5　围岩内应力测量

巷道围岩应力测量,也是分析围岩稳定性、改进巷道布置和优化支护设计需要进行的一项重要工作。虽然这项工作很重要,但由于目前所采用的方法还不完善,且测试过程复杂,测试工程量和费用均较大,所以实际工程中只对特别重要和变形特别剧烈的巷道进行一些围岩应力测量,多数情况下不作为一项常规测量工作。

10.4.3　巷道支护质量观测

巷道支护质量直接影响矿井正常生产与安全。支护质量观测的任务,是检查工程支护质量和观测支护作用的有效性,并结合上述的围岩稳定性观测对支护技术作出评价,为改善

支护技术措施提供依据。

巷道支护质量观测的主要内容包括:检查支撑式支架的制造质量和施工质量,观测支架工作阻力,检查锚喷网支护材料加工质量和施工质量,观测锚杆抗拔力和锚喷网支护承载力。

10.4.3.1　支护工程质量检查

(1) 支撑式支架工程质量检查

① 支架制造质量检查。U型钢可缩性支架应符合《煤矿用U型钢可缩性支架制造技术条件》(MT 195—89)。

② 支护施工质量检查。

a. 根据巷道掘进施工作业规程进行检查。

b. 检查支架支设的断面尺寸、架间距是否符合设计要求。

c. 检查可缩性支架卡缆螺栓的紧固情况,一般采用400 N·m扭力扳手测量紧固扭力矩是否达到设计要求,以保证支架工作阻力正常发挥。

d. 支架的横向连接杆要安装牢靠,否则将影响支架的稳定性及支架整体支护效果。尤其对矿压影响大及倾斜巷道更为重要,倾斜巷道应有3°～5°迎山角。

e. 支架的顶和两帮要插严背实,支架与岩壁之间的充填状况直接影响支架承载情况。如充填不好,支架承受局部集中荷载,则会使支架支撑能力明显下降、支架工作特性变坏;如充填均匀密实,支架承受均布荷载,则会明显提高支架的支撑能力。

f. 支架的安装断面与巷道断面应处于同一平面内,否则作用于两支架腿的横向荷载形成附加力矩,会造成支架腿产生严重的扭曲,从而使支架工作状态变坏。

③ 巷道规格质量检查。

a. 巷道的净宽和净高:基岩巷道和裸体巷道的掘进断面规格的允许偏差应符合表10-18和表10-19的规定。

表10-18　基岩巷道掘进断面规格的允许偏差

检查项目		允许偏差/mm
巷道宽度	中线至任一帮的距离	−30～200
	无中线测全宽	−30～250
巷道高度	腰线至顶、底板距离	−30～200
	无腰线测全高	−30～250

表10-19　裸体巷道掘进断面规格的允许偏差

检查项目			允许偏差/mm
巷道宽度	中线至任一帮的距离	主要巷道	0～150
		一般巷道	−50～150
	无中线测全宽	一般巷道	−50～200
巷道高度	腰线至顶、底板距离	主要巷道	0～150
		一般巷道	−30～150
	无腰线测全高	一般巷道	−30～200

b. 掘进坡度偏差不得超过±1‰。

(2) 锚、喷、网支护工程质量检查

① 锚杆支护应符合下列规定。

a. 巷道的净宽和净高：锚杆(或预应力锚杆)、锚网、锚网背支护井巷工程净断面规格的允许偏差应符合表 10-20 的规定。

表 10-20 锚杆(或预应力锚杆)、锚网、锚网背支护井巷工程净断面规格的允许偏差

检查项目			允许偏差/mm
巷道宽度	中线至任一帮的距离	主要巷道	0～150
		一般巷道	−50～150
	无中线测全宽	一般巷道	−50～200
巷道高度	腰线至顶、底板距离	主要巷道	0～150
		一般巷道	−30～150
	无腰线测全高	一般巷道	−30～200

b. 锚杆的杆体及配件的材质、品种、规格、强度必须符合设计要求。

c. 水泥卷、树脂卷和砂浆锚固材料的材质、规格、配比、性能必须符合设计要求。

d. 锚杆安装应牢固，托板紧贴壁面、不松动。锚杆的拧紧扭矩不得小于 100 N·m。

e. 锚杆的抗拔力最低值不得小于设计值的 90%。锚杆必须做抗拔力试验。巷道每 20～30 m，锚杆数量在 300 根以下，取样不应少于 1 组；锚杆数量在 300 根以上，每增加 1～300 根，相应多取样 1 组；设计或材料变更，应另取样 1 组。每组不得少于 3 根。

② 喷射混凝土支护应符合下列规定。

a. 喷射混凝土所用的水泥、水、骨料、外加剂的质量应符合施工组织设计的要求。

b. 喷射混凝土的配合比和外加剂掺量应符合国家标准《岩土锚杆与喷射混凝土支护工程技术规范》(GB 50086—2015)的有关规定。

③ 金属网、塑料网喷射混凝土支护应符合下列规定。

a. 各种金属网和塑料网的材质、规格、品种应符合设计要求。钢筋网的网格应焊接牢固，钢丝网的网格应压接或绑扎牢固，网与网之间的搭接长度应符合设计要求。

b. 金属网、塑料网喷射混凝土所用的水泥、水、骨料、外加剂的质量应符合施工组织设计的要求；配合比和外加剂掺量应符合国家标准《岩土锚杆与喷射混凝土支护工程技术规范》(GB 50086—2015)的有关规定；抗压强度应符合《煤矿井巷工程质量验收规范(2022 版)》(GB 50213—2010)的规定。

c. 金属网、塑料网喷射混凝土支护井巷工程净断面规格尺寸允许偏差应符合《煤矿井巷工程质量验收规范(2022 版)》(GB 50213—2010)的规定。

d. 金属网、塑料网喷射混凝土的支护厚度不应小于设计值，局部喷射混凝土厚度不得小于设计值的 90%。

④ 喷射混凝土巷道的规格质量检查。

a. 巷道的净宽和净高：喷射混凝土支护井巷工程净断面规格的允许偏差应符合表 10-20 的规定。

b. 喷射混凝土厚度应大于设计要求，局部的厚度不得小于设计值的90%。

10.4.3.2　*支护阻力观测*

(1) 支撑式支架的支护阻力观测

① 支架承载后变形破坏的统计分析。对一条巷道支架变形破坏状况进行统计，是分析支架使用效果和巷道维护状况的一种简易方法。这种方法直接用钢卷尺进行简易测量，统计梁、腿破坏位置、破坏形式等，以及其各占总统计架数的比例分布，从整体上分析支架选型的适用性和有效性以及存在的问题，为改善支护技术措施提供科学依据。

② 支架承载的测定。

a. 支架承受的外荷载大小与围岩压力和支架的工作特性密切相关，是判断支架工作阻力是否得到合理利用的重要指标。在进行支架外荷载测定时，所选用的测力计性能和安设方法，都不应改变支架本身的工作特性。安设在支架上的测力计，实际上已成为支架工作特性的一部分，因此测力计应具有足够的刚性，其受力变形特性对支架工作特性造成的影响可忽略不计，即只允许微小的变形增量。

b. 测站和测点布置。为了评价一条巷道支架的承载状况，应在该巷道中选取有代表性的地段设置三个测站，每个测站测三架支架，每架支架根据断面大小布设测点。

③ 支架阻力测定仪器。测定支架支护阻力常用的是测力计。在选择测力计时，首先其精度要合理。由于影响支架荷载的因素较多，且在空间位置和时间序列上随机变化较大，测试结果离散较大。一般认为选用的测力计精度为3～5 kN，就可基本满足要求。另外，在满足合理精度要求的同时，还要求测力计长期稳定性好、尺寸小、安设和测读方便、价格便宜、符合防爆要求等。常用的测力计有以下几种。

a. 液压式测力计。目前有活塞式和液压枕式两种。活塞式HC型测力计，有350 kN、500 kN系列产品，适用安设在支架腿下，测量支架垂直压力。液压枕YZ型测力计，是由薄钢板压模成形对焊而成的囊式结构。这种测力计简易轻便，国内外沿用较广，现有100 kN、200 kN、300 kN系列产品，主要用来测量支架的分布荷载。两种液压式测力计均由压力表直接测读承载力，测读方便、直观。

b. 振弦传感式测力计。该测力计是根据振弦传感原理制成的，即利用合金钢弹性膜受力后产生微量挠曲变形，通过张紧钢丝弦的自振频率的改变量测量承载力。该产品有YLH和GH等系列，承载能力有25 kN、150 kN、300 kN和500 kN等几种。使用频率计测量频率，转换后即可得到支架承载力。

④ 支架构件内力的测定。支架承受外荷载会引起其构件内力变化，测定这种内力变化可以知道支架工作状态及承载能力。支架构件内力主要通过测量构件应变求取，目前主要应用电阻应变片和光弹应变计测量构件应变。

电阻应变片由金属电阻丝制成，测量时用强力胶粘贴在构件上，以保证金属电阻丝与构件产生同步应变变化。电阻应变片由专用KJY型矿用电阻应变仪进行测量，读数即应变。

光弹应变计由光学灵敏材料环氧树脂薄片制成，粘贴在被测构件表面，与承载方向一致，在反射式偏振光场内根据光测弹性力学测量光学干涉条纹的变位值，即可测得构件应变。

电阻应变片和光弹应变计在承载构件上的粘贴密度，一般根据构件承载时应变梯度的大小而定，梯度大者粘贴密度大些，反之小些。通常在一个构件上布贴的数量不得少于3～4片。

光弹应变计与电阻应变片相比，优点是测读简便，受外界环境影响较小，不需要专用仪器测读；缺点是灵敏度较低，易受温度影响。

⑤ 支架承载后可缩量的测量。可缩性金属支架的可缩量是反映支架承载性能的重要特性之一。测量支架可缩量就是量测支架构件相互搭接或接触长度的改变量。对于使用卡缆的可缩性金属支架，应同时测量卡缆螺栓扭矩。由于卡缆的扭矩与支架构件可缩的滑移阻力相关，并可以在实验室测得此相关变化，故通过支架可缩量的测量，也可大致掌握支架的实际工作状况。

(2) 锚杆支护承载观测

锚杆承载测定所需的仪器精度与安设方法、测站与测点布置，与支撑式支架外荷载测力计的要求基本相同。目前可供选用的锚杆测力计有以下几种。

① 圆盘锚杆测力计。该测力计的受力弹性元件是一对盘式弹簧。当测力计受外荷载作用后，盘式弹簧压缩变形，通过指示器百分表测得变形。通过变形与压力相关标定，就可得到荷载。

② 液压式测力计。液压式测力计有液压活塞式和液压枕式两种。液压活塞式锚杆测力计承压时，液压腔内的液压上升，可直接由压力表显示读数；液压枕式锚杆测力计，与前述的液压枕 YZ 型测力计作用原理相同，将液压枕做成圆形，中心开孔，套在锚杆上，由压力表直接读数。

③ 锚杆振弦传感测力计。该测力计的传感弹性元件为壳体，当连接其两端的锚杆承载时，壳体产生弹性变形而伸长，振弦张力增加，引起振弦频率发生相应变化；通过测定振弦频率即可得到锚杆承载力。

④ 直接粘贴电阻应变片测锚杆承载。应用电阻应变片测锚杆承载的方式，是将电阻应变片直接粘贴在锚杆轴线方向，然后把导线妥善引出，并用环氧树脂等防潮涂料进行防潮处理，再在外层缠绝缘布带预防电阻应变片碰坏。此外，温度补偿应变片一般应贴在结构外不受力的钢件上，并置于温度变化相同的环境中，这样才可补偿由于温度带来的读数误差。

(3) 喷层混凝土承载测量

喷层混凝土承载测量，通常将传感器埋设在混凝土内部进行应力或应变测量。此时，一定要考虑传感器和混凝土材料力学性能的刚性匹配问题。通常采用下列两种传感器。

① 应变砖。应变砖的传感元件是电阻应变片，将电阻应变片粘贴在延展性较好的金属箔上，金属箔采用银箔较为理想。将制作好的应变传感元件放置在模具中，用与被测混凝土相同的砂浆配比浇筑成应变砖，脱模后放入水中养护。使用时，将应变砖按指定方向布置在混凝土喷层内，就可进行应变的测量工作。

② 电阻式应变计。电阻式应变计由铝合金弹性元件、四片电阻应变片和防潮填料等组成。其弹性模量为 7.4 GPa，较混凝土弹性模量小得多，测量时主要反映应变的相对变化情况。

10.4.4 巷道支护质量评定

① 通过围岩稳定性观测，如果其变形位移量符合设计要求，或符合生产工程要求，则认为支护质量既合理又经济。

② 通过围岩稳定性观测，如果围岩变形位移量较大，仍未趋于稳定，在巷道使用期限不能满足设计要求，或不能满足生产使用要求，则认为所采用的支护技术措施不适用于生产地

质条件要求，支护阻力不足，或支护方式选用不当，应改进或研究新的支护技术措施。

③ 通过围岩稳定性观测，如果围岩变形位移量偏大，不符合设计要求，或不符合生产工程要求，则应加强支护工程管理，以达到合格要求，使支架支护作用得到充分发挥，满足生产工程的要求。

10.4.5　煤巷锚杆支护补充观测

“九五”以来，煤巷锚杆支护技术得到迅速发展，煤巷锚杆支护进展及比例逐年提高，许多矿井已实现煤巷锚网化。但由于煤巷锚杆支护的自身特点，与一般巷道锚喷支护或架棚支护相比，其在支护质量观测和稳定性观测等方面要求更高，重要性更大。

10.4.5.1　煤巷锚杆支护施工

(1) 锚杆支护的煤巷应优先采用综合机械化掘进，以减小对巷道围岩的工程破坏，保证巷道成形质量。

(2) 如因不可抗拒的原因造成施工断面超宽、超高大于500 mm，须变更支护设计，补打锚杆(锚索)或采用支撑式支架进行加固。

(3) 特殊地点采用特殊支护及加强支护措施时，其支护范围应延伸至巷道正常段起点以外5～10 m。

(4) 顶锚杆必须采用快速安装工艺，安装时必须边搅拌边将锚杆推进至孔底，严禁先推进后搅拌；帮锚杆也应优先采用快速安装工艺，保证锚杆安装质量。

(5) 采用快速安装工艺安装锚杆时，顶锚杆螺母预紧力矩不得低于100 N・m(采用锚杆钻机安装)，帮锚杆螺母预紧力矩不得低于60 N・m。

(6) 安装锚杆前，应检查树脂锚固剂性状。严禁使用过期、硬结、破裂等变质失效的锚固剂。

(7) 搅拌树脂锚固剂时，必须严格按以下标准掌握搅拌时间和等待时间。

① 超快速(CK-A)，搅拌时间15～20 s，等待时间10～15 s。

② 超快速(CK-B)，搅拌时间20～25 s，等待时间10～15 s。

(8) 树脂锚杆必须至少使用一卷长度大于或等于350 mm的CK型锚固剂。

(9) 安装树脂锚杆时，必须严格按设计要求的顺序和数量在锚杆孔中放置锚固剂。

(10) 对于断层破碎带、煤层松软区、地质构造变化带、地应力异常区、动压影响区等围岩支护条件复杂区域，必须采取加密锚杆、全长锚固、锚索、点柱及架棚等强化支护措施。

(11) 在锚杆支护作业时，如遇放煤炮、顶底板及两帮移近量显著增加、底板出现较大底鼓、顶板出现淋水或淋水加大、围岩层(节)理发育、突发性片帮掉渣、巷道不易成形、钻眼速度异常等情况，应立即停止作业，采取加强支护措施后方可继续作业。

(12) 在特殊困难条件下首次采用锚杆支护时，应从锚杆与棚式支架联合支护开始试验，通过观测得出结论后逐步加大棚距，待确认单独使用锚杆支护可行时，再取消棚式支架。

(13) 锚杆支护的掘进工作面，必须配备锚索支护所需机具及材料，且施工人员要掌握其施工技术。

(14) 锚索支护应紧跟工作面并与钢带连成一体。当锚索钻孔出现导水迹象时，必须采用支撑式支架加强支护。

(15) 任何煤巷作业地点，不得使用作为永久支护的锚杆、锚索、钢带、金属网起吊设备或其他重物。

(16) 锚杆支护作用场所距工作面 200 m 以内,必须备有 5～10 架备用棚及相应的复合支护材料,以备改变支护方式和抢险之需。

(17) 对锚杆支护巷道应进行定期检查。对顶板、煤帮失效的锚杆应及时补打,对松动的螺母应及时紧固。

(18) 采用一次成巷方式施工综放(采)工作面开切眼或二次施工刷大导硐时,巷中应至少增设一排单体支柱,以提高巷道支护的稳定性;单体支柱距掘进工作面的最大距离必须在作业规程中明确规定。

10.4.5.2 *煤巷锚杆支护观测*

(1) 煤巷锚杆支护观测分为综合观测和日常观测,其主要目的是:

① 通过综合观测验证初始设计,为评估支护效果提供数据支撑。

② 进行日常观测以便及时发现异常,确保安全生产。

(2) 验证初始设计的综合观测方案至少应包括以下内容:

① 详细测量顶板变形量、变形范围、弱化高度以及变形随时间的增长情况。

② 详细测量两帮变形量、变形范围、弱化深度以及变形随时间的增长情况。

③ 锚杆承载情况。

④ 锚索和其他二次加固支护的承载工况。

(3) 综合顶板变形观测要求测至顶板向上至少 7 m 处,孔内测点数量不少于 12 个,或采用双孔,孔内测点交错布置,但每孔内测点数量不少于 6 个;锚杆承载工况采用测力锚杆进行观测。

(4) 综合观测方案的观测频度为:一般距掘进工作面 50 m 以内及距采煤工作面 100 m 以内,每天观测一次;其他情况,不少于每旬观测一次。

(5) 综合观测仪器安设必须紧跟工作面,除非方案中另有规定,仪器安设在巷宽的中部和巷帮的中部。仪器布置参考图 10-46。

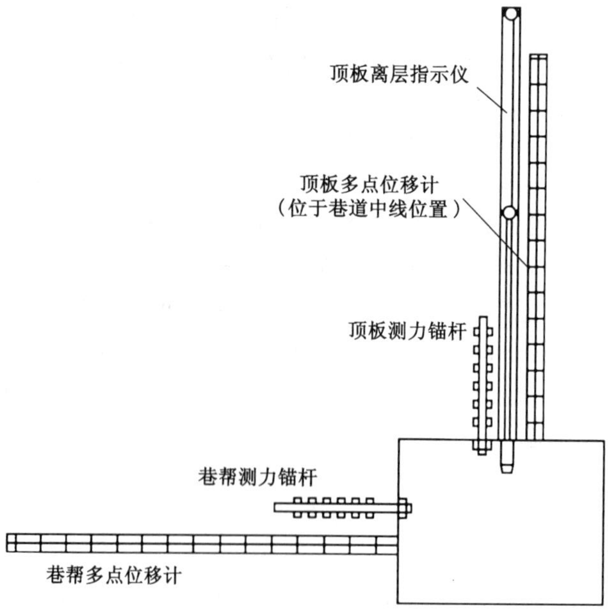

图 10-46　综合观测仪器布置图

(6) 所有采用锚杆支护的巷道都应进行日常观测。日常观测方案由生产技术科负责制定，由掘进施工单位负责按技术要求实施。生产技术科应就日常观测的仪器安装步骤、技术要求、测读方法等对施工单位有关人员进行必要的培训。

(7) 日常观测主要观测顶板变形，应采用简便、易读并具备直观视觉显示功能的顶板离层指示仪，以使井下所有人员都能随时了解顶板活动情况。

(8) 顶板离层指示仪应按规定间隔及时紧跟掘进工作面安装，以便观测顶板变形的全过程。

(9) 作为指导性原则，顶板离层指示仪的最大安装间隔如下。

① 实体煤巷：Ⅲ类及Ⅲ类以上顶板巷道 50 m，Ⅳ类顶板巷道 40 m。

② 沿空巷道：Ⅲ类及Ⅲ类以上顶板巷道 40 m，Ⅳ类顶板巷道 30 m。

③ 巷宽大于 5 m 的大断面巷道及综放(采)工作面开切眼 20 m。

④ 断层及围岩破碎带、顶板淋水区域、应力集中区、交岔点及硐室等特殊条件下的巷道必须安设顶板离层指示仪。

(10) 除非设计或观测方案中另有专门规定，所有顶板离层指示仪均应安设在巷宽的中部，交岔点处的顶板离层指示仪则应安装在交岔点中心位置。

(11) 除非设计或观测大纲中另有专门规定，顶板离层指示仪下部测点应与顶锚杆上端处在同一高度处，上部测点应处在锚杆上方稳定岩层内 300～500 mm，无稳定岩层时，上部测点在顶板中的深度一般不低于巷道跨度的 1.5 倍(图 10-47)。

(12) 要指定专人每班对距掘进工作面 50 m 以内的顶板离层指示仪进行测读和记录。距掘进工作面 50 m 以外的顶板离层指示仪每周测读和记录次数不少于一次。

(13) 对当天汇总的观测数据要及时处理分析，发现异常需及时汇报。

(14) 如果顶板离层量超过临界值，可采取的措施有：

① 锚杆长度范围以内离层时，首先采取加大锚杆直径或提高锚杆杆体强度的措施，其次可减小锚杆间、排距，增加支护密度。

② 锚杆长度范围以外离层时，加大锚杆长度，或采用锚索补强加固，或与棚式支架联合支护。

③ 在支护设计或观测方案中要明确说明具体巷道条件下的顶板离层临界值。

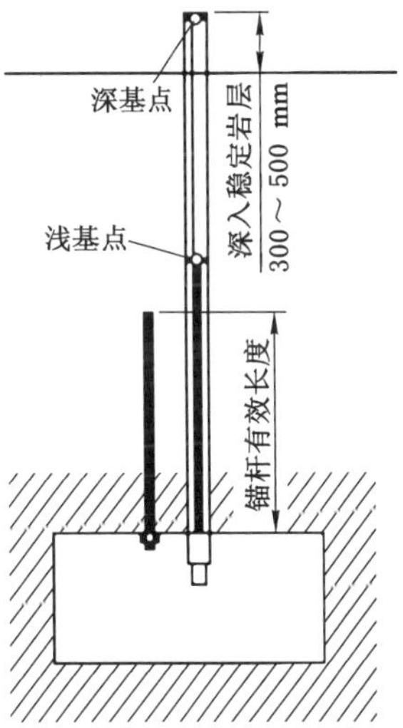

图 10-47　顶板离层指示仪安装图

10.4.5.3　*煤巷锚杆支护工程质量检测*

(1) 锚杆安装质量由班组检查验收，并做好记录。施工中或竣工验收时选点抽查，检查点间距不大于 20 m，检查点数量不少于 3 个。

(2) 锚杆安装质量检测：

① 间、排距：在每个检查点检测呈四边形布置的相邻 4 根锚杆，用钢卷尺量取其间、排距。

② 角度：用半圆仪测定实际钻孔方位角与设计钻孔方位角之差值。

③ 锚杆外露长度:用尺量测检查点前一排锚杆外露长度最大值。

(3) 锚杆托盘安装质量检测:

① 检测采用现场扳动、观察实查方法。

② 在每个检查点检测其前一排锚杆托盘的安装质量。

③ 锚杆托盘要安装牢固,基本密贴壁面,不松动,对未接触部位应楔紧、垫实。

(4) 锚杆拉拔力检测:

① 用锚杆拉力计做锚杆拉拔检查。根据检测结果评判锚杆拉拔力和安装牢固程度的质量状况。

② 检测锚杆拉拔力应在现场做拉拔试验。巷道施工 30～50 m 或每施工 200～300 根锚杆抽样检查一组,每组随机抽样 3 根(顶板 1 根、两帮各 1 根)锚杆进行检查,并做好记录。拉拔加载至锚杆设计锚固力的 90%。

③ 被抽查的 3 根锚杆都应符合设计要求。只要其中有一根锚杆不合格,就再抽样一组(3 根)进行试验,如仍不符合要求,要组织有关人员分析原因,并及时采取补救措施。

④ 当设计变更或材料变更时,应做相应的拉拔试验。

(5) 对锚杆做拉拔试验时,应符合以下规定:

① 安装锚杆拉力计前应卸除锚杆螺母和托盘。

② 用锚杆夹具将锚杆夹紧。

③ 安设锚杆拉力计,应使千斤顶轴心与锚杆及锚杆夹具中心线一致,并将三者形成一体。

④ 对锚杆拉拔加压应缓慢均匀,直至锚杆松动或压力表读数达到锚杆设计锚固力 90%为止。

⑤ 锚杆杆尾一旦出现缩径现象,应及时卸载。

(6) 拉拔试验后,应及时重新拧紧螺母。若锚杆因拉拔试验失效,则须及时在附近补打锚杆。

(7) 锚杆快速承载速度检测:

① 为实现锚杆的快速承载,采用端部锚固的锚杆,5 min 内锚固力应达到设计值的 60%以上;采用全长锚固的锚杆,8 min 内锚固力应达到设计值的 60%以上。

② 检验承载速度时,每 100 m 施工巷道检查工作面 3 根(顶板 1 根、两帮各 1 根)锚杆,使用锚杆拉拔计进行检验。

(8) 铺网、钢带安装质量检验:

采用现场观察实查方法,金属网、钢带应紧贴煤壁,网间压接(绑扎)牢固,网片之间采用 12# 铁丝连网,网片搭接长度应符合设计要求。

(9) 螺母扭矩检测:

每小班对顶、帮锚杆抽样一组(3 根)进行锚杆螺母扭矩检测。每个螺母拧紧力矩应符合设计要求。每组中只要有 1 根锚杆螺母不合格,就要再抽查一组(3 根),如果仍发现有不合格的,则自前一次抽查地点到此次抽查地点之间的全部锚杆都要进行检查。

(10) 锚索安装质量检测:

① 锚索排距、安装角度及锚索外露长度等,每班均应检查验收。

② 用张拉设备做锚索拉拔检测,根据检测结果评判锚索安装的质量状况。

③ 每安装 10 根锚索检测 1 根，并做好记录。

④ 锚索预紧力的最低值应不小于设计值的 90%。

思考题与习题

1. 矿压观测的主要目的和任务是什么？
2. 简述现场矿压观测的主要步骤。
3. 采煤工作面矿压观测主要内容有哪些？
4. 采煤工作面“三量”观测的测线、测区应如何布置？
5. 简述影响采区巷道变形与破坏的因素。
6. 采区巷道变形与破坏有哪几种基本形式？
7. 巷道围岩稳定性观测应包括哪几方面的内容？
8. 简述巷道围岩内应力观测的主要方法。
9. 测定巷道围岩破坏圈的意义是什么？方法有哪些？
10. 喷层混凝土承载测量的设备有哪些？选择其一简述喷层承载的测定方法。
11. 对锚杆做拉拔试验时，应符合哪些规定？

第11章　岩体力学数值计算方法和新进展

岩体力学是20世纪五六十年代才发展起来的一门应用性很强的新兴学科。近年来，岩体力学发展迅速，学术交流活动频繁，探讨问题的深度和广度都有新的突破，测试技术水平正在提高，与工程勘探和设计施工的结合日趋紧密。然而，岩体作为一种工程地质介质，在工程影响的范围内，由于涉及不同的岩层、软弱带和结构面，往往表现为强烈的非均质性，加之实际工程情况又是十分复杂多样的，传统的解析方法必然遇到难以克服的困难。在这种情况下，通常有两种可供选择的途径：其一是模拟试验的方法，其二是数值解法。近年来，随着计算机技术的发展，数值计算方法获得了长足的进步，并且已渗透到科学与工程技术研究的各个领域，成为工程技术人员必不可少的分析工具。

本章对岩体力学的前沿发展方面的内容，以及岩体力学的发展与邻近学科发展的关系作一简略介绍。

11.1　岩体力学的发展与工程地质学等地质学科发展的关系

岩体力学的主要研究对象是岩体。岩体是在地质历史年代中经受过多次构造运动，遭受强烈的变形和一定程度的破坏而形成的，已存有相当强烈的初始地应力的地质体。因此，岩体力学要得到有成效的发展，必须对它所研究对象有一定深度的了解。所以，岩体力学的研究工作是在地质学，特别是在工程地质学、构造地质学与地质力学的基础上结合工程实践而展开的，也可以说，岩体力学是以上三门学科的继续。限于勘测手段与方法，再加上地面有很多覆盖物的阻碍，人类对地壳表层的地质构造以及工程地质条件的了解还是十分有限的。所以，在此基础上建立起来的对岩体特性以及形成的工程稳定性的宏观判断能力不得不受到限制。事实上，世界上许多宏大的岩体工程成功建成，如长江三峡工程、二滩水电站工程、小浪底工程等，都有岩体力学工作者的重要贡献。但同时也应看到，世界上许多岩体工程失事，大多数不是由于工程结构上的计算错误，而是对岩体所处的工程地质条件和构造地质状况不太了解而在宏观上判断错误造成的。这也就是岩体工程成为一种典型的风险工程的主要原因。今天，随着现代科技的迅速发展，世界上在矿产资源勘查、能源开发、工程建设的环境与安全等方面的需要，对岩体力学提出了更多更高的要求。大型、特大型的岩体工程修建，都使岩体力学面临许多前所未遇的难题。这些问题的解决，一方面要依靠岩体力学的理论与方法的进一步完善；另一方面也要求地质学科，尤其是工程地质方面学科的理论与方法进一步完善，特别是勘测手段与技术方法的进一步发展。因此，要发展岩体力学这门学科，应密切注视工程地质学科方面的发展，它们是相辅相成、密不可分的。

11.2　固体力学的成果在岩体力学中的应用

11.2.1　断裂力学在岩体力学中的应用

断裂力学是一门研究带裂纹固体的强度和固体中裂纹传播规律的学科。断裂力学认为，带有初始裂纹(或称为裂纹源)的结构或构件，在一定的受力条件下，在裂纹边缘产生应力集中，引起裂纹源扩展，裂纹源一旦超过一定范围，脆性裂纹将以极高的速率扩展，直至断裂。由于产生脆断时的工作应力较低，通常不超过材料的屈服应力，甚至还低于常规设计的允许应力，所以，这种脆断现象通常称为低应力脆断。

岩石作为典型的脆性材料，具有抗压强度高、抗拉强度低的典型脆性力学特性。断裂力学所研究的脆性断裂现象自然会引起岩石力学界的重视。将断裂力学的研究成果应用于岩石力学，进一步研究岩石断裂和破坏的规律，这就是岩石断裂力学。岩石断裂力学视岩体介质为存在许多初始缺陷和初始宏观裂纹(大裂隙结构面)的、有间断的复合结构体，岩体被连续介质的应力场所包围，初始裂纹被理想化为一个光滑的间断曲面。在这样理想化的受力模式下，着重研究缺陷和裂纹周边的应力集中，并将应力集中区视为这种结构体(岩体)内的最危险区，由裂纹前缘的应力和位移，根据应力条件和断裂因子(断裂韧度)判断裂纹的扩展及破裂方向，评价岩体的断裂强度和断裂失稳模式。

目前，岩石断裂力学主要侧重试验的研究，研究获得控制岩石断裂的材料参数、断裂机理，以及岩石在不同物理环境和加载条件下所表现出的断裂力学行为。岩石断裂力学主要的试验研究内容如下：

① 岩石断裂韧度测试。

② 岩石断裂过程及其微观分析。

③ 拉剪、压剪复合断裂的机理。

④ 裂纹扩展速率及其控制。

⑤ 动态断裂韧性。

⑥ 岩石流变断裂的时效历程。

目前，岩石断裂力学的应用前景主要如下：

① 岩石的断裂预测与控制断裂。可应用于边坡、岩基开挖和硐室稳定性分析，地热能开发，地震预测，避免冲击地压和岩爆以及工程爆破的减震等方面。

② 岩石裂纹的形成与扩展。可应用于油气田开发中的水压或气压致裂(增加油量或气量)，岩石切割与破碎、凿岩侵入分析，地震机制研究，多裂隙岩体断裂扩展模型构建等。

目前，岩石断裂力学解题存在较大的局限性。断裂力学以连续介质力学为基础，难以处理岩体中密集型节理带及其所导致的岩体各向异性。

11.2.2　损伤力学在岩体力学中的应用

损伤力学研究在各种加载条件下，物体中的损伤随着变形而发展并最终导致破坏的过程和规律。损伤力学研究内容和过程大致可以表达如下：① 从固体力学、固体物理与不可逆过程热力学的角度定义与量测损伤；② 采用细观的方法或宏观的方法，建立考虑损伤的本构关系及损伤演化方程；③ 建立了损伤材料的本构关系与损伤演化方程以后，就有可能写出连续损伤力学的控制方程组与定解条件，即给出损伤力学的初、边值问题变分形式，将连续介质损伤力学用于结构破坏分析；④ 针对不同的受力方式与损伤类型，如弹塑性损伤、蠕变损伤、疲劳损伤等，求出应用结果。由于在损伤力学中应力场、变形场与损伤场变量在方程组中是耦合的，所以一般要通过数值计算来寻求应力场、变形场与损伤场的耦合的解，如通过有限元计算程序求解。

将上述损伤力学的基本方法和过程应用于岩石力学即岩石损伤力学。岩石损伤力学认为，岩体内存在连续分布的初始缺陷和密集的微观裂纹，但在宏观上仍可视为连续介质。对于遍布节理、裂隙岩体或呈多组节理分布的裂隙岩体而言更切合实际。

岩体损伤力学的研究特点是以岩体节理的分布与组合为基础，建立节理岩体的初始损伤张量，将岩体的几何特性及力学特性相联系，为岩体强度的预测与评价提供有根据的理论基础，在此基础上建立损伤的扩展和演化方程，并依此进行岩体随机损伤场的有限元法分析。这样，应用于节理岩体的损伤力学分析方法是连续介质力学与有限元法，将各种方式形成的岩体不连续性及其影响有效地进行宏观模拟，这是岩体损伤力学区别于其他工程力学分支的显著特点。

目前，发展岩体损伤力学的主要问题在于什么样的变量可以作为表征岩体损伤的变量，以及应用什么方法来准确地测量它们。以岩体的节理统计为基础而建立的损伤变量，固然有不少其他方法所取代不了的优点，但是岩体中节理统计不是一件轻而易举的工作。由于测试手段和勘测方法的局限，岩体中节理统计的准确性如何，节理面的初始几何形状是怎样的，以及随着损伤的扩展，原有节理面以外新的断裂面如何开裂与扩展及其对岩体的宏观力学特性产生什么影响等，另外，节理岩体的起始损伤准则以及表征损伤引起破坏的准则如何，这些重要问题尚须继续研究与探讨。

11.3 岩石力学试验与测试方法的进展

岩石力学学科十分重视室内试验与现场测试工作。在室内模拟试验方面，离心模拟试验由于具有其他模拟试验方法所不具备的优点而受到重视。利用该试验方法研究过的岩石力学问题有边坡稳定性和岩体的渐进破坏过程、岩体的锚杆加固效果、衬砌与围岩的共同作用效果、采矿掘进方法、矿井顶板塌陷机理以及地下开采引起地面沉降规律等问题。

目前，声波层析技术在岩石力学方面的应用受到重视。声波层析技术是从医学 X 射线计算机断层成像(X-CT)技术发展而来的，在医学上，X-CT 技术可以及早发现人体内各种肿瘤及病症。将声波层析技术应用于岩体测试，采用与 X-CT 技术相似的步骤与方法，同样可为岩体力学研究工作作出贡献。

声波层析技术基本原理可简述如下：

① 岩体性质的不均匀性反映为声波在岩体中的波速不均匀。一般来说，岩体中声波纵波波速高则岩体密实、强度高；如果岩体中存在软弱带，则表现为岩体中存在相应的低速带。因此，岩体中一定范围内各个单元的声波波速是不相同的。

② 在岩体表面的测试范围内钻两个平行钻孔，这两个钻孔之间可连成一个测试平面[图 11-1(a)]。

③ 在两个钻孔中，按测试要求在探测深度范围内等距布置 n 个测点，如图 11-1(a)中

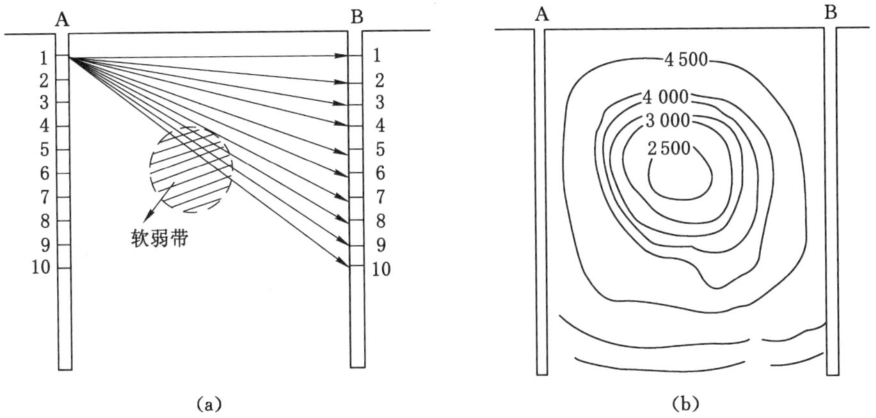

图 11-1　声波层析技术在岩体测试中的应用

A、B 两个钻孔中各布置 10 个测点。A 钻孔的每个测点都可以利用声波换能器向岩体内发出声波，而 B 钻孔的每个测点都可以接收声波。

④ 在 A、B 两个钻孔所形成的测试平面上，可假设岩体沿钻孔深度 10 等分，按 A、B 钻孔之间距离（水平向）也 10 等分。这样，在测试平面内岩体被划分为 100 个岩体单元。A、B 两个钻孔各 10 个测点所形成的交叉测线网，可以覆盖所有岩体单元。

⑤ 某一测线的波程历时取决于所通过的岩体各单元的波速。假定每个岩体单元的波速为未知的 v_{pi}，该测线（即 A 钻孔的某发射点和 B 钻孔的某接收点的连线）的长度为 L_i。而在测线上，各岩体单元的长度为 l_i，即 $L_i = \sum l_i$ 。测试时，测定某发射点至某接收点声波传播时间为 T_i，则该 T_i 为该测线经过的各个岩体单元的传播时间 t_i 之和。则 $t_i = \dfrac{l_i}{v_{pi}}$ ，$T_i = \sum t_i = \sum \dfrac{l_i}{v_{pi}}$ 。

⑥ A 钻孔的 10 个发射点和 B 钻孔的 10 个接收点，可以组合成 100 条测线。这 100 条测线可测定 100 个 T_i，每条测线上，由于岩体单元划分及测线两端点的位置已定，每条测线通过的岩体单元数以及通过单元的长度 l_i 也可求出。因此，100 条测线可以列出 100 个线件方程，内含 100 个未知岩体单元 v_{pi}，求解该联立方程组，就可以求出各单元的岩体波速。

⑦ 将计算机的处理元件与声波发射、接收元件相连接，不仅可自动对声波传播时间 T_i 进行测定和记录，还可在求出各岩体单元波速 v_{pi} 的基础上，绘出测试平面内声波等值线[图 10-1(b)]，即可大致判定岩体内软弱带（低速带）的位置和大小。

应用声波层析技术，不仅可探测岩体中的破碎软弱带，还可检测灌浆加固的效果。

11.4　数值分析在岩石力学中的应用和进展

11.4.1　数值分析方法的分类

岩体的天然状态所具有的复杂性，使人们关心的实际岩石力学问题只有少数可以得到解析解。就像应力重分布及围岩压力问题那样，它们只是在一系列的简化和假设条件下建立了一定的计算模型,才得到一些偏微分方程的解析解。但是,对于实际工程问题来说,岩体的性状为非均质性,岩体的本构关系是非线性的或数学表达式还不够简单,岩体结构面的存在使岩体成为非连续介质,问题的边界条件常常不能表示为简单的数学函数,起控制作用的偏微分方程呈非线性性质,现场应力条件的空间和时间变化以及在问题域范围内形状的任意性,在以上这些情况下难以得到解析解,而只能采用数值分析的方法求得近似解。应用计算机求解大量繁复的计算问题是完成数值分析的必要前提。

在岩石力学有关领域的数值分析方法应用中,使用的主要方法为有限元法、边界元法、离散元法和块体理论等。

11.4.2 有限元法

有限元法的名称是 R. W. Clough 在 1960 年发表的一篇有关平面弹性问题的论文中提出的,其实有限元法最初是在 20 世纪 50 年代作为处理固体力学问题的一种方法出现的,它是结构分析矩阵方法的一个分支。有限元法的发展大致可以分为三个阶段:从有限元法的提出到 20 世纪 60 年代中期为有限元法发展的第一阶段,这一时期的主要特征是各种新单元的发明,并被广泛应用于各种复杂工程结构。我国著名数学家冯康,参与了有限元法的创始与理论奠基工作。第二阶段为 20 世纪 60 年代末期到 80 年代初期,这一时期的主要特点是有限元法得到数学家的承认,并建立了完整的有限元数学理论,相关有限元著作相继问世。国际上许多学者认为,从 1984 年在里斯本(Lisbon)召开的"有限元计算中的精度估计和自适应网络加密"国际会议开始,进入了有限元法发展的第三阶段。这一时期的主要特征是各种后验误差估计方法相继被提出、各种自适应网络加密算法相继出现,以及自适应有限元法在各领域应用研究的兴起。

有限元法实际上是变分法的一种特殊的有效形式,其基本思想是:把连续体离散化为一系列邻接单元,每个单元内可以任意指定各种不同的力学特性,从而可以在一定程度上更好地模拟岩体的实际情况,特殊的"节理"单元(或"界面单元")可以有效地模拟岩体结构的不连续性。有限元法的最基本元素是单元和节点,基本计算步骤的第一步为离散化问题域的连续体被离散为单元与节点的组合,连续体内各部分的应力及位移通过节点传递,每个单元可以具有不同的物理特征,这样,便可以得到在物理意义上与原来的连续体相近似的模型。第二步为单元分析,单元分析一般以位移法为基本方法,即根据所采用的单元类型,建立单元的位移-应变关系、应力-应变关系、力-位移关系,即建立单元的刚度矩阵。第三步为采用按单元形成结构总体刚度矩阵的方法,建立结构总体刚度矩阵,并由此建立系统的整体方程组。第四步为引入计算模型的边界条件,求解方程组,求得节点位移。第五步为求出各单元的应变、应力及主应力。

为了更好地解决实际岩体工程问题,在应用有限元法时应注意和处理好下列问题。

(1) 正确划定计算范围与边界条件

大多数的岩体工程问题都涉及无限域或半无限域。有限元法是在有限的区域进行离散化,为使这种离散化不会产生较大的误差,必须取足够大的计算范围。但计算范围太大,会产生很大的计算工作量,经济上的负担太大,所以必须划定合适的计算范围。一般来说,计算范围应不小于岩体工程轮廓尺寸的 3~4 倍。有两类边界条件,即位移边界和应力边界,应根据工程所处的具体条件确定边界类型及范围。

(2) 正确输入岩体参数和初始地应力场

岩体各单元的物理力学参数直接影响计算的正确性。由于尺度效应及岩体自然状态的离散性，一般室内试验所得的试验值不能直接用来输入计算，一般是结合试验值与经验值而选定参数值，必要时还要参考围岩分类及同类工程的情况，如有机会，还可以参考位移反分析的成果。初始地应力场也会直接影响计算结果，所以正确确定岩体的初始应力状态是有限元法分析中的一个重要问题，但至今也未能得到妥善解决。在没有现场测试资料的状况下，一般按自重应力或静水压力状态输入。

(3) 采用特殊单元来模拟岩体的非连续性和边界效应

岩体中如有明确的大结构面(断层、大节理)，为了表征岩体的非连续性，可以采用特殊的节理单元来模拟。平面问题的无厚度节理单元是由 R. E. Goodman 于 1970 年最先提出的，可以较好地解决节理单元两旁的非连续性和切向变形问题。但节理单元的缺点是由于无厚度，计算中可能会发生节理上下面相互“嵌入”的现象，必须对这种嵌入量进行人为的限制，以免导致较大的误差。另一个特殊单元是无界元，它最早是由 R. L. Ungless 于 1973 年提出的，后又由 O. C. Zienkiewicz、P. Bettes 等发展，其主要特点是单元的几何尺寸在某一方向上趋于无穷大，可以满足无限域的边界条件。我们对岩石地基问题系用无界元作为计算边界的单元，计算结果表明，在相近的精度条件下，无界元模型所用的机时仅为有限元模型的 1/5，具有明显的经济性。

目前，有限元法已广泛应用于航空、航天、船舶制造、核能电站、地下建筑等结构工程，在热传导、电磁学及流体与结构的相互作用等领域也有广泛的应用。其专用和通用的计算机软件也大量出现，比较著名的通用软件有 MARC、ADINA、ANSYS 等。

11.4.3　边界元法

边界元法首先由英国学者 C. A. Bribbia 总结提出，并从 20 世纪 60 年代开始在工程计算中得到逐步应用。边界元法的理论基础是功的互等定理，它是建立于微分方程本身的一种数值计算方法。边界元法在处理线弹性问题上具有巨大的优越性，主要表现在：① 它不需要在区域内划分网格，而只把区域的边界离散化，从而降低了问题的维数，使求解变得简单；② 计算精度高，应力与位移具有同样的精度；③ 计算程序较简单，占机容量小；④ 可以处理无限域和半无限域的问题。但它也有缺点，如对变系数、非线性以及与时间相关问题较难适应，这些都限制了边界元法的应用。

边界元法的基本思想是：由于大量的工程问题最终归结为求解一个或一组微分方程，这类方程只在极少数情况下才可能有精确解，边界元法把问题的微分方程转化为边界积分方程。由于实际问题的复杂性，直接由边界积分方程解析求解未知函数是非常困难的，所以，通常通过数值方法得到未知函数的近似解，即先把区域的边界划分成很多单元，相应地把边界积分方程离散化，然后引入边界条件，建立总体矩阵方程。利用计算机求解总体矩阵方程，即可得到待求的边界未知量。

11.4.4　离散元法

离散元法一般认为是由 P. A. Cundall 于 1971 年提出来的，该法适用于研究在准静力或动力条件下的节理系统或块体集合的力学问题。到 1974 年，二维的离散元法程序趋于成熟。此后，研究者开发了多种离散元程序及离散元与其他数值方法的耦合程序。近 30 年来，离散元法有了长足的发展，已成为解决岩土力学问题的一种重要数值方法。众所周知，有限元法、边界元法等数值计算方法是建立在连续性假设基础上的，它们在处理岩土工程问题中发挥了巨大的作用，成为地质、岩土工程师极为重要的工具。然而，在工程中，人们也经常遇到难以用解决连续介质力学问题的有限元法或边界元法等进行求解的问题，如地下工程所见到的岩体其形态和结构呈强烈的非连续性，所形成的岩石块体运动和受力情况是几何或材料非线性问题。此时就需要用别的方法来解决，而离散元法正是充分考虑结构的非连续性，适用于解决节理岩石力学问题。事实上，离散元法能够分析变形连续和不连续的多个物体相互作用问题、物体的断裂问题以及大位移和大转动问题；能够处理范围广泛的材料本构关系、相互作用准则和任意几何形状；可模拟应力传播、振动、阻尼动力效应显著的问题。这些特点使得离散元法尤其适用于像岩石这样的非连续体，因此，它在边坡工程、矿山采场和巷道的稳定性研究等方面得到了广泛的应用。

离散元法也像有限元法那样，将区域划分成单元。但是，单元因受节理等不连续面的控制，在以后的运动过程中，单元节点可以分离，即一个单元与相邻单元可以接触，也可以分开，单元之间相互作用的力可以根据力和位移的关系求出，而个别单元的运动则完全根据该单元所受的不平衡力和不平衡力矩的大小按牛顿运动定律确定。离散元法是一种显式求解的数值方法，“显式”是针对一个物理系统进行数值计算时所用的代数方程式的性质而言的。在用显式法计算时，所用的方程式一侧的量都是已知的，而另一侧的量只要用简单的代入法就可求得。这与隐式法不同，隐式法必须求解联立方程组。在用显式法时，假定在每一迭代时步内，每个块体单元仅对其相邻的块体单元产生力的影响，这样，时步就需要取得足够小，以使显式法稳定。由于用显式法时不需要形成矩阵，因此可以考虑大的位移和非线性，而不必花费额外的计算时间。有关离散元法的详细说明请进一步参阅有关资料。

11.4.5 块体理论

工程岩体除极完整和极破碎外，一般情况下会被结构面以及工程开挖面共同切割成随机分布的个别块体和群体。这些块体随它们的空间几何形状和开挖面形成它们的可运动状态，有些可能是不稳定的危险块体，另一些则是稳定块体。块体理论认为，在开挖面上所揭露的块体，可以分为可能向开挖面运动的块体和不可能向开挖面运动的块体，显然，不可能向开挖面运动的块体即稳定块体。且具备了可运动条件的块体中有的仍可保持稳定，有的块体则在自重及周围块体作用力的组合作用下失稳破坏，则此块体为危险块体。另外，在这些开挖面所揭露的块体中，有的块体会首先失稳坠落，而有的块体在周围其他块体坠落以后才具备失稳条件。所以，在不稳定块体中，有这样一危险块体，由于它的失稳会引起一系列块体失稳，如果及时采取加固措施（如锚固）稳定了这一块体，就会使周围一大片岩块都稳定，这一块体就成为岩体稳定的关键，称之为关键块体。块体理论就是针对个性各异的岩体中具有切割体（结构面）这一共性，根据集合论拓扑学原理，运用矢量分析和全空间赤平投影方法，构造出可能有的一切块体类型，进而将这些块体分成可移动块体和不可移动块体，对几何可移动块体再按力学条件分为稳定块体、潜在关键块体和关键块体。关键块体是最危险的块体，确定了关键块体以后还可以进一步进行相应的锚固计算。

块体理论是一种三维空间的块体稳定计算理论，对于一个开挖工程，如果确切找到了所有关键块体，就可以在开挖过程中于关键块体失稳以前及时对其进行加固，其余的开挖面则可以不采取加固措施，或仅采取一般维持稳定的措施，就能确保整个工程的安全，具有明显的优点和经济性。

目前，块体理论应用还不广泛，其主要原因是对岩体中的结构面形态分布把握得不十分准确，而变动性又大，结构面也并不是全部为平面，稍不准确，就会引起严重后果。所以，尽管块体理论叙述得详细，但在实际应用上尚有一定的困难。

11.5　位移反分析方法在岩体力学中的应用

岩体工程稳定性分析，通常的做法是首先建立岩体力学模型(包括岩体几何结构、岩石本构关系、边界条件，有时还有初始条件)，然后确定岩体力学模型的参数(如应力边界条件、位移约束边界条件、岩体力学参数、岩体结构尺寸参数等)，最后进行力学计算分析，求出岩体内的应力场、应变分布和位移分布，这就是所谓的正分析。

岩体工程稳定性正分析，在实践中遇到了很难克服的困难，这便是许多工程条件下岩体的应力边界条件和岩体力学参数很难确定。如深井地压问题的地应力，一方面地应力测量难度大、成本高，另一方面可测量的点有限，在较大范围内地应力也是变化的。再如一般岩体工程中岩体或某一岩层的弹性模量，通常用其岩石试件的室内测定值，再根据现场岩体或岩层的结构完整性状况等条件，考虑一个折减系数，修正后作为岩体或岩层的弹性模量，这种处理办法随意性较大，缺乏依据。再就是岩体工程正分析，不同计算者得出的结果有较大差别。其预计的岩体变形常常远小于工程实测值，这主要是由于岩体力学模型建立的合理性和岩体力学参数确定的准确性两个方面存在问题。

位移反分析方法，正是在上述背景下提出的。所谓位移反分析，它与正分析的已知参数与待求参数相反，是将工程实测的岩体变形作为已知量，反求力学模型中的某一参数，一般是反求岩体力学参数中的弹性模量或岩体边界条件中的原始地应力。在位移反分析中，存在三个系统识别问题，即力学模型系统、边界条件系统和参数系统。力学模型的正确选择是位移反分析的基础；边界条件合理确定是位移反分析中正确利用数值分析方法的必要条件；而选择待分析参数则是位移反分析中的关键，它直接影响位移反分析结果的精度。从理论上讲，当实测位移值足够多时，可以借助位移反分析来确定所有参数，但实际上是不可能和不必要的。只有选择对开挖位移的敏感程度大的参数，才能减少位移反分析的工作量，加快位移反分析速度，保证位移反分析的精度。

应该指出，位移反分析得出的岩体与岩性的参数只是供进一步正分析采用的等效参数或综合参数，它不能取代试验和实测，也不能推广到诸如围岩应力分析等普遍用途。

位移反分析方法不仅可用于参数估计，它的进一步推广应用领域是工程预测和险情预报、动态设计反馈、施工方案调整以及可靠度评价等。

岩体力学位移反分析方法的必要性和意义在于：首先，位移反分析求出的岩体力学参数严格来讲是等效参数，即它综合反映了岩石的基本力学参数、岩体结构对岩石力学参数的影响和岩体结构模型与实际工程岩体的误差等。正因如此，位移反分析求出的岩体力学参数与岩体结构模型具有良好的匹配性。其次，对于矿山岩体工程等，只有先进行大量的位移反分析计算实践，才能为正分析预计奠定基础，这是因为位移反分析不仅可求出岩体力学参数，并总结出规律，而且可以不断检验、修正和完善岩体力学模型。

11.6 新的数学方法和软科学在岩石力学中的应用

近年来，不少新的数学方法和软科学被应用在岩石力学中。每一种方法还会引出一些新的概念和计算方法，有些方法尚处于摸索阶段，这里只罗列一些基本方法和它们的应用方向。

(1) 分形几何及其在岩石力学中的应用

分形几何是近几十年来发展起来的研究非线性现象和图形不规则性的理论和方法，它在处理诸如岩石断裂形貌、岩石破碎、岩体结构、岩石颗粒特征、地下水渗流、节理粗糙度以及岩层的不规则分布等过去认为难以解决的复杂问题方面，得到了一系列准确的解释和定量结果。下面以岩体结构的分维为例说明分形几何的应用。

分形几何为岩体结构能准确、合理、定量地表征及建立岩体介质理论提供了理论和方法，是进一步解决岩石力学计算问题的重要基础。用分形几何分析岩体结构，主要是岩体结构分维的计算，岩体结构分维刻画了岩体结构的复杂程度，并对岩体的完整性给出了定量表征：令岩体的分维为 D，在二维空间(平面)上，完整岩体无节理切割，$D=0$；断续岩体 $D\in(0,1)$；岩体充分破碎，裂隙充满了整个平面，则 $D=2$。1987 年平田指出，岩体结构分维存在上限值 $D=1.60$，尽管这个上限值只是经验性的结果，但 $D=1.60\sim2$ 时，岩体已相当破碎，岩体的工程性能很差，$D=1.60$ 是岩体性质发生突变的界限值。因此，按岩体分维 D 可将岩体完整性初步划分为四类，见表 11-1 和图 11-2。

表 11-1 按分维 D 划分的岩体完整性类别

D	0	0～1	1～1.60	1.60～2
裂隙特征	无裂隙	断续裂隙	裂隙较发育	裂隙极发育
岩体完整性	完整	较完整	较破碎	破碎

分形几何在岩石力学中的应用尚处于发展之中，它有可能成为岩石力学中重要的数学工具，例如，在完整岩块力学性能和各种岩体的力学性能之间有可能通过分维建立数学联系。

(2) 统计岩石力学

岩体中的节理发育具有成组性和随机性特点。应用数学统计方法，不仅可以建立岩体的节理概率模型，而且以此为基础可进行岩体工程的可靠度分析。

(3) 系统分析、控制论等软科学在岩石力学与工程中的应用

有的学者指出，岩体结构实际上是一个系统，岩体稳定性控制实际上是岩体系统的应力和位移、岩体特性与稳定的控制，将系统分析和控制论相结合有望成为岩体工程分析富有特点的设计与分析方法。

(4) 人工智能与专家系统在岩石力学中的应用

计算机在岩石力学中的应用不仅是为了承担繁重而复杂的计算任务，而且可以发展成为重要的“智囊团”和决策工具。人工智能系统和软件，可以通过对岩体失稳分析，保证以后不犯重复的错误。专家系统则为岩体工程中如何很好地利用众多岩石力学专家的经验和处理方案提供了良好的途径。

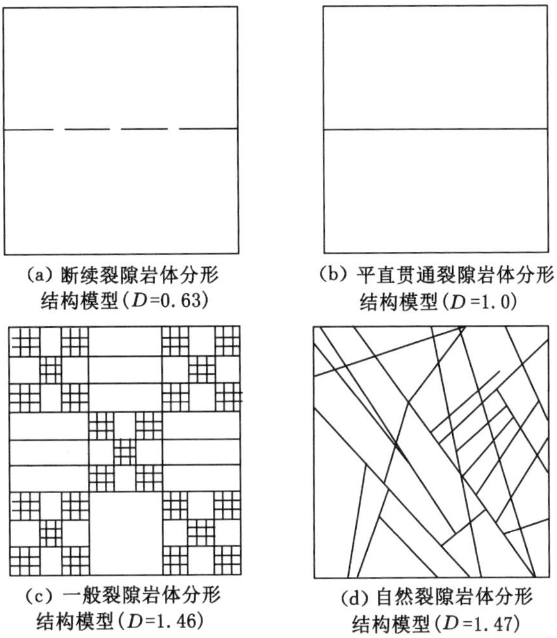

(a) 断续裂隙岩体分形结构模型(D=0.63)

(b) 平直贯通裂隙岩体分形结构模型(D=1.0)

(c) 一般裂隙岩体分形结构模型(D=1.46)

(d) 自然裂隙岩体分形结构模型(D=1.47)

图 11-2　集中典型裂隙岩体分形结构模型(平面)

思考题与习题

1. 如何应用断裂力学、损伤力学解决岩体力学中的问题?
2. 简述有限元法原理及其在岩体力学中的应用。
3. 简述岩体力学位移反分析方法的原理及应用。
4. 简述新的数学方法和软科学在岩体力学中的应用。

参考文献

[1] 蔡美峰.岩石力学与工程[M].2版.北京:科学出版社,2013.
[2] 陈学华,孔祥义.岩体力学[M].长春:吉林大学出版社,2006.
[3] 陈子荫.围岩力学分析中的解析方法[M].北京:煤炭工业出版社,1994.
[4] 高延法,张庆松.矿山岩体力学[M].徐州:中国矿业大学出版社,2000.
[5] 郭志.实用岩体力学[M].北京:地震出版社,1996.
[6] 国际岩石力学学会实验室和现场试验标准化委员会.岩石力学试验建议方法[M].北京:煤炭工业出版社,1982.
[7] 何满潮.中国煤矿软岩巷道支护理论与实践[M].徐州:中国矿业大学出版社,1996.
[8] 何满潮.世纪之交软岩工程技术现状与展望[M].北京:煤炭工业出版社,1999.
[9] 何满潮,景海河,孙晓明.软岩工程地质力学研究进展[J].工程地质学报,2000,8(1):46-62.
[10] 孔祥义.岩体力学基本知识与习题[M].北京:高等教育出版社,2003.
[11] 李俊平,连民杰.矿山岩石力学[M].北京:冶金工业出版社,2011.
[12] 李世平,吴振业,贺永年,等.岩石力学简明教程[M].北京:煤炭工业出版社,1996.
[13] 凌贤长,蔡德所.岩体力学[M].哈尔滨:哈尔滨工业大学出版社,2002.
[14] 刘佑荣,吴立,贾洪彪.岩体力学实验指导书[M].武汉:中国地质大学出版社,2008.
[15] 刘佑荣,唐辉明.岩体力学[M].北京:化学工业出版社,2009.
[16] 沈明荣.岩体力学[M].上海:同济大学出版社,1999.
[17] 沈明荣,陈建峰.岩体力学[M].上海:同济大学出版社,2006.
[18] 汤康民.岩土工程[M].武汉:武汉工业大学出版社,2001.
[19] 陶振宇,潘别桐.岩石力学原理与方法[M].武汉:中国地质大学出版社,1990.
[20] 王连捷,潘立宙,廖椿庭,等.地应力测量及其在工程中的应用[M].北京:地质出版社,1991.
[21] 王文星.岩体力学[M].长沙:中南大学出版社,2004.
[22] 王作棠,周华强,谢耀社.矿山岩体力学[M].徐州:中国矿业大学出版社,2012.
[23] 吴德伦,黄质宏,赵明阶.岩石力学[M].重庆:重庆大学出版社,2002.
[24] 肖树芳,杨淑碧.岩体力学[M].北京:地质出版社,1987.
[25] 徐志英.岩石力学[M].3版.北京:中国水利电力出版社,2009.
[26] 阳生权,阳军生.岩体力学[M].北京:机械工业出版社,2008.
[27] 张振营.岩土力学[M].北京:中国水利水电出版社,2000.
[28] 赵文.岩石力学[M].长沙:中南大学出版社,2010.
[29] 郑颖人,龚晓南.岩土塑性力学基础[M].北京:中国建筑工业出版社,1989.
[30] 周思孟.复杂岩体若干岩石力学问题[M].北京:中国水利水电出版社,1998.